山东省 2012 高校教改课题立项项目

实用大学数学教程

刘保东　潘建勋　主编

山 东 大 学 出 版 社

图书在版编目(CIP)数据

实用大学数学教程/刘保东,潘建勋主编.—济南:
山东大学出版社,2013.8(2021.7 重印)
ISBN 978-7-5607-3812-3

Ⅰ.①实… Ⅱ.①刘… ②潘… Ⅲ.①高等数学—高等学校—教材
Ⅳ.①O13

中国版本图书馆 CIP 数据核字(2013)第 153818 号

责任编辑 李云霄
封面设计 牛 钧

出版发行 山东大学出版社
社 址 山东省济南市山大南路 20 号
邮政编码 250100
发行热线 (0531)88363008
经 销 新华书店
印 刷 济南景升印业有限公司印刷
规 格 787 毫米×1092 毫米 1/16
20 印张 462 千字
版 次 2013 年 8 月第 1 版
印 次 2021 年 7 月第 3 次印刷
定 价 35.00 元

《实用大学数学教程》
编委会

前 言

语言文化与数学素养自古至今被认为是人类生存所必需的两个基本素养.当中华民族沉浸在神舟十号上天、蛟龙号入海的巨大科技成就的同时,很少有人能够认识到数学在其中所起到的巨大作用.

事实上,无论是科学研究还是现实生活(如购物、储蓄、贷款等),定量化描述与规律性研究已为越来越多的人所认知.而数学就是描述现实世界中的数量关系和空间特征的科学,这一特性决定了数学的地位与作用会越来越重要.当你随心所欲地观看高清电影、数字图像,以及借助于搜索引擎进行网络搜索时,你其实就在用数学,可以说数学就在你身边.随着时间的推移,不仅数学在科学化,而且科学也在数学化.数学的科学化主要表现在数学的思想、方法、理论体系越来越系统化和细化,数学的理论分支越来越多,这表现出了数学的研究在蓬勃发展;另一方面,科学研究成果的定量化和规律性描述,无不借助于数学,数学是工具也是技术的观念日益深入人心.

这十几年来,因从事数学建模创新实践教学的关系,接触了很多从事大学数学教学与竞赛培训的教师,以及参赛同学.在相互交流与探讨的过程中,突出的感觉就是数学教学无论是课时还是内容压缩现象明显,数学的边缘化与弱化呈扩大趋势,就业压力与技能训练掩盖了数学思想方法和定量化技能在综合素质与技能中的重要地位和作用.一方面,对于那些认真听话学习的同学来说,绝大部分仍未摆脱应试教育的学习习惯,按部就班地做习题、交作业,以应付考试作为学习的主要目的,不问为什么要学,怎么学,没有训练自己的自主学习与研究性学习习惯,随着课程教学的结束,学过的知识很快就从记忆中消失;另一方面,数学教材大部分仍在延续严谨的数学理论体系,一味追求严谨性和系统性,以及严谨的理论推导推理过程和技巧等,没有解决数学知识从何而来,有什么用,如何用等问题,失去了问题的研究对象和观察、想象过程,导致部分学生因无法理解和想象数学,产生了"不是学数学的料"的畏难情绪,或者被动地、机械地应付学习.而对绝大部分学生而言,数学只是他们工作、学习、研究的工具,极少有人能像数学家一样去推导、证明,他们最需要的是数学的思想、方法以及严谨的习惯.

随着计算机的进一步普及和数学软件技术的快速发展与逐步完善,让计算机来推导枯燥无味的数学公式已逐步变为现实,"数学傻瓜化"已不再是梦想.数学的高精度计算也发生了翻天覆地的变化,从古代屈指计算、珠算、计算器运算,到现代高性能、高精度计算机计算,数学问题尤其是大规模科学与工程计算问题的解决越来越依赖于计算机软件.数学教学应该跟踪科技发展水平,将数学实验内容引入大学数学课堂成为现实必然.

有鉴于此,将数学文化、数学建模的思想与数学实验的内容融入大学数学课程就是编辑本教材的初衷.本教材的编写是山东省教育厅高校教改课题“工科及经管类大学数学课程支撑体系研究”的重要组成部分.

本教材由刘保东、潘建勋主编,第一章由季振东编写,第二章由曲富丽编写,第三章由李高波、李娜编写,第四章由李烨编写,第五章由于红编写,第六、七章由马青编写,第八章由赵一博编写,附录由刘保东编写.包芳勋教授认真审阅了全书,并提出了许多宝贵意见.全书由刘保东、潘建勋统稿定稿.

感谢山东省教育厅高教处对高等学校教学改革与教材建设立项的支持,感谢山东大学本科生院大学生创新教育平台的支持,以及山东女子学院基础部全体教师的倾力配合.山东财经大学马建华教授、山东商业职业学院王文静讲师等阅读了本教材的初稿,提出了许多很好的建议,在此一并表示感谢.

由于我们水平有限,许多思想的融合不一定十分恰当,书中难免会存在一些不当甚至错误之处,恳请读者批评指正.

编　者

2013 年 6 月于济南

目　录

第 1 章　函　数 …… (1)
　1.1　函数的基本概念 …… (2)
　1.2　函数表达式的确定 …… (8)
　1.3　常见的经济函数 …… (13)
　1.4　数学实验与 MATLAB …… (18)
　总习题 1 …… (29)
第 2 章　极限与连续 …… (30)
　2.1　极　限 …… (30)
　2.2　极限的运算 …… (34)
　2.3　无穷大和无穷小 …… (41)
　2.4　函数的连续性 …… (46)
　2.5　闭区间上连续函数的性质与应用 …… (50)
　2.6　利用 MATLAB 求函数极限 …… (54)
　总习题 2 …… (56)
第 3 章　导数与微分 …… (60)
　3.1　导数的概念 …… (60)
　3.2　初等函数的导数 …… (66)
　3.3　高阶导数 …… (70)
　3.4　函数的微分 …… (78)
　3.5　导数的应用 …… (85)
　3.6　曲线的凹凸性与渐近线 …… (97)
　3.7　函数图形的描绘 …… (100)
　3.8　导数在经济学中的应用 …… (102)
　3.9　导数的近似计算——数值微分 …… (105)
　总习题 3 …… (109)
第 4 章　多元函数微分学 …… (112)
　4.1　多元函数 …… (113)
　4.2　偏导数 …… (116)
　4.3　全微分 …… (122)
　4.4　多元函数微分法 …… (125)
　4.5　多元函数的极值与最值 …… (128)

4.6 MATLAB在多元函数的应用 …… (134)
总习题4 …… (135)
第5章 一元函数积分学 …… (137)
5.1 定积分的概念与性质 …… (138)
5.2 微积分基本公式 …… (143)
5.3 不定积分的概念与性质 …… (145)
5.4 积分的计算 …… (149)
5.5 反常积分 …… (160)
5.6 定积分的应用 …… (163)
5.7 数值积分 …… (171)
5.8 利用MATLAB求积分 …… (173)
总习题5 …… (179)
第6章 二重积分 …… (182)
6.1 二重积分的概念与性质 …… (183)
6.2 二重积分的计算法 …… (186)
6.3 二重积分的应用 …… (190)
6.4 利用MATLAB求二重积分 …… (194)
总习题6 …… (194)
第7章 微分方程 …… (196)
7.1 微分方程的基本概念 …… (196)
7.2 一阶微分方程 …… (199)
7.3 可降阶的二阶微分方程 …… (207)
7.4 二阶常系数线性微分方程 …… (209)
7.5 微分方程在经济学中的应用 …… (214)
7.6 利用MATLAB求解微分方程 …… (215)
7.7 常微分方程的数值解 …… (215)
总习题7 …… (220)
第8章 无穷级数 …… (221)
8.1 数项级数的概念与性质 …… (221)
8.2 正项级数 …… (225)
8.3 任意项级数 …… (229)
8.4 幂级数 …… (232)
8.5 用MATLAB计算级数求和问题 …… (243)
总习题8 …… (244)
附录 MATLAB快速入门 …… (246)
第1节 MATLAB概述 …… (247)
第2节 MATLAB数值计算功能 …… (252)
第3节 MATLAB程序设计 …… (260)
第4节 MATLAB绘图 …… (265)
参考答案 …… (288)

第1章 函 数

自然界与社会经济生活中充满了各种各样的量，这些量通常不是孤立存在的，如购物消费与购买物品的数量、种类、单价有关，期末考评结果与各科考试成绩有关，弹簧的伸长与拉力有关，身高与年龄、生活方式、遗传基因有关，矩形的面积与矩形的长和宽有关，气体的压力与温度和体积有关，等等. 分析这些量与量之间的关系就会发现，一个量的大小通常与其他一个或多个量有关，或者说一个量(或多个量)的值能决定其他量的值，即量与量之间构成了因果关系. 同时，我们也会注意到，这些量也不是恒定不变的，一个量的变化会引起与其相关联的量的变化，如身高与年龄、价格与销售量等. 那么，如何用数学的语言描述这种量与量之间的关联关系呢？正如我们已经了解的，描述这种关系的数学方法就是函数，它是描述一个变量对另一个(或多个)变量的依赖关系的抽象数学模型.

函数概念是数学中的重要概念之一，它是现代数学各分支的主要研究对象. 对函数概念的研究起始于 17 世纪天文学中关于运动物体的研究. 17 世纪早期，随着天文学研究和航海事业的发展，科学家在解决地球经纬度测量与计算方法，以及解释地球为什么是运动的问题时，遇到了一系列让他们困惑的问题，如按照太阳中心理论，地球在自转的同时还绕着太阳转，为什么物体应该待在地球上呢？下降的物体为什么一定要落到地球上呢？不仅如此，从抛射问题来看，地球又应该是静止的？又如对抛射物体的速度、射程及所能达到的高度问题的研究发现，炮弹的速度对射程和高度的影响是明显的. 科学家从这些运动问题的研究中引入了一个描述这种量的依存关系的基本概念——函数或变量间的关系. 此后的两百年里，函数的概念几乎在涉及数学的所有工作中占据了中心的位置.

17 世纪的著名法国哲学家、数学家笛卡尔(Descartes，1596—1650)在研究欧几里得几何和代数时，提出了坐标几何的思想，即今天我们所说的笛卡尔直角坐标系，由此解析几何的理论开始萌芽. 坐标几何的建立把几何的抽象性和代数的公理性的优点有机地结合在了一起，把两个相关的变量用相互垂直的坐标轴来表示，二者之间的关系即为坐标系中的一条曲线，进一步地把曲线分别在相应坐标轴上投影，即为定义域和值域；而几何曲线本质上是一个代数方程或函数的问题，反之亦然.

“函数”(function)一词，最早在 1692 年见著于微积分创始人之一莱布尼兹(Leibniz，1646—1716)的著作，而用 $y=f(x)$ 表示函数的抽象定义则由欧拉(Euler，1707－1783)于 1734 年首次使用.

1.1 函数的基本概念

1.1.1 函数的概念

定义 1.1 设 x 和 y 是两个变量，D 是一个给定的非空数集. 如果对于每个 $x\in D$，变量 y 按照一定法则 f 总有确定的数值与之对应，则称 y 是 x 的函数，记作

$$y=f(x)$$

其中，x 称为自变量；y 称为因变量；数集 D 称为函数的定义域，即自变量取值集合. 当自变量 x 取遍定义域 D 中的数值时，对应的函数值 y 的全体组成的数集

$$W=\{y\mid y=f(x),x\in D\}$$

称为函数 $f(x)$ 的值域.

从函数的定义中可以看出：函数是描述两个相关量之间依存关系的代数表达形式，当自变量的值变化时，因变量的值也会按照依存关系表达式作相应的变化，即因变量值的大小取决于自变量的大小与对应法则；自变量的取值有一定范围，其所有可能的取值构成了一个集合即定义域，当自变量取遍定义域的所有值时，对应的因变量或函数值的全体也构成了一个集合，即值域，因此函数是从定义域到值域的两个集合之间的映射关系或对应法则，从几何意义上来看，这种对应关系就是平面上的一条曲线；这种映射不一定是一一对应的，可能是一对多(如 $y^2=2x$)，也可能是多对一的(如 $y=x^2$). 只有一个自变量的函数称为一元函数，具有多个自变量的函数称为多元函数.

函数的对应法则和定义域确定之后，函数也随之确定，因此，函数的对应法则和定义域称为确定函数的两要素.

1.1.2 区 间

实际问题中，大多数实值函数的定义域和值域是区间或区间的组合，区间可以是开、闭或者半开半闭的.

定义 1.2 设 $a,b\in\mathbf{R}$ 是实数域上的任意两个有限数，且 $a<b$，则

数集 $\{x\mid a<x<b\}$ 称为开区间，记作 (a,b)，即 $(a,b)=\{x\mid a<x<b\}$；

数集 $\{x\mid a\leqslant x\leqslant b\}$ 称为闭区间，记作 $[a,b]$，即 $[a,b]=\{x\mid a\leqslant x\leqslant b\}$；

数集 $\{x\mid a\leqslant x<b\}$ 和 $\{x\mid a<x\leqslant b\}$ 都称为半开半闭区间，分别记作 $[a,b)$ 和 $(a,b]$，即 $[a,b)=\{x\mid a\leqslant x<b\}$，$(a,b]=\{x\mid a<x\leqslant b\}$.

以上这几类区间统称为有限区间，数 $b-a$ 称为区间的长度. 区间长度的大小可以是有限或者无限的.

区间的几何意义：从数轴上来看，开区间 (a,b) 表示位于数轴上 a,b 两点之间的除 a，b 两个端点之外的所有实数的集合；而闭区间 $[a,b]$ 则表示位于数轴上 a,b 两点之间且包含 a,b 两个端点的所有实数的集合；类似地，半开半闭区间 $[a,b)$ 比开区间 (a,b) 多了一个左端点 a，半开半闭区间 $(a,b]$ 比开区间 (a,b) 多了一个右端点 b.

满足关系式 $x\geqslant a$ 的全体实数 x 的集合记作 $[a,+\infty)$，这里符号 ∞ 读作“无穷大”，

$+\infty$读作“正无穷大”. 类似地，我们记：

$(-\infty,a]=\{x|x\leqslant a\}$，$(a,+\infty)=\{x|x>a\}$，$(-\infty,a)=\{x|x<a\}$，$(-\infty,+\infty)=\mathbf{R}$

其中，$-\infty$读作“负无穷大”. 以上这几类数集都称为无限区间. 有限区间和无限区间统称为区间.

除上述定义的区间外，还有一个常用的特殊区间，即邻域：设 δ 是一正数，称数轴上的点构成的集合$\{x|x|x-a|<\delta\}$为点 a 的 δ 邻域(图 1-1)，记作 $U(a,\delta)$，即 $U(a,\delta)=\{x||x-a|<\delta\}=(a-\delta,a+\delta)$. 其中点 a 称为邻域的中心，δ 称为邻域的半径.

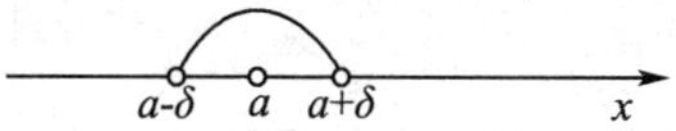

图 1-1

特别地，我们把邻域$\{x|0<|x-a|<\delta\}$称为点 a 的去心 δ 邻域，记作 $\mathring{U}(a,\delta)$.

1.1.3 基本初等函数

一、基本初等函数

通常把幂函数、指数函数、对数函数、三角函数、反三角函数称为基本初等函数.

为了便于应用，下面就其图像和性质作简要的回顾，见表 1-1.

表 1-1 **基本初等函数的名称、图像及性质**

函数	图像	性质
幂函数：$y=x^a,a\in\mathbf{R}$	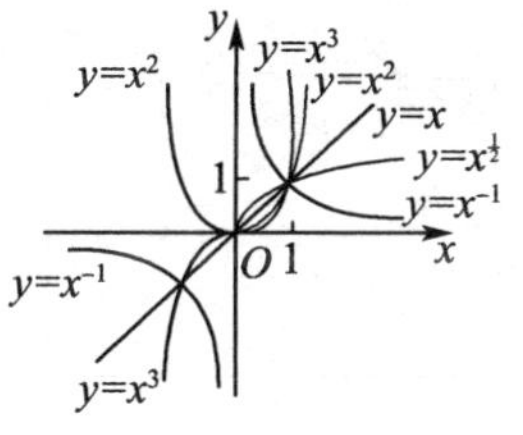	在第一象限，$a>0$ 时函数单调增加；$a<0$ 时函数单调减少 共性：都过(1,1)点
指数函数：$y=a^x\ (a>0$ 且 $a\neq1)$	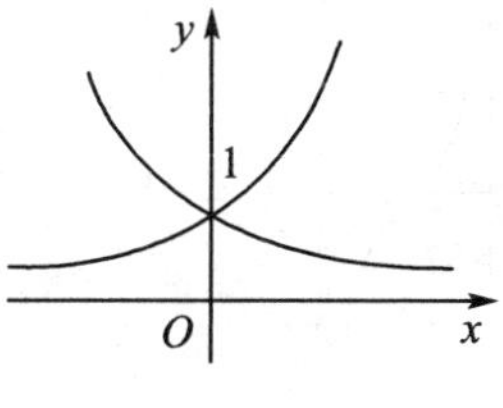	$a>1$ 时，函数单调增加；$0<a<1$ 时，函数单调减少 共性：都过(0, 1)点，以 x 轴为渐近线
对数函数：$y=\log_a x\ (a>0$ 且 $a\neq1)$	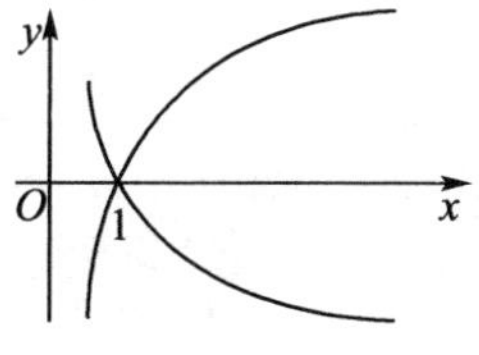	$a>1$ 时，函数单调增加；$0<a<1$ 时，函数单调减少 共性：都过(1, 0)点，以 y 轴为渐近线

续表

函数		图像	性质
三角函数	正弦函数： $y=\sin x$	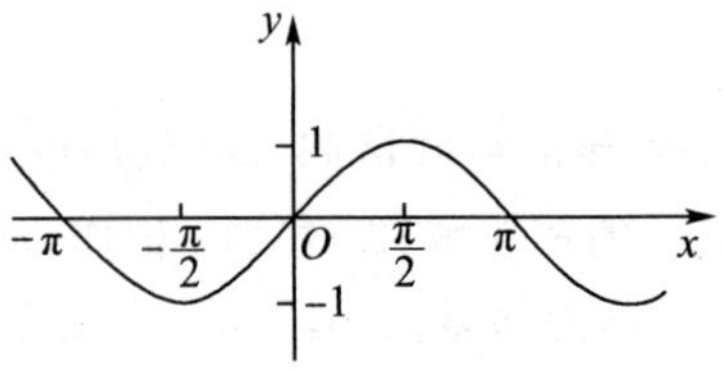	奇函数，周期 $T=2\pi$， 有界 $\|\sin x\|\leqslant 1$
	余弦函数： $y=\cos x$	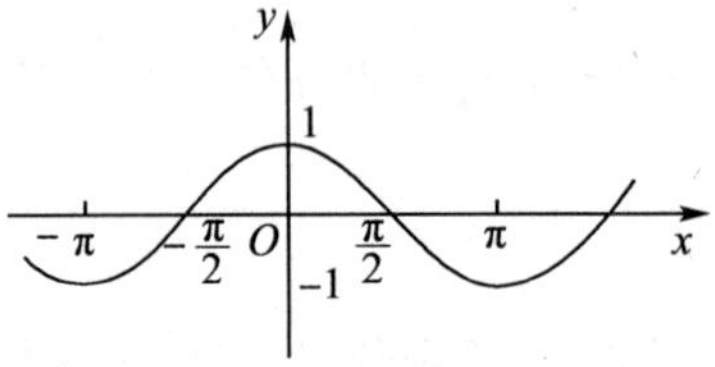	偶函数，周期 $T=2\pi$， 有界 $\|\cos x\|\leqslant 1$
	正切函数： $y=\tan x$	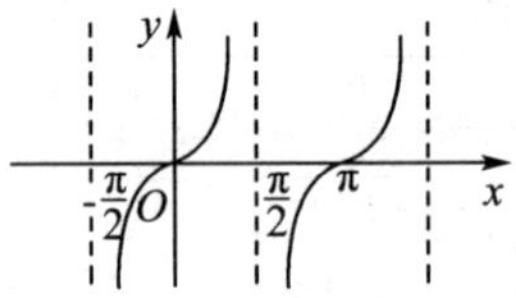	奇函数，周期 $T=\pi$，无界
	余切函数： $y=\cot x$	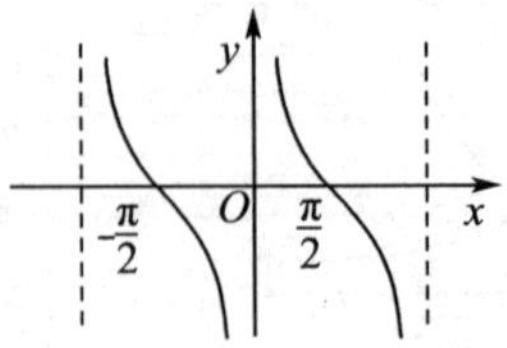	奇函数，周期 $T=\pi$，无界

续表

	函数	图像	性质
反三角函数	反正弦函数： $y=\arcsin x$	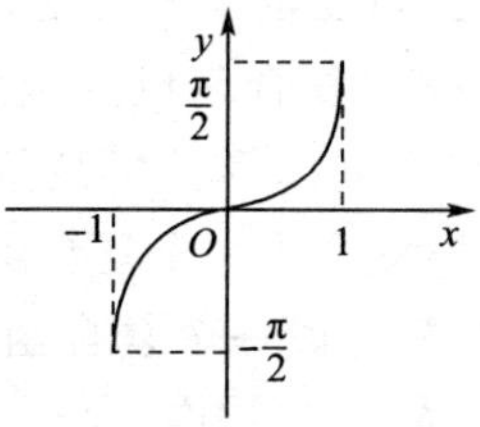	$x\in[-1,1]$，$y\in\left[-\frac{\pi}{2},\frac{\pi}{2}\right]$，奇函数，单调增加，有界
	反余弦函数： $y=\arccos x$	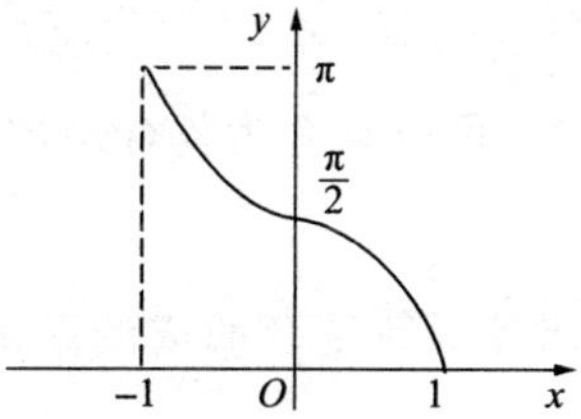	$x\in[-1,1]$，$y\in[0,\pi]$，单调减少，有界
	反正切函数： $y=\arctan x$	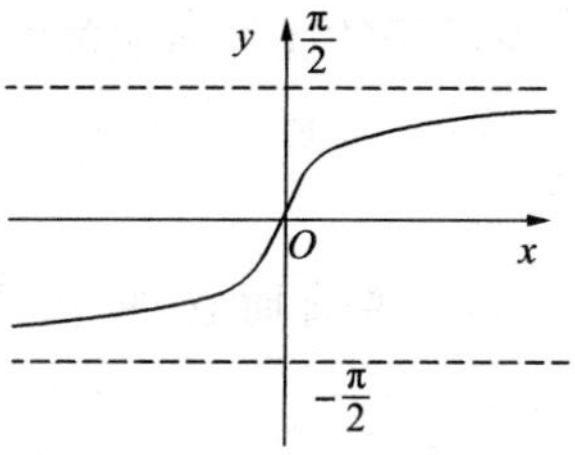	$x\in(-\infty,+\infty)$，$y\in\left(-\frac{\pi}{2},\frac{\pi}{2}\right)$，奇函数，单调增加，有界，$y=\pm\frac{\pi}{2}$为两条水平渐近线
	反余切函数： $y=\operatorname{arccot} x$	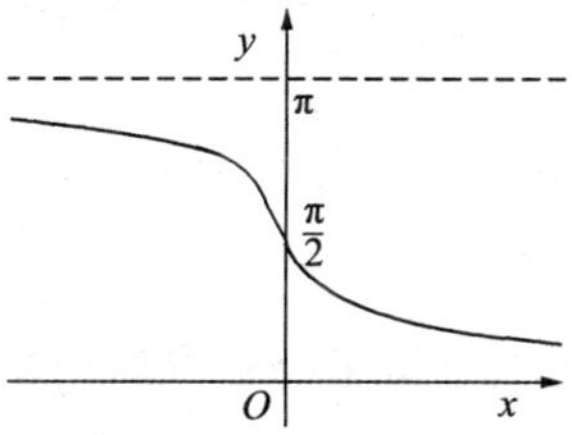	$x\in(-\infty,+\infty)$，$y\in(0,\pi)$，单调减少，有界，$y=0$，$y=\pi$为两条水平渐近线

二、常用的三角函数公式

平方关系：$\sin^2 x+\cos^2 x=1$，$1+\tan^2 x=\sec^2 x$，$1+\cot^2 x=\csc^2 x$.

倒数关系：$\tan x=\frac{1}{\cot x}$，$\sec x=\frac{1}{\cos x}$，$\csc x=\frac{1}{\sin x}$.

商式关系：$\tan x=\frac{\sin x}{\cos x}$，$\cot x=\frac{\cos x}{\sin x}$.

三、常用的反三角函数公式

$\arcsin x+\arccos x=\frac{\pi}{2}$；

$\arctan x+\operatorname{arccot} x=\frac{\pi}{2}$.

1.1.4 复合函数

若 y 是 u 的函数 $y=f(u)$，而 u 又是 x 的函数 $u=\varphi(x)$，且 $\varphi(x)$ 的函数值全体都包

含在 $f(u)$ 的定义域内，那么，对每一个定义域中的 x 值通过 $u=\varphi(x)$ 有确定的 u 值与之对应，而这个对应的 u 值又通过 $y=f(u)$ 得到确定的 y 值与之对应，因而对每一个 x 值都有确定的 y 值与之对应，按照函数的定义，自变量 x 与因变量 y 之间就构成了函数关系. 我们称此函数是由函数 $y=f(u)$ 及 $u=\varphi(x)$ 复合而成的函数，简称复合函数，记作 $y=f[\varphi(x)]$，其中 x 称为自变量，u 称为中间变量，y 称为因变量.

说明：(1)并不是任何两个函数都可以复合成一个复合函数.

例如，$y=\arcsin u, u=x^2+2$，就不能复合成一个复合函数，因为 $u=x^2+2$ 的函数值域为 $u\geqslant 2$，不在函数 $y=\arcsin u$ 的定义域 $[-1,1]$ 内.

(2)复合函数可以有多个中间变量.

例如，函数 $y=\ln u, u=\tan v, v=\dfrac{x}{2}$，可以复合为复合函数 $y=\ln\left(\tan\dfrac{x}{2}\right)$. 其中，$u,v$ 都是中间变量.

实际问题中的函数大多是由基本初等函数复合而成的新函数，理解复合函数的复合过程是后面我们学习微积分学的基础.

例 1.1 判断下列函数是由哪几个简单函数复合而成的？

(1) $y=\ln\sin x$　　(2) $y=\cos\sqrt{x+1}$　　(3) $y=e^{\sin 2x}$

解 (1)令 $u=\sin x$，则 $y=\ln u$.

于是 $y=\ln\sin x$ 是由 $y=\ln u, u=\sin x$ 复合而成的.

(2)令 $v=x+1, u=\sqrt{v}$，则 $y=\cos u$.

所以 $y=\cos\sqrt{x+1}$ 是由 $y=\cos u, u=\sqrt{v}, v=x+1$ 复合而成的.

(3)令 $v=2x, u=\sin v$，则 $y=e^u$.

所以 $y=e^{\sin 2x}$ 是由 $y=e^u, u=\sin v, v=2x$ 复合而成的.

1.1.5 反函数

为了理解反函数的概念，我们设想去集贸市场买豆腐，设定豆腐的售价为2元/斤，那么购买 x 斤豆腐的计算价格可以写为 $y=2x$，若给出购买数量，不难计算需要支付的钱数. 现在假定购买者只带了 2.8 元，希望全部买成豆腐. 销售者需要计算能买多少，即问题变为了已知 y 值，来确定 x 的大小. 由已知函数关系 $y=f(x)=2x$，求得 $x=\dfrac{y}{2}=\dfrac{2.8}{2}=1.4$(斤).

我们把由 $f^{-1}(y)=\dfrac{y}{2}$ 定义的函数 f^{-1}(念作"f 逆")称为函数 f 的反函数. 由 y 值的大小确定 x 的值，称为函数运算的逆运算，这一过程等价于求原函数 $y=f(x)$ 的逆函数 $x=f^{-1}(y)$.

反函数定义的一般描述：设有函数 $y=f(x)$，若变量 y 在函数的值域内任取一值 y_0 时，变量 x 在函数的定义域内必有唯一值 x_0 与之对应，即 $f(x_0)=y_0$，那么变量 x 可以视为变量 y 的函数，用 $x=f^{-1}(y)$ 来表示，称为函数 $y=f(x)$ 的反函数. 相应的函数 $y=f(x)$ 称为直接函数. 习惯上，自变量一般用 x 表示，因变量用 y 表示，因此将 $x=f^{-1}(y)$ 中的 x 与 y 互换，从而 $y=f(x)$ 的反函数一般表示为 $y=f^{-1}(x)$.

说明：(1)在同一个坐标系中，由直接函数 $y=f(x)$ 解出 $x=f^{-1}(y)$，它们是同一函数，其函数的图形是同一条曲线，而 $y=f^{-1}(x)$ 与 $y=f(x)$ 的图形是关于直线 $y=x$ 对称的.

(2)若直接函数 $y=f(x)$ 的定义域是 D，值域是 W，则它的反函数 $y=f^{-1}(x)$ 的定义域是 W，值域是 D.

(3)单调函数必有反函数，并且互为反函数的两个函数的单调性是相同的.

(4)若函数 $f(x)$ 与函数 $f^{-1}(x)$ 互为反函数，则 $f(f^{-1}(x))=x$，$f^{-1}(f(x))=x$.

例如：$\sin\arcsin x=x$，$\cos\arccos x=x$，$\tan\arctan x=x$，$\cot\operatorname{arccot} x=x$.

1.1.6　初等函数

由基本初等函数经过有限次四则运算或有限次复合所构成的，并能用一个数学表达式表示的函数，统称为初等函数.

初等函数的本质仍然是一个函数. 为了研究需要，今后经常要将一个给定的初等函数看成由若干个简单函数经过四则运算或复合而成的形式. 简单函数是指基本初等函数，或由基本初等函数经过有限次四则运算或复合而成的函数.

1.1.7　常见函数

一、分段函数

分段函数是在定义域的不同部分用不同的公式来定义的函数. 例如符号函数(见图 1-2)：

$$y=\begin{cases}1, & x>0\\ 0, & x=0\\ -1, & x<0\end{cases}$$

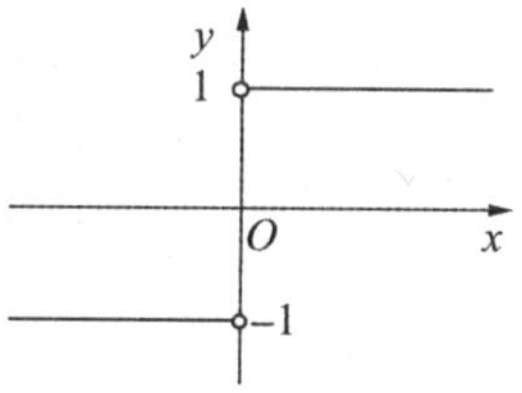

图 1-2　符号函数

二、隐函数

如果在方程 $F(x,y)=0$ 中，当 x 取某区间内的任一值时，相应地总有满足这方程的唯一的 y 值存在，那么就说方程 $F(x,y)=0$ 在该区间内确定了一个隐函数. 例如上半单位圆：$x^2+y^2=1(y\geqslant 0)$，如图 1-3 所示.

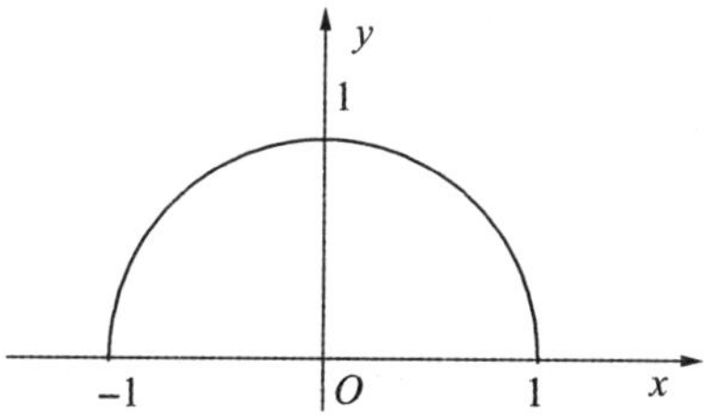

图 1-3　上半单位圆

三、参数方程

以抛射问题的轨迹曲线为例，如把轨迹曲线上的坐标点分量视作运动时间的函数，则轨迹曲线可描述为参数方程形式

$$\begin{cases}x=\varphi(t)\\ y=\varphi(t)\end{cases}$$

称此类函数关系所表达的函数为由参数方程所确定的函数.

四、极坐标方程

极坐标与直角坐标一样,都是为了表示点在空间位置而引入的一种坐标参照系.

极坐标系的建立:在平面内取一个定点 O(称为极点),引一条射线 Ox(称为极轴),再选定一个长度单位和角度的正方向(通常取逆时针方向).对于平面内任何一点 M,用 ρ 表示线段 OM 的长度,θ 表示从 Ox 到 OM 的角度,ρ 叫作点 M 的极径,θ 叫作点 M 的极角,有序数对 (ρ,θ) 就叫作点 M 的极坐标,这样建立的坐标系叫作极坐标系.

在极坐标系下描述的曲线方程称作极坐标方程,通常表示为 ρ 为自变量 θ 的函数. 例如阿基米德螺线方程:$\rho=\rho_0+a\theta$.

五、有界函数

设函数 $f(x)$ 的定义域为 D,数集 $X\subset D$,若存在一个正数 M,使得对一切 $x\in X$,都有 $|f(x)|\leqslant M$, 则称函数 $f(x)$ 在 X 内有界;若不存在这样的正数 M,则称函数 $f(x)$ 在 X 内无界. 例如 $y=\arctan x$ 在 $(-\infty,+\infty)$ 内有界.

若函数 $f(x)$ 在 X 内有界,则函数 $y=f(x)$ 的图形在直线 $y=-M$ 和 $y=M$ 之间.

习题 1.1

1. 求下列函数的定义域.

(1) $y=\sqrt{x-2}+\dfrac{1}{x^2-9}$　　(2) $y=\sqrt{\dfrac{1+x}{1-x}}$

(3) $y=\ln(1-x)+\sqrt{x+2}$　　(4) $y=\arcsin\dfrac{x-1}{2}$

2. 确定下列函数的奇偶性.

(1) $f(x)=x^2\sin x$　　(2) $f(x)=3x^2-\cos x$　　(3) $f(x)=\ln\dfrac{1-x}{1+x}$

3. 下列函数是由哪几个简单函数复合而成的?

(1) $y=\sin x^3$　　(2) $y=\arccos\dfrac{1}{x}$　　(3) $y=\cos\sqrt{x}$

(4) $y=\ln\tan 3x$　　(5) $y=\sin^2(1+2x)$　　(6) $y=(3+x+2x^2)^3$

(7) $y=\sqrt{\ln 2x}$　　(8) $y=\mathrm{e}^{-x^2}$　　(9) $y=\ln\ln\sin x$

1.2　函数表达式的确定

函数是从数量关系的角度描述运动变化规律的数学概念,如把自变量的取值看作是系统的输入,把因变量的对应值看作是系统的输出,则函数就是描述输入输出之间的定量关系的数学模型. 以物理学中的自由落体运动、抛射运动、弹性形变等为例,其变化曲线千变万化,函数的表达式也各不相同,那么如何才能确定其函数表达式呢? 自然界与社会、经济生活中存在各种各样的互为关联的量,分析这些量与量之间的关系,并建立其反映定量关系的函数表达式,是一个建立数学模型的过程. 一般而言,建立一元函数模型需要首先识别出存在关联的两个量,然后依据假设、自然规律(公理、定律)或数据实验观察结果确立这两个量的相互依存关系并建立函数表达形式,最后根据实验数据确定函数表达式中的系数或常数值并检验函数曲线与实际曲线的拟合效果,以验证其正确性.

1.2.1 利用几何公理确定函数

例 1.2 (圆面积的计算)设圆半径为 r,相应圆的面积为 S,则由已知的几何公理可得知二者之间的函数关系为:$S=\pi r^2$.

1.2.2 分段函数的确定

例 1.3 (个人所得税计算)

第十一届全国人民代表大会常务委员会第二十一次会议决定对《中华人民共和国个人所得税法》作如下修改:

一、第三条第一项修改为:"工资、薪金所得,适用超额累进税率,税率为百分之三至百分之四十五".

二、第六条第一款第一项修改为:"工资、薪金所得,以每月收入额减除费用三千五百元后的余额,为应纳税所得额."

个人所得税税率(工资、薪金所得适用)见表 1-2.

表 1-2　工资、薪金所得适用个人所得税七级超额累进税率表

级数	全月应纳税所得额(含税所得额)	税率(%)	速算扣除数(元)
一	不超过 1500 元	3	0
二	超过 1500 元至 4500 元	10	105
三	超过 4500 元至 9000 元	20	555
四	超过 9000 元至 35000 元	25	1005
五	超过 35000 元至 55000 元	30	2755
六	超过 55000 元至 80000 元	35	5505
七	超过 80000 元	45	13505

采用超额累进税率计税时,为了简化计算也可采用速算扣除数法. 速算扣除数实际上是在级距和税率不变条件下,全额累进税率的应纳税额比超额累进税率的应纳税额多纳的一个常数. 因此,在超额累进税率条件下,用全额累进的计税方法,只要减掉这个常数,就等于用超额累进方法计算的应纳税额,故称速算扣除数. 请建立个人所得税的函数.

解 速算扣除数的计算公式是:

本级速算扣除数=上一级最高所得额×(本级税率-上一级税率)+上一级速算扣除数.

第 1 级速算扣除数:0;

第 2 级速算扣除数:$1500\times(10\%-3\%)+0=105$;

第 3 级速算扣除数:$4500\times(20\%-10\%)+105=555$;

第 4 级速算扣除数:$9000\times(25\%-20\%)+555=1005$;

第 5 级速算扣除数：$35000\times(30\%-25\%)+1005=2755$；

第 6 级速算扣除数：$55000\times(35\%-30\%)+2755=5505$；

第 7 级速算扣除数：$80000\times(45\%-35\%)+5505=13505$.

应纳税额 y=工资、薪金所得 $x\times$适用税率－速算扣除数，函数计算公式如下：

$$y=\begin{cases}0, & x\leqslant 3500\\ x\times 3\%, & 3500<x\leqslant 5000\\ x\times 10\%-105, & 5000<x\leqslant 8000\\ x\times 20\%-555, & 8000<x\leqslant 12500\\ x\times 25\%-1005, & 12500<x\leqslant 38500\\ x\times 30\%-2775, & 38500<x\leqslant 58500\\ x\times 35\%-5505, & 58500<x\leqslant 83500\\ x\times 45\%-13505, & x>83500\end{cases}$$

以月收入 6000 元为例，按上述计算公式可得应纳税额为：

$$6000\times 10\%-105=495(\text{元})$$

1.2.3　隐函数方程的确定

例 1.4　求平面上到两定点 $A(-8,0)$，$B(-2,0)$ 距离之比为 $2:1$ 的点的轨迹.

解　假设 $M(x,y)$ 为平面上轨迹曲线的任意一点，则由欧氏距离的定义有 M 到 A，B 两点的距离为

$$|AM|=\sqrt{(x+8)^2+y^2},\ |BM|=\sqrt{(x+2)^2+y^2}$$

由题意知

$$|AM|=2|BM|$$

即

$$(x+8)^2+y^2=4[(x+2)^2+y^2]$$

化简得

$$x^2+y^2=16$$

1.2.4　参数方程的确定

例 1.5　(圆的渐开线方程)

把一条没有弹性的细绳绕在一个定圆上，拉开绳子的一端并拉直，使绳子与圆周始终相切，则绳子端点的运动轨迹形成一条曲线，称为圆的渐开线，这个定圆称为基圆. 为了描述这条曲线的轨迹方程，设基圆圆心位于坐标原点 O，圆半径为 r，细绳外端的初始端点为 A，有向直线 OA 为 x 轴，建立平面直角坐标系. 设 $M(x,y)$ 是圆的渐开线上的任意一点，MB 为基圆的切线，B 为切点，记 $\angle AOB=\varphi$(弧度)，以 φ 为参数，如图 1-4 所示.

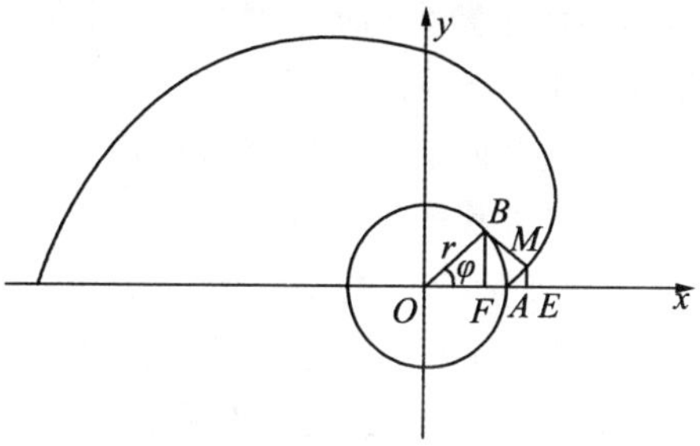

图 1-4 圆的渐开线

分别过 B,M 点作 x 轴的垂线，交 x 轴于 F,E 点，则 $OF=r\cos\varphi, FE=BM\cdot\sin\varphi=r\varphi\sin\varphi$，所以

$$x=r(\cos\varphi+\varphi\sin\varphi)$$

同理，$BF=r\sin\varphi, ME=BF-BM\cdot\cos\varphi=r(\sin\varphi-\varphi\cos\varphi)$.

所以圆的渐开线的参数方程是

$$\begin{cases}x=r(\cos\varphi+\varphi\sin\varphi)\\ y=r(\sin\varphi-\varphi\cos\varphi)\end{cases}$$

1.2.5 极坐标方程的确定

例 1.6 （阿基米德螺线）

阿基米德螺线亦称“等速螺线”. 当一点 P 沿动射线 OP 以等速率 $a\omega$ 运动的同时，该射线又以等角速度 ω 绕点 O 旋转，点 P 的轨迹称为“阿基米德螺线”.

以 O 点为极点，射线 OP 为极轴，以点 P 的旋转方向为 θ 的正方向，点 P 的坐标为 $(\rho_0,0)$，则由题意知 $\begin{cases}\rho=\rho_0+a\omega\cdot t\\ \theta=\omega\cdot t\end{cases}$，所以 $\rho=\rho_0+a\theta$.

阿基米德螺线在凸轮设计，车床卡盘设计，涡旋弹簧、螺纹、蜗杆设计中应用较多. 一些喷淋冷却塔所用的螺旋喷嘴喷出喷淋液的运动轨迹也为阿基米德螺线.

1.2.6 曲线拟合

在实际科学研究与社会、经济、工程实践中，能够直接利用数学上的公理或科学定律确定函数关系表达式的问题极为有限，大部分问题需要实验或观测统计分析来近似确定，在无法确定其变化机理的情况下，通常找一条与实际观测曲线近似的曲线来逼近，此时所求得的函数表达式实际上是一个经验公式或近似函数. 这一方法是常用的数据建模方法，我们称之为最小二乘数据拟合方法.

最小二乘数据拟合的基本思想是：利用化工实验、工程测量等测得许多离散的实验数据 $\{(x_i,y_i),i=1,2,\cdots,n\}$，寻找一条由初等函数的组合形式表达的连续光滑曲线 $f(x)$ 来近似拟合观测数据，使得拟合函数 $f(x)$ 在观测点 x_i 的函数值 $f(x_i)$ 充分靠近观测值 $y_i,i=1,2,\cdots,n$. 利用最小二乘方法进行曲线拟合的目的是求取近似函数表达式中的系数项，特别地，若 $f(x)$ 的表达式是关于自变量的线性函数或可以化为线性函数的形式，那么其系数的确定就可以用中学学过的线性回归方法来求解.

利用回归方法拟合曲线的一般步骤：

1. 绘制散点图，选择合适的曲线类型.

2. 进行适当的变量变换，把拟合函数化为直线方程形式.

3. 利用线性回归的方法，确定方程的系数项.

4. 将直线方程转换为关于原变量 x,y 的函数表达式，并计算或作图比较拟合程度，分析函数近似效果，如不满意可调整函数的表达式并重复执行上述过程.

相关理论和方法，及其 MATLAB 实验技巧将在后面的章节中进行介绍.

习题 1.2

1. 一台机器的价值是 50 万元，如果每年的折旧率为 4.5%(即每年减少它的价值的 4.5%)，经过 n 年后机器的价值是 Q 万元. 试写出 Q 与 n 的函数关系式.

2. 下表摘自于中国邮政信函资费表，试写出资费函数 y(元)与信函重量 x(克，$x\leqslant 300$)的函数关系.

表 1-3　　国内普通邮件资费

项目	计费单位	资费标准(外埠)
信函	首重 100 克内，每重 20 克(不足 20 克按 20 克计)	1.20 元
	续重 101～2000 克，每重 100 克(不足 100 克按 100 克计)	2.00 元

3. 如图 1-5 所示，以原点为圆心，分别以 $a,b(a>b>0)$ 为半径作两个圆，点 B 是大圆半径 OA 与小圆的交点，过点 A 作 $AN\perp Ox$，垂足为 N，过点 B 作 $BM\perp AN$，垂足为 M，求当半径 OA 绕点 O 旋转时 M 的轨迹的参数方程.

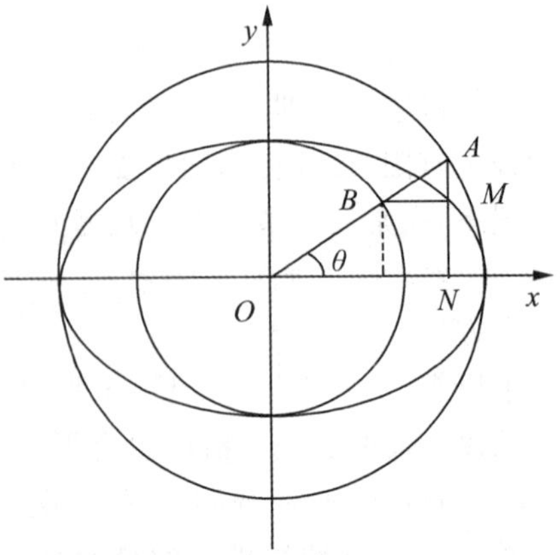

图 1-5

1.3 常见的经济函数

1.3.1 需求函数

在经济学中，需求是指在一定价格条件下，消费者愿意并且有能力支付购买的商品数量.消费者对某种商品的需求是由多种因素决定的，其中商品的价格是影响需求的一个主要因素.假设其他条件不变(如消费者的收入、偏好以及其他替代商品的价格等)，把商品的需求量 Q_d 仅看成是其价格 p 的函数，这个函数就称为需求函数，记作

$$Q_d=f(p),\quad p>0$$

从需求的特征来看，需求函数一般是减函数.降价使需求量增加，涨价使需求量减少.需求函数的图像称为需求曲线.需求曲线是单调下降的.

常用的需求函数有如下几种类型：

(1)线性函数

$$Q_d=a-bp(a,b>0)$$

(2)二次函数(抛物线型)

$$Q_d=a-bp-cp^2(a>0,b\geqslant 0,c>0)$$

(3)指数函数

$$Q_d=Ae^{-bp}(A>0,b>0)$$

(4)幂函数

$$Q_d=\alpha p^{-\beta}(\alpha>0,\beta>0)$$

对具体问题，可根据实际情况确定需求函数的类型及其中的参数.

在经济学中，需求函数常以反函数的形式 $p=f^{-1}(Q_d)$ 给出，需求函数的反函数也称为需求函数，有时也称为价格函数.

例 1.7 市场上售出的某种衬衫的件数 Q_d 是价格 p 的线性函数.当价格 p 为 50 元一件时，可售出 1500 件；当价格 p 为 60 元一件时，可售出 1200 件.试确定需求函数和价格函数.

解 设需求线性函数为

$$Q_d=a-bp$$

其中 $a,b>0$ 为待定系数.

根据题意，有

$$\begin{cases}1500=a-50b\\1200=a-60b\end{cases}$$

解之得 $a=3000,b=30$.

于是所求需求函数为

$$Q_d=3000-30p$$

从而得其价格函数为

$$p=100-\frac{Q_d}{30}$$

1.3.2　供给函数

在经济学中,供给是指在一定价格条件下,商品生产者或企业愿意并能够出售的商品数量.供给也是由多种因素决定的,其中最主要的也是商品的自身价格.因此,在分析时,通常假定其他条件(如生产中的投入成本、技术状况、销售者对其他商品及未来的价格的预测等)保持不变,把供给量 Q_s 仅看作是价格 p 的函数,这个函数称为供给函数,记作

$$Q_s=g(p),\quad p>0$$

从供给的特征来看,商品的价格低,生产者不愿生产(或者企业不愿供给商品),供给就少;商品的价格高,生产者愿意生产(或者企业愿意供给商品),则供给就多.因此,供给函数一般为单调递增函数.供给函数的反函数 $p=g^{-1}(Q_s)$ 也称为供给函数.供给函数的图像称为供给曲线.供给曲线是单调上升的.

常用的供给函数有如下几种类型:

(1)线性函数

$$Q_s=-c+dp(c,d>0)$$

(2)二次函数

$$Q_s=-a+bp+cp^2(a>0,b\geqslant 0,c>0)$$

(3)指数函数

$$Q_s=a\mathrm{e}^{kp}-b(a>0,k>0,b>0)$$

供给函数的形式很多,它与市场组织、市场状况及成本函数有密切关系.

例 1.8　当鸡蛋收购价为每千克 4.5 元时,某收购站每月能收购 5000 千克.若收购价每公斤提高 0.1 元,则收购时可增加 400 千克,求鸡蛋的线性供给函数.

解　设鸡蛋的线性供给函数为

$$Q_s=-c+dp$$

其中,$c,d>0$ 为待定系数.

根据题意有

$$\begin{cases}5000=-c+4.5d\\5400=-c+4.6d\end{cases}$$

解得 $d=4000,c=13000$,即所求供给函数为

$$Q_s=-13000+4000p$$

当市场上的需求量与供给量相等时,需求关系与供给关系之间达到某种均衡,这时的商品价格 $\bar{p}$ 和需求量(或供给量)$\bar{Q}$ 分别称为均衡价格和均衡数量.假设需求曲线 $Q_d=f(p)$ 和供给曲线 $Q_s=g(p)$ 的交点为 $(\bar{p},\bar{Q})$,则 $\bar{p},\bar{Q}$ 分别是均衡价格和均衡数量,该点 $(\bar{p},\bar{Q})$ 称为均衡点,如图 1-6 所示.

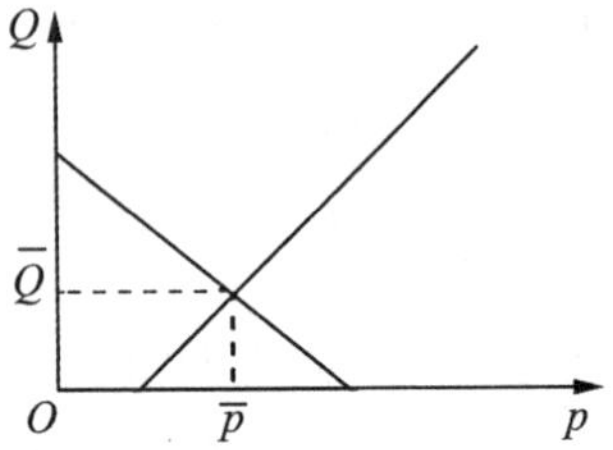

图 1-6

例如,若取需求函数为 $Q_d=f(p)=a-bp$,供给函数为 $Q_s=g(p)=-c+dp$,则均衡价格 $\bar{p}$ 应使供给和需求相等,即 $Q_d=Q_s$,从而有

$$a-b\bar{p}=-c+d\bar{p}$$

故得均衡价格为

$$\bar{p}=\frac{a+c}{b+d}$$

均衡数量为

$$\overline{Q}=a-b\,\bar{p}=\frac{ad-bc}{b+d}$$

例 1.9 设某商品的需求函数为

$$Q_{\mathrm{d}}=f(p)=53-2p^2$$

供给函数为

$$Q_{\mathrm{s}}=g(p)=p-2$$

试确定该商品的均衡价格、均衡数量.

解 由供需均衡条件 $Q_{\mathrm{d}}=Q_{\mathrm{s}}$ 可得

$$53-2p^2=p-2$$

解得 $p_1=-5.5$(价格一般不取负值,故舍去),$p_2=5$.

所以该商品的均衡价格为 $\bar{p}=5$,由此得均衡数量为 $\overline{Q}=3$.

该商品的均衡点是(5,3),如图 1-7 所示.当价格低于 5 时需求大于供给;当价格高于 5 时,供给大于需求.

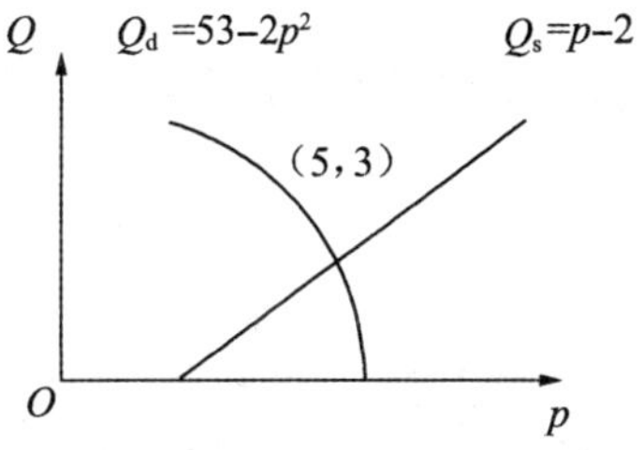

图 1-7

1.3.3 收益函数

总收益是指生产者出售一定数量的产品所得到的全部收入.收益与产品的价格及销售数量有关.当产品的单位售价为 p,销售量为 Q 时,总收益函数为:

$$R=pQ$$

为处理方便,常常假定产销平衡,其含义是供给量、需求量、销售量是统一的,即 $Q_{\mathrm{s}}=Q_{\mathrm{d}}=Q$.这时,若已知该商品的需求函数为 $Q_{\mathrm{d}}=f(p)$,则易知 $p=f^{-1}(Q_{\mathrm{d}})$,在供需平衡意义下,总收益函数可以表示为:

$$R=R(Q)=pQ=f^{-1}(Q_{\mathrm{d}})\cdot Q=f^{-1}(Q)\cdot Q$$

例 1.10 某工厂生产某产品,年产量为 Q 台,每台售价为 250 元,当年产量在 600 台以内时,可以全部售出.经广告宣传后又可再多售出 200 台,每台平均广告费 20 元.若再多生产,本年就销不出去了.试建立本年的销售总收入 R 与年产量 Q 之间的函数关系.

解 当 $0\leqslant Q\leqslant 600$ 时,

$$R(Q)=250Q$$

当 $600<Q\leqslant 800$ 时,

$$R(Q)=250\times 600+(250-20)\times(Q-600)=230Q+12000$$

当 $Q>800$ 时,

$$R(Q)=250\times 600+230\times 200=196000$$

则所求函数关系为

$$R(Q)=\begin{cases}250Q, & 0\leqslant Q\leqslant 600\\ 230Q+12000, & 600<Q\leqslant 800\\ 196000, & Q>800\end{cases}$$

平均收益是指销售一定量的商品时，每单位商品所得的平均收入，即每单位商品的平均售价. 平均收益函数记作 AR，即

$$AR=\frac{\text{总收益}}{\text{销量}}=\frac{R(Q)}{Q}$$

1.3.4 成本函数

讲到收益，不能不提成本，它们往往是密切联系的. 总成本是指生产一定数量的产品所耗费的经济资源或费用的总和. 根据成本与产量的关系，一般总成本可分为固定成本与可变成本两部分. 固定成本是指与产量规模无关的成本，如设备维修费、场地租赁费等，用 C_0 表示. 可变成本随产量的变化而变化，如原材料费、动力费、人员工资等，记作 $C_1(Q)$，其中 Q 为产量. 从而，总成本 C 可表示为

$$C=C(Q)=C_0+C_1(Q),\quad Q\geqslant 0$$

平均成本是指在总产量为 Q 时平均每个单位产品的成本，记作 AC. 按平均成本的含义，应有

$$AC=\frac{C(Q)}{Q},\quad Q\geqslant 0$$

例 1.11 已知某产品的成本 C 是产量 Q 的线性函数，而当 $Q=2000$ 时，$C=9000$；当 $Q=4400$ 时，$C=12600$. 求当 $Q=5600$ 时的成本是多少？

解 设总成本函数为 $C=C_0+kQ$.

由题意有

$$\begin{cases}C_0+2000k=9000\\ C_0+4400k=12600\end{cases}$$

两式相减得

$$k=\frac{12600-9000}{4400-2000}=1.50$$

所以 $C_0=9000-1.50\times 2000=6000$.

即成本函数为 $C=C(Q)=6000+1.50Q$.

当 $Q=5600$ 时，总成本为

$$C(5600)=6000+1.50\times 5600=14400(\text{元})$$

1.3.5 利润函数

利润是一个企业所追求的主要目标之一. 一般地，总利润记为 L. 总利润是总收益与总成本之差，显然总利润是产量(或销售量)Q 的函数. 即

$$L=L(Q)=R(Q)-C(Q)$$

例 1.12 (盈亏平衡点)

某混凝土公司是该地区唯一的供应混凝土的垄断企业. 企业的混凝土需求函数为 $p=110-4Q$，公司的固定成本为 400，每生产一个单位的混凝土需增加 10 个单位的成本，

该公司的最大生产能力为 18 个单位，给出其总利润函数并计算盈亏平衡点处的产量及价格.

解 由题意知，收入函数为

$$R(Q)=pQ=110Q-4Q^2$$

成本函数为

$$C(Q)=400+10Q$$

该公司的利润函数为

$$L(Q)=R(Q)-C(Q)=-4Q^2+100Q-400(0\leqslant Q\leqslant 18)$$

令 $L(Q)=0$，得盈亏平衡时的产量 $Q=5$，$Q=20$(舍去)，此时价格 $p=90$.

注：上述仅是厂商或消费者所面临一个商品时的相关函数，当厂商生产多种不同的产品时，成本、收入和利润均为各产品产量的多元函数.

习题 1.3

1. 填空题

(1)假设某种产品的供给函数和需求函数分别为 $Q_s(p)=12p-4$，$Q_d(p)=8-4p$，则该产品的均衡价格为________，均衡数量为________，均衡点是________.

(2)某工厂生产某产品，每日最多生产 100 单位. 它的日固定成本为 130 元，生产一个单位产品的可变成本为 6 元，则该厂日总成本函数为________________，平均成本函数为________.

(3)若需求函数由 $p+Q=1$ 给出，则总收益函数为________；若出售 $\frac{1}{2}$ 单位，则其价格为________；若出售 $\frac{1}{3}$ 单位，则总收益为________.

(4)某厂生产某种产品的总成本函数与总收益函数分别为 $C(Q)=5Q+200$ 和 $R(Q)=10Q-0.01Q^2$，则利润 L 与产量 Q 的函数关系为____________.

2. 某种型号的数码相机的供给量 Q 是价格 p 的线性函数. 当价格为 4000 元时，有 40000 架投放市场；当价格为 5000 元时，有 80000 架投放市场. 试写出该种型号的数码相机的供给函数，并作出供给函数的图形.

3. 假设某种产品的供求规律分别由下列方程 $Q-6p=-12$ 和 $Q+2p=40$ 给出. 试求：

(1)该产品的均衡价格和均衡数量；

(2)供给函数 $Q_s(p)$，需求函数 $Q_d(p)$，供给反函数 $p_s(Q)$，需求反函数 $p_d(Q)$.

4. 假设生产和销售某产品的收益 R 是产量 Q 的二次函数. 经统计得知，当产量 Q 分别为 0,2,4 时，总收入 R 分别为 0,6,8 万元. 试确定 R 与 Q 之间的函数关系.

5. 某工厂的某产品，年产量为 Q 台，每台售价为 100 元，当年产量超过 800 台，超过的部分只能以 9 折的价格销售，这样可以多售出 200 台. 再多生产，无法售出. 试写出本年的收益函数.

6. 在公路运输中规定每千克每千米的运价为：在 50 千米之内(包括 50 千米)，每千米为 k 元，超过 50 千米，每增加 1 千米为 $\frac{4}{5}k$ 元. 试写出总运费 y(元)和运程 s(km)之间的函数关系.

7. 已知某产品的需求函数为 $Q=60-2.5p$，求：

(1) 总收益函数及生产 10 个单位产品时的总收益；

(2) 平均收益函数及生产 10 个单位产品时的平均收益.

1.4 数学实验与 MATLAB

数学中的计算问题在实际求解时由于需要很多技巧，或算式繁复，故大多费事耗力甚至难以解决. 而借助于计算机上的数学软件，如 MATLAB, Mathematica, Maple 等，可以很方便地完成这些工作.

1.4.1 符号函数的建立和运算

一、变量和表达式的计算

设 a,b 分别为两个变量或表达式，则 MATLAB 基本运算符见表 1-4.

表 1-4　MATLAB 基本运算符

运算符	数学表达式	MATLAB 表达式	MATLAB 示例
加法："＋"	$a+b$	a＋b	3＋2
减法："－"	$a-b$	a－b	3－2
乘法："*"	$a\times b$	a * b	3 * 2
左除："\"	$a\backslash b$ 或 $b\div a$	a\b	3\2
右除："/"	a/b 或 $a\div b$	a/b	1/2
幂："^"	a^b	a ^ b	2 ^ 3

如在 MATLAB 命令窗口中输入：

```
>> (12+2*(7-4))/3^2
ans=
    2
```

再如求$\sqrt{\frac{1}{1+e^{\sin^2(\frac{\pi}{10})}}}$，可运行如下 MATLAB 命令：

```
>> 1/sqrt(1+exp(sin(pi/10)^2))
ans=
    0.6900
```

或运行命令：

```
>> sqrt(1+exp(sin(pi/10)^2))\1
```

得到的计算结果相同.

注：(1) ans 是 MATLAB 系统默认的变量符号，任何表达式的赋值如不指定变量即默认 ans.

(2) MATLAB 软件中还有一些内置的常量，见表 1-5.

表 1-5　　部分常量的 MATLAB 表示

数学常量	MATLAB 表示
π	pi
∞	inf
e	exp(1)

(3) i 或 j 通常表示 MATLAB 内置的虚数单位.

二、MATLAB 常用函数

MATLAB 的常用内部数学函数见表 1-6.

表 1-6　　MATLAB 的常用内部数学函数

名称	MATLAB 表达式	含义
指数函数	exp(x)	以 e 为底数
对数函数	log(x)	自然对数，即以 e 为底数的对数
	log10(x)	常用对数，即以 10 为底数的对数
	log2(x)	以 2 为底数的对数
开方函数	sqrt(x)	表示 x 的算术平方根
绝对值函数	abs(x)	表示实数的绝对值以及复数的模

续表

名称	MATLAB 表达式	含义
三角函数(弧度)	sin(x)	正弦函数
	cos(x)	余弦函数
	tan(x)	正切函数
	cot(x)	余切函数
	sec(x)	正割函数
	csc(x)	余割函数
反三角函数	asin(x)	反正弦函数
	acos(x)	反余弦函数
	atan(x)	反正切函数
	acot(x)	反余切函数
	asec(x)	反正割函数
	acsc(x)	反余割函数
	sech(x)	双曲正割函数
	csch(x)	双曲余割函数

三、符号函数的建立

(1) sym 函数

sym 函数用来建立单个符号变量.

调用格式:符号量名=sym('符号字符串')

功能:该函数可以建立一个符号变量,符号字符串可以是常量、变量、函数或表达式.

(2) subs 函数

subs 函数用来在一符号表达式中进行符号替换.

调用格式:R=subs(S, old, new)

功能说明:old 是用来指定要替换的符号变量(可以省略), new 是新的变量或数值.

例如:定义函数 $y=\sin x+\cos x$,并求函数 y 在 $x=0$ 处的函数值.

```
>> sym x   %定义符号变量
>>y=sym('sin(x)+cos(x)')   %定义函数表达式
y=cos(x)+sin(x)
>>subs(y,x,0)   %求函数 y 在函数 x=0 处的函数值
ans=
    1
```

注:%是 MATLAB 语言注释符号,其含义是在其后面的文字或字符均为注释文字,为非执行命令.

(3)syms 函数

sym 函数一次只能定义一个符号变量,使用不方便. MATLAB 提供了另一个函数 syms,一次可以定义多个符号变量.

调用格式：syms 符号变量名 1　符号变量名 2　… 符号变量名 n

功能说明:用这种格式定义符号变量时不要在变量名上加字符串分界符(′),变量间用空格而不用逗号分隔.

例如:定义函数 $y=a\sin x+b\cos x$,并求函数 y 在 $x=0$ 处的函数值.

```
>>syms a b x
>>y=a * sin(x)+b * cos(x);
>>subs(y,x,0)
ans=
    b
```

(4)利用菜单创建 function 定义函数

利用 MATLAB 主窗口菜单创建 M 函数十分简单,如图 1-8 所示,点击 MATLAB 主窗口左上侧的“File”菜单,选定“New”、“Function”选项,即可打开 M 函数编辑窗口,如图 1-9 所示.

M 函数定义格式:function 输出参数列表＝函数名(输入参数列表)

{函数体}

end

功能说明:由函数体定义的函数以指定的函数名命名,创建完成后以与函数名同名的文件名保存,则 M 函数文件即告完成. 调用方式与其他 MATLAB 内部函数一样直接在命令窗口下调用即可.

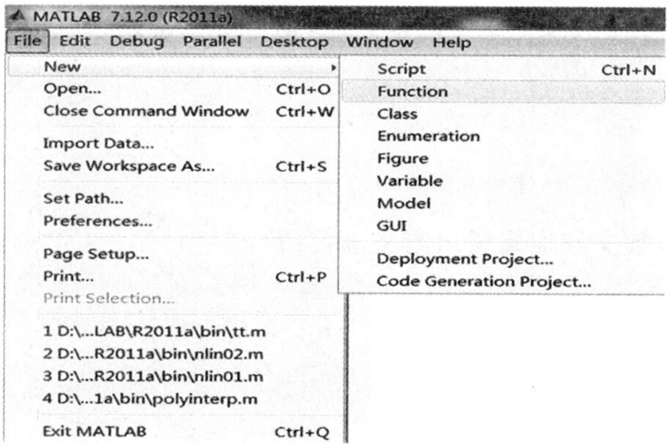

图 1-8　利用 MATLAB 主窗口菜单创建 M 函数

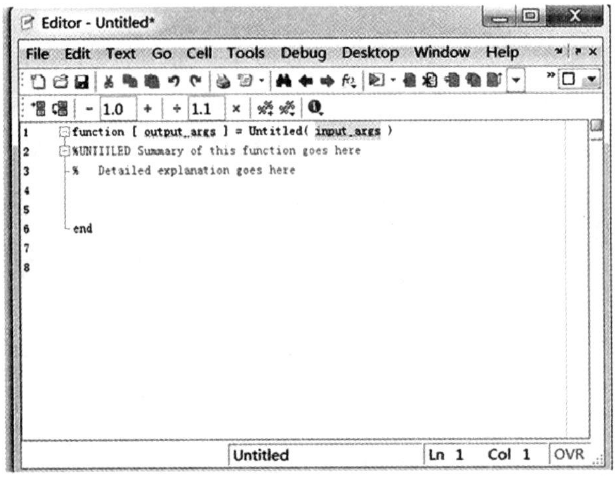

图 1-9　M 函数编辑窗口

例如：利用 M 函数编辑窗口定义函数：$f1(x)=\sin x+\cos x$. 首先进入 M 函数编辑窗口，并输入：

```
function y=f1(x)
y=sin(x)+cos(x);
end
```

然后点击窗口左上侧的“File”，另保存为同名的 f1.m 文件. 调用该函数时，输入：

```
>>syms x
>>f1(x)
ans=
    cos(x)+sin(x)
```

若求函数 $f1(x)$ 在函数 $x=0$ 处的函数值，则可直接键入：

```
>>f1(0)
ans=
    1
```

再如，利用 M 函数文件编辑窗口定义函数：$f(x)=\begin{cases} x^2, & x\geqslant 0 \\ x, & x<0 \end{cases}$，输入：

```
function y=fd(x)
y=x^2*(x>=0)+x*(x<0);
end
```

另存为 fd.m 文件，即可定义完成. 也可以采用条件控制语句形式定义，如

```
function y=fd(x)
  if x>=0
      y=x^2;
  else
      y=x;
  end
```

```
end
```

现以 1.2.2 节中的个人所得税函数为例，编写 M 函数文件如下：

```
function  y=gs(x)
if  x<=3500
    y=0;
  else if  3500<x & x<=5000
        y=0.03*x;
      else if  5000<x&x<=8000
            y=0.1*x-105;
          else if  8000<x&x<=12500
                y=0.2*x-555;
              else if  12500<x&x<=38500
                    y=0.25*x-1005;
                  else if  385000<x&x<=58500
                        y=0.3*x-2775;
                      else if  585000<x&x<=83500
                            y=0.35*x-5505;
                          else
                              y=0.45*x-13505;
                          end
                      end
                  end
              end
          end
      end
  end
end
```

保存为 gs.m 文件. 若某职工月收入 6000 元，则其应缴纳税额为：

```
>>gs(6000)
ans=
     495
```

1.4.2 函数图像的绘制

一、plot 函数

plot 函数作图是通过描点、连线来实现的，故在画一个曲线图形之前，必须先取得该图形上的一系列的点的坐标(即横坐标和纵坐标)，然后将该点集的坐标传给 MATLAB 函数画图.

调用格式:plot(X,Y,S)

功能说明:X,Y 是向量，分别为已知点的横坐标和纵坐标，命令 plot(X,Y,S)描绘该点集所表示的曲线,S 为图形选项，可以指定“线型”“颜色”“标记”及“线宽”等.

例 1.13　在$[0,2\pi]$上用红线画 $y=\sin x$ 的图像.

解　MATLAB 命令如下：

```
>>x=linspace(0,2*pi,30);
>>y=sin(x);
>>plot(x,y,'r')
```

运行结果如图 1-10 所示.

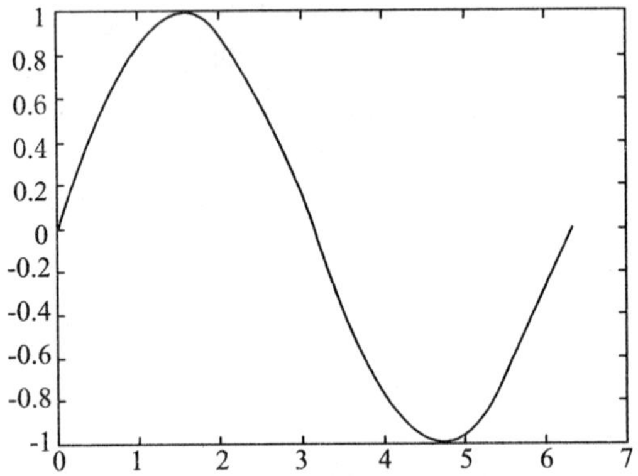

图 1-10　正弦函数图

二、ezplot 函数

ezplot 函数作图是 MATLAB 利用符号函数(显函数、隐函数和参数方程)直接画图.

调用格式Ⅰ:ezplot('f(x)',[a,b])

功能说明：表示在 $a\leqslant x\leqslant b$ 内绘制显函数 $y=f(x)$的函数图.

调用格式Ⅱ：ezplot('f(x)',[a,b,c,d])

功能说明:表示在区域范围 $a\leqslant x\leqslant b,c\leqslant y\leqslant d$ 内绘制隐函数 $f(x,y)=0$ 的图形.

调用格式Ⅲ:ezplot('x(t)','y(t)',[tmin,tmax])

功能说明:表示在区间 $t_{\min}\leqslant t\leqslant t_{\max}$绘制参数方程$\begin{cases}x=x(t)\\y=y(t)\end{cases}$的图形.

例 1.14　在$[0,2\pi]$上画 $y=\cos x$ 的图像.

解　MATLAB 命令如下：

```
>>ezplot('cos(x)',[0,2*pi])
```

绘图结果如图 1-11 所示.

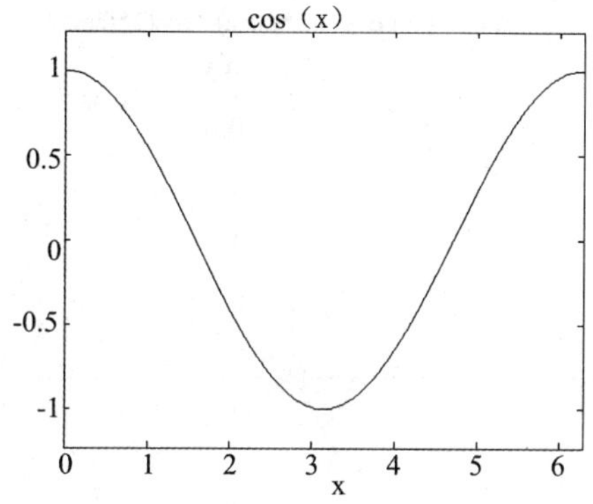

图 1-11　余弦函数图

例 1.15　在$[0,2\pi]$上画 $x=\cos^3 t, y=\sin^3 t$ 星形图.

解　MATLAB 命令如下:

```
>>ezplot('cos(t)^3','sin(t)^3',[0,2*pi])
```

运行结果如图 1-12 所示.

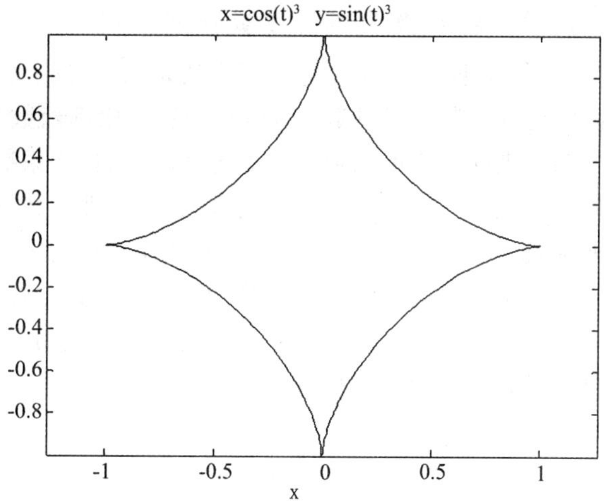

图 1-12　参数方程绘图

三、polar 函数

polar 函数用于绘制极坐标图形.

调用格式:polar (theta,rho,S)

功能说明:用角度 theta(弧度表示)和极半径 rho 作极坐标图,用 S 指定线型.

例 1.16　绘制 $r=\sin 2\theta\cos 2\theta$ 的极坐标图像.

解　MATLAB 命令如下:

```
>>theta=linspace(0,2*pi);
>>rho=sin(2*theta)*cos(2*theta);
>>polar(theta,rho,'g')
>>title('Polar plot of sin(2*theta)*cos(2*theta)');
```

运行结果如图 1-13 所示.

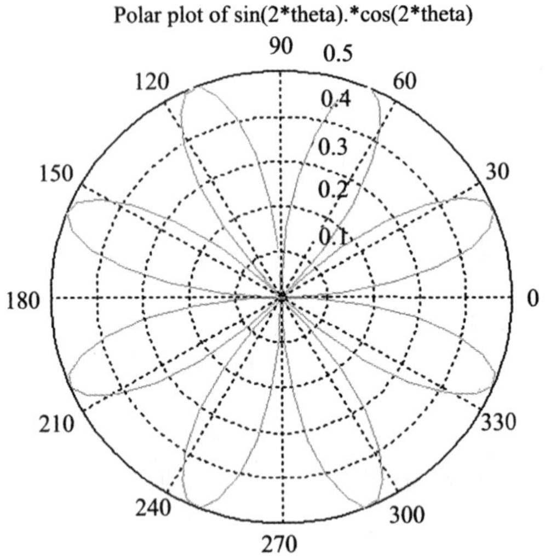

图 1-13 极坐标图

1.4.3 用 MATLAB 解函数曲线的参数识别问题

利用观测数据建立函数模型时,无论是分析机理还是依靠经验观察,最终形式应为一个函数表达式,如种群问题的指数增长函数、S 型增长函数、比例函数等,这些函数基本形式确定后,会存在一个函数表达式中的系数项的确定问题.当待定系数的个数与给定观测点的个数相同时,比较容易想到的求解方法是待定系数方法,即把数据点的值代入函数表达式,求解待定系数即可,但是这种方法只适用于系数项为线性形式的函数表达式,若待定系数项为非线性形式时,求解就会发生一定困难.此外,依据数据建立函数表达式,一般数据点的个数远远多于待识别的系数的个数,通常解决这类问题的方法是最小二乘方法.该方法的具体介绍将放在第 4 章介绍,此处只给出 MATLAB 解决方法.

1. 线性最小二乘拟合

在 MATLAB 的线性最小二乘拟合中,用的较多的是多项式 $f(x)=a_m x^m+a_{m-1}x^{m-1}+\cdots+a_1x+a_0$ 拟合.

调用格式:A=polyfit(x,y,m)

功能说明:输出拟合多项式系数 $A=[a_m,a_{m-1},\cdots,a_1,a_0]$(数组),$X$,$Y$ 输入同长度的数组,m 为拟合多项式次数.

例 1.17 对下面一组数据作二次多项式拟合:

x_i	0	0.1	0.2	0.3	0.4	0.5	0.6	0.7	0.8	0.9	1
y_i	−0.447	1.978	3.28	6.16	7.08	7.43	7.66	9.56	9.48	9.30	11.2

解 在 MATLAB 命令窗口下输入以下命令:

x=0:0.1:1; %观测点横坐标

y=[−0.447 1.978 3.28 6.16 7.08 7.34 7.66 9.56 9.48 9.30 11.2]; %观测点纵

坐标,即观测值

```
A=polyfit(x,y,2)   %利用观测数据 x,y,求 2 次拟合多项式.输出多项式系数
z=polyval(A,x);   %求以 A 为系数的多项式在 x 处的函数值
plot(x,y,'*',x,z)   %作拟合效果对照图
```

执行结果为:

```
A=
   -9.8108    20.1293    -0.0317
```

即函数 $f(x)=-9.8108x^2+20.1293x-0.0317$.绘图结果如图 1-14 所示.

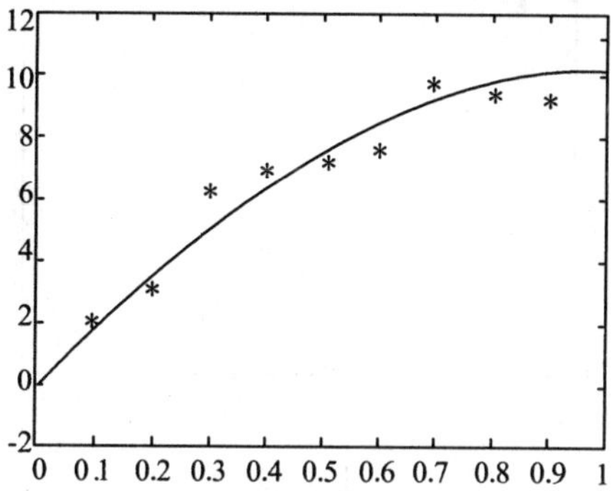

图 1-14 二次多项式拟合效果对照图

二、非线性最小二乘拟合

MATLAB 提供了非线性最小二乘拟合的函数 lsqcurvefit.

调用格式:

```
x=lsqcurvefit ('fun',x0,xdata,ydata)
```

fun 是一个事先建立的定义函数 F(x,xdata) 的 M 函数文件,自变量为 x 和 xdata,x0 是迭代初值,xdata,ydata 是已知数据.

例 1.18 用下面一组数据拟合 $y=ae^{-bx}+ce^{-dx}$ 中的参数 a,b,c,d.

x_i	0	0.1	0.2	0.3	0.4	0.5	0.6	0.7	0.8	0.9	1
y_i	4.0000	2.8297	2.0183	1.4524	1.0550	0.7739	0.5773	0.4290	0.3242	0.2473	0.1903

解 先编写 M 文件 fun.m.

```
function y=fun(x,xdata)
        y=x(1)*exp(-x(2)*xdata)+x(3)*exp(-x(4)*xdata);
end
```

主程序输入以下命令:

```
xdata=0:0.1:1;
ydata=[4.0000  2.8297  2.0183  1.4524  1.0550  0.7739  0.5773  0.4290  0.3242  0.2473  0.1903];
x0=[0.1 0.1 0.1 0.1];
x=lsqcurvefit('fun',x0,xdata,ydata)
```

```
z=fun(x,xdata);
plot(xdata,ydata,'*',xdata,z)
```

执行结果为:

x=1.9812　3.2801　1.9812　3.2801

所以 $y=1.9812e^{-3.2801x}+1.9812e^{-3.2801x}$. 绘图结果如图 1-15 所示.

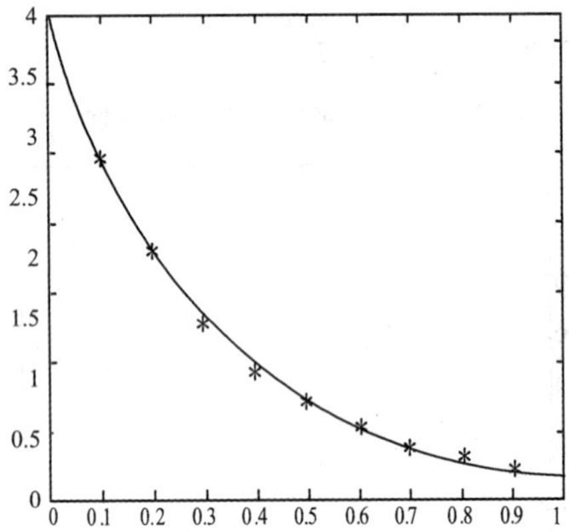

图 1-15　非线性拟合效果图

习题 1.4

1. 利用 MATLAB 计算下列数值:

(1) $\dfrac{100}{1-e^{-2}}$　　(2) $\dfrac{\sin\dfrac{\pi}{3}}{\log_2 3}$　　(3) $\arccos(1-\sqrt[3]{2})$

2. 利用 MATLAB 作出下列函数的图像:

(1) $y=\dfrac{\sin x}{x}$, $x\in(-\pi,\pi)$.

(2) 圆的渐开线的参数方程 $\begin{cases} x=2(\cos\varphi+\varphi\sin\varphi) \\ y=2(\sin\varphi-\varphi\cos\varphi) \end{cases}$.

(3) 极坐标方程 $\rho=1+\theta$.

3. 用下面一组数据拟合 $y(x)=a+be^{-0.02kx}$ 中的参数 a, b, k.

x_i	100	200	300	400	500	600	700	800	900	1000
$y_i\times10^3$	4.54	4.99	5.35	5.65	5.90	6.10	6.26	6.39	6.50	6.59

总习题 1

1. 单项选择题

(1)已知 $f(\sin x)=\cos 2x$,则 $f(x)=$(　　)

A. $1-x^2$　　B. $1-2x^2$　　C. $1+2x^2$　　D. $2x^2-1$

(2)设 $f(x^2+1)=x^4+5x^2+3$,则 $f(x^2-1)=$(　　)

A. x^4-x^2-3　　B. x^4+x^2+3　　C. x^4-x^2+3　　D. x^4+x^2-3

2. 某商店以每件 a 元的价格出售某种商品,但若顾客一次购买 50 件以上,则超出 50 件的部分打 9 折.试将一次成交的销售收入 R 表示成销售量 Q 的函数.

3. 已知某商品的需求函数和供给函数分别为 $Q_d=14-1.5p$,$Q_s=-5+4p$,求商品的均衡价格 p_0.

第 2 章　极限与连续

极限是描述数列或函数在自变量无限趋近某个数值时数列或函数值的逼近趋势或曲线变化形态的一个非常重要的数学概念. 连续性是描述函数曲线光滑程度的另一个重要的数学概念. 极限与连续概念是微积分学的基础和推理工具. 极限概念是从常量到变量，从有限到无限，即从初等数学过渡到高等数学的关键.

极限概念和其他数学概念一样，也是从实际问题中抽象出来的.

极限的思想源远流长，在国内外不同时期的有关著作中曾不止一次出现. 如中国古代哲学家庄子(约公元前 355—前 275 年，另一说公元前 369—前 286 年)在《天下篇》中写道："一尺之棰，日取其半，万世不竭". 意思是说：一尺长的棍子，第一天取去一半，第二天取去剩下的一半，以后每天都取去剩下的一半，这样永远也取之不尽. 此例已隐含了朴素的极限思想. 魏晋时期的数学家刘徽(公元 3 世纪)的"割圆术"记载：中术"割之弥细，所失弥少. 割之又割，以至不可割，则与圆周合体，而无所失矣". 意思是说，设给定半径为 1 尺的圆，从圆内接正 6 边形开始，每次把边数加倍，屡次用勾股定理，求出正 12 边形、正 24 边形……，逐次加倍，则内接正多边形的面积(或周长)逐次逼近圆面积(或周长).

极限的"ε-δ"定义使极限概念摆脱了依赖几何直观的缺陷，清除了"无限趋近""想要多小就多小"等不精确性，使得极限概念严密化，成为微积分学的坚实的基础工具，此定义至今仍普通沿用.

连续性是从极限概念中引申出来的一个重要概念，它是事物变化中某种"连续"现象在数学中的描述. 连续性概念的数学描述，就是其几何图形是连接不断的曲线. 虽然像连续性这样一个基本概念和处理方法是由直观的迫切需要而产生的，但是为了使它具有某种合乎逻辑的定义，必须使之进一步精确化. 自古以来，关于连续地变化、生长和运动的直观概念，一直在向科学的见解挑战. 但是直到 17 世纪，当现代科学同微积分密切相关地产生并迅速发展起来的时候，才开辟了理解连续变化的道路.

牛顿、莱布尼兹建立了微积分学，但是都没能清楚地理解，也没有严格定义这一基本概念，因此他们曾招致各种批评指责. 为了回答批评者，莱布尼兹于 1687 年提出连续性的哲学原理"在任何假定的向任何终点的过渡中，允许制定一个普遍的推论，使最后的终点也可以包括过去"，但这不是今天的数学公理.

2.1　极　限

在解决许多问题时，都会在最后遇到"精确"与"近似"的矛盾. 而这一对矛盾的解决都是通过“无限趋近”的转化过程来实现的，这是一个具有重要意义的步骤. 这种无限趋近的过程，就是数学中所说的“取极限”的过程，而这个过程实质上就是一个变量在它的变化过程中趋向于一个常量的问题.

在实际生活中，有很多这样的例子. 例如，把刚锻好的工件放到冷水中去淬火，工件温度逐渐下降，水的温度逐渐上升，最后两个温度都趋向于一个不变的温度. 又如钳工师傅用平锉加工圆形工件，先粗锉成一个近似于圆的多边形，再用细锉把角锉去，锉的次数越多，工件形状随着多边形的边数增加而不断变化，就越来越趋向于圆.

以上所述的变量趋向于一个常量的过程，就叫作极限过程. 下面我们分数列极限和函数极限两种情况来介绍.

2.1.1　数列的极限

定义 2.1　按照一定次序排列的一列数称为一个数列，记作$\{x_n\}$. 其中，第 n 项 x_n 称为数列的一般项或通项；n 为正整数，称为下标.

例如：

(1)$1,\frac{1}{2},\frac{1}{3},\cdots,\frac{1}{n},\cdots$

(2)$2,\frac{3}{2},\frac{4}{3},\cdots,\frac{n+1}{n},\cdots$

(3)$-1,1,-1,1,\cdots,(-1)^n,\cdots$

(4)$1,2,3,\cdots,n,\cdots$

这四个数列的一般项依次为$\frac{1}{n},\frac{n+1}{n},(-1)^n,n$. 下面我们来分析一下这几个数列的变化趋势：

数列(1)随着项数 n 的无限增大，x_n 的值越来越小，而且越来越趋近于常数 0.

数列(2)随着项数 n 的无限增大，$x_n=\frac{n+1}{n}$无限接近常数 1.

数列(3)的各项由 1，-1 交替出现，随着项数 n 的无限增大，x_n 的值不断在 1 和 -1 之间摆动.

数列(4)随着项数 n 的无限增大，x_n 的值无限增大.

观察上述各数列可见，数列(1)(2)随着项数 n 的无限增大，数列的一般项 x_n 趋于一个确定常数 A；数列(3)(4)随着项数 n 的无限增大，数列的一般项 x_n 并没有趋于一个确定常数 A. 这样便从直观上得出了数列极限的概念.

定义 2.2　设有数列$\{x_n\}$，如果当 n 无限增大时，数列的通项 x_n 无限地接近于某一确定的常数 A，则称当 $n\to\infty$时数列$\{x_n\}$以 A 为极限，或称数列$\{x_n\}$收敛于 A，记作

$$\lim_{n\to\infty}x_n=A \quad 或 \quad x_n\to A(n\to\infty)$$

如果数列$\{x_n\}$没有极限，就说数列$\{x_n\}$是发散的.

由定义可知，上述数列中，(1)(2) 两数列是收敛的，且$\lim\limits_{n\to\infty}\frac{1}{n}=0$，$\lim\limits_{n\to\infty}\frac{n+1}{n}=1$；(3)(4) 两数列是发散的，即极限$\lim\limits_{n\to\infty}(-1)^n$，$\lim\limits_{n\to\infty}n$ 不存在.

2.1.2 函数的极限

类似于数列极限，可以推广到函数极限. 研究函数极限时，我们常会遇到自变量在以下两种情况下的变化趋势.

一、$x\to\infty$ 时，函数 $f(x)$ 的极限

定义 2.3 设函数 $f(x)$ 在 $|x|>a(a>0)$ 时有定义，如果当 $x\to\infty$（自变量 $|x|$ 无限增大）时，函数 $f(x)$ 无限趋近于某一确定的常数 A，则称当 $x\to\infty$ 时，函数 $f(x)$ 的极限为 A，记作

$$\lim_{x\to\infty}f(x)=A \quad 或 \quad f(x)\to A(x\to\infty)$$

否则称当 $x\to\infty$ 时，函数 $f(x)$ 极限不存在.

这里 $x\to\infty$，指的是 x 沿着 x 轴向正、负两个方向趋于无穷大. 若 x 取正值且无限增大，记作 $x\to+\infty$；若 x 取负值且绝对值无限增大，记作 $x\to-\infty$.

定义 2.4 设函数 $f(x)$ 在 $[a,+\infty)(a>0)$ 上有定义，如果当 $x\to+\infty$ 时，函数 $f(x)$ 无限趋近于某一确定的常数 A，则称当 $x\to+\infty$ 时，函数 $f(x)$ 的极限为 A，记作

$$\lim_{x\to+\infty}f(x)=A \quad 或 \quad f(x)\to A(x\to+\infty)$$

定义 2.5 设函数 $f(x)$ 在 $(-\infty,a](a>0)$ 上有定义，如果当 $x\to-\infty$ 时，函数 $f(x)$ 无限趋近于某一确定的常数 A，则称当 $x\to-\infty$ 时，函数 $f(x)$ 的极限为 A. 记作

$$\lim_{x\to-\infty}f(x)=A \quad 或 \quad f(x)\to A(x\to-\infty)$$

例 2.1 讨论极限 $\lim\limits_{x\to\infty}\dfrac{1}{x}$.

解 作出 $y=\dfrac{1}{x}$ 的图像，如图 2-1 所示.

由图 2-1 可见，当 $|x|$ 无限增大时，函数 $y=\dfrac{1}{x}$ 的值与 $A=0$ 无限接近，所以 $\lim\limits_{x\to\infty}\dfrac{1}{x}=0$.

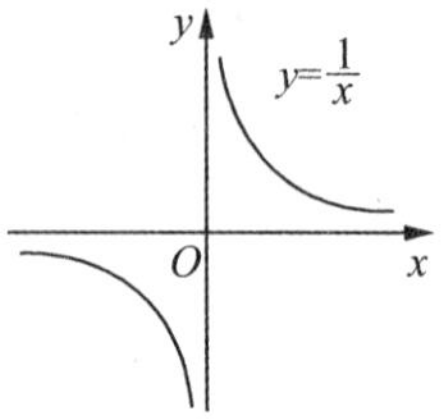

图 2-1

例 2.2 求 $\lim\limits_{x\to+\infty}\arctan x$，$\lim\limits_{x\to-\infty}\arctan x$.

解 $\lim\limits_{x\to+\infty}\arctan x=\dfrac{\pi}{2}$；$\lim\limits_{x\to-\infty}\arctan x=-\dfrac{\pi}{2}$.

定理 2.1 极限 $\lim\limits_{x\to\infty}f(x)$ 存在且等于 A 的充分必要条件是极限 $\lim\limits_{x\to+\infty}f(x)$ 与 $\lim\limits_{x\to-\infty}f(x)$ 都存在且等于 A，即

$$\lim_{x\to\infty}f(x)=A\Leftrightarrow\lim_{x\to+\infty}f(x)=\lim_{x\to-\infty}f(x)=A$$

由例 2.2 我们知道，$\lim\limits_{x\to+\infty}\arctan x$ 和 $\lim\limits_{x\to-\infty}\arctan x$ 存在但不相等，所以 $\lim\limits_{x\to\infty}\arctan x$ 不存在.

二、$x\to x_0$ 时，函数 $f(x)$ 的极限

先考察如下例子：

例 2.3　讨论当 $x\to 1$ 时，$f(x)=\dfrac{x^2-1}{x-1}$ 的变化趋势.

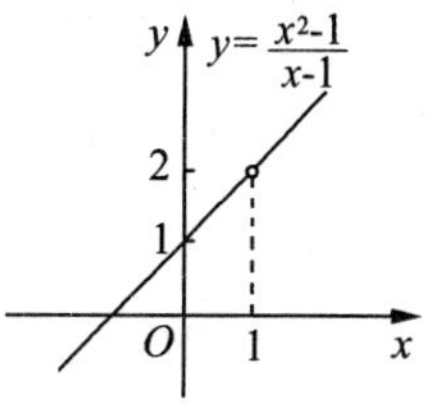

图 2-2

解　作出 $f(x)=\dfrac{x^2-1}{x-1}$ 的图像，如图 2-2 所示.

注意到此函数在 $x=1$ 处没有定义，而当 $x\neq 1$ 时，$f(x)=\dfrac{x^2-1}{x-1}=x+1$.

不难看出，当 $x\to 1(x\neq 1)$ 时，函数 $f(x)$ 无限地趋近于 2. 此时我们称 $x\to 1$ 时，$f(x)=\dfrac{x^2-1}{x-1}$ 以 2 为极限.

一般地，有如下定义：

定义 2.6　设函数 $y=f(x)$ 在点 x_0 的某去心邻域内有定义，如果当 x 无限趋近于 x_0（但 $x\neq x_0$）时，函数 $f(x)$ 无限趋近于某一确定的常数 A，则称当 $x\to x_0$ 时，函数 $f(x)$ 的极限为 A，记作

$$\lim_{x\to x_0} f(x)=A \quad 或 \quad f(x)\to A(x\to x_0)$$

这里，x 从 x_0 点的两侧同时趋于 x_0，记作 $x\to x_0$.

有时我们只考虑 x 从 x_0 的左侧无限趋近于 x_0（记作 $x\to x_0^-$）或只考虑 x 从 x_0 的右侧无限趋近于 x_0（记作 $x\to x_0^+$）时函数的变化趋势，于是引出左、右极限的概念.

三、左、右极限

定义 2.7　设函数 $y=f(x)$ 在点 x_0 的某左邻域有定义，如果当 $x\to x_0^-$ 时，函数 $f(x)$ 无限趋近于某一确定的常数 A，则称 A 为函数 $f(x)$ 当 $x\to x_0$ 时的左极限，记作

$$\lim_{x\to x_0^-} f(x)=A \quad 或 \quad f(x_0-0)=A$$

定义 2.8　设函数 $y=f(x)$ 在点 x_0 的某右邻域有定义，如果当 $x\to x_0^+$ 时，函数 $f(x)$ 无限趋近于某一确定的常数 A，则称 A 为函数 $f(x)$ 当 $x\to x_0$ 时的右极限，记作

$$\lim_{x\to x_0^+} f(x)=A \quad 或 \quad f(x_0+0)=A$$

根据 $x\to x_0$ 时函数 $f(x)$ 的极限定义和左、右极限的定义，容易证明下面定理：

定理 2.2　极限 $\lim\limits_{x\to x_0} f(x)$ 存在且等于 A 的充分必要条件是极限 $\lim\limits_{x\to x_0^-} f(x)$ 与 $\lim\limits_{x\to x_0^+} f(x)$ 都存在且等于 A，即

$$\lim_{x\to x_0} f(x)=A \Leftrightarrow \lim_{x\to x_0^-} f(x)=\lim_{x\to x_0^+} f(x)=A$$

例 2.4　设函数 $f(x)=\begin{cases} x-1, & x<0 \\ 0, & x=0 \\ x+1 & x>0 \end{cases}$，试讨论 $\lim\limits_{x\to 0} f(x)$ 是否存在.

解　因为 $\lim\limits_{x\to 0^-} f(x)=\lim\limits_{x\to 0^-}(x-1)=-1$，$\lim\limits_{x\to 0^+} f(x)=\lim\limits_{x\to 0^+}(x+1)=1$，$\lim\limits_{x\to 0^-} f(x)\neq \lim\limits_{x\to 0^+} f(x)$，所以 $\lim\limits_{x\to 0} f(x)$ 不存在.

例 2.5　设 $f(x)=\begin{cases}x, & x\leqslant 1\\ 2x+1, & x>1\end{cases}$，试讨论 $\lim\limits_{x\to 1}f(x)$ 是否存在.

解　因为 $\lim\limits_{x\to 1^-}f(x)=\lim\limits_{x\to 1^-}x=1$，$\lim\limits_{x\to 1^+}f(x)=\lim\limits_{x\to 1^+}(2x+1)=3$，$\lim\limits_{x\to 1^-}f(x)\neq\lim\limits_{x\to 1^+}f(x)$，所以 $\lim\limits_{x\to 1}f(x)$ 不存在.

2.1.3　极限的性质

性质 2.1(唯一性)　若极限 $\lim\limits_{x\to x_0}f(x)$ 存在，则极限唯一.

性质 2.2(局部有界性)　若极限 $\lim\limits_{x\to x_0}f(x)$ 存在，则函数 $f(x)$ 在 x_0 的某个去心邻域有界.

简言之，有极限的函数必为局部有界函数.

性质 2.3(局部保号性)　若极限 $\lim\limits_{x\to x_0}f(x)=A$，且 $A>0$(或 $A<0$)，则在 x_0 的某个去心邻域内恒有 $f(x)>0$(或 $f(x)<0$).

推论 2.1　若极限 $\lim\limits_{x\to x_0}f(x)=A$，且 $f(x)\geqslant 0$(或 $f(x)\leqslant 0$)，则在 x_0 的某个去心邻域内恒有 $A\geqslant 0$(或 $A\leqslant 0$).

性质 2.4(夹逼定理)　若在点 x_0 的某去心邻域内，有 $f(x)\leqslant h(x)\leqslant g(x)$，且 $\lim\limits_{x\to x_0}f(x)=\lim\limits_{x\to x_0}g(x)=A$，则 $\lim\limits_{x\to x_0}h(x)=A$.

上述性质当 $x\to\infty$ 时也同样成立.

习题 2.1

1. 求 $\lim\limits_{x\to+\infty}\left(\frac{1}{4}\right)^x$ 和 $\lim\limits_{x\to-\infty}4^x$.

2. 判断 $\lim\limits_{x\to 0}\mathrm{e}^{\frac{1}{x}}$ 是否存在.

3. 判断函数 $f(x)=2^{\frac{1}{x}}$ 在 $x=0$ 处的极限是否存在.

4. 设 $f(x)=\begin{cases}x, & x<3\\ 3x-1, & x\geqslant 3\end{cases}$，讨论当 $x\to 3$ 时 $f(x)$ 的左、右极限.

5. 设 $f(x)=\begin{cases}x+a, & x>0\\ \mathrm{e}^{-\frac{1}{x}}+3, & x<0\end{cases}$，若极限 $\lim\limits_{x\to 0}f(x)$ 存在，求常数 a 的值.

2.2　极限的运算

利用极限的定义可以验证和计算一些简单函数的极限. 本节讨论极限的求法，主要是介绍极限的四则运算法则、复合函数的极限运算法则和两个重要极限，利用这些法则，可以求更多函数的极限. 在以后的章节中我们还将介绍求极限的其他方法.

在下面的讨论中，符号lim下面没有标明自变量的变化过程，意思是指下面的各定理

对于函数当 $x\to x_0$，$x\to x_0^-$，$x\to x_0^+$，$x\to\infty$，$x\to+\infty$，$x\to-\infty$时的极限都是成立的.

2.2.1　极限的四则运算法则

定理 2.3　在自变量的同一变化过程中，设$\lim f(x)=A$，$\lim g(x)=B$，则有

(1)$\lim[f(x)\pm g(x)]=\lim f(x)\pm\lim g(x)=A\pm B$；

(2)$\lim[f(x)\cdot g(x)]=\lim f(x)\cdot\lim g(x)=A\cdot B$；

(3)若$\lim g(x)\neq 0$，则$\lim\dfrac{f(x)}{g(x)}=\dfrac{A}{B}$.

特别地，若 C 为常数，则有

(1)$\lim Cf(x)=C\lim f(x)$；

(2)$\lim[f(x)]^n=[\lim f(x)]^n$($n$ 为自然数).

定理 2.3 中的(1)(2)可以推广至有限多个函数的情形，结论仍然成立.

例 2.6　求$\lim\limits_{x\to 2}(4x^2-3x+6)$.

解　$\lim\limits_{x\to 2}(4x^2-3x+6)=\lim\limits_{x\to 2}4x^2-\lim\limits_{x\to 2}3x+\lim\limits_{x\to 2}6=4\times 2^2-3\times 2+6=16$.

由此例可知，当 $x\to x_0$ 时，多项式 $a_0x^n+a_1x^{n-1}+\cdots+a_{n-1}x+a_n$ 的极限值就是这个多项式在点 x_0 处的函数值，即

$$\lim_{x\to x_0}(a_0x^n+a_1x^{n-1}+\cdots+a_{n-1}x+a_n)=a_0x_0^n+a_1x_0^{n-1}+\cdots+a_{n-1}x_0+a_n$$

例 2.7　求$\lim\limits_{x\to 2}\dfrac{2x^2+x}{x+1}$.

解　$\lim\limits_{x\to 2}\dfrac{2x^2+x}{x+1}=\dfrac{\lim\limits_{x\to 2}(2x^2+x)}{\lim\limits_{x\to 2}(x+1)}=\dfrac{\lim\limits_{x\to 2}2x^2+\lim\limits_{x\to 2}x}{\lim\limits_{x\to 2}x+\lim\limits_{x\to 2}1}=\dfrac{10}{3}$.

例 2.8　求$\lim\limits_{x\to 2}\dfrac{x^2-4}{x-2}$.

解　当 $x\to 2$ 时，分母的极限是 0，不能直接运用上面的极限运算法则. 而当 $x\to 2$ 时，$x\neq 2$，因此可以将非零公因式 $x-2$ 约去后变成 $x+2$，从而求出函数的极限：

$$\lim_{x\to 2}\frac{x^2-4}{x-2}=\lim_{x\to 2}\frac{(x-2)(x+2)}{x-2}=\lim_{x\to 2}(x+2)=4$$

例 2.9　求$\lim\limits_{x\to 1}\dfrac{x^2+2x-3}{x^2+x-2}$.

解　$\lim\limits_{x\to 1}\dfrac{x^2+2x-3}{x^2+x-2}=\lim\limits_{x\to 1}\dfrac{(x-1)(x+3)}{(x-1)(x+2)}=\lim\limits_{x\to 1}\dfrac{x+3}{x+2}=\dfrac{4}{3}$.

例 2.10　求$\lim\limits_{x\to 0}\dfrac{\sqrt{x^2+9}-3}{x^2}$.

解　$\lim\limits_{x\to 0}\dfrac{\sqrt{x^2+9}-3}{x^2}=\lim\limits_{x\to 0}\dfrac{(x^2+9)-9}{x^2(\sqrt{x^2+9}+3)}=\lim\limits_{x\to 0}\dfrac{1}{\sqrt{x^2+9}+3}=\dfrac{1}{6}$.

在求极限时，经常会遇到分子分母的极限均为 0 的情形，我们把它记作“$\dfrac{0}{0}$”型. 对于这种类型的极限，通常采用的方法有：提取公因式法、因式分解法、分式有理化法，找出并消去分子、分母公共的零因子.

2.2.2　复合函数的极限运算法则

定理 2.4　设函数 $y=f[g(x)]$ 是由函数 $y=f(u)$ 与函数 $u=g(x)$ 复合而成，若

(1) $\lim\limits_{x\to x_0}g(x)=u_0$ 且在 x_0 的某去心邻域内 $g(x)\neq u_0$，

(2) $\lim\limits_{u\to u_0}f(u)=A$，

则 $\lim\limits_{x\to x_0}f[g(x)]=\lim\limits_{u\to u_0}f[u]=A$.

例 2.11　求 $\lim\limits_{x\to 3}\sqrt{\dfrac{x^2-9}{x-3}}$.

解　$y=\sqrt{\dfrac{x^2-9}{x-3}}$ 是由 $y=\sqrt{u}$ 与 $u=\dfrac{x^2-9}{x-3}$ 复合而成的.

因为 $\lim\limits_{x\to 3}\dfrac{x^2-9}{x-3}=6$，所以 $\lim\limits_{x\to 3}\sqrt{\dfrac{x^2-9}{x-3}}=\lim\limits_{u\to 6}\sqrt{u}=\sqrt{6}$.

例 2.12　已知生产 x 对汽车挡泥板的成本是 $C(x)=10+\sqrt{1+x^2}$（美元），每对的销售价格为 5 美元.

(1)试求汽车挡泥板的单位利润增长额的极限，并分析其意义；

(2)求平均成本的极限，并分析其意义.

解　(1)根据题意，销售 x 对汽车挡泥板的收入为 $R(x)=5x$，此时的利润为

$$L(x)=R(x)-C(x)=5x-10-\sqrt{1+x^2}$$

销售 $x+1$ 对的收入为 $R(x+1)=5(x+1)$，此时的利润为

$$\begin{aligned}L(x+1)&=5(x+1)-10-\sqrt{1+(x+1)^2}\\&=5x-5-\sqrt{1+(x+1)^2}\end{aligned}$$

由此得单位利润增长额为

$$I(x)=L(x+1)-L(x)=5+\sqrt{1+x^2}-\sqrt{1+(x+1)^2}$$

因为

$$\lim_{x\to\infty}(\sqrt{1+x^2}-\sqrt{1+(x+1)^2})=\lim_{x\to\infty}\frac{1+x^2-[1+(x+1)^2]}{\sqrt{1+x^2}+\sqrt{1+(x+1)^2}}=-1$$

所以 $\lim\limits_{x\to\infty}I(x)=5-1=4$.

(2)平均成本的极限

$$\lim_{x\to\infty}\overline{C}(x)=\lim_{x\to\infty}\frac{C(x)}{x}=\lim_{x\to\infty}\frac{10+\sqrt{1+x^2}}{x}=1$$

结果分析：

• 单位利润增长额 $\lim\limits_{x\to\infty}I(x)=4$ 说明随着生产的挡泥板数量的不断增加，企业最终可以从每个挡泥板中获利 4 美元；

• 平均成本的极限 $\lim\limits_{x\to\infty}\overline{C}(x)=1$ 说明随着生产的挡泥板数量的不断增加，挡泥板最终的平均成本为 1 美元；

• 单位利润增长额的极限与平均成本的极限可以为企业对未来企业利润、平均成本

及企业将来的生产计划提供支持和判断.

2.2.3　两个重要极限

求极限的方法很多,除了上述几种方法之外,还会经常遇到下面要讨论的两个重要极限.

一、第一个重要极限

$$\lim_{x\to 0}\frac{\sin x}{x}=1$$

说明:(1)在应用第一个重要极限时,可能出现的不是这种标准形式,但是我们只要抓住这一极限的两个特征即可.

Ⅰ. 自变量 x 在某一变化过程中,函数是 $\frac{0}{0}$ 型;

Ⅱ. 分子记号 sin 后的变量表达式与分母的表达式在形式上必须是一致的,即 $\frac{\sin \Delta}{\Delta}$.

在应用时只要满足这两个极限特征,我们就可以知道这个极限为 1.

(2)遇到具备什么特点的函数求极限时,可以考虑运用第一个重要极限呢?我们说只要遇到正弦函数且其极限为 0 时,就可以考虑运用第一个重要极限. 当然,后面学习了无穷小的比较后,还可以运用等价无穷小替换.

例 2.13　求 $\lim\limits_{x\to 0}\frac{x}{\sin x}$.

解　$\lim\limits_{x\to 0}\frac{x}{\sin x}=\lim\limits_{x\to 0}\frac{1}{\frac{\sin x}{x}}=\frac{1}{\lim\limits_{x\to 0}\frac{\sin x}{x}}=1.$

说明:由上题我们可以修正一下第一个重要极限的第二个特征,即分子记号 sin 后的变量表达式与分母的表达式在形式上必须是一致的 $\left(\text{即}\frac{\sin \Delta}{\Delta}\right)$ 或分母记号 sin 后的变量表达式与分子的表达式在形式上必须是一致的 $\left(\text{即}\frac{\Delta}{\sin \Delta}\right)$.

例 2.14　求 $\lim\limits_{x\to 0}\frac{\sin 3x}{x}$.

解法一　变量替换法:令 $t=3x$,则 $x=\frac{t}{3}$;当 $x\to 0$ 时,$t\to 0$,则有

$$\lim_{x\to 0}\frac{\sin 3x}{x}=\lim_{t\to 0}\frac{\sin t}{\frac{t}{3}}=3\lim_{t\to 0}\frac{\sin t}{t}=3$$

解法二　直接配项法

$$\lim_{x\to 0}\frac{\sin 3x}{x}=\lim_{x\to 0}3\cdot\frac{\sin 3x}{3x}=3\lim_{x\to 0}\frac{\sin 3x}{3x}=3$$

比较这两种方法,我们可以发现解法二明显优于解法一,所以后面我们在做题的时候尽量选择解法二的思想.

例 2.15　求 $\lim\limits_{x\to \infty}x\sin\frac{1}{x}$.

解　$\lim\limits_{x\to\infty}x\sin\dfrac{1}{x}=\lim\limits_{x\to\infty}\dfrac{\sin\dfrac{1}{x}}{\dfrac{1}{x}}=1.$

例 2.16　求$\lim\limits_{x\to 0}\dfrac{\tan x}{x}$.

解　$\lim\limits_{x\to 0}\dfrac{\tan x}{x}=\lim\limits_{x\to 0}\dfrac{\sin x}{x}\cdot\dfrac{1}{\cos x}=\lim\limits_{x\to 0}\dfrac{\sin x}{x}\cdot\lim\limits_{x\to 0}\dfrac{1}{\cos x}=1.$

例 2.17　求$\lim\limits_{x\to 1}\dfrac{\sin(x-1)}{x^2-1}$.

解　$\lim\limits_{x\to 1}\dfrac{\sin(x-1)}{x^2-1}=\lim\limits_{x\to 1}\left[\dfrac{\sin(x-1)}{x-1}\cdot\dfrac{1}{x+1}\right]=1\times\dfrac{1}{2}=\dfrac{1}{2}.$

例 2.18　求$\lim\limits_{x\to 0}\dfrac{1-\cos x}{x^2}$.

解　$\lim\limits_{x\to 0}\dfrac{1-\cos x}{x^2}=\lim\limits_{x\to 0}\dfrac{2\sin^2\dfrac{x}{2}}{x^2}=\dfrac{1}{2}\lim\limits_{x\to 0}\dfrac{\sin^2\dfrac{x}{2}}{\left(\dfrac{x}{2}\right)^2}=\dfrac{1}{2}\lim\limits_{x\to 0}\left(\dfrac{\sin\dfrac{x}{2}}{\dfrac{x}{2}}\right)^2=\dfrac{1}{2}\times 1^2=\dfrac{1}{2}.$

二、第二个重要极限

$$\lim_{x\to\infty}\left(1+\frac{1}{x}\right)^x=\mathrm{e}$$

如果令 $t=\dfrac{1}{x}$,则当 $x\to\infty$时,$t\to 0$,因此有等价公式:

$$\lim_{t\to 0}(1+t)^{\frac{1}{t}}=\mathrm{e}$$

说明:(1)同样在运用第二个重要极限时,我们可能碰到的不完全是这种标准形式,在应用时,我们只需要抓住它的特征即可.

Ⅰ.极限类型是 1^∞ 型;

Ⅱ.括号内是两项之和,第一项是 1,第二项和括号外指数互为倒数,即$(1+\Delta)^{\frac{1}{\Delta}}$.

(2)当我们碰到 1^∞ 型时就应想到运用第二个重要极限.

(3)在应用此极限时,初学者易犯的错误就是认为 1^∞ 就是无穷多个 1 相乘,其极限仍然是 1.在这里一定要注意和前面所学的乘积的极限运算法则推广的区别,乘积的极限运算法则推广是推广到有限多个,而不是无限多个,所以这里 1^∞ 不能运用前面的这个结论.

例 2.19　求$\lim\limits_{x\to\infty}\left(1-\dfrac{1}{x}\right)^x$.

解　$\lim\limits_{x\to\infty}\left(1-\dfrac{1}{x}\right)^x=\lim\limits_{x\to\infty}\left(1+\dfrac{1}{-x}\right)^{(-x)(-1)}=\left[\lim\limits_{x\to\infty}\left(1+\dfrac{1}{-x}\right)^{-x}\right]^{-1}=\mathrm{e}^{-1}.$

例 2.20　求$\lim\limits_{x\to\infty}\left(1+\dfrac{k}{x}\right)^x(k\neq 0)$.

解　$\lim\limits_{x\to\infty}\left(1+\dfrac{k}{x}\right)^x=\lim\limits_{x\to\infty}\left[\left(1+\dfrac{k}{x}\right)^{\frac{x}{k}}\right]^k=\mathrm{e}^k.$

例 2.21　求$\lim\limits_{x\to\infty}\left(1+\frac{1}{x}\right)^{x+6}$.

解　$\lim\limits_{x\to\infty}\left(1+\frac{1}{x}\right)^{x+6}=\lim\limits_{x\to\infty}\left[\left(1+\frac{1}{x}\right)^{x}\cdot\left(1+\frac{1}{x}\right)^{6}\right]=\lim\limits_{x\to\infty}\left(1+\frac{1}{x}\right)^{x}\cdot\lim\limits_{x\to\infty}\left(1+\frac{1}{x}\right)^{6}$
$=\mathrm{e}\cdot 1^{6}=\mathrm{e}$.

例 2.22　求$\lim\limits_{x\to 0}(1+2x)^{\frac{5}{x}}$.

解　$\lim\limits_{x\to 0}(1+2x)^{\frac{5}{x}}=\lim\limits_{x\to 0}(1+2x)^{\frac{1}{2x}\times 10}=\lim\limits_{x\to 0}[(1+2x)^{\frac{1}{2x}}]^{10}=\mathrm{e}^{10}$.

例 2.23　求$\lim\limits_{x\to -1}(2+x)^{\frac{2}{x+1}}$.

解　$\lim\limits_{x\to -1}(2+x)^{\frac{2}{x+1}}=\lim\limits_{x\to -1}\{[1+(x+1)]^{\frac{1}{x+1}}\}^{2}=\mathrm{e}^{2}$.

例 2.24　求$\lim\limits_{x\to\infty}\left(\frac{x-3}{x+2}\right)^{x}$.

解　$\lim\limits_{x\to\infty}\left(\frac{x-3}{x+2}\right)^{x}=\lim\limits_{x\to\infty}\left(\frac{1-\frac{3}{x}}{1+\frac{2}{x}}\right)^{x}=\frac{\lim\limits_{x\to\infty}\left(1-\frac{3}{x}\right)^{x}}{\lim\limits_{x\to\infty}\left(1+\frac{2}{x}\right)^{x}}=\frac{\mathrm{e}^{-3}}{\mathrm{e}^{2}}=\mathrm{e}^{-5}$.

在现实生活中，有许多事物是符合$\lim\limits_{x\to\infty}\left(1+\frac{1}{x}\right)^{x}=\mathrm{e}$这种模型的. 在这里我们介绍一下这种极限在经济上的应用.

2.2.4　复利与贴现

利息是指在信用关系中债务人支付债权人的(或债权人向债务人索取的)报酬. 利息率，简称"利率"，是指一定时期内利息额同本金额的比率，即

$$利率=\frac{利息}{本金}$$

按计算方法不同，利率分为单利和复利，在这里我们主要介绍一下复利. 复利计息不仅本金计算利息，而且前期获得的利息也要计算利息，也就是平时我们所说的"利滚利".

下面我们就介绍复利与贴现问题.

一、复利问题

设初始本金为 A_0，利率为 r，期数为 t(通常以年计)，则

第一个计息期末的本利和为 $A_1=A_0(1+r)$；

第二个计息期末的本利和为 $A_2=A_0(1+r)+A_0(1+r)\cdot r=A_0(1+r)^2$；

依次类推；

第 t 个计息期末的本利和为 $A_t=A_0(1+r)^t$.

若每期结算 m 次，则每期的利率可认为是$\frac{r}{m}$，当计息的时间间隔无限缩短，即连续复利方式，此时 $m\to\infty$，在这种情况下 t 年末的本利和为

$$A_t=\lim_{x\to\infty}A_0\left(1+\frac{r}{m}\right)^{tm}=A_0\mathrm{e}^{tr}$$

这就是连续复利计息的本利和计算公式.

通常称 t 年末的本利和 A_t 为本金 A_0 的将来值，而本金 A_0 称为现在值. 已知现在值

A_0,确定将来值 A_t,这种情况为复利问题.

例 2.25 国家向某企业投资 1000 万元,年利率为 6%,按连续复利公式计算,20 年后企业应向国家缴回投资基金是多少?

解 由题意可知,$A_0=1000$,$r=0.06$,$t=20$,所以 20 年后企业应向国家缴回投资基金

$$A=A_0e^{tr}=1000e^{20\times0.06}\approx3320.12(\text{万元})$$

二、贴现问题

已知现在值,确定将来值的问题是复利问题;与之相反的问题,已知将来值,求现在值,这种情况称为贴现问题,这时的利率 r 称之为贴现率.

已知 t 年后的将来值 A_t,利率为 r,求现在值 A_0.

若以一年为期贴现,由 $A_t=A_0(1+r)^t$ 可得

$$A_0=A_t(1+r)^{-t}$$

若一年分为 m 期贴现,由 $A_t=A_0\left(1+\frac{r}{m}\right)^{tm}$ 可得

$$A_0=A_t\left(1+\frac{r}{m}\right)^{-tm}$$

若按连续复利计算,可得连续贴现公式.由 $A_t=A_0e^{tr}$ 可得

$$A_0=A_te^{-tr}$$

例 2.26 设年利率为 6%,若按连续复利计息,现投资多少元,10 年末可得 120000 元?

解 因为 $A_{10}=120000$,$r=0.06$,$t=10$,由 $A_0=A_te^{-tr}$ 可得

$$A_0=120000e^{-0.06\times10}=\frac{120000}{e^{0.6}}\approx65857.4(\text{元})$$

2.2.5 极限在简单实际问题中的应用

例 2.27 (野生动物的增长)在某一自然环境保护区内放入一群野生动物,总数为 20 只.若被精心照顾,预计野生动物增长规律满足:在 t 年后动物总数 N 为

$$N=\frac{220}{1+10\times(0.83)^t}$$

保护区中野生动物数达到 80 只时,即使没有人类的精心照料,野生动物群也将会进入正常的生长状态,即其群体增长仍然符合上式中的增长规律.

(1)需要精心照料的期限为多少年?

(2)在这一自然保护区中,最多能供养多少只野生动物?

解 注意到 $t=0$ 时,由公式也可得 $N=20$,可见公式中的 t 是放入动物后即开始计时的.

(1)由于 $N<80$ 时,需要精心照料,令 $N=80$,可得

$$80=\frac{220}{1+10\times(0.83)^t}$$

于是可解出 $t=9.35423$.此值说明,精心照料的期限大约为 9 年半.

(2)随着时间的延续,由于自然环境保护区内的各种资源限制,这一动物群不可能无

限增大，它应达到某一饱和状态．在这一自然保护区中，最多能供养的野生动物数即求极限$\lim\limits_{t\to\infty}N$.

$$\lim_{t\to\infty}N=\lim_{t\to\infty}\frac{220}{1+10\times(0.83)^t}=220$$

即在这一自然保护区中，最多能供养220只野生动物.

习题 2.2

1. 运用极限四则运算法则及复合函数的极限运算法则求下列函数的极限：

(1)$\lim\limits_{x\to 2}(3x^2-4x+2)$　　(2)$\lim\limits_{x\to -1}\dfrac{2x^2+2x-4}{3x^2+12}$

(3)$\lim\limits_{x\to 4}\dfrac{x^2-7x+12}{x^2-5x+4}$　　(4)$\lim\limits_{x\to 3}\dfrac{4x}{x^2-9}$

(5)$\lim\limits_{x\to 3}\sqrt{\dfrac{x-2}{x+1}}$　　(6)$\lim\limits_{x\to 1}\dfrac{x^2-2x+1}{x^2-1}$

(7)$\lim\limits_{x\to 3}\dfrac{\sqrt{1+x}-2}{x-3}$　　(8)$\lim\limits_{x\to 4}\dfrac{\sqrt{1+2x}-3}{\sqrt{x}-2}$

2. 运用两个重要极限求下列函数的极限：

(1)$\lim\limits_{x\to 0}\dfrac{\tan 2x}{\sin 3x}$　　(2)$\lim\limits_{x\to 1}\dfrac{\sin(x^2-1)}{x-1}$

(3)$\lim\limits_{x\to 0}\dfrac{\sin 4x}{\sin 5x}$　　(4)$\lim\limits_{x\to 0}\dfrac{1-\cos x}{x\sin x}$

(5)$\lim\limits_{x\to 0}\dfrac{x+\tan x}{x-2\sin x}$　　(6)$\lim\limits_{x\to 2}\dfrac{\sin(x-2)}{x^2+2x-8}$

(7)$\lim\limits_{x\to\infty}\left(1+\dfrac{3}{x}\right)^{x+1}$　　(8)$\lim\limits_{x\to\infty}\left(1-\dfrac{4}{x}\right)^{x}$

(9)$\lim\limits_{x\to 0}(1+2\sin x)^{\frac{1}{x}}$　　(10)$\lim\limits_{x\to 0}(1+3\tan^2 x)^{\cot^2 x}$

3. 现有初始本金100元，若银行年储蓄利率为7%，问：按复利计算，3年末的本利和为多少？

4. 假定固定年利率为8%，现在接受6000元馈赠和等到7年后接受10000元相比，哪个更合算？

5. 已知某药物在人体内的代谢速度v与药物进入人体的时间t呈现函数关系：

$$v(t)=24.61(1-0.273^t)$$

求出代谢速度最终的稳定值(即$t\to\infty$时v的极限).

2.3 无穷大和无穷小

下面我们用极限的方法来介绍两个在理论和实际中都很重要的概念——无穷小和无穷大.

2.3.1 无穷小

一、定　义

定义 2.9 如果在自变量 x 的某个变化过程中函数 $y=f(x)$ 以零为极限，则称 $f(x)$ 为在该变化过程中的无穷小量，简称无穷小，常以 α,β,γ 等表示.

例如：因为 $\lim\limits_{x\to\infty}\frac{1}{x}=0$，所以函数 $\frac{1}{x}$ 为当 $x\to\infty$ 时的无穷小；因为 $\lim\limits_{x\to 1}(x-1)=0$，所以函数 $x-1$ 为当 $x\to 1$ 时的无穷小.

说明：(1)一个变量是否为无穷小，除了与变量本身有关外，还与自变量的变化趋势有关. 如上例，变量 $y=x-1$，当 $x\to 1$ 时为无穷小；而当 $x\to 2$ 时，$y\to 1$，极限是 1，不再为无穷小. 因而，不能笼统地称某一变量为无穷小，必须明确指出变量在何种变化过程中是无穷小.

(2)我们可以说 0 是无穷小，因为不论 x 在何种变化过程下，常数 0 的极限始终为 0.

(3)任何非零常数，无论它有多小，只要不是 0，就不是无穷小.

二、性　质

性质 2.5 有限个无穷小的代数和仍然是无穷小.

在这里特别要注意，无穷多个无穷小量之和不一定是无穷小量. 例如，当 $n\to\infty$ 时，$\frac{1}{n}$ 是无穷小，$2n$ 个这种无穷小之和的极限显然为 2.

性质 2.6 有限个无穷小的乘积仍然是无穷小.

性质 2.7 有界函数与无穷小的乘积是无穷小.

推论 2.2 常数与无穷小的乘积是无穷小.

例 2.28 求 $\lim\limits_{x\to\infty}\frac{1}{x}\sin x$.

解 因为 $\lim\limits_{x\to\infty}\frac{1}{x}=0$，所以 $\frac{1}{x}$ 是当 $x\to\infty$ 时的无穷小；又因为 $|\sin x|\leqslant 1$，即 $\sin x$ 是有界函数，由性质 2.7 可知

$$\lim_{x\to\infty}\frac{1}{x}\sin x=0$$

性质 2.7 也是求极限的一种方法，但是容易被同学们所忘记，当 $x\to\infty$ 时，$\sin x$ 和 $\cos x$ 各自的极限不存在，但是它们是有界函数，此时一般情况下我们考虑用该性质来求极限.

三、无穷小与极限的关系

定理 2.5 函数 $f(x)$ 以常数 A 为极限的充分必要条件是 $f(x)$ 可以表示为 A 与一个无穷小量 α 之和，即 $\lim\limits_{\substack{x\to x_0\\(x\to\infty)}} f(x)=A \Leftrightarrow f(x)=A+\alpha$，其中 $\lim\limits_{\substack{x\to x_0\\(x\to\infty)}}\alpha=0$.

2.3.2 无穷大

定义 2.10 如果在自变量 x 的某个变化过程中，函数 $f(x)$ 的绝对值 $|f(x)|$ 无限增大，则称 $f(x)$ 为在该变化过程中的无穷大量，简称无穷大，记作 $\lim f(x)=\infty$.

例如，当 $x\to 0$ 时，$\left|\frac{1}{x}\right|$无限增大，所以$\frac{1}{x}$是当 $x\to 0$ 时的无穷大，即$\lim\limits_{x\to 0}\frac{1}{x}=\infty$.

说明：(1) $\lim f(x)=\infty$ 只是一个记号，我们是借用极限的记法表示 $f(x)$ 的变化趋势，也称变量 $f(x)$ 的极限是无穷大，但此时 $f(x)$ 的极限是不存在的.

(2)一个变量是否为无穷大，与自变量的变化过程有关. 与无穷小类似，不能笼统地说某一变量为无穷大，必须明确指出变量在何种变化过程中是无穷大.

(3)一个有界数，无论其绝对值有多大都是有限的数值，不能想当然地误认为是无穷大.

2.3.3　无穷小与无穷大的关系

定理 2.6　在自变量的同一变化过程中，如果 $f(x)$ 为无穷大，则$\frac{1}{f(x)}$为无穷小；反之，如果 $f(x)$ 为无穷小，且 $f(x)\neq 0$，则$\frac{1}{f(x)}$为无穷大.

例 2.29　求$\lim\limits_{x\to 3}\frac{4x}{x^2-9}$.

解　因为$\lim\limits_{x\to 3}(x^2-9)=0$，所以不能直接使用商的极限运算法则求此分式的极限.

但$\lim\limits_{x\to 3}4x=12\neq 0$，故$\lim\limits_{x\to 3}\frac{x^2-9}{4x}=0$. 这就说明当 $x\to 3$ 时，$\frac{x^2-9}{4x}$为无穷小.

根据无穷小与无穷大的关系可知，当 $x\to 3$ 时，$\frac{4x}{x^2-9}$为无穷大.

所以$\lim\limits_{x\to 3}\frac{4x}{x^2-9}=\infty$.

例 2.30　求$\lim\limits_{x\to\infty}\frac{3x^3+4x^2+2}{7x^3+5x^2-3}$.

解　先用 x^3 去除分子及分母，然后取极限.

$$\lim_{x\to\infty}\frac{3x^3+4x^2+2}{7x^3+5x^2-3}=\lim_{x\to\infty}\frac{3+\frac{4}{x}+\frac{2}{x^3}}{7+\frac{5}{x}-\frac{3}{x^3}}=\frac{3}{7}$$

例 2.31　求$\lim\limits_{x\to\infty}\frac{3x^2-2x-1}{2x^3-x^2+5}$.

解　先用 x^3 去除分子及分母，然后取极限.

$$\lim_{x\to\infty}\frac{3x^2-2x-1}{2x^3-x^2+5}=\lim_{x\to\infty}\frac{\frac{3}{x}-\frac{2}{x^2}-\frac{1}{x^3}}{2-\frac{1}{x}+\frac{5}{x^3}}=\frac{0}{2}=0$$

例 2.32　求$\lim\limits_{x\to\infty}\frac{2x^3-x^2+5}{3x^2-2x-1}$.

解　因为$\lim\limits_{x\to\infty}\frac{3x^2-2x-1}{2x^3-x^2+5}=0$，所以$\lim\limits_{x\to\infty}\frac{2x^3-x^2+5}{3x^2-2x-1}=\infty$.

总结上面三个极限可得到一般的结果，用数学式子可表示为：

$$\lim_{x\to\infty}\frac{a_0x^n+a_1x^{n-1}+\cdots+a_n}{b_0x^m+b_1x^{m-1}+\cdots+b_m}=\begin{cases}0, & n<m\\ \frac{a_0}{b_0}, & n=m\\ \infty, & n>m\end{cases}$$

这里 $a_0\neq0,b_0\neq0$.

这个结论在应用时要特别注意 x 的变化过程,必须是当 $x\to\infty,x\to+\infty,x\to-\infty$ 三种变化过程中的一种,分子、分母是多项式函数时才能运用此结论，否则就会出错. 若仅仅看到分子、分母是多项式函数,就不管 x 的变化过程，直接运用此结论就会出现错误. 如果 x 是趋向于有限数值时，此时该结论就不再成立了.

2.3.4　无穷小的比较

在同一变化过程中,会有很多的无穷小,例如,当 $x\to\infty$ 时,变量 $x,x^2,\sin x$ 都是无穷小,但是它们趋近于零的速度是不同的. 不同的无穷小趋近于零的速度可以通过它们的比值表现出来(因快慢是相对的). 为了刻画这种快慢程度,我们引入无穷小阶的概念.

定义 2.11　设 α 与 β 是同一变化过程中的两个无穷小.

(1)如果 $\lim\frac{\beta}{\alpha}=0$,则称 β 是比 α 高阶的无穷小,记作 $\beta=o(\alpha)$;或称 α 是比 β 低阶的无穷小;

(2)如果 $\lim\frac{\beta}{\alpha}=C\neq0$($C$ 为常数),则称 β 与 α 是同阶无穷小;

(3)如果 $\lim\frac{\beta}{\alpha}=1$,则称 β 与 α 是等价无穷小,记作 $\alpha\sim\beta$.

例如,因为 $\lim\limits_{x\to0}\frac{x^2}{x}=0$,所以当 $x\to0$ 时,x^2 是比 x 高阶的无穷小,即 $x^2=o(x)(x\to0)$. 因为 $\lim\limits_{x\to0}\frac{2x}{x}=2$,所以当 $x\to0$ 时,$2x$ 与 x 是同阶无穷小. 因为 $\lim\limits_{x\to0}\frac{\sin x}{x}=1$,所以当 $x\to0$ 时,$\sin x$ 与 x 是等价无穷小,即 $\sin x\sim x(x\to0)$.

在求极限时,如果分子分母均为无穷小,则可用下述等价无穷小的替换定理,使问题简单化.

定理 2.7　在自变量的同一变化过程中,若

(1)$\alpha,\alpha',\beta,\beta'$ 均为无穷小,

(2)$\alpha\sim\alpha',\beta\sim\beta'$,

(3)$\lim\frac{\alpha'}{\beta'}$ 存在,

则 $\lim\frac{\alpha}{\beta}$ 也存在,且有

$$\lim\frac{\alpha}{\beta}=\lim\frac{\alpha'}{\beta'}$$

证　$\lim\frac{\alpha}{\beta}=\lim\left(\frac{\alpha}{\alpha'}\cdot\frac{\alpha'}{\beta'}\cdot\frac{\beta'}{\beta}\right)=\lim\frac{\alpha}{\alpha'}\cdot\lim\frac{\alpha'}{\beta'}\cdot\lim\frac{\beta'}{\beta}=\lim\frac{\alpha'}{\beta'}.$

说明:(1)定理中分子或分母的无穷小我们可以同时替换掉,也可以只替换分子或分母的无穷小,此时结论仍然成立.

(2)在计算极限时,对乘积或商中的无穷小(以因子形式出现的),可以用等价的无穷小来替换;对于加、减运算中的无穷小一般情况下不使用,否则可能得出错误的结论.

常见的一些重要的等价无穷小有:

$x\to 0$ 时:$\sin x\sim x$, $\tan x\sim x$, $\arcsin x\sim x$, $\arctan x\sim x$, $\ln(1+x)\sim x$, $e^x-1\sim x$, $1-\cos x\sim\frac{x^2}{2}$, $(1+x)^\mu-1\sim\mu x$.

例 2.33　求 $\lim\limits_{x\to 0}\frac{\tan 2x}{\sin 5x}$.

解　当 $x\to 0$ 时,$\tan 2x\sim 2x$, $\sin 5x\sim 5x$,所以

$$\lim_{x\to 0}\frac{\tan 2x}{\sin 5x}=\lim_{x\to 0}\frac{2x}{5x}=\frac{2}{5}$$

例 2.34　求 $\lim\limits_{x\to 0}\frac{(e^x-1)\sin x}{1-\cos x}$.

解　当 $x\to 0$ 时,$\sin x\sim x$, $e^x-1\sim x$, $1-\cos x\sim\frac{1}{2}x^2$,所以

$$\lim_{x\to 0}\frac{(e^x-1)\sin x}{1-\cos x}=\lim_{x\to 0}\frac{x\cdot x}{\frac{1}{2}x^2}=2$$

例 2.35　求 $\lim\limits_{x\to 0}\frac{x^2+5x}{\sqrt{1+x}-1}$.

解　当 $x\to 0$ 时,$\sqrt{1+x}-1\sim\frac{1}{2}x$,所以

$$\lim_{x\to 0}\frac{x^2+5x}{\sqrt{1+x}-1}=\lim_{x\to 0}\frac{x(x+5)}{\frac{1}{2}x}=10$$

例 2.36　求 $\lim\limits_{x\to 0}\frac{\sin x-\tan x}{x\tan^2 x}$.

分析:当 $x\to 0$ 时,$\sin x\sim x$, $\tan x\sim x$,如果在分子的减法运算中使用无穷小的等价代换,则有 $\lim\limits_{x\to 0}\frac{\sin x-\tan x}{x\tan^2 x}=\lim\limits_{x\to 0}\frac{x-x}{x\tan^2 x}=0$.

这是错误的答案. 正确的解法是:

解
$$\lim_{x\to 0}\frac{\sin x-\tan x}{x\tan^2 x}=\lim_{x\to 0}\frac{\sin x\left(1-\frac{1}{\cos x}\right)}{x\tan^2 x}=\lim_{x\to 0}\frac{\sin x(\cos x-1)}{x\tan^2 x\cos x}$$
$$=\lim_{x\to 0}\frac{x\cdot\left(-\frac{1}{2}x^2\right)}{x^3\cos x}=-\frac{1}{2}$$

习题 2.3

1. 求下列函数的极限.

(1) $\lim\limits_{x\to\infty}\dfrac{1}{x}\cos x$　(2) $\lim\limits_{x\to 1}\dfrac{x}{x^2-1}$　(3) $\lim\limits_{x\to\infty}\dfrac{x^2-x+2}{2x^2-5}$

2. 运用等价无穷小替换原理求下列函数的极限.

(1) $\lim\limits_{x\to+\infty}x[\ln(x+3)-\ln x]$　(2) $\lim\limits_{x\to 0}\dfrac{\ln(1+2x)}{\sin 3x}$

(3) $\lim\limits_{x\to 0}\dfrac{\sin x^3\tan x}{1-\cos x^2}$　(4) $\lim\limits_{x\to\infty}\dfrac{x^2-x+2}{2x^2-5}$

(5) $\lim\limits_{x\to 0}\dfrac{e^x-1}{\tan 2x}$　(6) $\lim\limits_{x\to 0}\dfrac{\sin x}{x^3+3x}$

(7) $\lim\limits_{x\to 0}\dfrac{\sin x-\tan x}{x^3}$

3. 若 $x\to 0$ 时，$1-\cos x$ 与 mx^n 是等价无穷小，求常数 m,n.

4. 已知 $\lim\limits_{x\to 1}\dfrac{\sin(x^2-1)}{x^2+bx+c}=\dfrac{1}{2}$，求常数 b,c 的值.

2.4　函数的连续性

自然界中有许多现象，如温度的变化、液体的流动、植物的生长、导弹运动等等，这些都是不间断的变化过程. 这些过程反映在函数关系上，就是函数关于自变量的变化是连续的或者不间断的. 抽取这些现象的共同特征，就是数学上的连续性. 其几何表现就是函数曲线为一条光滑的、不间断的曲线. 为了确切地描述函数的这一特性，我们首先给出增量的概念.

2.4.1　增　量

定义 2.12　设变量 u 从它的一个初值 u_1 变到终值 u_2，终值与初值的差 u_2-u_1 就叫作变量 u 的增量，记作 Δu，即 $\Delta u=u_2-u_1$.

这里 Δu 是一个完整的记号，表示变量 u 的变化量，而不是 Δ 与 u 的乘积. 并且 Δu 可以是正的，也可以是负的.

增量的概念描述了数学中一个量的变化大小，更多的时候我们更关心一个量对另一个量的依赖程度或灵敏程度，为此我们定义函数增量的概念.

定义 2.13　设函数 $y=f(x)$ 在点 x_0 的某一邻域内有定义，当自变量 x 在这邻域内从 x_0 变到 $x_0+\Delta x$ 时，函数 y 相应地从 $f(x_0)$ 变到 $f(x_0+\Delta x)$，称 $\Delta y=f(x_0+\Delta x)-f(x_0)$ 为函数 $y=f(x)$ 在点 x_0 处的增量.

值得注意的是，函数增量的大小反映了函数本身对自变量的灵敏性程度，其值越大说明函数对自变量的灵敏性越高. 从几何意义上讲，它反映了函数曲线的陡峭或平缓程度. 我们经常用这个概念分析函数表达式的稳定性.

2.4.2　函数 $f(x)$在点 x_0 的连续性

从直观上来说一个函数是连续变化的，那么它的图形应该是一条连续不断的曲线，亦即可以一笔画成. 我们先观察图 2-3 和图 2-4 两个函数的图像.

在直观上一看便知，函数 $y=f(x)$在 x_0 点是连续的，而 $y=\varphi(x)$在 x_0 不连续. 再仔细分析，当自变量在 x_0 处的改变量 $\Delta x\to 0$ 时，函数 $y=f(x)$的改变量 $\Delta y=f(x_0+\Delta x)-f(x_0)$也趋于零，而函数 $y-\varphi(x)$的改变量 $\Delta y-\varphi(x_0+\Delta x)-\varphi(x_0)$不趋于零. 据此，给出函数在定义域某一点处连续的严格定义.

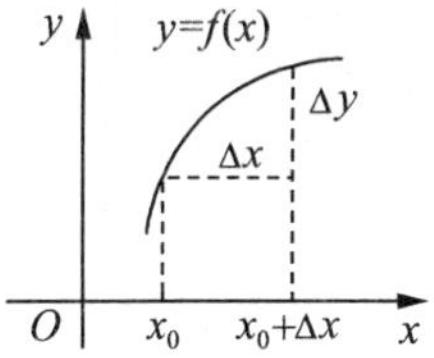

图 2-3

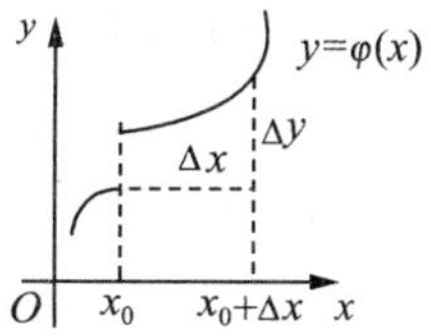

图 2-4

定义 2.14　设函数 $y=f(x)$在点 x_0 的某邻域内有定义，如果自变量 x 在 x_0 处取得的改变量 Δx 趋于零时，函数相应的改变量 Δy 也趋于零，即

$$\lim_{\Delta x\to 0}\Delta y=0 \quad 或 \quad \lim_{\Delta x\to 0}[f(x_0+\Delta x)-f(x_0)]=0$$

则称函数 $y=f(x)$在点 x_0 处连续.

若令 $x=x_0+\Delta x$，则 $\Delta x=x-x_0$. 易见，$\Delta x\to 0$ 时，$x\to x_0$. 所以

$$\lim_{\Delta x\to 0}\Delta y=\lim_{\Delta x\to 0}[f(x_0+\Delta x)-f(x_0)]=0$$

可改写为

$$\lim_{x\to x_0}[f(x)-f(x_0)]=0$$

或

$$\lim_{x\to x_0}f(x)=f(x_0)$$

因此我们可以得到与定义 2.14 等价的定义：

定义 2.15　设函数 $y=f(x)$在点 x_0 的某邻域内有定义，如果当 $x\to x_0$ 时，函数 $f(x)$的极限存在，且

$$\lim_{x\to x_0}f(x)=f(x_0)$$

则称函数 $y=f(x)$在 x_0 处连续.

例 2.37　函数 $f(x)=\begin{cases}2-x, & x<1\\ x^2, & x\geqslant 1\end{cases}$在 $x=1$ 处是否连续？

解　因为 $\lim\limits_{x\to 1^-}f(x)=\lim\limits_{x\to 1^-}(2-x)=1$，$\lim\limits_{x\to 1^+}f(x)=\lim\limits_{x\to 1^+}x^2=1$，所以 $\lim\limits_{x\to 1}f(x)=1$. 而 $f(1)=1$，所以，$f(x)$在 $x=1$ 处连续.

2.4.3　左连续与右连续

相应于左极限与右极限两个概念，我们有：

定义 2.16　若 $\lim\limits_{x\to x_0^-}f(x)=f(x_0)$，则称函数 $y=f(x)$在 x_0 处左连续.

定义 2.17 若 $\lim\limits_{x \to x_0^+} f(x) = f(x_0)$，则称函数 $y=f(x)$ 在 x_0 处右连续.

由单侧极限的概念，容易推知单侧连续与连续的关系.

定理 2.8 函数 $y=f(x)$ 在点 x_0 处连续的充要条件是 $f(x)$ 在 x_0 点既左连续又右连续.

定义 2.18 如果函数 $y=f(x)$ 在开区间 (a,b) 内每一点都连续，则称函数 $f(x)$ 在 (a,b) 内连续；如果函数 $y=f(x)$ 在开区间 (a,b) 内连续，且在左端点 a 处右连续，右端点 b 处左连续，则称函数 $f(x)$ 在闭区间 $[a,b]$ 上连续.

2.4.4 函数的间断点

我们由定义 2.15 知，函数 $f(x)$ 在 x_0 点连续，必须同时满足下列三个条件：

(1) $f(x)$ 在 x_0 点有定义；

(2) $\lim\limits_{x \to x_0} f(x)$ 存在；

(3) $\lim\limits_{x \to x_0} f(x) = f(x_0)$.

如果上述三个条件中至少有一个不满足，则称函数 $f(x)$ 在点 x_0 处不连续，或称函数 $f(x)$ 在 x_0 点间断，x_0 点称为间断点.

一般地，我们把间断点分为两类：

• 第一类间断点：设 x_0 为 $f(x)$ 的间断点，如果左极限 $\lim\limits_{x \to x_0^-} f(x)$ 与右极限 $\lim\limits_{x \to x_0^+} f(x)$ 均存在，则称 x_0 为函数 $f(x)$ 的第一类间断点. 其中，若 $\lim\limits_{x \to x_0^-} f(x) = \lim\limits_{x \to x_0^+} f(x)$，则称间断点 x_0 为 $f(x)$ 的可去间断点；若 $\lim\limits_{x \to x_0^-} f(x) \neq \lim\limits_{x \to x_0^+} f(x)$，则称间断点 x_0 为 $f(x)$ 的跳跃间断点.

• 第二类间断点：设 x_0 为 $f(x)$ 的间断点，如果左极限 $\lim\limits_{x \to x_0^-} f(x)$ 与右极限 $\lim\limits_{x \to x_0^+}$ 至少有一个不存在，则称间断点 x_0 为第二类间断点. 特别地，若 $\lim\limits_{x \to x_0^+} f(x) = \infty$ 或 $\lim\limits_{x \to x_0^-} f(x) = \infty$，则称间断点 x_0 为 $f(x)$ 的无穷间断点.

例 2.38 判断函数 $y=\dfrac{x^2-1}{x-1}$ 在 $x=1$ 处的连续性. 若为间断点，请进一步判断间断点类型.

解 因为函数 $y=\dfrac{x^2-1}{x-1}$ 在 $x=1$ 没有定义，所以点 $x=1$ 是函数的间断点.

又因为 $\lim\limits_{x \to 1^+} \dfrac{x^2-1}{x-1} = \lim\limits_{x \to 1^-} \dfrac{x^2-1}{x-1} = 2$，所以 $x=1$ 为该函数的第一类间断点（可去间断点）.

例 2.39 设函数 $f(x) = \begin{cases} x-1, & x<0 \\ 0, & x=0 \\ x+1, & x>0 \end{cases}$，判断函数在 $x=0$ 的连续性. 若为间断点，请进一步判断间断点类型.

解 因为 $\lim\limits_{x \to 0^-} f(x) = \lim\limits_{x \to 0^-} (x-1) = -1$，$\lim\limits_{x \to 0^+} f(x) = \lim\limits_{x \to 0^+} (x+1) = 1$，所以 $x=0$ 是函

数 $f(x)$ 的第一类间断点.

因为 $\lim\limits_{x\to 0^-} f(x)\neq \lim\limits_{x\to 0^+} f(x)$，即该点的左、右极限存在但不相等，所以 $x=0$ 为函数 $f(x)$ 的跳跃间断点.

例 2.40 正切函数 $y=\tan x$ 在 $x=\frac{\pi}{2}$ 处没有定义，所以点 $x=\frac{\pi}{2}$ 是函数 $y=\tan x$ 的间断点.

因为 $\lim\limits_{x\to\frac{\pi}{2}}\tan x=\infty$，故 $x=\frac{\pi}{2}$ 为函数 $y=\tan x$ 的第二类间断点，且为无穷间断点.

再如，函数 $y=\sin\frac{1}{x}$ 在 $x=0$ 点没有定义，故该点为间断点；且当 $x\to 0$ 时，函数值在 -1 和 $+1$ 之间反复振荡，故函数在该点的左、右极限均不存在，所以 $x=0$ 点是函数 $y=\sin\frac{1}{x}$ 的第二类间断点，鉴于其函数值在该点附近反复变化的特性，又称该点为函数 $y=\sin\frac{1}{x}$ 的振荡间断点.

2.4.5 初等函数的连续性

一、连续函数的四则运算法则

定理 2.9 如果函数 $f(x)$ 和 $g(x)$ 在点 x_0 处连续，则它们的和、差、积、商（$g(x_0)\neq 0$）在点 x_0 处均连续.

二、复合函数的连续性

定理 2.10 如果函数 $u=g(x)$ 在点 x_0 连续，$g(x_0)=u_0$，而且函数 $y=f(u)$ 在点 u_0 连续，则复合函数 $y=f[g(x)]$ 在 x_0 点连续，即

$$\lim_{x\to x_0} f[g(x)]=f[g(x_0)]$$

定理 2.9 与定理 2.10 说明，连续函数的和、差、积、商及复合函数都是连续函数. 由于初等函数是由基本初等函数经过有限次四则运算及复合运算构成的，并且基本初等函数在其定义域内都是连续的，所以初等函数在其定义区间内均连续.

3. 初等函数的连续性

定理 2.11 所有初等函数在其定义区间内连续.

利用初等函数的连续性，可使极限运算简便化. 如果 x_0 是初等函数 $y=f(x)$ 定义域内的点，则 $\lim\limits_{x\to x_0} f(x)=f(x_0)$，即把极限运算转化为函数值的计算.

例 2.41 求 $\lim\limits_{x\to 0}\sqrt{1-x^2}$.

解 初等函数 $f(x)=\sqrt{1-x^2}$ 在点 $x=0$ 是有定义的，所以

$$\lim_{x\to 0}\sqrt{1-x^2}=\sqrt{1}=1$$

例 2.42 求 $\lim\limits_{x\to\frac{\pi}{2}}\ln\sin x$.

解 初等函数 $f(x)=\ln\sin x$ 在点 $x=\frac{\pi}{2}$ 是有定义的，所以

$$\lim_{x\to\frac{\pi}{2}}\ln\sin x=\ln\sin\frac{\pi}{2}=0$$

习题 2.4

1. 讨论函数 $f(x)=\begin{cases}\dfrac{\sin x}{x}, & x\neq 0\\ 1, & x=0\end{cases}$ 在点 $x=0$ 的连续性.

2. 设函数 $f(x)=\begin{cases}\dfrac{\sin 2x}{x}, & x<0\\ (x+k)^2, & x\geqslant 0\end{cases}$，问 k 为何值时，$f(x)$ 在其定义域内连续？

3. 求下列函数的间断点，并指明其类型.

(1) $y=\dfrac{\sin x}{x}$　　(2) $y=\dfrac{x^2+x-2}{x^2-1}$　　(3) $f(x)=\begin{cases}x-1, & x\leqslant 0\\ 2x, & x>0\end{cases}$

4. 运用初等函数的连续性求极限.

(1) $\lim\limits_{x\to 0}\dfrac{\ln\sqrt{1+5x}}{x}$　　(2) $\lim\limits_{x\to\pi}\sin^3\dfrac{x}{2}$

2.5　闭区间上连续函数的性质与应用

闭区间上的连续函数具有很多特殊性质，这些性质在理论和应用上都有重要意义. 但由于证明较难，这里仅给出结论，不予证明.

2.5.1　闭区间上连续函数的性质

定理 2.12(最大、最小值定理)　若函数 $f(x)$ 在闭区间 $[a,b]$ 上连续，则 $f(x)$ 在 $[a,b]$ 上必能取得最大值和最小值.

定理 2.13(零点定理)　若函数 $y=f(x)$ 在闭区间 $[a,b]$ 上连续，且 $f(a)$ 与 $f(b)$ 异号，则在 (a,b) 至少存在一点 ξ，使得 $f(\xi)=0$.

该定理也称作根的存在定理. 我们可以用零点定理证明一个方程根的存在性及判断根的所在范围.

例 2.43　证明方程 $x^3-4x^2+1=0$ 在区间 $(0,1)$ 内至少有一个根.

证　设 $f(x)=x^3-4x^2+1$，则 $f(x)$ 在闭区间 $[0,1]$ 上连续，又 $f(0)=1>0$，$f(1)=-2<0$.

根据零点定理，在 $(0,1)$ 内至少有一点 ξ，使得 $f(\xi)=0$，即 $\xi^3-4\xi^2+1=0$. 这说明方程 $x^3-4x^2+1=0$ 在区间 $(0,1)$ 内至少有一个根是 ξ.

例 2.44　一个旅游者在早晨 7 点钟离开安徽黄山下的旅馆，沿着一条上山的路在下午 7 点钟走到黄山山顶上的旅馆. 第二天早晨 7 点钟他从山顶沿原路下山，在下午 7 点钟回到了山下的旅馆. 试证明：在路上存在这样的一个地点，旅游者在两天里在同一个时刻经过它.

解　(1)问题分析与建立模型

设两个旅馆之间的路程为 L，以 $f(t)$ 表示在时刻 $t\in[7,19]$ 该旅游者离开山脚下的旅馆的路程，则可知 $f(t)$ 是在区间 $[7,19]$ 上的连续函数，且有 $f(7)=0, f(19)=L$.

以 $g(t)$ 表示旅游者在第二天下山时在与前一天相同时刻尚未走完的路程，则可知 $g(t)$ 是区间 $[7,19]$ 上的连续函数，且有 $g(7)=L, g(19)=0$.

于是原问题可转化为：证明存在 $\hat{t}\in[7,19]$，使 $f(\hat{t})=g(\hat{t})$.

(2)模型分析

作辅助函数 $\psi(t)=f(t)-g(t)$，则 $\psi(t)$ 在区间 $[7,19]$ 上连续，且有

$$\psi(7)\psi(19)=[f(7)-g(7)][f(19)-g(19)]=-L^2<0$$

根据闭区间上连续函数的零点定理可知，一定存在 $\hat{t}\in[7,19]$，使 $\psi(\hat{t})=0$，就得到所需要的结论.

例 2.45　四条腿一样长的椅子一定能在不平的地面上放平稳吗？

解　(1)问题分析与建立模型

首先我们得作必要的模型假设：

①椅子四条腿一样长，椅腿与地面接触处可视为一个点，四脚的连线呈正方形.

②地面高度是连续变化的，沿任何方向都不会出现间断(没有台阶那样的情况)，即地面可视为数学上的连续曲面.

③对于椅腿的间距和椅腿的长度而言，地面是相对平坦的，使椅子在任何位置至少有三只脚同时着地.

(2)建立模型

首先要用变量表示椅子的位置. 注意到椅子四脚连线呈正方形，以中心为对称点，正方形绕中心的旋转正好代表了椅子位置的改变，于是可以用旋转角度这一变量表示椅子的位置. 在图 2-5 中椅脚连线为正方形 $ABCD$，对角线 AC 与 x 轴重合，椅子绕中心点 O 旋转角度 θ 后，正方形 $ABCD$ 转至 $A'B'C'D'$ 的位置，所以对角线 $A'C'$ 与 x 轴的夹角 θ 表示了椅子的位置.

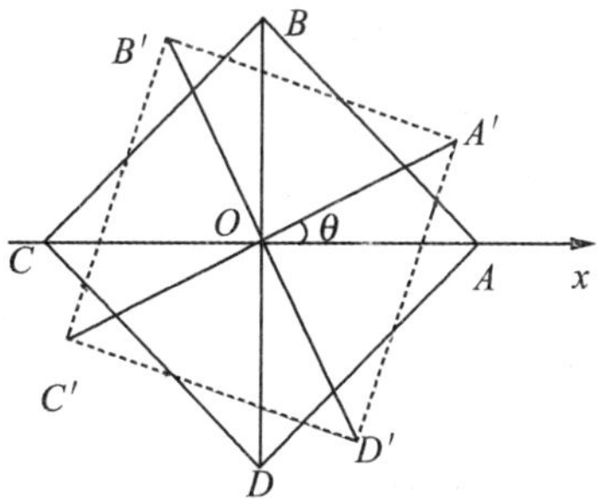

图 2-5

其次要把椅脚着地用数学符号表示出来. 如果用某个变量表示椅脚与地面的竖直距离，那么当这个距离为零时就是椅脚着地了. 椅子在不同位置时椅脚与地面的距离不同，所以这个距离是椅子位置变量 θ 的函数.

因为椅子有四只脚，所以有四个距离，但是由于正方形的中心对称性，只要设两个距离函数就行了.

记 A, C 两脚与地面距离之和为 $f(\theta)$，B, D 两脚与地面距离之和为 $g(\theta)$ $(f(\theta), g(\theta)\geqslant 0)$. 由假设 2，$f$ 和 g 都是连续函数. 由假设 3，椅子在任何位置至少有三只脚着地，所以对于任意的 θ，$f(\theta)$ 和 $g(\theta)$ 中至少有一个为零. 当 $\theta=0$ 时不妨设 $g(\theta)=0$，$f(\theta)>0$. 这样，改变椅子的位置使四只脚同时着地，就归结为证明如下的数学命题：

已知 $f(\theta)$ 和 $g(\theta)$ 是 θ 的连续函数，对任意 θ，$f(\theta)\cdot g(\theta)=0$，且 $g(0)=0$，$f(0)>0$. 证明存在 θ_0，使 $f(\theta_0)=g(\theta_0)=0$.

(3)模型求解

将椅子旋转$\frac{\pi}{2}$，对角线 AC 与 BD 互换. 由 $g(0)=0$ 和 $f(0)>0$ 可知 $g\left(\frac{\pi}{2}\right)>0$，$f\left(\frac{\pi}{2}\right)=0$.

令 $h(\theta)=f(\theta)-g(\theta)$，则 $h(0)>0$ 和 $h\left(\frac{\pi}{2}\right)<0$.

由 f 和 g 的连续性知 h 也是连续函数. 由零点定理知，必存在 $\theta_0\left(0<\theta_0<\frac{\pi}{2}\right)$ 使 $h(\theta_0)=0$，即 $f(\theta_0)=g(\theta_0)$.

因为 $f(\theta_0)\cdot g(\theta_0)=0$，所以 $f(\theta_0)=g(\theta_0)=0$.

(4)结果分析

这个结果很有实际意义. 当椅子不平时，至少有三个脚落地，可以将椅子绕中心旋转适当的锐角，则椅子能四脚落地. 模型巧妙在于用一元变量 θ 表示椅子的位置，用 θ 的两个函数表示椅子四脚与地面的距离. 利用正方形的中心对称性及旋转 90°并不是本质的，读者可以考虑四脚成长方形的情形.

定理 2.14(介值定理) 如果函数 $y=f(x)$ 在闭区间 $[a,b]$ 上连续，m 和 M 分别为 $f(x)$ 在闭区间 $[a,b]$ 上的最小值和最大值，则对于任何介于 m 和 M 之间的数 $c\,(m<c<M)$，则在 (a,b) 至少存在一点 ξ，使得 $f(\xi)=c$.

2.5.2 二分法求方程近似解

很多实际问题需要求方程 $f(x)=0$ 的根，方程 $f(x)=0$ 的根也叫作函数 $f(x)$ 的根，或叫作 $f(x)$ 的零点.

由连续函数的根的存在定理我们知道：若 $f(x)$ 在闭区间 $[a,b]$ 上连续，且 $f(a)\cdot f(b)<0$，则 $f(x)$ 在开区间 (a,b) 内至少有一个实根. 下面我们介绍一种常用的求根方法——二分法.

假设 $f(x)$ 为闭区间 $[a,b]$ 的连续函数，且在开区间 (a,b) 内有唯一的单实根 ξ. 下面，我们给出求单实根 ξ 的近似值的方法.

取区间 $[a,b]$ 的中点 $x_0=\frac{a+b}{2}$，考察区间 $[a,x_0]$ 及 $[x_0,b]$ 中哪一个为有根区间，即检查 $f(x_0)$ 与 $f(a)$ 是否同号. 如果同号，说明所求的根 ξ 在区间 $[x_0,b]$ 中，即新的有根区间为 $[x_0,b]$，这时令 $a_1=x_0$，$b_1=b$；否则，ξ 必在 $[a,x_0]$ 中，这时令 $a_1=a$，$b_1=x_0$，即不管出现哪种情形，新的有根区间 $[a_1,b_1]$ 的长度仅为原有根区间的一半.

对于新的有根区间 $[a_1,b_1]$ 又可实行同样的方法，即用中点 $x_1=\frac{a_1+b_1}{2}$ 将区间 $[a_1,b_1]$ 再分为两半，然后判定所求的根 ξ 在 x_1 的哪一侧，从而确定出新的有根区间 $[a_2,b_2]$，其长度为区间 $[a_1,b_1]$ 的一半.

如此反复二分下去，即可得出一系列有根区间 $[a,b]$，$[a_1,b_1]$，$[a_2,b_2]$，…，$[a_k,b_k]$，其中每一个区间都是前一个区间的一半，因此，二分 k 次后的有根区间 $[a_k,b_k]$ 的长度为

$$b_k-a_k=\frac{b-a}{2^k}$$

由此可见，如果二分过程无限地继续下去，这些有根区间必收缩于点 ξ，该点就是所求的根.

每次二分后若取有根区间的中点

$$x_k=\frac{a_k+b_k}{2}$$

作为根的近似值，则在二分过程中，可以获得一个近似根序列 $\{x_k\}$，该序列必以根 ξ 为极限.

不过在实际计算时，我们不可能完成这种无穷过程，其实也没有这种必要，因为数值计算结果允许有一定的误差. 下面我们讨论误差的大小. 由于

$$|\xi-x_k|\leqslant\frac{b_k-a_k}{2}=\frac{b-a}{2^{k+1}}$$

所以只要二分足够多次(即 k 充分大)，便有

$$|\xi-x_k|<\varepsilon$$

这里 ε 为事先给定的精度，再注意到 $|\xi-x_k|\leqslant\frac{b_k-a_k}{2}$，所以，在实际计算时，只要某个有根区间的长度小于 ε，我们就可停止计算，并取有根区间的中点作为根 ε 的近似值.

上述求根的方法被称为方程求根的二分法，简称为二分法. 该方法是电子计算机上常用的算法. 图 2-6 简单明了地描述了该算法.

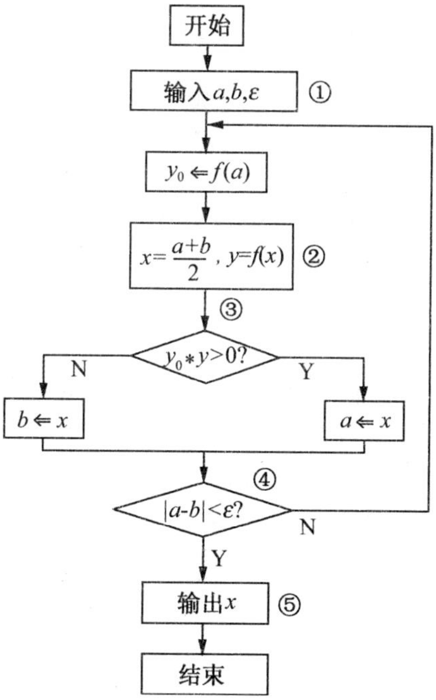

图 2-6

各框的具体含义为：

框①：输入有根区间$[a,b]$及近似根的精度 ε；

框②：开始二分；

框③：判定二分后新的有根区间；

框④：检查是否满足精度；

框⑤：输出近似根 x.

例 2.46 求 $f(x)=x^3-2x-5=0$ 在区间[2,3]内的根.

解 因为 $f(2)\cdot f(3)=(-1)\times 16<0$，所以(2,3)是 $f(x)$的有根区间.

具体计算过程如下：

x	$f(x)$	有根区间
2	−1	
3	16	(2,3)
2.5	5.625	(2,2.5)
2.125	0.345703	(2,2.125)
2.0625	−0.351318	(2.0625,2.125)
2.09375	−0.008942	(2.09375,2.125)
2.109375	0.166836	(2.09375,2.109375)

所以，$x=2.1015625$ 即为所求方程的近似解，其误差限为

$$\varepsilon=\frac{3-2}{2^7}=0.0078125$$

二分法的优点是算法简单及近似根序列一定收敛，其缺点是它只能用于求实根.

习题 2.5

1. 证明方程 $x^5-3x=1$ 至少有一实根在 1 和 2 之间.

2. 设 $f(x)$在闭区间[1,2]上连续，并且 $1<f(x)<2$，证明至少存在一点 $\xi\in(1,2)$，使得 $f(\xi)=\xi$.

2.6 利用 MATLAB 求函数极限

本节以 MATLAB 为工具软件，介绍用计算机求极限的基本方法.

MATLAB 在符号计算工具箱中针对函数求极限问题，设计了专门用来求解极限的 limit 函数.

调用格式：

Ⅰ. limit(expr, x, a)

Ⅱ. limit(expr, a)

Ⅲ. limit(expr)

Ⅳ. limit(expr, x, a, 'left')

Ⅴ. limit(expr, x, a, 'right')

功能说明：求表达式在自变量 x 趋于 a 时的极限. expr 为待求极限的符号表达式；x 为自变量(可以缺省)；a 表示当 x 趋于 a 时求指定表达式的极限，a 可以为一个有限值，也可以为无穷大(此时为 inf)，缺省时默认为求在 x 趋于 0 时的极限；若求相应点的左、右极限，可以用选项'left'，'right'指定. 利用符号工具箱(Symbolic Math Toolbox)推导公式和进行符号计算时，应事先用 sym 或 syms 命令指定符号变量.

例 2.47　求$\lim\limits_{u\to\infty}\left(1+\dfrac{x}{u}\right)^u$.

解　MATLAB 命令如下：

```
>> syms x u   %指定符号变量
>> limit((1+x/u)^u,u,inf)   %求表达式在u趋于无穷大时的极限
```

运行结果如下：

```
ans =
  exp(x)
```

即此极限为 e^x.

例 2.48　求$\lim\limits_{x\to 0}\dfrac{\sqrt{1+x}-1}{x}$.

解　MATLAB 命令如下：

```
>> sym x
>> limit((sqrt(1+x)-1)/x)
```

运行结果如下：

```
ans =
  1/2
```

即此极限为 1/2.

例 2.49　考察极限$\lim\limits_{x\to 0}\dfrac{1}{x}$及其单侧极限的情况.

解　MATLAB 命令如下：

```
>> sym x
>> limit(1/x) %缺省自变量趋于0点
```

运行结果如下：

```
ans =
  NaN
```

即该点极限不存在.

考察其单侧极限，先求左极限：

```
>> sym x
>> limit(1/x,x,0,'left')
```

运行结果为：

```
ans =
```

```
  -Inf
```

再求右极限,继续输入 MATLAB 命令:

```
>> limit(1/x,x,0,'right')
```

运行结果为:

```
ans =
  Inf
```

可知其左极限为$-\infty$,右极限为$+\infty$.

习题 2.6

用 MATLAB 求极限.

1. $\lim\limits_{x\to 3}\dfrac{\sqrt{1+x}-2}{x-3}$　　2. $\lim\limits_{x\to\infty}\left(1+\dfrac{2}{x}\right)^x$

总习题 2

1. 选择题

(1)下列数列中当$n\to\infty$时极限为零的是(　　)

A. $\sqrt{0.001},\sqrt[3]{0.001},\sqrt[4]{0.001},\cdots$

B. $y_n=(-1)^n\dfrac{n}{n+1}$

C. $y_n=(-1)^n\dfrac{1}{n}$

D. $y_n=\begin{cases}\dfrac{1}{n}, & n\text{ 为奇数}\\ 1, & n\text{ 为偶数}\end{cases}$

(2)极限$\lim\limits_{x\to\infty}f(x)$存在的充分必要条件是(　　)

A. $\lim\limits_{x\to+\infty}f(x)$存在

B. $\lim\limits_{x\to-\infty}f(x)$存在

C. $\lim\limits_{x\to+\infty}f(x)$与$\lim\limits_{x\to-\infty}f(x)$都存在

D. $\lim\limits_{x\to+\infty}f(x)$与$\lim\limits_{x\to-\infty}f(x)$都存在且相等

(3)设函数$f(x)=\dfrac{|x+1|}{x+1}$,则$\lim\limits_{x\to-1}f(x)$(　　)

A. 等于 1　　B. 等于-1

C. 等于　　D. 不存在

(4)下列极限存在的有(　　)

A. $\lim\limits_{x\to\infty}\dfrac{x^2}{\sqrt{x^4+1}}$　　B. $\lim\limits_{x\to\infty}\sin x$

C. $\lim\limits_{x\to 0} e^{\frac{1}{x}}$　　D. $\lim\limits_{x\to 0}\dfrac{1}{2^x-1}$

(5)下列变量在给定变化过程中不是无穷小的是(　　)

A. $2^{-x}-1(x\to 0)$　　B. $\dfrac{\sin x}{x}(x\to\infty)$

C. $\dfrac{x^2}{\sqrt{x^3+1}}(x\to\infty)$　　D. $x\sin 2x(x\to 0)$

(6)下列极限存在的是(　　)

A. $\lim\limits_{x\to\infty}\dfrac{x(x+1)}{x^2}$　　B. $\lim\limits_{x\to 0}\dfrac{1}{2^x-1}$

C. $\lim\limits_{x\to 0^+} e^{\frac{1}{x}}$　　D. $\lim\limits_{x\to+\infty}\sqrt{\dfrac{x^2+1}{x}}$

(7)当 $x\to 1$ 时，$1-x$ 是 $\dfrac{1}{2}(1-x^2)$ 的(　　)无穷小.

A. 低阶　　B. 同阶

C. 等价　　D. 高阶

(8)当 $n\to\infty$ 时，$\sin^2\dfrac{1}{n}$ 与 $\dfrac{1}{n^k}$ 是等价无穷小，则 $k=$(　　)

A. 1　　B. 2

C. 3　　D. 4

(9)设 $f(x)=\begin{cases} e^x, & x<0 \\ a+x, & x\geqslant 0\end{cases}$ 在 $x=0$ 处连续，则 $a=$(　　)

A. 2　　B. 1

C. −1　　D. 0

(10)$x=1$ 是可去间断点的函数为(　　)

A. $y=\dfrac{1}{x+1}$　　B. $y=\dfrac{1}{x-1}$

C. $y=\dfrac{x^2+x-2}{x-1}$　　D. $y=\begin{cases} x-1, x\leqslant 1 \\ 3-x, x>1\end{cases}$

(11)$x^3-2x+5=0$ 至少有一个根的区间是(　　)

A. $(-3,-2)$　　B. $(-2,-1)$

C. $(-1,0)$　　D. $(0,1)$

(12)若函数 $f(x)$ 在闭区间 $[a,b]$ 上连续，且(　　)，则函数在 (a,b) 内至少存在一点 ξ，使得 $f(\xi)=0$.

A. $f(a)=f(b)$　　B. $f(a)f(b)>0$

C. $f(a)f(b)<0$　　D. $f(a)\neq f(b)$

2. 填空题

(1)$\lim\limits_{x\to\infty}\dfrac{n}{n^2+1}=$________

(2)当 $x\to$ ________ 或 ________ 时，$f(x)=\frac{x}{x^2-4}$ 是无穷小；当 $x\to$ ________ 或 ________ 时，$f(x)=\frac{x}{x^2-4}$ 是无穷大.

(3)$\lim\limits_{x\to 2}\frac{2x^2+x}{x^2+3x-5}=$ ________

(4)$\lim\limits_{x\to\infty}\frac{2x^2+x}{x^2+3x-5}=$ ________

(5)$\lim\limits_{x\to\infty}\frac{x+3}{3x^2+2x}(2\sin x+4)=$ ________

(6)已知 $\lim\limits_{x\to\infty}\frac{(a-1)x^3+bx^2+2x+1}{3x^2+5x-1}=1$，则 $a=$ ________，$b=$ ________.

(7)$\lim\limits_{x\to 0^+}\frac{\sin\sqrt{x}}{\sqrt{x}}=$ ________

(8)$\lim\limits_{x\to 2}\frac{\sin(x-2)}{x-2}=$ ________

(9)$\lim\limits_{x\to\infty}\left(1-\frac{k}{x}\right)^x=$ ________ $(k\neq 0)$

(10)函数 $f(x)=\frac{x^2-1}{x^2+2x-3}$ 的间断点有 ________，其中 ________ 是第 ________ 类间断点；________ 是第 ________ 类间断点.

(11)已知函数 $f(x)$ 在 $x=x_0$ 处连续，且 $f(x_0)=\pi$，则 $\lim\limits_{x\to x_0}[3f(x)+5]=$ ________.

(12)$\lim\limits_{x\to\infty}e^{\frac{1}{x}}=$ ________；$\lim\limits_{x\to 0}\cos x=$ ________；$\lim\limits_{x\to 0}\ln\frac{\sin x}{x}=$ ________.

(13)函数 $f(x)=\begin{cases}kx+1, & x\leqslant 3\\ kx^2-1, & x>3\end{cases}$，当 k 取 ________ 值时，该函数为连续函数.

3. 求下列函数的极限.

(1)$\lim\limits_{x\to\infty}\frac{1+3+5+\cdots+(2n-1)}{3n^3-1}$

(2)$\lim\limits_{x\to\pi}\frac{\sin x}{x-\pi}$

(3)$\lim\limits_{n\to\infty}2^n\sin\frac{1}{2^n}$

(4)$\lim\limits_{x\to 0}\frac{1-\cos 2x}{x\sin 2x}$

(5)$\lim\limits_{x\to 0}(1+\sin x)^{2\csc x}$

(6)$\lim\limits_{x\to 0}(1-4x)^{\frac{3}{x}}$

(7)$\lim\limits_{x\to\infty}\left(1+\frac{1}{2x}\right)^{\frac{x}{2}+3}$

(8)$\lim\limits_{x\to\infty}\left(\frac{2-x}{5-x}\right)^x$

(9)$\lim\limits_{x\to 1}\arctan\sqrt{\frac{x^2+1}{x+1}}$

(10)$\lim\limits_{x\to\infty}\left(\frac{2x-3}{2x+1}\right)^{x+1}$

(11)$\lim\limits_{x\to 0}\frac{1-\cos x}{\sin^2 x}$

(12)$\lim\limits_{x\to 2}\left(\frac{1}{x-2}-\frac{4}{x^2-4}\right)$

(13)$\lim\limits_{x\to +\infty}\frac{\sin x}{e^x}$

(14)$\lim\limits_{x\to +\infty}(\sqrt{x^2+x+1}-\sqrt{x^2-x+1})$

4. 已知 a 与 b 是常数且 $\lim\limits_{x\to\infty}\dfrac{ax^2+bx-1}{2x+1}=2$，求常数 a,b.

5. 已知 $\lim\limits_{x\to 0}\dfrac{\sqrt{x+1}-1}{\sin kx}=2$，求常数 k 的值.

6. 若 $x\to 0$ 时，$1-\cos x$ 与 mx^n 是等价无穷小，求常数 m,n.

7. 已知下列函数在 $x=0$ 处连续，求常数 k.

(1) $f(x)=\begin{cases}\dfrac{\sin 3x}{x}, & x\neq 0\\ x+k, & x=0\end{cases}$　　(2) $f(x)=\begin{cases}e^{-x^2}, & x>0\\ 2x+k, & x\leqslant 0\end{cases}$

8. 函数 $f(x)=\begin{cases}x+1, & 0\leqslant x\leqslant 1\\ x^2-1, & x>1\end{cases}$ 在 $x=\dfrac{1}{2}$，$x=1$，$x=2$ 处是否连续？

9. 讨论 $f(x)=\dfrac{2^{\frac{1}{x}}-1}{2^{\frac{1}{x}}+1}$ 的间断点并指出间断点的类型.

10. 证明方程 $\ln x=\dfrac{2}{x}$ 在 $(1,e)$ 内至少有一个实根.

第3章　导数与微分

在自然科学与技术科学领域中，量与量之间的关系通常用函数或曲线来描述，而描述量的变化与变化之间的关系则是微分学所研究的内容. 如描述物体加热或冷却率、化学过程的反应速度、放射过程的衰变率、种群的增长率、经济的增长率等等. 这些问题都需要借助于函数的导数概念来进行研究.

导数与微分是微分学中的两个重要概念，其中导数反映函数值的变化相对于自变量变化的快慢程度，而微分反映当自变量有微小改变时，函数相应改变量的近似值. 就数学本身而言，微分学的思想与研究成果已成为高等数学的基础.

微积分学理论的建立主要是为了解决 17 世纪科学研究中的一些实际问题而出现的. 这些基本问题可归为三类：第一类问题是已知物体移动的距离可以表示为时间的函数，求物体在任意时刻的速度与加速度，反过来就是已知物体的加速度，求速度与距离函数. 这类问题是在研究物体的运动现象中直接产生的，困难在于运动物体的速度、加速度每时每刻都在变化，如计算任一时刻的瞬时速度就不能像计算平均速度一样，用运动的时间去除移动的距离，因为在给定的瞬时，运动时间和位移都是 0，而 0/0 是没有意义的，但是每一时刻移动的物体它的速度与加速度都是物理存在的实际现象，因此不能用平均的思想来描述物体的运动速度与加速度. 第二类问题是求曲线的切线和法线. 第三类问题是求函数的最大值与最小值，如寻求抛射运动中射程最大的发射角等.

微分学是继函数的定义之后而产生的数学概念，它是继欧几里得几何理论创立之后数学科学理论体系的一大创造. 恩格斯对此给予了高度评价："在一切理论成就中，未必再有什么像 17 世纪下半叶微积分的发明那样被看作人类精神的最高胜利了."

3.1　导数的概念

3.1.1　引　例

一、变速直线运动的速度

假定一辆汽车在高速路上行驶，以高速入口为起点，视作坐标原点，把整条高速路简化成一条直线，作为数轴，以进入高速的瞬时时刻作为初始计量时间($t=0$)，则任一时刻 t 都与车辆在直线上某一个位置(距离或里程)对应. 这样二者之间就构成了一个函数关系 $s=s(t)$. 当物体做匀速直线运动时，车辆在任何时刻的速度可用公式 $v=\frac{s}{t}$ 来表示，其中 s 为车辆在 t 时间内经过的路程，t 为运动时间. 如果路面不是光滑、平直的，即起伏不定，那么一般而言车辆的运动应该是非匀速的，我们如何去求得该车在运动过程中任一时刻 t_0 的速度呢？（譬如说看它是否超速？超了多少？）

首先我们注意到，任一时刻车辆移动的距离与时间有关，当时间 t 从 t_0 变到 $t_0+\Delta t$ 时，该车移动的距离由 $s(t_0)$ 变到 $s(t_0+\Delta t)$，其位移的改变量（增量）为

$$\Delta s=s(t_0+\Delta t)-s(t_0)$$

在时间间隔段 $[t_0,t_0+\Delta t]$ 内，该车辆的平均速度为

$$\bar{v}=\frac{\Delta s}{\Delta t}=\frac{s(t_0+\Delta t)-s(t_0)}{\Delta t}$$

时间间隔 Δt 愈短，这个平均速度愈接近于物体在时刻 t_0 的瞬时速度，当 $\Delta t\to 0$ 时，如果平均速度 $\bar{v}$ 的极限存在，那么我们就把此极限称为物体在 t_0 时刻的瞬时速度 $v(t_0)$，即

$$v(t_0)=\lim_{\Delta t\to 0}\frac{\Delta s}{\Delta t}=\lim_{\Delta t\to 0}\frac{s(t_0+\Delta t)-s(t_0)}{\Delta t}$$

二、平面曲线的切线斜率

我们首先给出平面曲线的切线定义. 如图 3-1 所示，取函数 $y=f(x)$ 所在曲线 L 上的一点 $N(x_0,y_0)$，以及 L 上另外一个任意点 $M(x,y)$，作割线 MN. 当点 M 沿曲线 L 趋近于点 N 时，如果割线 MN 绕点 N 旋转而趋于极限位置 NP，则直线 NP 就称为曲线 L 在点 $N(x_0,y_0)$ 处的切线.

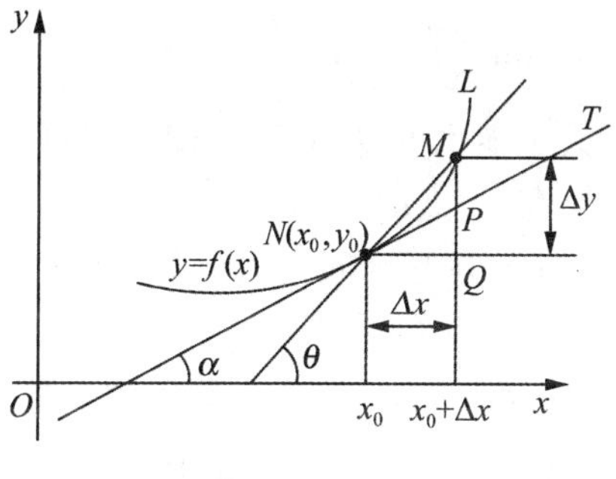

图 3-1

当自变量 x 从 x_0 变到 $x_0+\Delta x$ 时，因变量 y 相应地从 $y_0=f(x_0)$ 变为 $y_0+\Delta y=f(x_0+\Delta x)$，其中，$\Delta y=f(x_0+\Delta x)-f(x_0)$ 为相应函数值的改变量. 于是在曲线 L 上定义了另一个点 $M(x_0+\Delta x,y_0+\Delta y)$. 作割线 MN，并用 θ 表示它的倾斜角，由图3-1可知割线 MN 的斜率为

$$\tan\theta=\frac{\Delta y}{\Delta x}=\frac{f(x_0+\Delta x)-f(x_0)}{\Delta x}$$

当 $\Delta x\to 0$ 时，点 M 就沿曲线 L 无限趋近于点 N，割线 MN 就不断地绕 N 点转动而趋近于该点的切线 NP，而割线 NM 的倾斜角 θ 逐渐趋近于该点切线的倾斜角 α，因此，我们就得到 N 点的切线斜率

$$k=\tan\alpha=\lim_{\Delta x\to 0}\tan\theta=\lim_{\Delta x\to 0}\frac{\Delta y}{\Delta x}=\lim_{\Delta x\to 0}\frac{f(x_0+\Delta x)-f(x_0)}{\Delta x}$$

从上面所讨论的两个问题看出，变速直线运动的速度和切线的斜率都归结为：

$$\lim_{\Delta x\to 0}\frac{\Delta y}{\Delta x}=\lim_{\Delta x\to 0}\frac{f(x_0+\Delta x)-f(x_0)}{\Delta x}$$

在自然科学、工程科技与社会经济活动中，涉及一个量的变化相对于另一个量的变化之间的关系问题的研究通常都可以归结为求这种变化比率形式的极限问题. 如运动学中的速度、加速度，种群或经济的增长，化学反应，放射元素的衰减，转动问题的角速度等等. 抛开这些实际问题的具体背景，抽象出它们在数学上的共性，就是我们要介绍的导数概念.

3.1.2 导数的定义

一、导数与导函数的定义

定义 3.1 设函数 $y=f(x)$ 在 x_0 点的某个邻域内有定义，若极限

$$\lim_{\Delta x\to 0}\frac{\Delta y}{\Delta x}=\lim_{\Delta x\to 0}\frac{f(x_0+\Delta x)-f(x_0)}{\Delta x}\tag{3.1}$$

存在，则称 $f(x)$ 在 x_0 点可导，并称该极限值为 $f(x)$ 在 x_0 点的导数，记作 $f'(x_0)$，或 $y'|_{x=x_0}$，$\left.\frac{\mathrm{d}y}{\mathrm{d}x}\right|_{x=x_0}$，$\left.\frac{\mathrm{d}f}{\mathrm{d}x}\right|_{x=x_0}$ 等.

若记 $x=x_0+\Delta x$，则 $\Delta x=x-x_0$. 当 $\Delta x\to 0$ 时，有 $x\to x_0$，于是式(3.1)可以写成如下等价形式：

$$\lim_{\Delta x\to 0}\frac{\Delta y}{\Delta x}=\lim_{x\to x_0}\frac{f(x)-f(x_0)}{x-x_0}\tag{3.2}$$

需要注意的是，Δx 可以大于零也可以小于零，即可正可负. 此即意味着，自变量的变动可以在 x_0 点的左侧，也可以在 x_0 点的右侧.

定义 3.2 如果函数 $y=f(x)$ 在开区间 I 内的每一点处都可导，就称函数 $f(x)$ 在开区间 I 内可导.

这时，对于任一 $x\in I$，都对应着 $f(x)$ 的一个确定的导数值. 这样就构成了一个新的函数，这个函数叫作原来函数 $y=f(x)$ 的导函数，简称导数，记作 y'，$f'(x)$，$\frac{\mathrm{d}y}{\mathrm{d}x}$ 或 $\frac{\mathrm{d}f(x)}{\mathrm{d}x}$，即

$$f'(x)=\lim_{\Delta x\to 0}\frac{f(x+\Delta x)-f(x)}{\Delta x}$$

利用导数的定义求某函数的导数，可以分为三步走：

(1)任给一个自变量的改变量 Δx，计算函数值的改变量 Δy；

(2)计算函数值改变量与自变量改变量的比率 $\frac{\Delta y}{\Delta x}$；

(3)令 $\Delta x\to 0$，求极限 $\lim\limits_{\Delta x\to 0}\frac{\Delta y}{\Delta x}$.

例 3.1 利用导数的定义，求常数函数 $f(x)=C$(C 为常数)的导数.

解 (1)先求函数的改变量：$\Delta y=f(x+\Delta x)-f(x)=C-C=0$.

(2)再计算比值：$\frac{\Delta y}{\Delta x}=\frac{0}{\Delta x}=0$.

(3)令 $\Delta x\to 0$,求极限：

$$f'(x)=\lim_{\Delta x\to 0}\frac{\Delta y}{\Delta x}=0$$

即$(C)'=0$

结论:常数的导数等于0.

例 3.2 求 $f(x)=x^2$ 的导数.

解 (1)求函数的改变量:$\Delta y=f(x+\Delta x)-f(x)=(x+\Delta x)^2-x^2=2x\Delta x+(\Delta x)^2$.

(2)计算比值:$\frac{\Delta y}{\Delta x}=2x+\Delta x$.

(3)令 $\Delta x\to 0$,求极限：

$$f'(x)=\lim_{\Delta x\to 0}\frac{\Delta y}{\Delta x}=\lim_{\Delta x\to 0}(2x+\Delta x)=2x$$

即$(x^2)'=2x$.

一般地,当指数为任意实数 α 时,可以证明：

$$(x^\alpha)'=\alpha x^{\alpha-1}$$

例 3.3 求函数 $f(x)=\sin x$ 的导数.

解 $$f'(x)=\lim_{\Delta x\to 0}\frac{f(x+\Delta x)-f(x)}{\Delta x}=\lim_{\Delta x\to 0}\frac{\sin(x+\Delta x)-\sin x}{\Delta x}$$

$$=\lim_{\Delta x\to 0}\frac{1}{\Delta x}2\cos\left(x+\frac{\Delta x}{2}\right)\sin\frac{\Delta x}{2}$$

$$=\lim_{\Delta x\to 0}\cos\left(x+\frac{\Delta x}{2}\right)\frac{\sin\frac{\Delta x}{2}}{\frac{\Delta x}{2}}=\cos x$$

即$(\sin x)'=\cos x$.

用类似的方法,可求得$(\cos x)'=-\sin x$.

二、左、右导数

按照导数的定义,导数本质上就是变化比率的极限;按照极限的定义,函数在某点的导数存在意味着自变量从该点的左、右两侧都逼近该点时极限存在且相等. 事实上,许多函数在某些点上并不满足这一性质. 为此有必要仿照极限的概念,讨论一下左、右导数问题.

(1)左导数

定义 3.3 设函数 $y=f(x)$在 x_0 点的某个左邻域内有定义,若极限

$$\lim_{\Delta x\to 0^-}\frac{\Delta y}{\Delta x}=\lim_{\Delta x\to 0^-}\frac{f(x_0+\Delta x)-f(x_0)}{\Delta x} \tag{3.3}$$

存在,则称该极限值为 $f(x)$在 x_0 点的左导数,记作 $f'_-(x_0)$.

(2)右导数

定义 3.4 设函数 $y=f(x)$在 x_0 点的某个右邻域内有定义,若极限

$$\lim_{\Delta x\to 0^+}\frac{\Delta y}{\Delta x}=\lim_{\Delta x\to 0^+}\frac{f(x_0+\Delta x)-f(x_0)}{\Delta x} \tag{3.4}$$

存在，则称该极限值为 $f(x)$ 在 x_0 点的右导数，记作 $f'_+(x_0)$.

说明：(1)函数 $f(x)$ 在点 x_0 可导且 $f'(x_0)=A$ 的充分必要条件是：$f'_-(x_0)$ 与 $f'_+(x_0)$ 都存在且 $f'_-(x_0)=f'_+(x_0)=A$.

(2)左、右导数常用于判定分段定义函数在分段点的可导性.

例 3.4　求函数 $f(x)=|x|$ 在 $x=0$ 处的导数.

解　$f'_-(0)=\lim\limits_{\Delta x\to 0^-}\dfrac{f(0+\Delta x)-f(0)}{\Delta x}=\lim\limits_{\Delta x\to 0^-}\dfrac{|\Delta x|}{\Delta x}=-1$

$f'_+(0)=\lim\limits_{\Delta x\to 0^+}\dfrac{f(0+\Delta x)-f(0)}{\Delta x}=\lim\limits_{\Delta x\to 0^+}\dfrac{|\Delta x|}{\Delta x}=1$

因为 $f'_-(0)\neq f'_+(0)$，所以函数 $f(x)=|x|$ 在 $x=0$ 处不可导.

三、可导与连续的关系

假定函数 $y=f(x)$ 在点 x_0 处可导，即 $f'(x_0)=\lim\limits_{\Delta x\to 0}\dfrac{\Delta y}{\Delta x}$ 存在，于是有

$\lim\limits_{\Delta x\to 0}(f(x_0+\Delta x)-f(x_0))=\lim\limits_{\Delta x\to 0}\Delta y=\lim\limits_{\Delta x\to 0}\dfrac{\Delta y}{\Delta x}\cdot\Delta x=\lim\limits_{\Delta x\to 0}\dfrac{\Delta y}{\Delta x}\cdot\lim\limits_{\Delta x\to 0}\Delta x=f'(x_0)\cdot 0=0$.

这表明函数 $y=f(x)$ 在点 x_0 处连续. 反之则不成立，即在点 x_0 处连续的函数不一定在 x_0 处可导. 例如函数 $y=|x|$ 在 $x=0$ 处连续，但在 $x=0$ 处左、右导数存在但不相等，故不可导. 于是我们有如下定理：

定理 3.1　如果函数 $y=f(x)$ 在点 x_0 处可导，则它在 x_0 点一定连续. 反之不一定成立.

3.1.3　切线方程与法线方程

由图 3-1 可以看出，函数 $y=f(x)$ 在点 x_0 处的导数值 $f'(x_0)$ 就是该函数曲线在 x_0 处的切线斜率. 它是割线斜率的极限值.

利用中学学过的知识，若 $f'(x_0)$ 存在，则利用点斜式很容易地就可以写出函数 $y=f(x)$ 在 xOy 平面上的曲线 L 在点 $N(x_0,y_0)$ 处的切线方程为

$$y-y_0=f'(x_0)(x-x_0) \tag{3.5}$$

进一步地，该点的法线方程可写为

$$y-y_0=-\frac{1}{f'(x_0)}(x-x_0)\quad (f'(x_0)\neq 0) \tag{3.6}$$

特别地，如果 $f'(x_0)=\infty$，则曲线 $y=f(x_0)$ 在 x_0 点的切线方程是 $x=x_0$；若 $f'(x_0)=0$，则曲线 L 在点 $N(x_0,y_0)$ 处的法线方程是 $x=x_0$.

例 3.5　求等边双曲线 $y=\dfrac{1}{x}$ 在点 $(\dfrac{1}{2},2)$ 处的切线方程和法线方程.

解　由 $y'=\left(\dfrac{1}{x}\right)'=(x^{-1})'=-1\cdot x^{-1-1}=-\dfrac{1}{x^2}$ 得，曲线在点 $(\dfrac{1}{2},2)$ 处的切线斜率为

$$k_1=\left(-\frac{1}{x^2}\right)\bigg|_{x=\frac{1}{2}}=-4$$

法线斜率为

$$k_2=-\frac{1}{k_1}=\frac{1}{4}.$$

故过点$(\frac{1}{2},2)$的切线方程为

$y-2=-4(x-\frac{1}{2})$，即$4x+y-4=0$.

法线方程为$y-2=\frac{1}{4}(x-\frac{1}{2})$，即$2x-8y+15=0$.

习题 3.1

1. 设物体绕定轴旋转，在时间间隔$[0,t]$内转过角度θ，从而转角θ是t的函数：$\theta=\theta(t)$. 如果旋转是匀速的，那么称$\omega=\frac{\theta}{t}$为该物体旋转的角速度；如果旋转是非匀速的，应怎样确定该物体在时刻t_0的角速度？

2. 设$f(x)=10x^2$，试按导数的定义求$f'(-1)$.

3. 证明：$(\cos x)'=-\sin x$.

4. 下列各题中均假定$f(x_0)$存在，按照导数定义观察下列极限，指出A表示什么.

(1) $\lim\limits_{\Delta x\to 0}\frac{f(x_0-\Delta x)-f(x_0)}{\Delta x}=A$.

(2) $\lim\limits_{x\to 0}\frac{f(x)}{x}=A$，其中$f(0)=0$，且$f'(0)$存在.

(3) $\lim\limits_{h\to 0}\frac{f(x_0+h)-f(x_0-h)}{h}=A$.

5. 求下列函数的导数.

(1) $y=x^4$　　(2) $y=\sqrt[3]{x^2}$　　(3) $y=x^{1.6}$

(4) $y=\frac{1}{\sqrt{x}}$　　(5) $y=\frac{1}{x^2}$　　(6) $y=x^3\sqrt[5]{x}$

(7) $y=\frac{x^2\sqrt[3]{x^2}}{\sqrt{x^5}}$

6. 如果$f(x)$为偶函数，且$f(0)$存在，证明$f(0)=0$.

7. 求曲线$y=\cos x$上点$\left(\frac{\pi}{3},\frac{1}{2}\right)$处的切线方程和法线方程式.

8. 讨论下列函数在$x=0$处的连续性与可导性.

(1) $y=|\sin x|$　　(2) $y=\begin{cases}x^2\sin\frac{1}{x}, & x\neq 0\\ 0 & x=0,\end{cases}$

9. 设函数$f(x)=\begin{cases}x^2, & x\leqslant 1\\ ax+b, & x>1\end{cases}$，为了使函数$f(x)$在$x=1$处连续且可导，$a,b$应取什么值？

3.2　初等函数的导数

3.2.1　函数的和、差、积、商的求导法则

一、基本初等函数的求导公式

(1) $(C)'=0$；　(2) $(x^\alpha)'=\alpha x^{\alpha-1}$

(3) $(a^x)'=a^x\ln a$；　(4) $(\mathrm{e}^x)'=\mathrm{e}^x$

(5) $(\log_a x)'=\dfrac{1}{x\ln a}$；　(6) $(\ln x)'=\dfrac{1}{x}$

(7) $(\sin x)'=\cos x$；　(8) $(\cos x)'=-\sin x$

(9) $(\tan x)'=\dfrac{1}{\cos^2 x}=\sec^2 x$；　(10) $(\cot x)'=-\dfrac{1}{\sin^2 x}=-\csc^2 x$

(11) $(\sec x)'=\sec x\cdot\tan x$；　(12) $(\csc x)'=-\csc x\cdot\cot x$

(13) $(\arcsin x)'=\dfrac{1}{\sqrt{1-x^2}}$；　(14) $(\arccos x)'=-\dfrac{1}{\sqrt{1-x^2}}$

(15) $(\arctan x)'=\dfrac{1}{1+x^2}$；　(16) $(\operatorname{arccot} x)'=-\dfrac{1}{1+x^2}$

二、函数的和、差、积、商的求导法则

设函数 $u(x)$ 及 $v(x)$ 在点 x 处可导，则

(1) 函数 $u(x)\pm v(x)$ 在点 x 处也可导，且有

$$[u(x)\pm v(x)]'=u'(x)\pm v'(x)$$

(2) 函数 $u(x)v(x)$ 在点 x 处也可导，且有

$$[u(x)v(x)]'=u'(x)v(x)+u(x)v'(x)$$

特别地，若 $u(x)=C$（C 为常数），则 $[Cu(x)]'=Cu'(x)$.

(3) 函数 $\dfrac{u(x)}{v(x)}$ $(v(x)\neq 0)$ 在点 x 处也可导，且有

$$\left[\frac{u(x)}{v(x)}\right]'=\frac{u'(x)v(x)-u(x)v'(x)}{v^2(x)}$$

关于导数的和、差与积的运算还可以推广到有限多个可导函数的情形，例如，设 $w=w(x)$ 也是在点 x 处可导的函数，则有

$$\begin{aligned}[u(x)\pm v(x)\pm w(x)]'&=[u(x)\pm v(x)]'\pm w'(x)\\&=u'(x)\pm v'(x)\pm w'(x)\end{aligned}$$

$$\begin{aligned}[u(x)v(x)w(x)]'&=[u(x)v(x)]'w(x)+[u(x)v(x)]w'(x)\\&=u'(x)v(x)w(x)+u(x)v'(x)w(x)+u(x)v(x)w'(x)\end{aligned}$$

例 3.6　设函数 $f(x)=x^3+2\sin x$，求 $f'(x)$ 和 $f'(0)$.

解

$$f'(x)=(x^3)'+(2\sin x)'=3x^2+2\cos x$$

$$f'(0)=3\times 0^2+2\cos 0=2$$

例 3.7　设函数 $y=\sqrt{x}\sin x+(2\mathrm{e})^{-1}+3\ln x$，求 y'.

解

$$y'=(\sqrt{x}\sin x)'+[(2\mathrm{e})^{-1}]'+(3\ln x)'$$

$$=(\sqrt{x})'\sin x+\sqrt{x}(\sin x)'+0+3(\ln x)'$$
$$=\frac{\sin x}{2\sqrt{x}}+\sqrt{x}\cos x+\frac{3}{x}$$

例 3.8 求函数 $y=\tan x$ 的导数.

解 $$y'=(\tan x)'=\left(\frac{\sin x}{\cos x}\right)'=\frac{(\sin x)'\cos x-\sin x(\cos x)'}{\cos^2 x}$$
$$=\frac{\cos^2 x+\sin^2 x}{\cos^2 x}=\frac{1}{\cos^2 x}=\sec^2 x.$$

即 $(\tan x)'=\sec^2 x$.

3.2.2 复合函数的求导法则

对复合函数 $y=f(u), u=\varphi(x)$ 而言,由

$$\frac{\Delta y}{\Delta x}=\frac{\Delta y}{\Delta u}\cdot\frac{\Delta u}{\Delta x}$$

利用可导必连续的关系,易知 $\lim\limits_{\Delta x\to 0}\Delta u=0$. 于是有

$$\lim_{\Delta x\to 0}\frac{\Delta y}{\Delta x}=\lim_{\Delta x\to 0}\frac{\Delta y}{\Delta u}\cdot\lim_{\Delta x\to 0}\frac{\Delta u}{\Delta x}=\lim_{\Delta u\to 0}\frac{\Delta y}{\Delta u}\cdot\lim_{\Delta x\to 0}\frac{\Delta u}{\Delta x}$$

定理 3.2 设 $u=\varphi(x)$ 在 x 处可导,$y=f(u)$ 在对应的 $u=\varphi(x)$ 处可导,则复合函数 $y=f[\varphi(x)]$ 在 x 处可导,且 $\{f[\varphi(x)]\}'=f'(u)\varphi'(x)$,即 $\frac{dy}{dx}=\frac{dy}{du}\cdot\frac{du}{dx}$.

说明:复合函数的求导法则可推广到多个中间变量的情形.

例 3.9 设函数 $y=e^{x^3}$,求 $\frac{dy}{dx}$.

解 函数 $y=e^{x^3}$ 可看作是由 $y=e^u, u=x^3$ 复合而成的,因此

$$\frac{dy}{dx}=\frac{dy}{du}\cdot\frac{du}{dx}=e^u\cdot 3x^2=3x^2e^{x^3}$$

例 3.10 设函数 $y=\sin^2 x$,求 $\frac{dy}{dx}$.

解 函数 $y=\sin^2 x$ 是由 $y=u^2$ 和 $u=\sin x$ 复合而成,因此

$$\frac{dy}{dx}=\frac{dy}{du}\cdot\frac{du}{dx}=(u^2)'(\sin x)'=2u\cos x=2\sin x\cos x=\sin 2x$$

早期进行求导训练时,最好按复合函数求导过程一步一步地做,这样可以避免混淆和错误.随着熟练程度提高,可以不再写出中间变量,只要按照复合关系从外向里逐层求导,直到最后对自变量求导即可.

例 3.11 设函数 $y=\ln\cos x$,求 y'.

解 $$y'=\frac{1}{\cos x}\cdot(\cos x)'=\frac{1}{\cos x}\cdot(-\sin x)=-\tan x$$

例 3.12 设函数 $y=\ln(x+\sqrt{x^2+1})$,求 y'.

解 $$y'=[\ln(x+\sqrt{x^2+1})]'=\frac{1}{x+\sqrt{x^2+1}}(x+\sqrt{x^2+1})'$$

$$=\frac{1}{x+\sqrt{x^2+1}}[1+(\sqrt{x^2+1})']$$

$$=\frac{1}{x+\sqrt{x^2+1}}\left[1+\frac{1}{2\sqrt{x^2+1}}(x^2+1)'\right]$$

$$=\frac{1}{x+\sqrt{x^2+1}}\left(1+\frac{x}{\sqrt{x^2+1}}\right)$$

$$=\frac{1}{\sqrt{x^2+1}}$$

例 3.13　一个男孩做了两个雪球，其中大雪球的直径为小雪球直径的二倍，他把这两个雪球放进一个温暖的房间. 在房间内，这两个雪球受热开始融化. 问当大球被融化至一半时，小球没有融化的还有多少？

解　(1)问题分析

把雪球置于温度较高的房间内，直接受热的是球体的表面. 假如室内温度恒定不变，且球体外表面各点受热均匀，显然融雪量的大小与球体的表面积有关，而表面积的大小与球半径有关. 雪球的融化过程是球体体积随时间的变化过程，其单位时间内融化的雪量就是体积的变化率. 因此可以利用导数的思想，针对量的变化建立模型.

(2)基本假设

若假定球的各受热方向均匀，且室内温度恒定. 进一步地，假定单位时间内融化的雪量与球体的表面积成正比.

(3)建立模型

记 x 为球体的半径，t 为融雪时间，则由空间几何知识可知，球的体积 V 和表面积 S 分别为

$$V=\frac{4\pi}{3}x^3 \text{ 和 } S=4\pi x^2$$

又因球体的半径随着雪球的融化，会随融雪时间的推移逐渐缩小，所以 $x=x(t)$，即球半径是时间 t 的函数，或者说球的体积 V 和表面积 S 是关于融雪时间 t 的复合函数.

注意到单位时间内融雪量的大小就是雪球体积的变化速率，故先考查

$$\frac{\mathrm{d}V}{\mathrm{d}t}=\frac{\mathrm{d}V}{\mathrm{d}x}\cdot\frac{\mathrm{d}x}{\mathrm{d}t}=\frac{4\pi}{3}\cdot 3x^2\cdot\frac{\mathrm{d}x}{\mathrm{d}t}=4\pi x^2\,\frac{\mathrm{d}x}{\mathrm{d}t}=S\,\frac{\mathrm{d}x}{\mathrm{d}t}$$

该式表明，球体体积的减少速率与球体的表面积和球半径的衰减速率有关，若假定球的各受热方向均匀，且外界温度恒定，则依据假设，单位时间内融雪量的多少与球体表面积成正比，不妨记比例系数为 k，即

$$\frac{\mathrm{d}V}{\mathrm{d}t}=kS=S\,\frac{\mathrm{d}x}{\mathrm{d}t}$$

从而 $k=\frac{\mathrm{d}x}{\mathrm{d}t}$. 也就是说，在基本假设前提下，球半径的衰减速率为常数(即单位时间内球半径的减少(速率)与半径的长短无关，是恒定的)，即为匀速衰减.

(4)模型求解

假设两个雪球最初的半径分别为 $2r$ 和 r，则大雪球的体积为

$$V=\frac{4\pi(2r)^3}{3}=\frac{32\pi r^3}{3}$$

在融化一半之后，体积减少$\frac{1}{2}$. 这时该球的体积为

$$V=\frac{16\pi}{3}r^3=\frac{4\pi}{3}\cdot(\sqrt[3]{4}r)^3$$

这个公式表明，融化一半之后，剩余球体的半径长为$\sqrt[3]{4}r$，所以，这个雪球的半径均减少了$(2-\sqrt[3]{4})r$.

依据假设，球半径的减少速率与时间有关，与球的大小无关，即小球的半径在同一时间内半径也减少了$(2-\sqrt[3]{4})r$. 因此，小球剩下的球体半径为

$$r-(2-\sqrt[3]{4})r=r(\sqrt[3]{4}-1)$$

所以，小球剩下的球体体积为

$$V=\frac{4}{3}\pi r^3(\sqrt[3]{4}-1)^3$$

这大约是原来体积的$\frac{1}{5}$(注：$(\sqrt[3]{4}-1)^3\approx 0.2027$).

习题 3.2

1. 求下列函数的导数.

(1) $y=\frac{4}{x^5}+\frac{7}{x^4}-\frac{2}{x}+12$　　(2) $y=5x^3-2^x+3e^x$

(3) $y=2\tan x+\sec x-1$　　(4) $y=\sin x\cos x$

(5) $y=x^2\ln x$　　(6) $y=3e^x\cos x$

(7) $y=\frac{\ln x}{x}$　　(8) $y=\frac{e^x}{x^2}+\ln 3$

(9) $y=x^2\ln x\cos x$　　(10) $s=\frac{1+\sin t}{1+\cos t}$

2. 求下列函数在给定点处的导数.

(1) $y=\sin x\cos x$，求$y'\big|_{x=\frac{\pi}{6}}$和$y'\big|_{x=\frac{\pi}{4}}$.

(2) $\rho=\theta\sin\theta+\frac{1}{2}\cos\theta$，求$\left.\frac{d\rho}{d\theta}\right|_{\theta=\frac{\pi}{4}}$.

(3) $f(x)=\frac{3}{5-x}+\frac{x^2}{5}$，求 $f'(0)$和 $f'(2)$.

3. 求曲线 $y=2\sin x+x^2$ 上横坐标为 $x=0$ 的点处的切线方程和法线方程.

4. 求下列函数的导数.

(1) $y=(2x+5)^4$　　(2) $y=\cos(4-3x)$

(3) $y=e^{-3x^2}$　　(4) $y=\ln(1+x^2)$

(5) $y=\sin^2 x$　　(6) $y=\sqrt{a^2-x^2}$

(7) $y=\tan x^2$　　(8) $y=\arctan e^x$

(9) $y=(\arcsin x)^2$ (10) $y=\ln\cos x$

5. 设函数 $f(x)$ 和 $g(x)$ 可导，且 $f^2(x)+g^2(x)\neq 0$，试求函数 $y=\sqrt{f^2(x)+g^2(x)}$ 的导数.

6. 设 $f(x)$ 可导，求下列函数 y 的导数 $\frac{\mathrm{d}y}{\mathrm{d}x}$.

(1) $y=f(x^2)$ (2) $y=f(\sin^2 x)+f(\cos^2 x)$

3.3 高阶导数

3.3.1 高阶导数的定义

由前面的知识可知，变速直线运动的速度 $v(t)$ 是路程函数 $s(t)$ 对时间 t 的导数，即 $v(t)=s'(t)$ 或 $v=\frac{\mathrm{d}s}{\mathrm{d}t}$. 对变速运动而言，各个时刻的速度并不相等，即速度仍然构成了一个关于时间的函数，而加速度 a 是速度函数 $v(t)$ 对时间 t 的导数，即 $a=v'(t)$ 或 $a=\frac{\mathrm{d}v}{\mathrm{d}t}$.

因为 $v(t)=s'(t)$，所以 $a=[s'(t)]'$ 或 $a=\frac{\mathrm{d}}{\mathrm{d}t}\left(\frac{\mathrm{d}s}{\mathrm{d}t}\right)$，这种导数的导数 $[s'(t)]'$ 或 $\frac{\mathrm{d}}{\mathrm{d}t}\left(\frac{\mathrm{d}s}{\mathrm{d}t}\right)$ 称为 s 对 t 的二阶导数，记作 $s''(t)$ 或 $\frac{\mathrm{d}^2 s}{\mathrm{d}t^2}$. 换句话说，物体运动的加速度 a 就是路程函数 $s(t)$ 对时间 t 的二阶导数，即 $a=s''(t)$ 或 $a=\frac{\mathrm{d}^2 s}{\mathrm{d}t^2}$.

一般地，如果函数 $y=f(x)$ 的导数 $y'=f'(x)$ 仍是 x 的可导函数，则称 $y'=f'(x)$ 的导数 $(y')'=[f'(x)]'$ 为 $y=f(x)$ 的二阶导数，记作

$$y'',\ f''(x),\ \frac{\mathrm{d}^2 y}{\mathrm{d}x^2} \text{或} \frac{\mathrm{d}^2 f}{\mathrm{d}x^2}$$

相应地，把 $y=f(x)$ 的导数 $f'(x)$ 称为 $y=f(x)$ 的一阶导数.

类似地，二阶导数 $f''(x)$ 的导数，称为 $f(x)$ 的三阶导数，记作 y'''，$f'''(x)$，$\frac{\mathrm{d}^3 y}{\mathrm{d}x^3}$ 或 $\frac{\mathrm{d}^3 f}{\mathrm{d}x^3}$；三阶导数 $f'''(x)$ 的导数，称为 $f(x)$ 的四阶导数，记作 $y^{(4)}$，$f^{(4)}(x)$，$\frac{\mathrm{d}^4 y}{\mathrm{d}x^4}$ 或 $\frac{\mathrm{d}^4 f}{\mathrm{d}x^4}$，….

一般地，$n-1$ 阶导数 $f^{(n-1)}(x)$ 的导数，称为 $f(x)$ 的 n 阶导数，记作 $y^{(n)}$，$f^{(n)}(x)$，$\frac{\mathrm{d}^n y}{\mathrm{d}x^n}$ 或 $\frac{\mathrm{d}^n f}{\mathrm{d}x^n}$.

二阶及二阶以上的导数统称为高阶导数.

几个常见的初等函数的 n 阶导数公式如下：

(1) $(a^x)^{(n)}=a^x\cdot\ln^n a$，特别地，$(\mathrm{e}^x)^{(n)}=\mathrm{e}^x$

(2) $(\sin(ax+b))^{(n)}=a^n\sin\left(ax+b+\frac{n\pi}{2}\right)$

(3) $(\cos(ax+b))^{(n)}=a^n\cos\left(ax+b+\frac{n\pi}{2}\right)$

(4) $\left(\frac{1}{ax+b}\right)^{(n)}=\frac{(-1)^n a^n n!}{(ax+b)^{n+1}}$

(5) $(\ln(ax+b))^{(n)}=\frac{(-1)^{n-1}a^n(n-1)!}{(ax+b)^n}$

例 3.14　求函数 $y=\cos^2 x$ 的二阶导数.

解
$$y'=2\cos x(-\sin x)=-\sin 2x$$
$$y''=(-\sin 2x)'=-2\cos 2x$$

例 3.15　求函数 $f(x)=\sin(2x+1)$的高阶导数.

解　函数 $f(x)$的一阶导数为

$$f'(x)=2\cos(2x+1)=2\sin\left[\frac{\pi}{2}+(2x+1)\right]$$

二阶导数为

$$f''(x)=2^2\cos\left[\frac{\pi}{2}+(2x+1)\right]=2^2\sin\left[\frac{2\pi}{2}+(2x+1)\right]$$

三阶导数为

$$f'''(x)=2^3\cos\left[\frac{2\pi}{2}+(2x+1)\right]=2^3\sin\left[\frac{3\pi}{2}+(2x+1)\right]$$

依次类推,利用归纳方法可知,函数 $f(x)$的高阶导数为

$$f^{(n)}(x)=2^n\sin\left[\frac{n\pi}{2}+(2x+1)\right]$$

3.3.2　泰勒公式

工程上,对于一些计算比较复杂的函数,如函数求值、求导运算等,寻求精确的数学解,并不一定是一个好的主意,有时如能得到满足一定精度的近似解就足以满足工程上的需要.显然,之所以要求函数的近似值,是因为函数计算过于复杂,计算效率较差,如能找到一个相对简单的函数表达式来近似替代原来较为复杂的函数,自然是一个不错选择.在函数领域中,多项式函数是最简单直接的一类函数.其一,计算简单,只要对自变量进行有限次的加、减、乘三种算术运算,就能求出其函数值;其二,求导容易.因此,多项式经常被用于近似地表达复杂函数,这种近似表达在数学上称为函数逼近.

由极限的知识可知,当$|x|$很小或近似等于零时,有如下近似等式成立:

$$e^x\approx 1+x,\ \sin x\approx x$$

也就是说,在 $x=0$ 点附近,如 $x=0.001$,函数 e^x,$\sin x$ 的估计值可以由简单函数 $1+x$,x 分别近似估计,估计结果分别为 1.001 和 0.001. 而 $e^{0.001}=1.0010005\cdots$,$\sin 0.001=0.0009999998\cdots$,可见近似估计结果可靠.

图 3-2 是利用 MATLAB 作出的函数 e^x 的多项式近似示意图,从图中可以看出:在 $x=0$点附近,三个近似多项式 $1+x$,$1+x+\frac{1}{2}x^2$,$1+x+\frac{1}{2}x^2+\frac{1}{6}x^3$ 都能较好地逼近函数 e^x.从逼近程度上看,高次多项式明显比低次多项式逼近程度高.

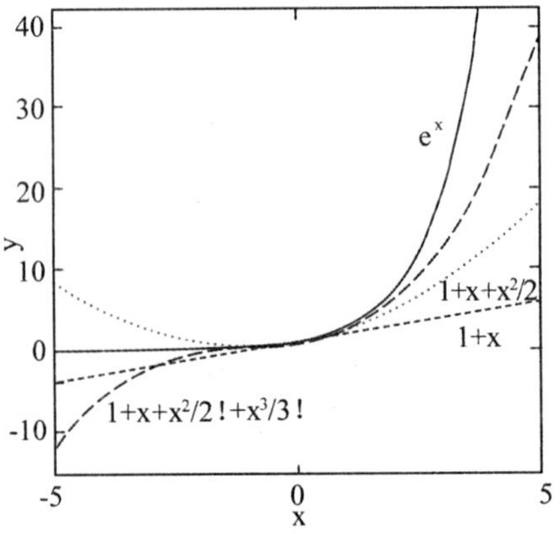

图 3-2　多项式近似示意图

从计算实例和图示中，我们可以看出：用简单的多项式函数近似逼近较为复杂的函数是可行的.剩下的问题就是，这样的多项式应满足什么样的条件或如何确定，其唯一性如何？用这样的多项式去逼近一个函数，其误差大小如何估计？

英国数学家泰勒(Taylor Brook，1685—1731)在这方面作出了不朽的贡献.其研究结果表明：具有直到 $n+1$ 阶导数的函数在一个点的邻域内的值可以用函数在该点的函数值及各阶导数值组成的 n 次多项式近似表达.

设函数 $f(x)$在含有 x_0 的开区间(a,b)内具有直到 $n+1$ 阶导数，我们作一个 n 次多项式函数，记为

$$p_n(x)=a_0+a_1(x-x_0)+a_2(x-x_0)^2+\cdots+a_n(x-x_0)^n \tag{3.7}$$

使得 $f(x)\approx p_n(x)$，且 $p_n(x)$在 x_0 点处满足：

$$p_n(x_0)=f(x_0),p'_n(x_0)=f'(x_0),\cdots,p_n^{(n)}(x_0)=f^{(n)}(x_0) \tag{3.8}$$

即在 x_0 点处 $p_n(x)$与 $f(x)$有相同的光滑性(具有相同的各阶导数值)，则由多项式求导公式，并利用条件(3.8)式，很容易就可以得出：

$$p_n(x_0)=a_0=f(x_0)$$
$$p'_n(x_0)=a_1=f'(x_0)$$
$$p''_n(x_0)=2!\ a_2=f''(x_0)，即\ a_2=\frac{f''(x_0)}{2!}$$

依次类推，可得 $a_n=\dfrac{f^{(n)}(x_0)}{n!}$.代入 $p_n(x)$中得函数 $f(x)$的多项式近似函数为

$$p_n(x)=f(x_0)+f'(x_0)(x-x_0)+\frac{f''(x_0)}{2!}(x-x_0)^2+\cdots+\frac{f^{(n)}(x_0)}{n!}(x-x_0)^n$$

我们称 $p_n(x)$为 $f(x)$在 x_0 点的 n 阶泰勒展开式.

记 $R_n(x)=f(x)-p_n(x)$，并称 $R_n(x)$为 $f(x)$在 x_0 点的 n 阶泰勒展开式的余项，有时也称为误差.若 $R_n(x)$的估计表达式已知，则有

$$f(x)=f(x_0)+f'(x_0)(x-x_0)+\frac{f''(x_0)}{2!}(x-x_0)^2+\cdots+\frac{f^{(n)}(x_0)}{n!}(x-x_0)^n+R_n(x) \tag{3.9}$$

通常称式(3.9)为泰勒中值公式.

关于余项 $R_n(x)$ 估计,有

$$R_n(x)=\frac{f^{(n+1)}(\xi)}{(n+1)!}(x-x_0)^{n+1} \tag{3.10}$$

其中 $\xi\in(x_0,x)$,称之为拉格朗日(Lagrange)型余项.有时为了方便起见,也可以写成

$$R_n(x)=\frac{f^{(n+1)}(x_0+\theta(x-x_0))}{(n+1)!}(x-x_0)^{n+1}\quad(0<\theta<1) \tag{3.11}$$

若 $f(x)$ 的 $n+1$ 阶导数 $f^{(n+1)}(x)$ 在包含 x_0 点的开区间 (a,b) 内有界,即存在一个正实数 M,使得 $|f^{n+1}(x)|\leqslant M,x\in(a,b)$,则余项 $R_n(x)$ 有如下估计式:

$$|R_n(x)|=\left|\frac{f^{(n+1)}(x_0+\theta(x-x_0))}{(n+1)!}(x-x_0)^{n+1}\right|\leqslant\frac{M}{(n+1)!}|x-x_0|^{n+1} \tag{3.12}$$

由此可见

$$\lim_{x\to x_0}\frac{R_n(x)}{(x-x_0)^n}=0$$

即当 $x\to x_0$ 时,$R_n(x)$ 是比 $(x-x_0)^n$ 高阶的无穷小:可以写成皮亚诺形式:

$$R_n(x)=o[(x-x_0)^n] \tag{3.13}$$

特别地,在泰勒公式中,如果取 $x_0=0$,则 ξ 在 0 和 x 之间,因此可以令 $\xi=\theta x(0<\theta<1)$,因而泰勒公式变成较为简单的形式,即所谓麦克劳林(Maclaurin)公式

$$f(x)=f(0)+f'(0)x+\frac{f''(0)}{2!}x^2+\cdots+\frac{f^{(n)}(0)}{n!}x^n+\frac{f^{n+1}(\theta x)}{(n+1)!}x^{n+1} \tag{3.14}$$

或写作

$$f(x)=f(0)+f'(0)x+\frac{f''(0)}{2!}x^2+\cdots+\frac{f^{(n)}(0)}{n!}x^n+o(x^n)$$

由此可得近似公式

$$f(x)\approx f(0)+f'(0)x+\frac{f''(0)}{2!}x^2+\cdots+\frac{f^{(n)}(0)}{n!}x^n$$

误差估计式(3.12)中 $R_n(x)$ 相应变成

$$|R_n(x)|\leqslant\frac{M}{(n+1)!}|x|^{n+1}$$

一、直接展开法

例 3.16　写出函数 $f(x)=x^3\ln x$ 在 $x_0=1$ 处的四阶泰勒公式.

解　利用求导法则,有

$$f(x)=x^3\ln x,f'(x)=3x^2\ln x+x^2,f''(x)=6x\ln x+5x,$$

$$f'''(x)=6\ln x+11,f^{(4)}(x)=\frac{6}{x},f^{(5)}(x)=-\frac{6}{x^2}$$

把 $x_0=1$ 分别代入上面各式得

$$f(1)=0,f'(1)=1,f''(1)=5,f'''(1)=11,f^{(4)}=6,f^{(5)}(\xi)=-\frac{6}{\xi^2}$$

于是函数 $f(x)=x^3\ln x$ 在 $x_0=1$ 处的四阶泰勒公式为

$$x^3\ln x=(x-1)+\frac{5}{2!}(x-1)^2+\frac{11}{3!}(x-1)^3+\frac{6}{4!}(x-1)^4-\frac{6}{5!\ \xi^2}(x-1)^5$$

其中 ξ 在 1 与 x 之间.

例 3.17　求 $f(x)=\mathrm{e}^x$ 的 n 阶麦克劳林公式.

解　由 $f'(x)=f''(x)=\cdots=f^{(n)}(x)=\mathrm{e}^x$，得

$$f(0)=f'(0)=f''(0)=\cdots=f^{(n)}(0)=1$$

注意到 $f^{(n+1)}(\theta x)=\mathrm{e}^{\theta x}$，代入麦克劳林公式，得 $f(x)=\mathrm{e}^x$ 的 n 阶麦克劳林公式

$$\mathrm{e}^x=1+x+\frac{x^2}{2!}+\cdots+\frac{x^n}{n!}+\frac{\mathrm{e}^{\theta x}}{(n+1)!}x^{n+1}$$

由上述公式可知

$$\mathrm{e}^x\approx 1+x+\frac{x^2}{2!}+\cdots+\frac{x^n}{n!}$$

其截断误差为

$$|R_n(x)|=\left|\frac{\mathrm{e}^{\theta x}}{(n+1)!}x^{n+1}\right|<\frac{\mathrm{e}^{|x|}}{(n+1)!}|x|^{n+1}\quad(0<\theta<1)$$

特别地，若取 $x=1$ 得自然常数 e 的近似估计公式

$$\mathrm{e}\approx 1+1+\frac{1}{2!}+\cdots+\frac{1}{n!}$$

其估计误差为

$$|R_n|<\frac{\mathrm{e}}{(n+1)!}<\frac{3}{(n+1)!}$$

例 3.18　求 $f(x)=\sin x$ 的 n 阶麦克劳林公式.

解　由

$$f'(x)=\cos x=\sin\left(x+\frac{\pi}{2}\right),f''(x)=-\sin x=\sin\left(x+\frac{2\pi}{2}\right),$$

$$f'''(x)=-\cos x=\sin\left(x+\frac{3\pi}{2}\right),\cdots$$

归纳可知：$f^{(n)}(x)=\sin\left(x+\frac{n\pi}{2}\right)$.

由此得

$$f'(0)=1,f''(0)=0,f'''(0)=-1,f^{(4)}(0)=0,\cdots$$

即 $\sin x$ 及其各阶导数在 $x=0$ 点的值，依序循环地取四个数 0，1，0，−1，若令 $n=2m$，则

$$\sin x=x-\frac{x^3}{3!}+\frac{x^5}{5!}-\cdots+(-1)^{m-1}\frac{x^{2m-1}}{(2m-1)!}+R_{2m}(x)$$

其中

$$R_{2m}(x)=\frac{\sin\left[\theta x+(2m+1)\frac{\pi}{2}\right]}{(2m+1)!}x^{2m+1}\quad(0<\theta<1)$$

取 $m=1,2,3$ 的近似函数与原函数图像比较，如图 3-3 所示.

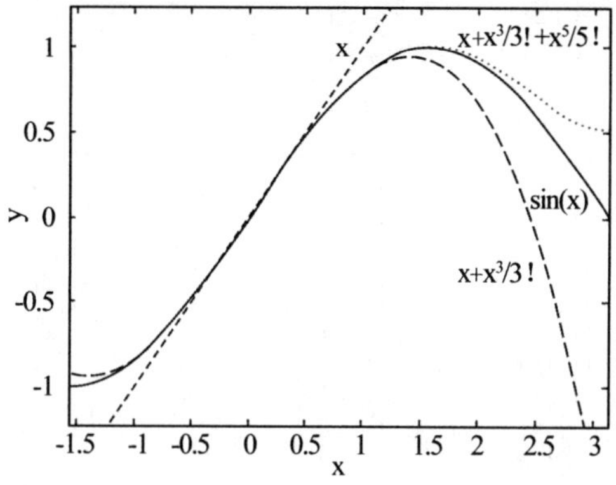

图 3-3 正弦函数的泰勒多项式逼近示意图

常用初等函数的麦克劳林公式有：

$$e^x=1+x+\frac{x^2}{2!}+\cdots+\frac{x^n}{n!}+\frac{e^{\theta x}}{(n+1)!}x^{n+1}$$

$$\sin x=x-\frac{x^3}{3!}+\frac{x^5}{5!}-\cdots+(-1)^n\frac{x^{2n+1}}{(2n+1)!}+o(x^{2n+1})$$

$$\cos x=1-\frac{x^2}{2!}+\frac{x^4}{4!}-\frac{x^6}{6!}+\cdots+(-1)^n\frac{x^{2n}}{(2n)!}+o(x^{2n})$$

$$\ln(1+x)=x-\frac{x^2}{2}+\frac{x^3}{3}-\cdots+(-1)^n\frac{x^{n+1}}{n+1}+o(x^{n+1})$$

$$\frac{1}{1-x}=1+x+x^2+\cdots+x^n+o(x^n)$$

$$(1+x)^m=1+mx+\frac{m(m-1)}{2!}x^2+\cdots+\frac{m(m-1)\cdots(m-n+1)}{n!}x^n+o(x^n)$$

二、间接展开法

在实际应用中，上述已知初等函数的麦克劳林公式常用于间接地求一些更复杂的函数的泰勒展开公式，以及求某些函数的极限等.

例 3.19 求 $y=\frac{1}{3-x}$ 在 $x=1$ 的泰勒展开式.

解

$$y=\frac{1}{3-x}=\frac{1}{2-(x-1)}=\frac{1}{2}\cdot\frac{1}{1-\frac{x-1}{2}}$$

$$=\frac{1}{2}\cdot\left\{1+\frac{x-1}{2}+\left(\frac{x-1}{2}\right)^2+\cdots+\left(\frac{x-1}{2}\right)^n+o\left(\frac{x-1}{2}\right)^n\right\}$$

$$=\frac{1}{2}+\frac{x-1}{2^2}+\frac{(x-1)^2}{2^3}+\cdots+\frac{(x-1)^n}{2^{n+1}}+o[(x-1)^n]$$

例 3.20 求函数 $f(x)=xe^x$ 的 n 阶麦克劳林公式.

解法一 利用求积的高阶导数的莱布尼兹公式，得

$$f'(x)=(xe^x)'=1\cdot e^x+x\cdot e^x=(1+x)e^x$$

$$f''(x)=((1+x)e^x)'=1\cdot e^x+(1+x)\cdot e^x=(2+x)e^x$$

依次类推，可得

$$f^{(n)}(x)=e^x(x+n)$$

于是当 $x=0$ 时，有

$$f(0)=0, f'(0)=1, f''(0)=2, \cdots, f^{(n)}(0)=n, \cdots$$

余项估计式为

$$R_n(x)=\frac{f^{(n+1)}(\theta x)}{(n+1)!}x^{n+1}=\frac{e^{\theta x}(\theta x+n+1)}{(n+1)!}x^{n+1}\quad(0<\theta<1)$$

因此，$f(x)$的 n 阶麦克劳林公式为

$$f(x)=x+x^2+\frac{x^3}{2!}+\cdots+\frac{x^n}{(n-1)!}+\frac{e^{\theta x}(\theta x+n+1)}{(n+1)!}x^{n+1}\quad(0<\theta<1)$$

或

$$f(x)=x+x^2+\frac{x^3}{2!}+\cdots+\frac{x^n}{(n-1)}+o(x^n)$$

解法二　利用 e^x 的 $n-1$ 阶麦克劳林公式，可间接得到函数 xe^x 的 n 阶麦克劳林公式：

$$\begin{aligned}xe^x&=x\left[1+x+\frac{x^2}{2!}+\cdots+\frac{x^{n-1}}{(n-1)!}+o(x^{n-1})\right]\\&=x+x^2+\frac{x^3}{2!}+\cdots+\frac{x^n}{(n-1)!}+o(x^n)\end{aligned}$$

例 3.21　求 $\ln\cos x$ 的到 x^6 次幂的麦克劳林展开式.

解　由 $\cos x$ 函数的麦克劳林展开式可知

$$\cos x-1=-\frac{1}{2}x^2+\frac{1}{24}x^4-\frac{1}{720}x^6+o(x^6)$$

而同样由 $\ln(1+x)$的麦克劳林展开式可得

$$\begin{aligned}\ln\cos x&=\ln[1+(\cos x-1)]\\&=(\cos x-1)-\frac{1}{2}(\cos x-1)^2+\frac{1}{3}(\cos x-1)^3+o[(\cos x-1)^3]\end{aligned}$$

由于

$$(\cos x-1)^2=\frac{1}{4}x^4-\frac{1}{24}x^6+o(x^6)$$

$$(\cos x-1)^3=-\frac{1}{8}x^6+o(x^6)$$

故 $$\begin{aligned}\ln\cos x&=\left(-\frac{1}{2}x^2+\frac{1}{24}x^4-\frac{1}{720}x^6+o(x^6)\right)-\frac{1}{2}\left(\frac{1}{4}x^4-\frac{1}{24}x^6+o(x^6)\right)\\&\quad+\frac{1}{3}\left(-\frac{1}{8}x^6+o(x^6)\right)+o(x^6)\\&=-\frac{1}{2}x^2-\frac{1}{12}x^4-\frac{1}{45}x^6+o(x^6)\end{aligned}$$

例 3.22　计算 $\lim\limits_{x\to 0}\dfrac{e^{x^2}+2\cos x-3}{x^4}$.

解　由 $e^{x^2}=1+x^2+\dfrac{1}{2!}x^4+o(x^4)$，$\cos x=1-\dfrac{x^2}{2!}+\dfrac{x^4}{4!}+o(x^4)$，则

$$e^{x^2}+2\cos x-3=\left(\frac{1}{2!}+2\cdot\frac{1}{4!}\right)x^4+o(x^4)=\frac{7}{12}x^4+o(x^4)$$

从而 $\lim\limits_{x\to 0}\dfrac{e^{x^2}+2\cos x-3}{x^4}=\lim\limits_{x\to 0}\dfrac{\frac{7}{12}x^4+o(x^4)}{x^4}=\dfrac{7}{12}$.

习题 3.3

1. 求函数的二阶导数：

(1) $y=2x^2+\ln x$　　(2) $y=e^{2x-1}$

(3) $y=x\cos x$　　(4) $y=e^{-t}\sin t$

(5) $y=\sqrt{a^2-x^2}$　　(6) $y=\ln(1-x^2)$

(7) $y=\tan x$　　(8) $y=\dfrac{1}{x^3+1}$

(9) $y=(1+x^2)\arctan x$　　(10) $y=\dfrac{e^x}{x}$

(11) $y=xe^{x^2}$　　(12) $y=\ln(x+\sqrt{1+x^2})$

2. 设 $f(x)=(x+10)^6$，求 $f'''(2)$.

3. 若 $f''(x)$ 存在，求下列函数 y 的二阶导数 $\dfrac{d^2y}{dx^2}$.

(1) $y=f(x^2)$　　(2) $y=\ln f(x)$

4. 验证函数 $y=e^x\sin x$ 满足关系式 $y''-2y'+2y=0$.

5. 求下列函数的 n 阶导数的一般表达式.

(1) $y=x^n+a_1x^{n-1}+a_2x^{n-2}+\cdots+a_{n-1}x+a_n$（$a_1,a_2,\cdots,a_n$ 都是常数）

(2) $y=\sin^2 x$

(3) $y=x\ln x$

(4) $y=xe^x$

6. 按 $(x-4)$ 的幂展开多项式 $x^4-5x^3+x^2-3x+4$.

7. 应用麦克劳林公式，按 x 幂展开函数 $f(x)=(x^2-3x+1)^3$.

8. 求函数 $f(x)=\ln x$ 按 $(x-2)$ 的幂展开的带有皮亚诺型余项的 n 阶泰勒公式.

9. 求函数 $f(x)=\tan x$ 的带有拉格朗日型余项的 3 阶麦克劳林公式.

10. 求函数 $f(x)=xe^x$ 的带有皮亚诺型余项的 n 阶麦克劳林公式.

3.4 函数的微分

3.4.1 微分的定义

一、引 例

设一块正方形金属薄片受温度变化的影响，其边长由 x_0 变到 $x_0+\Delta x$（如图 3-4 所示），问此薄片的面积改变了多少？

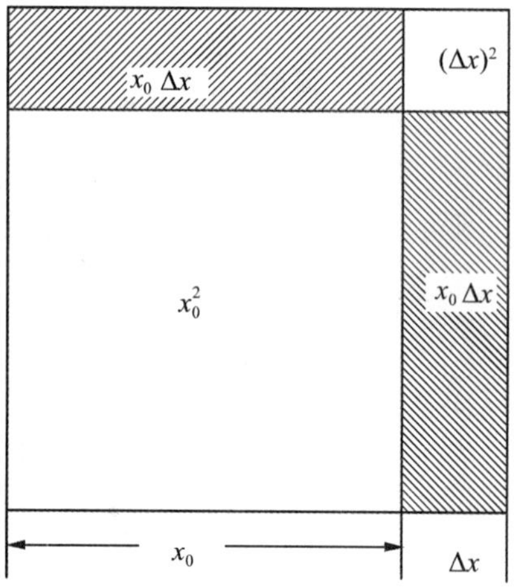

图 3-4

设正方形的边长为 x，面积为 y，则 $y=x^2$. 金属薄片受温度变化的影响，当边长由 x_0 变到 $x_0+\Delta x$ 时，相应地面积的改变量 Δy 为：

$$\Delta y=(x_0+\Delta x)^2-x_0^2=2x_0\Delta x+(\Delta x)^2$$

当 Δx 变化很小时，$(\Delta x)^2$ 是比 Δx 高阶的无穷小，故计算时可以将 $(\Delta x)^2$ 忽略不计. 可以得到 Δy 近似计算公式：

$$\Delta y\approx 2x_0\Delta x$$

而 $f'(x_0)=(x^2)'|_{x=x_0}=2x_0$，所以有

$$\Delta y\approx f'(x_0)\Delta x$$

把上述结果推广到一般情况，若函数 $y=f(x)$ 在点 x_0 处可导，即 $\lim\limits_{\Delta x\to 0}\dfrac{\Delta y}{\Delta x}=f'(x_0)$，则根据函数的极限与无穷小的关系有：

$$\frac{\Delta y}{\Delta x}=f'(x_0)+\alpha$$

其中，α 是当 $\Delta x\to 0$ 时的无穷小量（即当 $\Delta x\to 0$ 时，$\alpha\to 0$）. 于是

$$\Delta y=f'(x_0)\Delta x+\alpha\Delta x$$

而当 $|\Delta x|$ 很小时，$\alpha\Delta x$ 是比 Δx 高阶的无穷小量，若忽略该项不计，即得

$$\Delta y\approx f'(x_0)\Delta x$$

二、微分的定义

定义 3.5　设函数 $y=f(x)$ 在点 x_0 处可导，称 $f'(x_0)\Delta x$ 为函数 $y=f(x)$ 在点 x_0 处的微分，记作 $\mathrm{d}y|_{x=x_0}$，即

$$\mathrm{d}y|_{x=x_0}=f'(x_0)\Delta x$$

并称函数 $f(x)$ 在点 x_0 处可微.

一般地，如果函数 $y=f(x)$ 在任意点 x 处可导，则称 $f'(x)\Delta x$ 为函数 $f(x)$ 在 x 处的微分，简称函数的微分，记作

$$\mathrm{d}y=f'(x)\Delta x \quad 或 \quad \mathrm{d}f(x)=f'(x)\Delta x$$

特别地，$\mathrm{d}x=(x)'\Delta x=\Delta x$，即 $\mathrm{d}x=\Delta x$，这就是说，自变量 x 的微分 $\mathrm{d}x$ 就是它的改变量 Δx，因此，微分记号中可用 $\mathrm{d}x$ 代替 Δx，即

$$\mathrm{d}y=f'(x)\mathrm{d}x \quad 或 \quad \mathrm{d}f(x)=f'(x)\mathrm{d}x$$

说明：(1)函数 $f(x)$ 在点 x 处可微的充分必要条件是 $f(x)$ 在点 x 可导.

(2)若函数 $f(x)$ 在点 x 处可微，则 $\mathrm{d}y=f'(x)\mathrm{d}x$，从而 $\frac{\mathrm{d}y}{\mathrm{d}x}=f'(x)$，即函数的导数等于函数的微分与自变量的微分的商，因此有时我们把导数又称为“微商”.

例 3.23　设函数 $y=x^3+x^2+2$，求 $\mathrm{d}y$ 及 $\mathrm{d}y|_{x=1}$.

解　$\mathrm{d}y=(x^3+x^2+2)'\mathrm{d}x=(3x^2+2x)\mathrm{d}x$，所以 $\mathrm{d}y|_{x=1}=5\mathrm{d}x$.

例 3.24　求函数 $y=x^3$ 在 $x=1$，$\Delta x=0.01$ 时的改变量 Δy 及微分 $\mathrm{d}y$.

解

$$\Delta y=(1+0.01)^3-1^3=0.030301$$

$$\mathrm{d}y=(x^3)'\Delta x=3x^2\Delta x$$

$$\mathrm{d}y\Big|_{\substack{x=1\\ \Delta x=0.01}}=3\times1^2\times0.01=0.03$$

三、微分的几何意义

微分的几何意义：$\mathrm{d}y$ 就是曲线 $y=f(x)$ 在点 N 处的切线纵坐标的改变量，如图 3-5 所示.

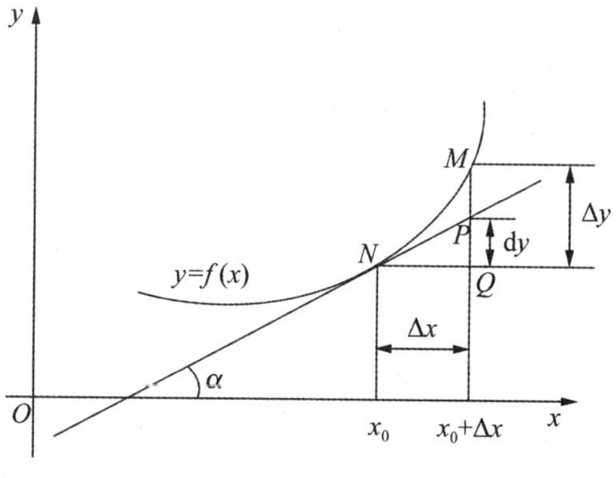

图 3-5

3.4.2　基本初等函数的微分公式与微分运算法则

由微分定义的表达式 $\mathrm{d}y=f'(x)\mathrm{d}x$ 和导数的基本公式与运算法则，可得到微分基本

公式和运算法则.

一、微分基本公式

(1)$d(C)=0$(C为常数)

(2)$d(x^{\alpha})=\alpha x^{\alpha-1}dx$

(3)$d(a^x)=a^x\ln a dx$

(4)$d(e^x)=e^x dx$

(5)$d(\log_a x)=\frac{1}{x\ln a}dx$

(6)$d(\ln x)=\frac{1}{x}dx$

(7)$d(\sin x)=-\cos x dx$

(8)$d(\cos x)=-\sin x dx$

(9)$d(\tan x)=\frac{1}{\cos^2 x}dx=\sec^2 x dx$

(10)$d(\cot x)=-\frac{1}{\sin^2 x}dx=-\csc^2 x dx$

(11)$d(\arcsin x)=\frac{1}{\sqrt{1-x^2}}dx$

(12)$d(\arccos x)=-\frac{1}{\sqrt{1-x^2}}dx$

(13)$d(\arctan x)=\frac{1}{1+x^2}dx$

(14)$d(\text{arccot } x)=-\frac{1}{1+x^2}dx$

二、微分的四则运算法则

设函数$u=u(x)$和$v=v(x)$在x处可微,C为常数,则

(1)$d(u\pm v)=du\pm dv$

(2)$d(uv)=vdu+udv$

(3)$d(Cu)=Cdu$

(4)$d\left(\frac{u}{v}\right)=\frac{vdu-udv}{v^2}(v\neq 0)$

三、复合函数的微分法则

设函数$y=f(u)$在u处可微,则当u是自变量时,函数$y=f(u)$的微分为$dy=f'(u)du$.

如果u不是自变量,而是另一变量x的可微函数$u=\varphi(x)$,则由复合函数的求导法则可得复合函数$y=f[\varphi(x)]$的微分为$dy=y'_x dx=f'(u)\varphi'(x)dx$.

由于$\varphi'(x)dx=du$,于是$dy=f'(u)du$.

由此可见,不论u是自变量还是中间变量,函数$y=f(u)$的微分总可保持同一形式$dy=f'(u)du$,这个性质称为一阶微分形式的不变性. 利用这个性质容易求得复合函数的微分.

例 3.25 设函数$y=\ln(1+e^{x^2})$,求dy.

解

$$dy=d\ln(1+e^{x^2})=\frac{1}{1+e^{x^2}}d(1+e^{x^2})$$

$$=\frac{1}{1+e^{x^2}}\cdot e^{x^2}d(x^2)=\frac{1}{1+e^{x^2}}\cdot e^{x^2}\cdot 2xdx=\frac{2xe^{x^2}}{1+e^{x^2}}dx$$

例 3.26 求函数$y=xe^{\ln\tan x}$的微分.

解法一 用微分的定义$dy=f'(x)dx$求微分,有

$$dy=(xe^{\ln\tan x})'dx=\left(e^{\ln\tan x}+xe^{\ln\tan x}\cdot\frac{1}{\tan x}\cdot\sec^2 x\right)dx$$

$$=e^{\ln\tan x}\left(1+\frac{2x}{\sin 2x}\right)dx$$

解法二 利用一阶微分形式不变性和微分运算法则求微分,得

$$\begin{aligned} dy &= d(xe^{\ln\tan x}) = e^{\ln\tan x}dx + xde^{\ln\tan x} \\ &= e^{\ln\tan x}dx + xe^{\ln\tan x}d(\ln\tan x) \\ &= e^{\ln\tan x}dx + xe^{\ln\tan x}\frac{1}{\tan x}d(\tan x) \\ &= e^{\ln\tan x}dx + xe^{\ln\tan x}\frac{1}{\tan x}\cdot\frac{1}{\cos^2 x}dx \\ &= e^{\ln\tan x}\left(1+\frac{2x}{\sin 2x}\right)dx \end{aligned}$$

3.4.3　隐函数的导数

根据导数运算法则和复合函数的求导原理，在表示隐函数的方程 $F(x,y)=0$ 两边同时对 x 求导，遇到 y 时，将其看作是 x 的函数，然后从所得的关系式中解出 y'，即得隐函数的导数. 这就是求隐函数导数的方法.

例 3.27　求由方程 $e^{xy}=\sin(x+y)$ 确定的函数 $y=y(x)$ 的导数 $\frac{dy}{dx}$.

解　方程两边同时对 x 求导，可得

$$e^{xy}(y+xy')=\cos(x+y)(1+y')$$

解出 y'，得 $y'=\frac{\cos(x+y)-ye^{xy}}{xe^{xy}-\cos(x+y)}$.

例 3.28　函数 $y=y(x)$ 由方程 $\arctan\frac{x}{y}=\ln\sqrt{x^2+y^2}$ 所确定，求 $\frac{dy}{dx}$ 和 $\frac{d^2y}{dx^2}$.

解　两端对 x 求导，得

$$\frac{1}{1+\left(\frac{x}{y}\right)^2}\cdot\left(\frac{x}{y}\right)'=\frac{1}{\sqrt{x^2+y^2}}(\sqrt{x^2+y^2})'$$

即

$$\frac{y^2}{x^2+y^2}\cdot\frac{y-xy'}{y^2}=\frac{1}{\sqrt{x^2+y^2}}\cdot\frac{2x+2y\cdot y'}{2\sqrt{x^2+y^2}}$$

整理得 $(y+x)y'=y-x$，故

$$y'=\frac{y-x}{y+x}$$

上式两端再对 x 求导，得

$$\begin{aligned} y'' &= \frac{(y'-1)(y+x)-(y'+1)(y-x)}{(y+x)^2} \\ &= \frac{yy'-y+xy'-x-yy'+xy'-y+x}{(y+x)^2} \\ &= \frac{2xy'-2y}{(y+x)^2} \end{aligned}$$

将 $y'=\frac{y-x}{y+x}$ 代入上式，得

$$\frac{d^2y}{dx^2}=\frac{2x\frac{y-x}{y+x}-2y}{(x+y)^2}=\frac{2xy-2x^2-2y^2-2xy}{(x+y)^3}=-\frac{2(x^2+y^2)}{(y+x)^3}$$

有些函数求导数时，如果先对等式两边取对数，然后按隐函数求导法求导数，往往可使运算简化，这种方法称为对数求导法.

对数求导法适用于求形如 $y=[u(x)]^{v(x)}$ 的幂指函数的导数及多因子之积和商的导数.

例 3.29 求函数 $y=x^{\sin x}$的导数 y'.

解 两边取对数，得

$$\ln y=\ln x^{\sin x}=\sin x\cdot\ln x$$

两边对同一自变量 x 求导得

$$\frac{1}{y}\cdot y'=(\sin x)'\cdot\ln x+\sin x\cdot(\ln x)'=\cos x\cdot\ln x+\frac{\sin x}{x}$$

将 y'解出来可得

$$y'=x^{\sin x}\cdot\left(\cos x\cdot\ln x+\frac{\sin x}{x}\right)$$

例 3.30 已知 $y=\sqrt[3]{\frac{x(x^2-1)}{(x-2)^2}}$，求 y'.

解 两边取对数，得

$$\ln y=\frac{1}{3}[\ln x+\ln(x^2-1)-2\ln(x-2)]$$

上式两边对同一自变量 x 求导，得

$$\frac{1}{y}\cdot y'=\frac{1}{3}\left(\frac{1}{x}+\frac{2x}{x^2-1}-\frac{2}{x-2}\right)$$

将 y'解出来可得

$$y'=\frac{1}{3}\cdot\sqrt[3]{\frac{x(x^2-1)}{(x-2)^2}}\cdot\left(\frac{1}{x}+\frac{2x}{x^2-1}-\frac{2}{x-2}\right)$$

3.4.4 由参数方程所确定的函数的导数

参数方程 $\begin{cases}x=\varphi(t)\\ y=\psi(t)\end{cases}$ 是函数 y 和自变量 x 通过中间变量 t 建立起来的联系，所以在求导数时，不能直接应用导数公式，只能通过 $\mathrm{d}t$ 来过渡，求导公式为

$$\frac{\mathrm{d}y}{\mathrm{d}x}=\frac{\frac{\mathrm{d}y}{\mathrm{d}t}\mathrm{d}t}{\mathrm{d}x}=\frac{\psi'(t)\mathrm{d}t}{\varphi'(t)\mathrm{d}t}=\frac{\psi'(t)}{\varphi'(t)}$$

例 3.31 设 $\begin{cases}x=t-\cos t\\ y=\sin t\end{cases}$，求 $\frac{\mathrm{d}y}{\mathrm{d}x}$.

解

$$\frac{\mathrm{d}y}{\mathrm{d}x}=\frac{\frac{\mathrm{d}y}{\mathrm{d}t}}{\frac{\mathrm{d}x}{\mathrm{d}t}}=\frac{(\sin t)'}{(t-\cos t)'}=\frac{\cos t}{1+\sin t}$$

例 3.32 求椭圆 $\begin{cases}x=a\cos t\\ y=b\sin t\end{cases}$ 在相应于 $t=\frac{\pi}{4}$ 点处的切线方程.

解 由于

$$\frac{\mathrm{d}y}{\mathrm{d}x}=\frac{(b\sin t)'\mathrm{d}t}{(a\cos t)'\mathrm{d}t}=\frac{b\cos t}{-a\sin t}=-\frac{b}{a}\cot t$$

故在 $t=\frac{\pi}{4}$ 点的切线斜率为

$$\left.\frac{\mathrm{d}y}{\mathrm{d}x}\right|_{t=\frac{\pi}{4}}=-\frac{b}{a}$$

又因在 $t=\frac{\pi}{4}$ 点的坐标为

$$x_0=a\cos\frac{\pi}{4}=\frac{\sqrt{2}}{2}a,\ y_0=b\sin\frac{\pi}{4}=\frac{\sqrt{2}}{2}b$$

所以,椭圆曲线在 $t=\frac{\pi}{4}$ 点处的切线方程为

$$y-\frac{\sqrt{2}}{2}b=-\frac{b}{a}\left(x-\frac{\sqrt{2}}{2}a\right)$$

或 $bx+ay-\sqrt{2}ab=0$.

例 3.33 某工地上装运沙子,沙子以每秒 16 立方英尺的速度从一个管子里倒到地上始终形成一个圆锥体,而且圆锥体的高 h 总是其底圆半径 r 的一半(如图 3-6 所示).当这个沙堆的高度为 4 英尺时,沙堆以怎样的速度增高?

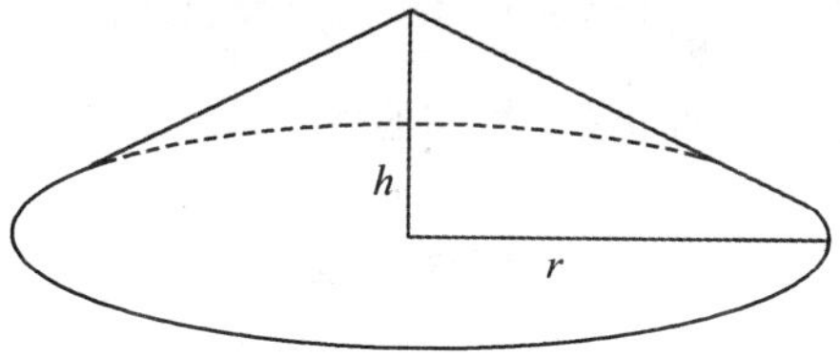

图 3-6

(1)问题分析

本题是已知一个体积变化率求高度变化率的相关变化率问题.要解决此类问题,首先应分析问题涉及的量,分析可知该问题涉及圆锥体的体积,与之关联的量是锥体高度和底圆半径.而从题目已知条件可知,锥体高度和底圆半径之间成正比例关系,故锥体体积可以简化为锥体高度或底圆半径的函数.又问题的建模目的是要求锥体高度的变化率,自然要考虑建立锥体体积与锥体高度之间的关系模型.进一步分析可知,所有变量都与时间有关系,因此所建立的关系模型应该为关于时间的隐函数表达式.

(2)模型建立

首先建立圆锥体的高与体积之间的关系.

记 h,r,V 分别为为圆锥体的高度、底圆半径和体积,利用立体几何的知识可知,圆锥体的体积为

$$V=\frac{1}{3}\pi r^2 h$$

另外，由已知条件可知 $h=\frac{1}{2}r$，则上式可以简化为体积 V 与锥高 h 之间的关系表达式

$$V=\frac{1}{3}\pi(2h)^2h=\frac{4}{3}\pi h^3$$

注意到，随着沙子的不断注入，锥高与锥体体积随着时间变化，即 $h=h(t)$，$V=V(t)$，因而锥体体积可以看作是关于沙子注入时间 t 的复合函数，利用复合函数求导法则，对上式两边关于 t 求导，即得相应变化率之间的关系

$$\frac{\mathrm{d}V}{\mathrm{d}t}=\frac{4\pi}{3}3h^2\frac{\mathrm{d}h}{\mathrm{d}t}$$

(3)模型求解

根据已知条件"沙子以每秒 16 立方英尺的速度倒出"，分析可知这是一个体积的变化率，即 $\frac{\mathrm{d}V}{\mathrm{d}t}=16$ 立方英尺/秒.

问题要求当 $h=4$ 英尺时的锥体高度变化率，所以将 $\frac{\mathrm{d}V}{\mathrm{d}t}$ 代入模型有

$$16=\frac{4\pi}{3}\times3\times4^2\frac{\mathrm{d}h}{\mathrm{d}t}$$

计算可得

$$\left.\frac{\mathrm{d}h}{\mathrm{d}t}\right|_{h=4}=0.0796(\text{英尺/秒})$$

从而得到此时沙堆以 0.0796 英尺/秒的速度增高.

习题 3.4

1. 已知 $y=x^3-x$，计算在 $x=2$ 处当 Δx 分别等于 1，0.1，0.01 时的 Δy 及 $\mathrm{d}y$.

2. 求下列函数的微分.

(1) $y=\frac{1}{x}+2\sqrt{x}$　　(2) $y=x\sin 2x$

(3) $y=\frac{x}{\sqrt{x^2+1}}$　　(4) $y=\ln^2(1-x)$

(5) $y=x^2\mathrm{e}^{2x}$　　(6) $y=\mathrm{e}^{-x}\cos(3-x)$

(7) $y=\arcsin\sqrt{1-x^2}$　　(8) $y=\tan^2(1+2x^2)$

(9) $y=\arctan\frac{1-x^2}{1+x^2}$　　(10) $s=A\sin(\omega t+\varphi)$ (A,ω,φ 是常数)

3. 求由下列方程所确定的隐函数 y 的导数 $\frac{\mathrm{d}y}{\mathrm{d}x}$.

(1) $y^2-2xy+9=0$　　(2) $x^3+y^3-3axy=0$

(3) $xy=\mathrm{e}^{x+y}$　　(4) $y=1-x\mathrm{e}^y$

4. 求曲线 $x^{\frac{2}{3}}+y^{\frac{2}{3}}=a^{\frac{2}{3}}$ 在点 $\left(\frac{\sqrt{2}}{4}a,\frac{\sqrt{2}}{4}a\right)$ 处的切线方程和法线方程.

5. 用对数求导法求下列函数的导数.

(1) $y=\left(\dfrac{x}{1+x}\right)^{x}$　　　(2) $y=\sqrt[5]{\dfrac{x-5}{\sqrt[5]{x^2+2}}}$

(3) $y=\dfrac{\sqrt{x+2}(3-x)^4}{(x+1)^5}$　　　(4) $y=\sqrt{x\sin x\sqrt{1-e^x}}$

6. 求下列参数方程所确定的函数的导数$\dfrac{dy}{dx}$.

(1) $\begin{cases}x=at^2\\ y=bt^2\end{cases}$　　　(2) $\begin{cases}x=\theta(1-\sin\theta)\\ y=\theta\cos\theta\end{cases}$

7. 写出下列曲线在所给参数值相应的点处的切线方程和法线方程.

(1) $\begin{cases}x=\sin t\\ y=\cos 2t\end{cases}$,在 $t=\dfrac{\pi}{4}$ 处.

(2) $\begin{cases}x=\dfrac{3at}{1+t^2}\\ y=\dfrac{3at^2}{1+t^2}\end{cases}$,在 $t=2$ 处.

3.5 导数的应用

函数是对自然界中量与量之间的依赖关系的数学描述,而导数则是对因变量相对于自变量变化的快慢程度的描述.从函数曲线上来看,曲线上任一点的导数值的大小反映了在该点附近曲线的平缓或陡峭程度,因此利用导数来研究函数的性质或曲线的形态是一种有效的方法.

3.5.1 中值定理

首先观察图 3-7,若函数 $y=f(x)$是定义在闭区间$[a,b]$上的连续函数,且在两个端点上函数值相同,即 $f(a)=f(b)$,其函数曲线即为如图所示的 $\widehat{AB}$ 弧线. 由于 $y=f(x)$在闭区间$[a,b]$上连续,故 $\widehat{AB}$ 弧是一条光滑的连续曲线,又 $f(a)=f(b)$,则直线 AB 就是通过两个端点的函数曲线的割线,显然这条割线平行于 x 轴,其斜率为 0. 若设 M 为该曲线上的任意一点,当 M 点从左端点 A 移动到右端点 B 时,其函数值变化无非有两种情况:一是无变化,即函数在$[a,b]$内各点函数值相等,此即意味着函数 $y=f(x)$在该区间内为一恒定常数,因此在该区间内函数各点导数均为零;二是函数值有变化,注意到函数在两个端点的值相等,那么无论 M 点沿曲线如何移动,函数值的变化总是从起点开始,由大到小或由小到大,最后再趋于终点的函数值,不会一直增加或一直减小,即曲线总存在某个点(至少存在一个点)C,使得在该点的某一邻域内函数在该点取极大值或极小值,相应地在该点的两侧函数的导数值由正变负或由负变正,即在该点的函数导数值为零,或者该点的切线平行于 x 轴.

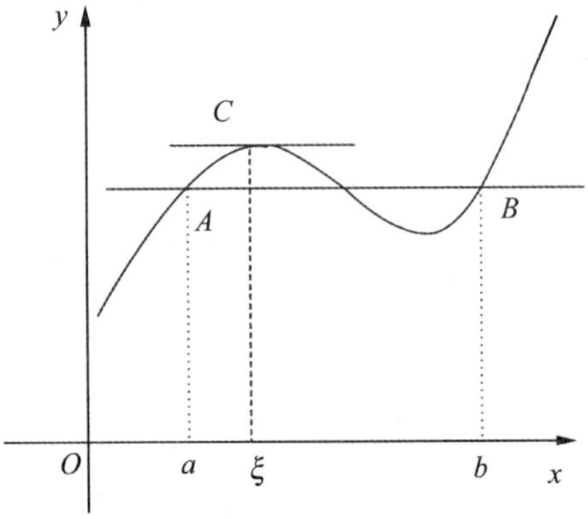

图 3-7

定理 3.3 （罗尔(Rolle)定理）

若函数 $y=f(x)$在闭区间$[a,b]$上连续，在开区间(a,b)内可导，且在两个端点上函数值相同，即 $f(a)=f(b)$，则在(a,b)内至少存在一点 $\xi\in(a,b)$，使得函数 $y=f(x)$在该点的导数等于零，即 $f'(\xi)=0$.

把罗尔定理推广到一般情况就得到拉格朗日中值定理. 事实上，若函数 $y=f(x)$在闭区间$[a,b]$上连续，在开区间(a,b)内可导，但两个端点函数值不一定相等，为此定义一个新的辅助函数

$$g(x)=[f(x)-f(a)]-\frac{f(b)-f(a)}{b-a}(x-a)$$

显然该函数满足在闭区间$[a,b]$上连续，在开区间(a,b)内可导的条件，且

$$g(a)=g(b)=0$$

即 $g(x)$满足罗尔定理条件，于是至少存在一点 $\xi\in(a,b)$，使得函数 $g(x)$在该点的导数等于零，即 $g'(\xi)=0$. 对函数 $g(x)$表达式两边同时关于自变量 x 求导，并令 $x=\xi$，即可推导出拉格朗日中值定理.

定理 3.4 （拉格朗日中值定理）

若函数 $f(x)$满足在闭区间$[a,b]$上连续，在开区间(a,b)内可导，则在(a,b)内至少存在一点 $\xi\in(a,b)$，使得

$$f'(\xi)=\frac{f(b)-f(a)}{b-a}$$

成立.

拉格朗日中值定理的几何意义在于在区间(a,b)内至少存在一点，使得函数曲线在该点的切线平行于连接两个端点的割线，如图 3-8 所示.

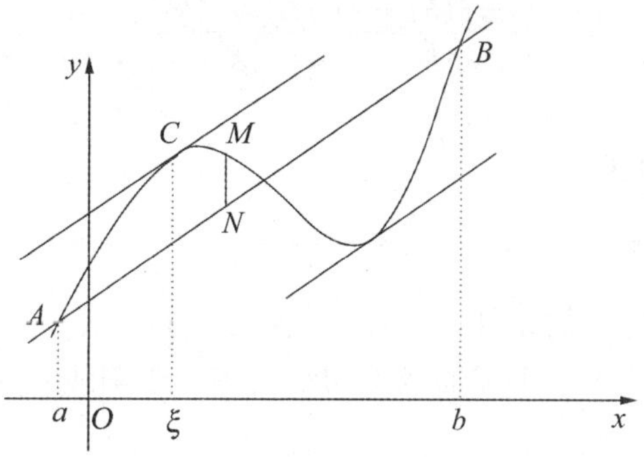

图 3-8

推论 3.1　若函数 $f(x)$ 在区间 (a,b) 内可导，且 $f'(x)\equiv 0$，则在 (a,b) 内，$f(x)$ 是一个常数.

证　在区间 (a,b) 内任取两点 $x_1,x_2(x_1<x_2)$，则 $f(x)$ 在 $[x_1,x_2]$ 上满足拉格朗日中值定理条件，所以有

$$f(x_2)-f(x_1)=f'(\xi)(x_2-x_1)\quad (x_1<\xi<x_2)$$

又因 $f'(\xi)=0$，所以 $f(x_2)-f(x_1)=0$，即 $f(x_2)=f(x_1)$. 由 x_1,x_2 的任意性可知，函数 $f(x)$ 在区间 (a,b) 内是一个常数.

推论 3.2　若函数 $f(x),g(x)$ 在区间 (a,b) 内可导，且对任意的 $x\in(a,b)$，有 $f'(x)\equiv g'(x)$，则在 (a,b) 内，$f(x)=g(x)+C$，其中 C 为常数.

证　由已知条件可知，对任意的 $x\in(a,b)$，有 $[f(x)-g(x)]'=0$，由推论 3.1，有 $f(x)-g(x)=C$（常数），即 $f(x)=g(x)+C$.

例 3.34　证明恒等式 $\arctan x+\operatorname{arccot} x=\frac{\pi}{2}$.

证　记函数

$$f(x)=\arctan x+\operatorname{arccot} x$$

显然该函数的定义域为 $(-\infty,+\infty)$，且对任意的 $x\in(-\infty,+\infty)$，都有

$$f'(x)=\frac{1}{1+x^2}+\frac{-1}{1+x^2}=0$$

因而由推论 3.1 可知，函数 $f(x)=\arctan x+\operatorname{arccot} x$ 在其定义域 $(-\infty,+\infty)$ 内恒为常数. 又已知

$$f(0)=\arctan 0+\operatorname{arccot} 0=0+\frac{\pi}{2}=\frac{\pi}{2}$$

所以 $f(x)=\arctan x+\operatorname{arccot} x=f(0)=\frac{\pi}{2}$，等式成立.

作辅助函数是数学推导、证明等过程中常用的技巧，把罗尔定理或拉格朗日中值定理再推广到函数商的情形，即可得到柯西中值定理.

定理 3.5　（柯西中值定理）

若函数 $f(x)$ 和 $g(x)$ 满足在闭区间 $[a,b]$ 上连续，在开区间 (a,b) 内可导，且 $g'(x)$ 在开区间 (a,b) 内每一点都不等于零，则在 (a,b) 内至少存在一点 $\xi\in(a,b)$，使得

$$\frac{f(b)-f(a)}{g(b)-g(a)}=\frac{f'(\xi)}{g'(\xi)}$$

成立.

事实上,只需作辅助函数

$$h(x)=[f(x)-f(a)]-\frac{f(b)-f(a)}{g(b)-g(a)}[g(x)-g(a)]$$

则易证该函数满足罗尔定理的条件，即柯西中值定理成立.

中值定理给出了导数等于零或曲线上切线斜率等于割线斜率的点的存在性.

3.5.2　洛必达法则

在求函数极限时，经常会遇到在自变量的某一趋势变化过程中,函数的极限是两个无穷小之比或两个无穷大之比的情况. 如当 $x\to a$(或 $x\to\infty$)时，函数 $f(x)$和 $g(x)$都趋于零或无穷大，此时，二者比值的极限 $\lim\limits_{x\to a}\frac{f(x)}{g(x)}$可能存在,也可能不存在. 通常称这类函数极限问题为未定式问题，简记为"$\frac{0}{0}$"或"$\frac{\infty}{\infty}$".

应用极限运算法则求这类问题的极限时通常会比较困难. 这里介绍一种有效的、利用导数求未定式极限的方法,即洛必达(L'Hospital)法则.

一、求"$\frac{0}{0}$","$\frac{\infty}{\infty}$"型未定式的洛必达法则

为了讨论此类问题，不妨假定当 $x\to a$(或 $x\to\infty$)时，函数 $f(x)$和 $g(x)$都趋于零，即在该点两个函数的极限都存在且相等，因此无论函数在该点是否连续，总可以假定 $f(a)=g(a)=0$. 设 x 是该点某邻域内的任意一点，则在以 x 和 a 为端点的区间内有

$$\lim_{x\to a}\frac{f(x)}{g(x)}=\lim_{x\to a}\frac{f(x)-f(a)}{g(x)-g(a)}$$

由柯西中值定理可知：

$$\lim_{x\to a}\frac{f(x)}{g(x)}=\lim_{x\to a}\frac{f(x)-f(a)}{g(x)-g(a)}=\lim_{x\to a}\frac{f'(\xi)}{g'(\xi)}=\lim_{x\to a}\frac{f'(x)}{g'(x)}$$

定理 3.6　如果函数 $f(x)$及 $g(x)$满足：

(1)$\lim\limits_{x\to a}f(x)=\lim\limits_{x\to a}g(x)=0$(或 $\lim\limits_{x\to a}f(x)=\lim\limits_{x\to a}g(x)=\infty$)；

(2)在点 a 的某去心邻域内,$f(x)$,$g(x)$均可导,且 $g(x)\neq 0$；

(3)$\lim\limits_{x\to a}\frac{f'(x)}{g'(x)}=A$(或$\infty$)；

则 $\lim\limits_{x\to a}\frac{f(x)}{g(x)}=\lim\limits_{x\to a}\frac{f'(x)}{g'(x)}=A$(或$\infty$).

该定理提供了一种新的求函数极限的思路，即未定式问题的极限问题等价于导数商的极限问题，这种利用导数求极限方法称为洛必达法则. 进一步地，如果 $\lim\limits_{x\to a}\frac{f'(x)}{g'(x)}$仍为满足定理条件的未定式极限问题，则由上述定理，可进一步求其二阶导数的商的极限，依次类推，直至最后能够确定其极限为止.

例 3.35　求 $\lim\limits_{x\to 0}\dfrac{\sin 2x}{\sin 3x}$.

解　首先注意到该极限是一个“$\dfrac{0}{0}$”型的极限问题，因此可以考虑采用洛必达法则求解. 由洛必达法则，有

$$\lim_{x\to 0}\frac{\sin 2x}{\sin 3x}=\lim_{x\to 0}\frac{(\sin 2x)'}{(\sin 3x)'}=\lim_{x\to 0}\frac{2\cos 2x}{3\cos 3x}=\frac{2}{3}$$

例 3.36　求 $\lim\limits_{x\to 1}\dfrac{x^3-3x+2}{x^3-x^2-x+1}$.

解

$$\lim_{x\to 1}\frac{x^3-3x+2}{x^3-x^2-x+1}\overset{\frac{0}{0}}{=}\lim_{x\to 1}\frac{(x^3-3x+2)'}{(x^3-x^2-x+1)'}=\lim_{x\to 1}\frac{3x^2-3}{3x^2-2x-1}$$

$$\overset{\frac{0}{0}}{=}\lim_{x\to 1}\frac{(3x^2-3)'}{(3x^2-2x-1)'}=\lim_{x\to 1}\frac{6x}{6x-2}=\frac{3}{2}$$

例 3.37　求 $\lim\limits_{x\to +\infty}\dfrac{\ln x}{x^n}(n>0)$.

解

$$\lim_{x\to +\infty}\frac{\ln x}{x^n}\overset{\frac{\infty}{\infty}}{=}\lim_{x\to +\infty}\frac{\frac{1}{x}}{nx^{n-1}}=\lim_{x\to +\infty}\frac{1}{nx^n}=0$$

二、其他类型未定式

对于“$0\cdot\infty$”,“$\infty-\infty$”,“0^0”,“1^∞”,“∞^0”型未定式的求极限问题,可以经过适当的初等变换将它们转化为“$\dfrac{0}{0}$”或“$\dfrac{\infty}{\infty}$”型未定式来计算.

(1)“$0\cdot\infty$”,“$\infty-\infty$”型未定式

a.“$0\cdot\infty$”型未定式可以通过分数运算将其转化为“$\dfrac{0}{0}$”或“$\dfrac{\infty}{\infty}$”型.

b.“$\infty-\infty$”型用通分法将其转化为“$\dfrac{0}{0}$”或“$\dfrac{\infty}{\infty}$”型.

例 3.38　求 $\lim\limits_{x\to 0^+}x\cdot\ln x$.

解　这是“$0\cdot\infty$”型未定式的极限,可直接化为“$\dfrac{\infty}{\infty}$”型未定式.

$$\lim_{x\to 0^+}x\cdot\ln x=\lim_{x\to 0^+}\frac{\ln x}{\frac{1}{x}}=\lim_{x\to 0^+}x\cdot\frac{(\ln x)'}{\left(\frac{1}{x}\right)'}=\lim_{x\to 0^+}\frac{\frac{1}{x}}{-\frac{1}{x^2}}=\lim_{x\to 0^+}(-x)=0$$

注意:理论上讲该问题也可以化为“$\dfrac{0}{0}$”型未定式，但此时反倒不容易求解了，请读者自行尝试一下. 因此转化成何种类型，应具体情形具体分析，以可靠、方便、快速取得问题的解为宜.

例 3.39　求 $\lim\limits_{x\to 1}\left(\dfrac{1}{1-x}-\dfrac{3}{1-x^3}\right)$.

解　这是“$\infty-\infty$”型未定式的极限,含有分母,所以应先通分.

$$\lim_{x\to 1}\left(\frac{1}{1-x}-\frac{3}{1-x^3}\right)=\lim_{x\to 1}\frac{1+x+x^2-3}{1-x^3}=\lim_{x\to 1}\frac{1+2x}{-3x^2}=-1$$

例 3.40 求 $\lim\limits_{x\to 0}\left(\frac{1}{x^2}-\frac{1}{x\tan x}\right)$.

解 这是"$\infty-\infty$"型未定式的极限，含有分母，所以应先通分.

$$\lim_{x\to 0}\left(\frac{1}{x^2}-\frac{1}{x\tan x}\right)=\lim_{x\to 0}\frac{\tan x-x}{x^2\tan x}=\lim_{x\to 0}\frac{\tan x-x}{x^3}=\lim_{x\to 0}\frac{\frac{1}{\cos^2 x}-1}{3x^2}$$

$$=\lim_{x\to 0}\frac{\frac{1-\cos^2 x}{\cos^2 x}}{3x^2}=\lim_{x\to 0}\frac{(1+\cos x)(1-\cos x)}{3x^2}=\frac{2}{3}\lim_{x\to 0}\frac{\frac{1}{2}x^2}{x^2}=\frac{1}{3}$$

注意：该函数求极限过程中，利用了多个等价关系，如 $x\to 0$ 时 $\tan x\sim x$，$1-\cos x\sim\frac{1}{2}x^2$ 等，请注意体会并熟练运用.

(2)"0^0"，"1^∞"，"∞^0"型未定式

"0^0"，"1^∞"，"∞^0"这三种形式的未定式都是"幂指"形式的未定式，可以利用对数恒等式变形后求解.

例 3.41 求下列函数的极限：

(1) $\lim\limits_{x\to 1^+}x^{\frac{1}{x-1}}$　　(2) $\lim\limits_{x\to 1^+}\left(\frac{1}{x-1}\right)^{x-1}$　　(3) $\lim\limits_{x\to 1^+}(x-1)^{x-1}$

解 (1)这是"1^∞"型未定式，采用两边取对数法，令 $y=x^{\frac{1}{x-1}}$，则

$$\ln y=\ln x^{\frac{1}{x-1}}=\frac{1}{x-1}\cdot\ln x$$

因为

$$\lim_{x\to 1^+}\ln y=\lim_{x\to 1^+}\frac{\ln x}{x-1}=\lim_{x\to 1^+}\frac{\frac{1}{x}}{1}=1$$

所以 $\lim\limits_{x\to 1^+}x^{\frac{1}{x-1}}=e^1=e$.

(2)这是"∞^0"型未定式，采用两边取对数法，令 $y=\left(\frac{1}{x-1}\right)^{x-1}$，则

$$\ln y=(x-1)\cdot\ln\left(\frac{1}{x-1}\right)$$

因为

$$\lim_{x\to 1^+}\ln y=\lim_{x\to 1^+}\frac{\ln\left(\frac{1}{x-1}\right)}{\frac{1}{x-1}}=\lim_{x\to 1^+}\frac{(x-1)\cdot\left(\frac{1}{x-1}\right)'}{\left(\frac{1}{x-1}\right)'}=\lim_{x\to 1^+}(x-1)=0$$

所以 $\lim\limits_{x\to 1^+}\left(\frac{1}{x-1}\right)^{x-1}=e^0=1$

(3)这是"0^0"型未定式，采用两边取对数法，令 $y=(x-1)^{x-1}$，则

$$\ln y=(x-1)\cdot\ln(x-1)$$

因为

$$\lim_{x\to1^+}\ln y=\lim_{x\to1^+}\frac{\ln(x-1)}{\frac{1}{x-1}}=\lim_{x\to1^+}\frac{\frac{1}{x-1}}{\frac{-1}{(x-1)^2}}=\lim_{x\to1^+}(1-x)=0$$

所以 $\lim\limits_{x\to1^+}(x-1)^{x-1}=e^0=1$.

说明：洛必达法则的条件是充分条件，而不是必要条件，若 $\lim\frac{f'(x)}{g'(x)}$不存在(不包括∞)时，不能用洛必达法则，更不能断定 $\lim\frac{f(x)}{g(x)}$不存在.

3.5.3　函数单调性的判定

单调性是函数的重要性态之一. 用定义判定函数的单调性是比较困难的，这里将利用函数的导数来判定函数的单调性.

定理 3.7(函数单调性的充分条件)　设函数 $y=f(x)$在$[a,b]$上连续，在(a,b)内可导，

(1)若在(a,b)内 $f'(x)>0$，则函数 $y=f(x)$在$[a,b]$上单调增加；

(2)若在(a,b)内 $f'(x)<0$，那么函数 $y=f(x)$在$[a,b]$上单调减少.

证　在$[a,b]$上任取两点 x_1,x_2不妨设 $x_1<x_2$，应用拉格朗日中值定理，得到，

$$f(x_2)-f(x_1)=f'(\xi)(x_2-x_1)\quad(x_1<\xi<x_2)$$

(1)若在(a,b)内 $f'(x)>0$，则 $f'(\xi)>0$，于是可得 $f(x_2)-f(x_1)>0$，即 $f(x_1)<f(x_2)$. 所以函数 $y=f(x)$在$[a,b]$上单调增加.

(2)若在(a,b)内 $f'(x)<0$，则 $f'(\xi)<0$，于是可得 $f(x_2)-f(x_1)<0$，即 $f(x_1)>f(x_2)$. 所以函数 $y=f(x)$在$[a,b]$上单调减少.

说明：(1)判定法中的闭区间换为开区间、半开区间或无穷区间，结论仍然成立.

(2)若函数在区间 I 内仅在个别点处为零，而在其他点处仍满足定理的条件，则定理 3.7 的结论仍然成立.

例 3.42　确定函数 $f(x)=2x^3-9x^2+12x-3$ 的单调区间.

解　函数的定义域为$(-\infty,+\infty)$，函数在定义域内是可导的，且

$$f'(x)=6x^2-18x+12=6(x-1)(x-2)$$

令 $f'(x)=0$，得 $x_1=1$，$x_2=2$.

列表讨论如下：

x	$(-\infty,1)$	$(1,2)$	$(2,+\infty)$
$f'(x)$	+	−	+
$f(x)$	↗	↘	↗

表中记号↗表示函数单调增加，记号↘表示函数单调减少.

上表说明，$f(x)$在区间$(-\infty,1]$和$[2,+\infty)$内单调增加，在区间$[1,2]$上单调减少.

例 3.43　讨论函数 $f(x)=1-(x-2)^{\frac{2}{3}}$ 的单调性.

解　首先由函数的表达式可以确定函数的定义域为$(-\infty,+\infty)$，其次

$$f'(x)=-\frac{2}{3}(x-2)^{-\frac{1}{3}}$$

则当 $x=2$ 时，$f'(x)$不存在.

以 2 为分点，将定义域$(-\infty,+\infty)$分成两部分$(-\infty,2)$，$(2,+\infty)$. 对 $f'(x)$的符号进行分析：

当 $x<2$ 时，$f'(x)>0$，所以函数在$(-\infty,2]$上单调增加；

当 $x>2$ 时，$f'(x)<0$，所以函数在$[2,+\infty)$上单调减少.

从上面两个例子可以看出，使导数等于零的点、导数不存在的点都可能成为连续函数单调区间的分界点.

例 3.44　试证当 $x>1$ 时，$e^x>ex$.

证　令 $f(x)=e^x-ex$，易见 $f(x)$在$(-\infty,+\infty)$内连续，且

$$f'(x)=e^x-e$$

当 $x=1$ 时，$f(1)=0$. 当 $x>1$ 时，$f'(x)=e^x-e>0$，可知 $f(x)$为$[1,+\infty)$上的严格单调增加函数，即 $e^x>ex$. 结论得证.

3.5.4　函数的极值及其求法

一、极值的概念

定义 3.6　设函数 $f(x)$在 x_0 的某一邻域内有定义，若对于该邻域内异于 x_0 的任意点 x，恒有

(1) $f(x)<f(x_0)$，则称 $f(x_0)$是函数 $f(x)$的一个极大值，x_0 称为 $f(x)$的极大值点；

(2) $f(x)>f(x_0)$，则称 $f(x_0)$是函数 $f(x)$的一个极小值，x_0 称为 $f(x)$的极小值点.

函数的极大值与极小值统称为函数的极值，极大值点、极小值点统称为函数的极值点.

说明：函数的极值是局部性概念. 在一个区间上，函数可能有若干个极大值或极小值，而且某个点的极小值可能大于某个点的极大值. 如图 3-9 所示，极小值 $f(x_3)$就大于极大值 $f(x_1)$.

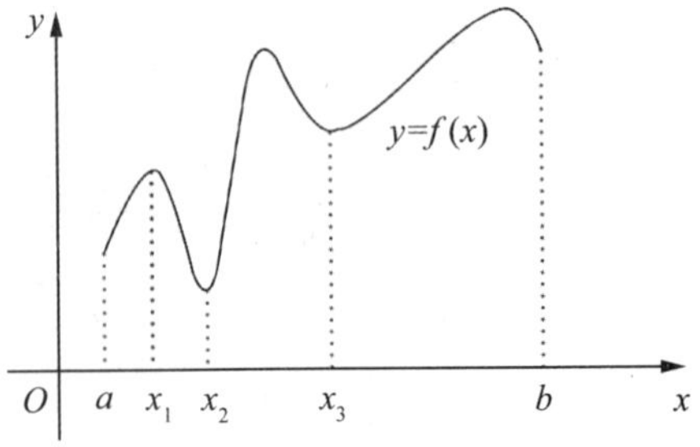

图 3-9

定理 3.8(极值的必要条件)　设函数 $f(x)$在点 x_0 处可导，且在 x_0 处取得极值，那么必有 $f'(x_0)=0$.

定理3.8是函数取得极值的必要而非充分条件，即若 $f'(x_0)=0$，函数 $f(x)$ 在 x_0 点处不一定取得极值. 例如，函数 $f(x)=x^3$ 在点 $x=0$ 处有 $f'(0)=0$，但 $x=0$ 并不是函数 $f(x)=x^3$ 的极值点.

使 $f'(x)$ 为零的点称为函数 $f(x)$ 的驻点.

定理3.8说明：可导函数 $f(x)$ 的极值点必定是函数的驻点. 但反过来，$f(x)$ 的驻点却不一定是函数的极值点. 另外，导数不存在的点也可能是函数的极值点. 例如函数 $y=x^{\frac{2}{3}}$，其导数为 $y'=\dfrac{2}{3}x^{-\frac{1}{3}}$，易知 $y'|_{x=0}$ 不存在，但是在 $x=0$ 处函数却有极小值 $f(0)=0$.

通过以上分析可知，函数的极值点必在函数的驻点或连续但不可导的点中取得. 但是，驻点或导数不存在的点不一定是函数的极值点.

二、函数极值的求法

下面介绍函数取得极值的充分条件，给出函数取极值的具体方法.

定理3.9(极值的第一充分条件) 设函数 $f(x)$ 在点 x_0 及其邻域内连续，在点 x_0 的去心邻域内可导，则有

(1)当 $x<x_0$ 时，$f'(x)>0$，而当 $x>x_0$ 时，$f'(x)<0$，那么函数 $f(x)$ 在 x_0 处取得极大值；

(2)当 $x<x_0$ 时，$f'(x)<0$，而当 $x>x_0$ 时，$f'(x)>0$，那么函数 $f(x)$ 在 x_0 处取得极小值；

(3)当 $x<x_0$ 与 $x>x_0$ 时，$f'(x)$ 不变号，那么函数 $f(x)$ 在 x_0 处没有极值.

应用定理3.9，可给出确定函数 $f(x)$ 极值点和极值的一般步骤为：

(1)确定函数的定义域，并求导数 $f'(x)$；

(2)令 $f'(x)=0$，求出 $f(x)$ 的驻点，或利用 $f'(x)$ 的表达式确定导数不存在的点；

(3)用上述各点将定义域依次分成若干个子区间，列表讨论各子区间内 $f'(x)$ 的符号，确定函数的极值点；

(4)求出各极值点处的函数值，即得函数的所有极值.

例3.45 求函数 $y=\dfrac{x^4}{4}-x^3$ 的单调性与极值.

解 (1)函数的定义域为 $(-\infty,+\infty)$，$y'=x^3-3x^2=x^2(x-3)$.

(2)令 $y'=0$，得驻点：$x_1=0$，$x_2=3$.

(3)划分子区间并列表讨论函数导数的符号：

x	$(-\infty,0)$	0	$(0,3)$	3	$(3,+\infty)$
y'	$-$	0	$-$	0	$+$
y	↘	不是极值	↘	极小值	↗

(4)由上表知，单调递减区间为 $(-\infty,3)$，单调递增区间为 $(3,+\infty)$，在 $x=3$ 处函数取极小值 $y(3)=-\dfrac{27}{4}$.

例 3.46　求函数 $f(x)=x-\frac{3}{2}x^{\frac{2}{3}}$ 的单调区间和极值.

解　函数的定义域为 $(-\infty,+\infty)$，由导数 $f'(x)=1-x^{-\frac{1}{3}}$ 可知，当 $x=1$ 时 $f'(1)=0$，而 $x=0$ 时 $f'(x)$ 不存在. 因此，函数只可能在这两点取得极值.

列表如下：

x	$(-\infty,0)$	0	$(0,1)$	1	$(1,+\infty)$
$f'(x)$	+	不存在	−	0	+
$f(x)$	↗	极大值 0	↘	极小值 $-\frac{1}{2}$	↗

由上表可见：函数 $f(x)$ 在区间 $(-\infty,0)$，$(1,+\infty)$ 单调增加，在区间 $(0,1)$ 单调减少. 在点 $x=0$ 处有极大值 $f(0)=0$，在点 $x=1$ 处有极小值 $f(1)=-\frac{1}{2}$.

定理 3.10（极值的第二充分条件）　设函数 $f(x)$ 在点 x_0 处的二阶导数存在，若 $f'(x_0)=0$，$f''(x_0)\neq 0$，则函数 $f(x)$ 在 x_0 处取得极值，且

(1)若 $f''(x_0)<0$，则 $f(x_0)$ 是函数的极大值；

(2)若 $f''(x_0)>0$，则 $f(x_0)$ 是函数的极小值.

极值的第二充分条件适用范围较小. 它表明，如果函数 $f(x)$ 在驻点 x_0 处的二阶导数 $f''(x_0)\neq 0$，那么该点 x_0 一定是极值点，并且可以按二阶导数 $f''(x_0)$ 的符号来判定 $f(x_0)$ 是极大值还是极小值. 但如果 $f''(x_0)=0$，定理 3.10 就不能使用了. 注意到，若 $f''(x_0)<0$，此即意味着在驻点 $x=x_0$ 所在的某邻域内，$f'(x)$ 单调递减，即在该邻域内 $f'(x)$ 从左到右只能依次由正到 0 再变负，由极值的第一充分条件可知函数在该点取极大值；若 $f''(x_0)>0$，则在驻点 $x=x_0$ 所在的某邻域内，$f'(x)$ 单调递增，即在该邻域内 $f'(x)$ 符号从左到右只能依次由负到 0 再变正，由极值的第一充分条件可知函数在该点取极小值.

例 3.47　求函数 $f(x)=(x^2-1)^3+1$ 的极值.

解　(1) $f'(x)=6x(x^2-1)^2$；

(2)令 $f'(x)=0$，求得驻点 $x_1=-1$，$x_2=0$，$x_3=1$；

(3) $f''(x)=6(x^2-1)(5x^2-1)$；

(4)因 $f''(0)=6>0$，所以 $f(x)$ 在 $x=0$ 处取得极小值，且极小值为 $f(0)=0$；

(5)因 $f''(-1)=f''(1)=0$，用定理 3.10 无法判别，但由定理 3.9 知，在 -1 点的左右邻域内 $f'(x)<0$，所以 $f(x)$ 在 $x=-1$ 处没有极值；同理，$f(x)$ 在 $x=1$ 处也没有极值.

三、函数的最大值和最小值

在工程技术、日常生活或社会实践活动中，常常会遇到诸如时间最短、费用最低、利润最大等问题，这类问题常常归结为求某一函数（通常称为目标函数）的最大值或最小值问题.

若函数 $y=f(x)$ 在闭区间 $[a,b]$ 上连续，在开区间 (a,b) 内可导，则函数的最大值一定在定义域内的极大值点或端点达到，同样地，最小值点一定在区间内极小值点或端点达到.

例 3.48　假设炼油厂与一口油井分别位于一条河的南北两岸，河宽 12 英里，炼油厂位于油井以东 20 英里处，现用输油管将油井与炼油厂连接起来. 如果水下输油管的铺设成本为每英里 5 万美元，陆地输油管的铺设成本为每英里 3 万美元，问如何铺设输油管路使得费用最低？

(1)问题分析

为了便于分析，记油井位于 A 处，炼油厂位于 B 处，则 $AC=12$ 英里，$BC=20$ 英里，如图 3-10 所示. 本题是通过设计不同的输油管路方案，建立铺设方案与铺设成本之间的关系，从而建立输油管路与铺设成本之间的数学模型，最后问题归结为求费用函数的最小值问题. 本问题给了两种不同铺设方式：水下、陆地. 在单位长度铺设成本一定的情况下，总输油管路的铺设费用只与铺设距离有关.

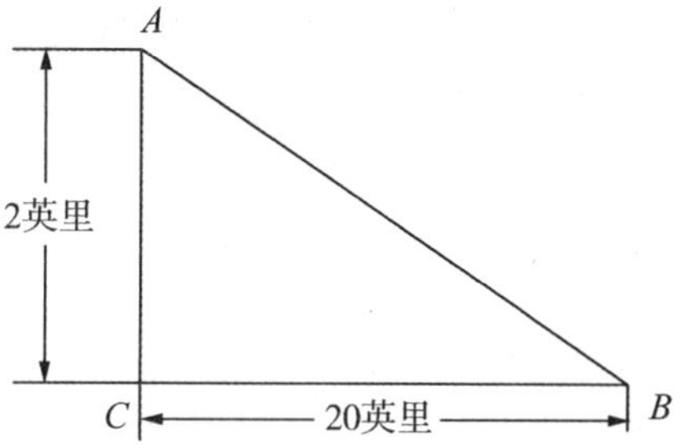

图 3-10

(2)基本假设

假设管线只能采取直线铺设.

(3)模型建立

记 M 为陆地连线 CB 上任意一点，输油管线的铺设方案为先水下铺设，自 A 至 M，再陆地铺设，自 M 至 B，令 $CM=x$ 英里，如图 3-11 所示，则实际水下铺设管线的长度为 $AM=\sqrt{12^2+x^2}$.

而陆地管线铺设长度为 $MB=20-x$，因而总管线铺设成本 y 为

$$y=5\sqrt{12^2+x^2}+3(20-x)$$

显然，$0\leqslant x\leqslant 20$. 故该问题的数学模型可描述为

$$y=\min_{0\leqslant x\leqslant 20}\left[5\sqrt{12^2+x^2}+3(20-x)\right]$$

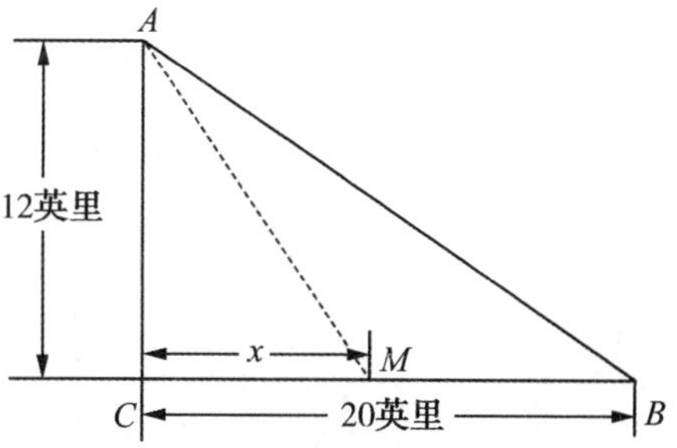

图 3-11

(4)模型求解

要求费用即铺设成本最低的铺设方案就是求函数 y 的极小值点和极小值.

由 $y'=(5\sqrt{12^2+x^2}+3(20-x))'=\dfrac{5x}{\sqrt{12^2+x^2}}-3$,令 $y'=0$,得 $x=\pm 9$.由定义域可知,$x=-9$ 无意义(舍去),显然只有一个极值点 $x=9$.代入费用函数 $y=5\sqrt{12^2+x^2}+3(20-x)$中计算可得

$$y(9)=5\times\sqrt{12^2+9^2}+3\times(20-9)=108(\text{万美元})$$

在两个端点处:

$$y(0)=5\times 12+3\times 20=120(\text{万美元})$$

$$y(20)=5\times\sqrt{12^2+20^2}=116.619(\text{万美元})$$

比较极小值点和两个端点的函数值可知,最小费用为 108 万美元,即把水下输油管铺设到离炼油厂 20-9=11 英里的地方就能使总铺设费用最小.

习题 3.5

1.验证罗尔定理对函数 $y=\ln\sin x$ 在区间 $\left[\dfrac{\pi}{6},\dfrac{5\pi}{6}\right]$ 上的正确性.

2.验证拉格朗日中值定理对函数 $y=4x^3-5x^2+x-2$ 在区间$[0,1]$上的正确性.

3.不用求出函数 $f(x)=(x-1)(x-2)(x-3)(x-4)$ 的导数,说明 $f'(x)=0$ 有几个实根,并指出它们所在的区间.

4.证明恒等式:$\arcsin x+\arccos x=\dfrac{\pi}{2}(-1\leqslant x\leqslant 1)$.

5.用洛必达法则求下列极限:

(1) $\lim\limits_{x\to 0}\dfrac{\ln(1+x)}{x}$

(2) $\lim\limits_{x\to 0}\dfrac{e^x-e^{-x}}{\sin x}$

(3) $\lim\limits_{x\to a}\dfrac{\sin x-\sin a}{x-a}$

(4) $\lim\limits_{x\to\pi}\dfrac{\sin 3x}{\tan 5x}$

(5) $\lim\limits_{x\to\frac{\pi}{2}}\dfrac{\ln\sin x}{(\pi-2x)^2}$

(6) $\lim\limits_{x\to a}\dfrac{x^m-a^m}{x^n-a^n}$

(7) $\lim\limits_{x\to +0}\dfrac{\ln\tan 7x}{\ln\tan 2x}$

(8) $\lim\limits_{x\to\frac{\pi}{2}}\dfrac{\tan x}{\tan 3x}$

(9) $\lim\limits_{x\to +\infty}\dfrac{\ln\left(1+\dfrac{1}{x}\right)}{\operatorname{arccot} x}$

(10) $\lim\limits_{x\to 0}\dfrac{\ln(1+x^2)}{\sec x-\cos x}$

(11) $\lim\limits_{x\to 0}x\cot 2x$

(12) $\lim\limits_{x\to 0}x^2e^{\frac{1}{x^2}}$

(13) $\lim\limits_{x\to 1}\left(\dfrac{2}{x^2-1}-\dfrac{1}{x-1}\right)$

(14) $\lim\limits_{x\to\infty}\left(1+\dfrac{a}{x}\right)^x$

(15) $\lim\limits_{x\to +0}x^{\sin x}$

(16) $\lim\limits_{x\to +0}\left(\dfrac{1}{x}\right)^{\tan x}$

6. 验证极限 $\lim\limits_{x\to 0}\dfrac{x^2\sin\dfrac{1}{x}}{\sin x}$ 存在,但不能用洛必达法则得出.

7. 判定函数 $f(x)=\arctan x-x$ 的单调性.

8. 证明下列不等式:

(1) 当 $x>0$ 时,$1+\frac{1}{2}x>\sqrt{1+x}$;

(2) 当 $x>0$ 时,$1+x\ln(x+\sqrt{1+x^2})>\sqrt{1+x^2}$;

(3) 当 $0<x<\frac{\pi}{2}$ 时,$\sin x+\tan x>2x$;

(4) 当 $0<x<\frac{\pi}{2}$ 时,$\tan x>x+\frac{1}{3}x^3$;

(5) 当 $x>4$ 时,$2^x>x^2$.

9. 下列求函数的极值:

(1) $y=2x^3-6x^2-18x+7$　(2) $y=x-\ln(1+x)$

(3) $y=-x^4+2x^2$　(4) $y=x+\sqrt{1-x}$

3.6 曲线的凹凸性与渐近线

3.6.1 曲线的凹凸性与拐点

在研究函数图形特性时,只知道它的上升和下降性质是不够的,还要研究曲线的弯曲方向问题.讨论曲线的凹凸性就是讨论曲线的弯曲方向问题.例如,函数 $y=x^2$ 与 $y=\sqrt{x}$ 虽然它们在$(0,+\infty)$内都是增加的,但图形却有显著的不同,$y=\sqrt{x}$是向下弯曲的(或凸的)的曲线,而 $y=x^2$ 是向上弯曲的(或凹的)的曲线,如图 3-12 所示.

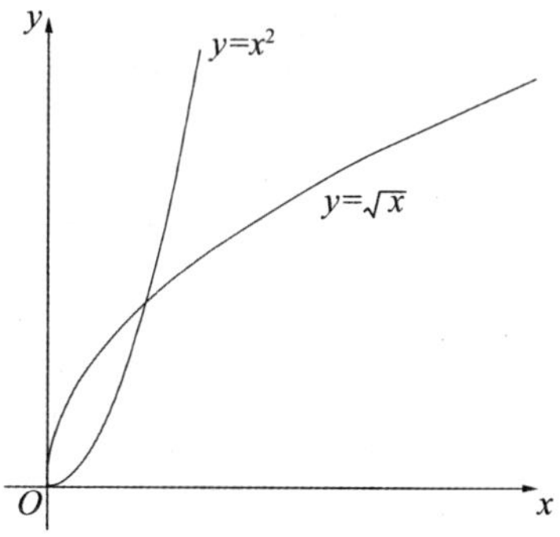

图 3-12

定义 3.7 若曲线弧位于其上每一点的切线的上方,则称此曲线弧是凹的,如图 3-13(a)所示;若曲线弧位于其上每一点的切线的下方,则称此曲线弧是凸的,如图 3-13(b)所示.

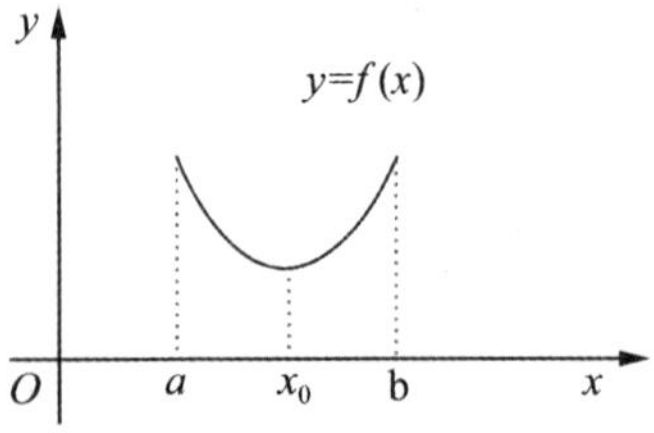

(a)

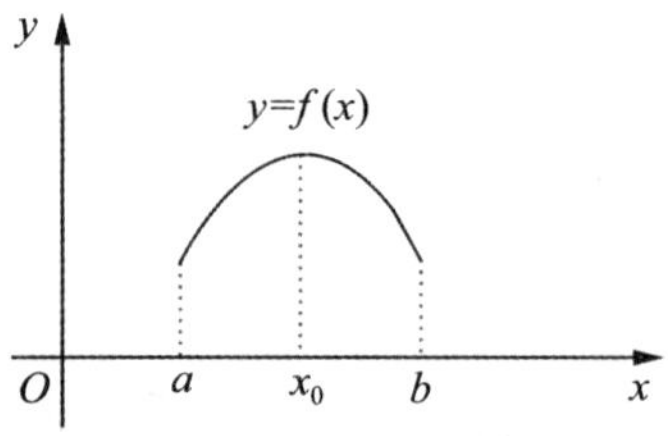

(b)

图 3-13

从图 3-13 可以看出，当 x 由小变大时，凹弧上的切线的斜率是递增的，凸弧上的切线的斜率是递减的.从而我们可以用二阶导数来判别曲线弧的凹凸性.

定理 3.11(曲线凹凸性的判别法)　设 $f(x)$在区间(a,b)内具有二阶导数 $f''(x)$，则有

(1)若在(a,b)内 $f''(x)>0$，曲线在(a,b)内是凹的；

(2)若在(a,b)内 $f''(x)<0$，曲线在(a,b)内是凸的.

连续曲线上凹弧与凸弧的分界点称为这曲线的拐点.例如点(0,0)就是曲线 $y=x^3$ 的拐点.

确定曲线 $y=f(x)$的凹凸区间和拐点的步骤：

(1)求出函数 $y=f(x)$的定义域；

(2)求出使 $f''(x)=0$ 的点和 $f''(x)$不存在的点；

(3)以上各点把 $f(x)$的定义域划分成若干子区间，观察各子区间上 $f''(x)$的符号，确定曲线的凹凸区间和拐点.

例 3.49　求曲线 $f(x)=x^4-2x^3+1$ 的凹凸区间及拐点.

解　$f(x)$的定义域为$(-\infty,+\infty)$，且

$$f'(x)=4x^3-6x^2,\quad f''(x)=12x^2-12x=12x(x-1)$$

令 $f''(x)=0$，解得 $x_1=0,x_2=1$，用它把定义域分成三个部分区间$(-\infty,0)$，$(0,1)$，$(1,+\infty)$，列表讨论如下：

x	$(-\infty,0)$	0	$(0,1)$	1	$(1,+\infty)$
$f''(x)$	+	0	−	0	+
$f(x)$	⌣	拐点(0,1)	⌢	拐点(1,0)	⌣

由上面的讨论可知，曲线 $f(x)$在区间$(-\infty,0)$及$(1,+\infty)$内是凹的，在区间$(0,1)$内是凸的，曲线弧上有两个拐点(0,1)和(1,0)，如图 3-14 所示.

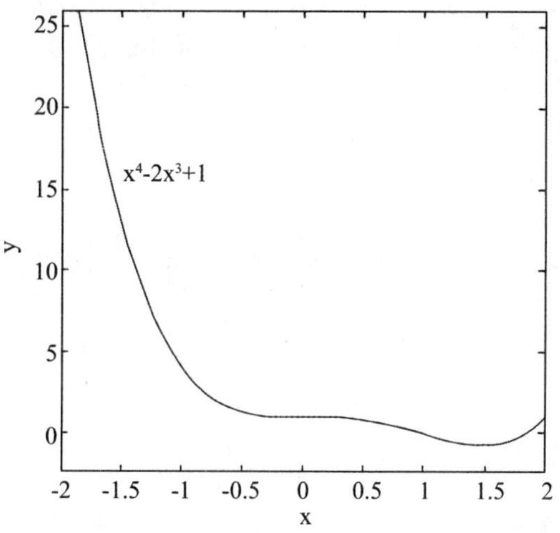

图 3-14

例 3.50　求曲线 $f(x)=(x-2)^{\frac{5}{3}}$ 的凹凸区间和拐点.

解　函数 $f(x)$ 的定义域为 $(-\infty,+\infty)$，且

$$f'(x)=\frac{5}{3}(x-2)^{\frac{2}{3}},\quad f''(x)=\frac{10}{9}(x-2)^{-\frac{1}{3}}$$

显然，当 $x=2$ 时，$f'(2)=0$，但 $f''(2)$ 不存在.

用 $x=2$ 把定义域 $(-\infty,+\infty)$ 分成两个子区间 $(-\infty,2)$，$(2,+\infty)$. 列表讨论如下：

x	$(-\infty,2)$	2	$(2,+\infty)$
$f''(x)$	$-$	不存在	$+$
$f(x)$	$\frown$	拐点 $(2,0)$	$\smile$

因此，在区间 $(-\infty,2)$ 内函数曲线是凸的，在区间 $(2,+\infty)$ 内该函数曲线是凹的，点 $(2,0)$ 是该函数曲线的拐点.

3.6.2　曲线的渐近线

定义 3.8　如果曲线上的一点沿着曲线趋于无穷时，该点与某一定直线的距离趋于 0，则称此定直线为曲线的一条渐近线.

一、水平渐近线

定义 3.9　设曲线 $y=f(x)$ 的定义域为无穷区间，如果 $\lim\limits_{x\to\infty}f(x)=b$（或 $\lim\limits_{x\to+\infty}f(x)=b$ 或 $\lim\limits_{x\to-\infty}f(x)=b$），则直线 $y=b$ 是曲线 $y=f(x)$ 的一条水平渐近线.

例 3.51　求曲线 $y=\arctan x$ 的水平渐近线.

解　因为 $\lim\limits_{x\to+\infty}\arctan x=\frac{\pi}{2}$，$\lim\limits_{x\to-\infty}\arctan x=-\frac{\pi}{2}$，所以直线 $y=\frac{\pi}{2}$ 和 $y=-\frac{\pi}{2}$ 是曲线 $y=\arctan x$ 的水平渐近线.

二、铅垂渐近线

定义 3.10 若 $\lim\limits_{x\to x_0}f(x)=\infty$(或 $\lim\limits_{x\to x_0^+}f(x)=\infty$ 或 $\lim\limits_{x\to x_0^-}f(x)=\infty$),则称直线 $x=x_0$ 为曲线 $y=f(x)$ 的铅垂渐近线.

例 3.52 求曲线 $y=\dfrac{1}{x-2}$ 的铅垂渐近线.

解 因为 $x=2$ 是曲线 $y=\dfrac{1}{x-2}$ 的间断点,又 $\lim\limits_{x\to 2^+}\dfrac{1}{x-2}=+\infty$,$\lim\limits_{x\to 2^-}\dfrac{1}{x-2}=-\infty$,所以 $x=2$ 是曲线 $y=\dfrac{1}{x-2}$ 的铅垂渐近线.

三、斜渐近线

定义 3.11 若函数 $y=f(x)$ 满足 $a=\lim\limits_{x\to\infty}\dfrac{f(x)}{x}$,$b=\lim\limits_{x\to\infty}[f(x)-ax]$(其中自变量的变化过程 $x\to\infty$ 可同时换成 $x\to+\infty$ 或 $x\to-\infty$),则称曲线 $y=f(x)$ 有斜渐近线 $y=ax+b$.

例 3.53 求曲线 $y=\dfrac{x^2-2x+2}{x-1}$ 的斜渐近线.

解 因为 $\lim\limits_{x\to\infty}\dfrac{f(x)}{x}=\lim\limits_{x\to\infty}\dfrac{x^2-2x+2}{x(x-1)}=1=a$,且 $\lim\limits_{x\to\infty}[f(x)-ax]=\lim\limits_{x\to\infty}\left(\dfrac{x^2-2x+2}{x-1}-x\right)=\lim\limits_{x\to\infty}\dfrac{-x+2}{x-1}=-1=b$,所以 $y=x-1$ 是曲线的一条斜渐近线.

习题 3.6

1. 求下列函数图形的凹凸区间和拐点.

(1) $y=x^3-5x^2+3x+5$

(2) $y=xe^{-x}$

(3) $y=(x+1)^4+e^x$

(4) $y=\ln(x^2+1)$

(5) $y=e^{\arctan x}$

(6) $y=x^4(12\ln x-7)$

2. 问 a,b 为何值时,点(1,3)为曲线 $y=ax^3+bx^2$ 的拐点?

3.7 函数图形的描绘

现在我们可以全面地来研究函数的性态并画出其图形,具体步骤如下:

(1)确定函数的定义域,讨论函数的奇偶性、周期性;

(2)求出函数的一阶导数 $f'(x)$ 和二阶导数 $f''(x)$;

(3)求出方程 $f'(x)=0$ 和 $f''(x)=0$ 在定义域内的全部实根,并求使 $f'(x)$ 和 $f''(x)$ 不存在的点,并用这些点将函数定义域划分成几个部分区间;

(4)列表讨论函数的单调性、极值、凹凸性与拐点;

(5)讨论曲线有无渐近线;

(6)求出曲线与坐标轴的交点及其他辅助点,并描点作图.

例 3.54　作函数 $f(x)=\dfrac{1}{\sqrt{2\pi}e^{\frac{1}{2}x^2}}$ 的图形.

解　(1)函数定义域为 $(-\infty,+\infty)$,是偶函数(图形关于 y 轴对称).

(2)$f'(x)=\dfrac{-x}{\sqrt{2\pi}}e^{-\frac{1}{2}x^2}$,令 $f'(x_0)=0$,得 $x=0$.

(3)$f''(x)=\dfrac{x^2-1}{\sqrt{2\pi}}e^{-\frac{1}{2}x^2}$,令 $f''(x_0)=0$,得 $x_1=-1$ 和 $x_2=1$.

(4)列表：

x	$(-\infty,-1)$	-1	$(-1,0)$	0	$(0,1)$	1	$(1,+\infty)$
$f'(x)$	+		+	0	−		−
$f''(x)$	+	0	−		−	0	+
$y=f(x)$	↗⌣	拐点	↗⌢	极大值	↘⌢	拐点	↗⌣

(5)因为 $\lim\limits_{x\to\infty}\dfrac{1}{\sqrt{2\pi}}e^{-\frac{1}{2}x^2}=0$,所以曲线有水平渐近线 $y=0$. 曲线无铅垂渐近线.

(6)算出 $f(0)=\dfrac{1}{\sqrt{2\pi}}$,$f(1)=\dfrac{1}{\sqrt{2\pi e}}$. 从而得到函数图形上的两点 $M_1\left(0,\dfrac{1}{\sqrt{2\pi}}\right)$,$M_2\left(1,\dfrac{1}{\sqrt{2\pi e}}\right)$,另外还可得 $M_3\left(2,\dfrac{1}{\sqrt{2\pi}e^2}\right)$,结合(4)(5)的讨论,先作出区间 $(0,+\infty)$ 内的图形,然后利用对称性作出区间 $(-\infty,0)$ 内的图形(图 3-15).

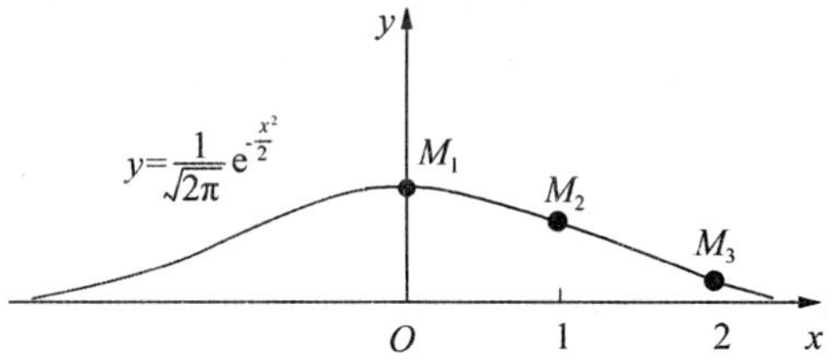

图 3-15

习题 3.7

描绘下列函数的图形：

1. $y=\dfrac{1}{5}(x^4-6x^2+8x+7)$

2. $y=\dfrac{x}{1+x^2}$

3. $y=e^{-(x-1)^2}$

4. $y=x^2+\dfrac{1}{x}$

5. $y=\dfrac{\cos x}{\cos 2x}$

3.8 导数在经济学中的应用

导数在经济学中的应用主要有边际分析与弹性分析.

3.8.1 边际分析

在经济学中,边际概念通常指经济指标的变化率,称函数 $f(x)$ 的导数 $f'(x)$ 为函数 $f(x)$ 的边际函数.

在点 x_0 处,当 x 改变 Δx 时,相应的函数 $y=f(x)$ 的改变量为 $\Delta y=f(x_0+\Delta x)-f(x_0)$. 当自变量的改变量为 1 个单位,即 $\Delta x=1$ 时,因变量的改变量为 $\Delta y=f(x_0+1)-f(x_0)$. 如果计量单位很小,则有

$$\Delta y=f(x_0+1)-f(x_0)\approx \mathrm{d}y\Big|_{\substack{x=x_0\\ \mathrm{d}x=1}}=f'(x_0)$$

这是非常有意思的结论,它可以用来描述如价格、利率等因素调整时市场行为的变动情况. 它表明函数 $f'(x_0)$ 近似地等于在 x_0 处 x 增加一个单位时,函数 $f(x)$ 的增量 Δy. 当 x 有一个单位改变时,函数 $f(x)$ 近似改变了 $f'(x_0)$.

一、边际成本

总成本函数 $C(x)$ 的导数 $C'(x)$ 称为边际成本函数,简称边际成本.

边际成本的经济意义是:在一定产量 x 的基础上,再增加生产一个单位产品时总成本增加的近似值.

在应用问题中解释边际函数值的具体意义时,常略去"近似"二字.

例 3.55 已知生产某产品 x 件的总成本为 $C(x)=9000+40x+0.001x^2$(元),

(1)求边际成本 $C'(x)$,并对 $C'(1000)$ 的经济意义进行解释;

(2)产量为多少件时,平均成本最小?

解 (1)边际成本为

$$C'(x)=40+0.002x$$

$$C'(1000)=40+0.002\times 1000=42$$

它表示当产量为 1000 件时,再生产 1 件产品则增加 42 元的成本.

(2)平均成本为

$$\overline{C}(x)=\frac{C}{x}=\frac{9000}{x}+40+0.001x$$

$$\overline{C}'(x)=-\frac{9000}{x^2}+0.001$$

令 $\overline{C}'(x)=0$,得 $x=3000$(件). 由于 $\overline{C}''(3000)=\dfrac{18000}{3000^3}>0$,故当产量为 3000 件时平均成本最小.

二、边际收入

总收入函数 $R(x)$ 的导数 $R'(x)$ 称为边际收入函数,简称边际收入.

边际收入的经济意义是:在销售量为 x 的基础上,再多销售一个单位产品所增加的收入的近似值.

例 3.56 设产品的需求函数为 $x=100-5p$,其中 p 为价格,x 为需求量.求边际收入函数,及 $x=20,50,70$ 时的边际收入,并解释所得结果的经济意义.

解 根据 $x=100-5p$ 得 $p=\frac{100-x}{5}$.

总收入函数

$$R(x)=px=\frac{100-x}{5}\cdot x=\frac{1}{5}(100x-x^2)$$

边际收入函数为

$$R'(x)=\frac{1}{5}(100-2x)$$

$$R'(20)=12,\quad R'(50)=0,\quad R'(70)=-8$$

其经济意义是:销售量为 20 个单位时,再多销售一个单位产品,总收入增加 12 个单位;当销售量为 50 个单位时,扩大销售,收入不会增加;当销售量为 70 个单位时,再多销售一个单位产品,总收入将减少 8 个单位.

三、边际利润

总利润函数 $L(x)$ 的导数 $L'(x)$ 称为边际利润函数,简称边际利润.

边际利润的经济意义是:在销售量为 x 的基础上,再多销售一个单位产品所增加的利润.

由于 $L(x)=R(x)-C(x)$,所以 $L'(x)=R'(x)-C'(x)$,即边际利润等于边际收入与边际成本之差.

例 3.57 某加工厂生产某种产品的总成本函数和总收入函数分别为

$$C(x)=100+2x+0.02x^2(\text{元})\text{与 }R(x)=7x+0.01x^2(\text{元})$$

求边际利润函数及当日产量分别是 200 千克、250 千克和 300 千克时的边际利润,并说明其经济意义.

解 总利润函数为

$$L(x)=R(x)-C(x)=-0.01x^2+5x-100$$

边际利润函数为

$$L'(x)=-0.02x+5$$

日产量为 200 千克、250 千克和 300 千克时的边际利润分别是

$$L'(200)=1(\text{元}),\quad L'(250)=0(\text{元}),\quad L'(300)=-1(\text{元})$$

其经济意义是,在日产量为 200 千克的基础上,再增加 1 千克产量,利润可增加 1 元;在日产量为 250 千克的基础上,再增加 1 千克产量,利润无增加;在日产量为 300 千克的基础上,再增加 1 千克产量,将亏损 1 元.

3.8.2 弹性分析

弹性概念是经济学中的另一个重要概念,用来定量地描述一个经济变量对另一个经济变量变化的灵敏程度.

例如,设有 A 和 B 两种商品,其单价分别为 10 元和 100 元.同时提价 1 元,显然改变量相同,但提价的百分数大不相同,分别为 10% 和 1%.前者是后者的 10 倍,因此有必要

研究函数的相对改变量以及相对变化率，这在经济学中称为弹性．它定量地反映了一个经济变量（自变量）变动时，另一个经济变量（因变量）随之变动的灵敏程度，即自变量变动百分之一时，因变量变动的百分数．

定义 3.12 设函数 $y=f(x)$ 在点 x 处可导，则函数的相对改变量 $\frac{\Delta y}{y}$ 与自变量的相对改变量 $\frac{\Delta x}{x}$ 之比，当 $\Delta x\to 0$ 时的极限

$$\lim_{\Delta x\to 0}\frac{\Delta y/y}{\Delta x/x}=\frac{x}{y}y'=\frac{x}{f(x)}f'(x)$$

称为函数 $y=f(x)$ 在点 x 处的弹性，记作

$$\frac{Ey}{Ex}\quad 或\quad \frac{Ef(x)}{Ex}$$

即 $\frac{Ey}{Ex}=\frac{x}{f(x)}f'(x)$．

由定义知，当 $\frac{\Delta x}{x}=1\%$ 时，$\frac{\Delta y}{y}\approx\frac{Ey}{Ex}\%$．可见，函数 $y=f(x)$ 的弹性具有下述意义：函数 $y=f(x)$ 在点 x_0 处的弹性 $\left.\frac{Ey}{Ex}\right|_{x=x_0}$ 表示在点 x_0 处当 x 相对改变 1% 时，函数 $y=f(x)$ 在 $f(x_0)$ 的水平上近似改变 $\left.\frac{Ey}{Ex}\right|_{x=x_0}\%$．

用弹性函数来分析经济量的变化称为弹性分析．

需求弹性刻画商品价格变动时需求量变动的灵敏程度．其经济意义是：当商品的价格从 p 上升 1% 时，需求量从 $Q(p)$ 减少 $\frac{EQ}{Ep}$ 个百分数；反之，当价格从 p 下降 1% 时，需求量从 $Q(p)$ 增加 $\frac{EQ}{Ep}$ 个百分数．

当 $\frac{EQ}{Ep}>1$ 时，称为高弹性，此时，价格的变动对需求量的影响较大；当 $\frac{EQ}{Ep}<1$ 时，称为低弹性，此时，价格的变动对需求量的影响不大；当 $\frac{EQ}{Ep}=1$ 时，称为单位弹性，此时，价格的变动对需求量没有影响．

例 3.58 某商品需求函数为 $Q=10-\frac{p}{2}$，求

(1)当 $p=3$ 时的需求弹性；

(2)在 $p=3$ 时，若价格上涨 1%，其总收益是增加还是减少？它将变化多少？

解 (1) $\frac{EQ}{Ep}=\frac{p}{Q}Q'=\left(-\frac{1}{2}\right)\cdot\frac{p}{10-\frac{p}{2}}=\frac{p}{p-20}$．

当 $p=3$ 时的需求弹性为

$$\left.\frac{EQ}{Ep}\right|_{p=3}=-\frac{3}{17}\approx-0.18$$

(2)总收益 $R=pQ=10p-\frac{p^2}{2}$，总收益的价格弹性函数为

$$\frac{ER}{Ep}=\frac{\mathrm{d}R}{\mathrm{d}p}\cdot\frac{p}{R}=(10-p)\cdot\frac{p}{10p-\frac{p^2}{2}}=\frac{2(10-p)}{20-p}$$

在 $p=3$ 时，总收益的价格弹性为

$$\left.\frac{ER}{Ep}\right|_{p=3}=\left.\frac{2(10-p)}{20-p}\right|_{p=3}\approx 0.82$$

故在 $p=3$ 时，若价格上涨 1%，需求仅减少 0.18%，总收益将增加，总收益约增加 0.82%.

3.9　导数的近似计算——数值微分

实际问题中，函数 $f(x)$ 的表达式并不是以具体的代数表达形式给出的，通常是一系列离散的观测数据(如火箭运行轨迹)，也可能是图形或图像的形式(如指纹曲线等). 这时利用数据描绘函数曲线或构建函数表达式时，通常需要保证在一些特征点的曲线特征，如曲率、光滑程度等，也就是说要求作出的拟合曲线或近似函数尽可能地保证在这些点处不仅函数值要相同，而且其导数值也尽可能相同. 对函数表达式未知的离散观测问题，要计算某点的导数值，只能借助于在该点附近的观测值近似计算. 此外，在工程上，当函数表达式在求导运算时如果运算过程过于复杂，有时也采用近似方法估算函数在某点的近似导数值.

导数近似计算公式的设计可直接利用导数的定义给出，即要计算某点的导数，可利用该点和与之相邻点之间的两点割线斜率近似估计，不再求逼近极限. 也可以通过泰勒展开式给出. 利用泰勒展开式给出导数的近似计算格式的好处是可以同时估计近似误差水平.

假定函数 $y=f(x)$ 在点 x_0 的某一邻域内具有一定程度的光滑性(满足公式需要即可)，则当 h 充分小时，有

$$f(x_0+h)=f(x_0)+f'(x_0)h+\frac{f''(x_0)}{2}h^2+o(h^2) \tag{3.15}$$

用 $-h$ 替代上式的 h，则有

$$f(x_0-h)=f(x_0)-f'(x_0)h+\frac{f''(x_0)}{2}h^2+o(h^2) \tag{3.16}$$

由式(3.15)，得

$$f'(x_0)\approx\frac{f(x_0+h)-f(x_0)}{h} \tag{3.17}$$

该式称为向前差分公式，近似误差为 $o(h)$.

由式(3.11)，得

$$f'(x_0)\approx\frac{f(x_0)-f(x_0-h)}{h} \tag{3.18}$$

该式称为向后差分公式，近似误差同样为 $o(h)$.

向前、向后差分格式，误差精度稍低，仅为 $o(h)$. 若用式(3.15)－式(3.16)，则可得

$$f'(x_0)\approx\frac{f(x_0+h)-f(x_0-h)}{2h} \tag{3.19}$$

称该格式为中心差分公式.此时近似误差为 $o(h^2)$.

类似地,若用式(3.10)+式(3.11),则可得二阶导数的近似计算格式

$$f''(x_0)\approx\frac{f(x_0+h)-2f(x_0)+f(x_0-h)}{h^2} \tag{3.20}$$

该格式也称为中心差分公式.此时近似误差为 $o(h)$.

假定在观测区间 $[a,b]$ 上有 $n+1$ 个观测点:

$$x_0=a<x_1<x_2<\cdots<x_n=b$$

以及各点的观测值或函数值为 $f(x_i)$,$i=0,1,2,\cdots,n$.进一步地,若各观测点间隔相同(均匀网格剖分),则间隔步长为 $h=\dfrac{b-a}{n}$,由式(3.17)、式(3.18)、式(3.19)可得任一点 x_i $(x_i=a+ih)$ 的导数计算格式为

向前差分格式:$f'(x_i)=\dfrac{f(x_{i+1})-f(x_i)}{h}$

向后差分格式:$f'(x_i)=\dfrac{f(x_i)-f(x_{i-1})}{h}$

中心差分格式:$f'(x_i)=\dfrac{f(x_{i+1})-f(x_{i-1})}{2h}$

$$f''(x_i)=\frac{f(x_{i+1})-2f(x_i)+f(x_{i-1})}{h^2}$$

例 3.59　给出下列数据,计算 $f'(0.02)$,$f'(0.06)$,$f'(0.10)$,$f''(0.08)$.

x	0.02	0.04	0.06	0.08	0.10
$f(x)$	5.06	5.07	5.065	5.05	5.055

解　考虑到误差的精度,对不同的点采用尽可能高阶的计算格式

$$f'(0.02)\approx\frac{f(0.04)-f(0.02)}{0.04-0.02}=\frac{5.07-5.06}{0.02}=0.5\text{(向前差分格式)}$$

$$f'(0.06)\approx\frac{f(0.08)-f(0.04)}{0.08-0.04}=\frac{5.05-5.07}{0.04}=-0.5\text{(中心差分格式)}$$

$$f'(0.10)\approx\frac{f(0.10)-f(0.08)}{0.10-0.08}=\frac{5.055-5.05}{0.02}=0.25\text{(向后差分格式)}$$

$$f''(0.08)\approx\frac{f(0.10)-2f(0.08)+f(0.06)}{0.02^2}=\frac{5.055-2\times5.05+5.065}{0.02^2}=50$$

说明:在数值计算格式近似计算导数时,它的误差由截断误差和舍入误差两部分组成.在差商计算中,从截断误差的逼近值的角度看,$|h|$ 越小,则误差也越小;但是太小的 $|h|$ 会带来较大的舍入误差.通常在确定网格步长时,有一个最佳选择,既不能太大,太大了截断误差会增大,也不能太小,太小了舍入误差会变大,这里限于理论体系,我们不去作详细探究.有兴趣的读者可以自行阅读相关资料.

3.10　利用 MATLAB 求导数和一元函数的优化问题

3.10.1　利用 MATLAB 求导数

用 MATLAB 求函数的导数的命令是 diff 函数.

调用格式Ⅰ:diff(fun)或 diff(fun,'v')

功能说明:fun 是被求导的函数,为一符号表达式;v 是指定对其求导的自变量,是符号变量,忽略时默认为 x;返回结果为求由 fun 定义的函数关于自变量 v 的导数.

调用格式Ⅱ: diff(fun,n)或 diff(fun,'v',n)

功能说明:fun 是被求导的函数,为一符号表达式;v 是指定对其求导的自变量,是符号变量,忽略时默认为 x;n 为求导数的阶数,即求$\frac{d^n y}{dx^n}$;返回结果为求由 fun 定义的函数关于自变量 v 的 n 阶导数.

例 3.60　求函数 $y=\sin x$ 的导数.

解　输入命令:y1=diff('sin (x)')

运行结果:y1=cos x

即 $y'=\cos x$.

例 3.61　求函数 $y=2a\sin bx$ 的导数.

解法一　输入命令:diff('2 * a * sin (b * x)')

解法二　输入命令:

```
y=('2 * a * sin (b * x)')
diff(y,'x')
```

解法三　输入命令:

```
syms a b x;
y=2 * a *  sin (b * x);
diff(y,x)
```

运行结果相同:

ans=2 * a * b * cos (b * x)

即 $y'=2ab\cos bx$.

例 3.62　求函数 $y=x^2\cdot\ln(1-x^2)$的二阶导数.

解　输入命令:w=diff('x^2 * log(1-x^2)',2)

运行结果为

w=2 * ln (1-x^2)+(10 * x^2)/(x^2-1)-(4 * x^4)/(x^2-1)^2

即 $y=x^2\cdot\ln(1-x^2)$的二阶导数为:$2\ln(1-x^2)+10\frac{x^2}{x^2-1}-4\frac{x^4}{(x^2-1)^2}$.

例 3.63　求函数 $y=x^3\cdot\ln x$ 的三阶导数.

解　输入命令:y3_3=diff('x^3 * log (x)',3)

运行结果为:y3_3=6 * log(x)+11

即 $y'''=6\ln x+11$.

3.10.2 利用 MATLAB 求泰勒幂级数展开式

一、利用 taylor 函数求泰勒幂级数展开式

调用格式：taylor(fun,x,k)或 taylor(fun,x,k,a)

功能说明：fun 为函数的符号表达式；x 为指定自变量，是一符号变量，可以缺省；k 为要展开的多项式的项数；a 表示在 $x=a$ 处展开，缺省时为在 0 点展开，即为麦克劳林展开式.

例 3.64 求函数 $f(x)=\dfrac{\sin x}{x^2+4x+3}$ 在 $x=2$ 处的泰勒幂级数展开式的前 6 项.

解 在 MATLAB 命令窗口下，输入如下命令：

```
>>syms x;
>>f=sin (x)/(x^2+4 * x+3);
>>y1=taylor (f,x,6)
```

输出结果为

y1=sin(2)/15+(x−2)×(cos(2)/15−(8×sin(2))/225)−(x−2)^2×((8×cos(2))/225+(127×sin(2))/6750)+(x−2)^3×((23×cos(2))/6750+(628×sin(2))/50625)+(x−2)^4×((28×cos(2))/50625−(15697×sin(2))/6075000)+(x−2)^5×((203×cos(2))/6075000+(6277×sin(2))/11390625)

即其泰勒展开式为：

$$\frac{\sin 2}{15}+\left(\frac{\cos 2}{15}-\frac{8\sin 2}{225}\right)(x-2)+\left(\frac{8\cos 2}{225}+\frac{127\sin 2}{6750}\right)(x-2)^2+\cdots$$

二、利用 MATLAB 工具箱求函数的泰勒展开式

MATLAB 提供了泰勒展开式工具箱，调用命令为：taylortool. 调用结果如图 3-16 所示.

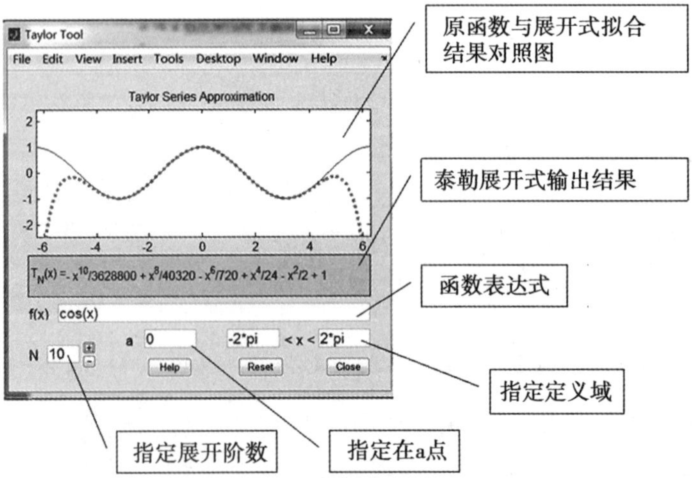

图 3-16 taylor 工具箱示意图

总习题3

一、选择题

1. 函数在 x_0 点连续是函数在 x_0 点可导的(　　)

A. 充分条件　B. 必要条件　C. 充要条件　D. 无关条件

2. 函数在 x_0 点可导是函数在 x_0 点可微的(　　)

A. 充分条件　B. 必要条件　C. 充要条件　D. 无关条件

3. 如果 $f(x)$ 可导，则 $\lim\limits_{t\to 0}\dfrac{f(x-3t)-f(x+2t)}{t}=$(　　)

A. $f'(x)$　B. $-f'(x)$　C. $5f'(x)$　D. $-5f'(x)$

4. 函数 $y=x^3-3x$ 上(　　)点处的切线平行于 x 轴.

A. $(0,0)$　B. $(1,2)$　C. $(1,-2)$　D. $(1,0)$

5. 设 $f'(x)=g'(x)$，则下列式子成立的是(　　)

A. 存在常数 C，使 $f''(x)=g''(x)+C$　B. 存在常数 C，使 $f(x)=Cg(x)$

C. 存在常数 C，使 $f(x)=g(x)+C$　D. $f(x)\equiv g(x)$

6. 设 $f(x)$ 是 x 的可导函数，则 $[f(-2x)]'=$(　　)

A. $-2f'(2x)$　B. $-2f'(-2x)$　C. $-2f'(x)$　D. $f'(-2x)$

7. 函数 $f(x)$ 在 $[a,b]$ 上连续，在 (a,b) 内可导，当 $a<x_1<x_2<b$ 时，则存在一点 ξ，有(　　)

A. $f(b)-f(a)=f'(\xi)(x_2-x_1),\xi\in(x_1,x_2)$

B. $f(x_2)-f(x_1)=f'(\xi)(x_2-x_1),\xi\in(a,b)$

C. $f(b)-f(a)=f'(\xi)(b-a),\xi\in(x_1,x_2)$

D. $f(x_2)-f(x_1)=f'(\xi)(b-a),\xi\in(x_1,x_2)$

8. 函数 $f(x)=x^3+ax^2+bx+c$ 的极值个数为(　　)

A. 1　B. 0　C. 0 或 2　D. 1 或 2

9. 函数 $y=x\mathrm{e}^{-x}$ 的拐点是(　　)

A. $(2,2\mathrm{e}^{-2})$　B. $(0,0)$　C. $(1,\mathrm{e}^{-1})$　D. $(2,\mathrm{e}^{-2})$

10. 曲线 $y=1+\sqrt{\dfrac{3}{(x-2)^2}}$(　　)

A. 仅有水平渐近线　B. 仅有铅直渐近线

C. 既有水平渐近线又有铅直渐近线　D. 既无水平渐近线又无铅直渐近线

二、填空题

1. $f(x)=2x\mathrm{e}^{-x^2}$，则 $\lim\limits_{x\to 0}\dfrac{f(1+x)-f(1)}{x}=$________.

2. 已知 $f(x)=|x|$，则在 $x=0$ 处 $\lim\limits_{\Delta x\to 0^-}\dfrac{\Delta y}{\Delta x}=$________，$\lim\limits_{\Delta x\to 0^+}\dfrac{\Delta y}{\Delta x}=$________，$f'(0)=$________.

3. $y=2x^2-3$ 在 $x=1$ 处的切线方程为________.

4. 设 $f(x)=\sin\sqrt{x}$，则 $f'(x)=$________.

5. 函数 $y=(\sin x)^x$ 的导数为________.

6. 已知函数 $\begin{cases}x=2\sin t-\cos t\\ y=2\sin t+\cos t\end{cases}$，则 $\dfrac{\mathrm{d}y}{\mathrm{d}x}=$________.

7. 已知函数 $y=\ln(x+\sqrt{4+x^2})$，则 $\mathrm{d}y=$________.

8. 函数 $f(x)=\dfrac{\ln x}{x}$ 在区间________单调递减.

9. 函数 $y=x^3+3x^2$ 的凸区间为________，凹区间为________，拐点为________.

10. 函数 $y=\dfrac{2x^2+3x-4}{x^2}$ 的渐近线是________.

三、计算题

1. 求下列函数的极限.

(1) $\lim\limits_{x\to0}\dfrac{e^x-e^{-x}-2x}{x-\sin x}$　　(2) $\lim\limits_{x\to0}\dfrac{\sin x-x}{\ln(1+x^3)}$

(3) $\lim\limits_{x\to0^+}\dfrac{\ln\tan 5x}{\ln\tan 3x}$　　(4) $\lim\limits_{x\to a}\dfrac{x^n-a^n}{x^m-a^m}(a\neq0)$

(5) $\lim\limits_{x\to1}\left(\dfrac{2}{x^2-1}-\dfrac{1}{x-1}\right)$　　(6) $\lim\limits_{x\to0}x\cot 3x$

(7) $\lim\limits_{x\to0^+}x^{\sin x}$　　(8) $\lim\limits_{x\to0^+}\left(\dfrac{1}{x}\right)^{\tan x}$

2. 求下列函数的导数.

(1) $y=\sqrt{x+\sqrt{3x}}$　　(2) $y=\left(\arctan\dfrac{x}{3}\right)^3$

(3) $y=\ln\tan\dfrac{x}{3}-\sin x\cdot\ln\cot x$　　(4) $y=(1+x^3)\arctan x$

(5) $y=\dfrac{x^2}{\sqrt{2-x^3}}$　　(6) $y=\arctan\dfrac{4-x}{4+x}$

3. 求下列隐函数的一阶导数或二阶导数.

(1) $y^3-5xy^2+x-7=0$，求 y'；　　(2) $xy^2-e^{x+y}=0$，求 y'；

(3) $y=2+xe^y$，求 y''.

4. 用对数求导法求下列函数的导数.

(1) $y=\left(\dfrac{x}{2+x}\right)^x$，求 y'；　　(2) $y=\dfrac{\sqrt{x+3}(4-x)^5}{(x+2)^3}$，求 y'.

5. 求下列参数方程所确定的函数的导数.

(1) $\begin{cases}x=\theta(1-\cos\theta)\\ y=\theta\sin\theta\end{cases}$，求 $\dfrac{\mathrm{d}y}{\mathrm{d}x}$；　　(2) $\begin{cases}x=at^3\\ y=bt^5\end{cases}$，求 $\dfrac{\mathrm{d}^2y}{\mathrm{d}x^2}$.

6. 求下列函数的 n 阶导数.

(1) $y=\cos^2 x$　　(2) $y=x\ln x$

7. 求下列函数的微分.

(1) $y=\arccos\sqrt{2-x^2}$　　(2) $y=e^{-3x}\cdot\sin(5-2x)$

8. 求下列函数的单调性与极值.

(1) $f(x)=x^3-3x^2-24x+4$　　(2) $f(x)=(x-4)\cdot\sqrt[3]{(x+1)^2}$

9. 求下列函数的凹凸性与拐点.

(1) $f(x)=x^3-3x^2+3x+5$　　(2) $f(x)=\dfrac{x^3}{(x+1)^2}$

10. 已知函数 $f(x)=x^3+ax^2+bx+c$ 在 $x=-1$ 和 $x=1$ 处取极值,并过点(0,1),求 a,b,c 的值.

11. 函数 $f(x)=ax^3+bx^2$ 的拐点为(1,3),求 a,b 的值.

12. 试确定 a,b,c 的值,使函数 $f(x)=x^3+ax^2+bx+c$ 的拐点为(−1,1),且在 $x=0$ 处有极大值1,并求此函数的极小值.

13. 某厂每天生产某种产品 Q 件的总成本函数为 $C=\dfrac{1}{2}Q^2+36Q+9800$(元),为使平均成本最低,每天产量应为多少?每件产品的平均成本是多少?

四、证明题

1. 试证明:当 $x>0$ 时,$e^x-1>\sin x$.

2. 设 $f'(x)$ 在 $(0,+\infty)$ 内单调递增,且 $f(0)=0$,证明:$\dfrac{f(x)}{x}$ 在 $(0,+\infty)$ 内也单调递增.

第4章　多元函数微分学

多元函数微分学是微分学的重要组成部分．多元函数微分学是在一元函数微分学基本思想的发展和应用中自然而然地形成的，其基本概念是在微分基本思想的应用中，为适应描述和分析物理现象和规律的需要而产生的．将一元微分算法推广到多元函数并建立偏导数理论的主要是18世纪的数学家．

在微积分学创立的初期，偏导数的朴素思想就多次出现在力学研究的著作中，但这一时期，导数与偏导数并没有明显地被区分开，人们只是注意到其物理意义不同．偏导数是在多个自变量的函数中，考虑其中某一个自变量变化的导数．牛顿从 x 和 y 的多项式 $f(x,y)=0$ 中导出 f 关于 x 或 y 的偏微商的表达式；雅各布·伯努利(James Bernoulli, 1655—1705)在他关于等周问题的著作中使用了偏导数；雅各布·伯努利的侄子尼古拉·伯努利(Nicolaus Bernoulli, 1687—1759)在1720年的一篇关于正交轨线的文章中也使用了偏导数，并证明了函数 $f(x,y)$ 在一定条件下对 x,y 求偏导数其结果与求导顺序无关．

偏导数的理论则是由欧拉(Leonhard Euler, 1707—1783)和法国数学家方丹(Alexis Fontaine des Bertins, 1705—1771)、克莱洛(A. C. Clairaut, 1713—1765)与达朗贝尔(Jean le Rond D'Alembert, 1717—1783)在早期偏微分方程的研究中建立起来的．

欧拉在关于流体力学的一系列文章中给出了偏导数、复合函数偏导数、偏导数反演和函数行列式等有关运算．他在1734年的文章中提出了二阶偏导数的演算，并给出了关于微分后的结果与微分次序无关的理论，即 $\frac{\partial^2 z}{\partial x\partial y}=\frac{\partial^2 z}{\partial y\partial x}$，但未给予证明．直到100多年后，才由德国数学家施瓦兹(Schwartz, 1843—1921)给出了严格的证明，其前提条件是 $\frac{\partial^2 z}{\partial x\partial y}$ 和 $\frac{\partial^2 z}{\partial y\partial x}$ 连续．1739年，克莱洛在关于地球形状的研究论文中首次提出全微分的概念，建立了现在称为全微分方程的一个方程 $P\mathrm{d}x+Q\mathrm{d}y+R\mathrm{d}z=0$，讨论了该方程可积分的条件．达朗贝尔在1743年的著作《动力学》和1747年关于弦振动的研究中，推广了偏导数的演算．不过当时一般都用同一个记号 d 表示通常导数与偏导数，现在用的专门的偏导数记号直到19世纪40年代才由雅可比(C. G. J. Jacobi, 1804—1851)在其行列式理论中正式创用并逐渐普及．

欧拉于1755年、拉格朗日于1759年曾先后研究了二元函数的极值，拉格朗日于1797年阐明了条件极值的理论．

4.1　多元函数

4.1.1　多元函数的基本概念

一、平面区域

一般来说，整个 xOy 平面或由 xOy 平面上的一条或几条曲线所围成的一部分平面，称为 xOy 平面的平面区域，平面区域简称为区域；围成区域的曲线称为区域的边界；边界上的点称为边界点. 平面区域按不同标准，一般分类如下：

无界区域：若区域可以延伸到平面的无限远处.

有界区域：若区域可以包含在一个以原点(0,0)为圆心，以某一正实数为半径的圆内.

闭区域：包括边界的区域.

开区域：不包括边界的区域.

平面区域用 D 表示，例如：

$D_1=\{(x,y)\mid -\infty<x,y<+\infty\}$是无界开区域，它表示整个 xOy 坐标平面；

$D_2=\{(x,y)\mid 1<x^2+y^2<4\}$是有界开区域；

$D_3=\{(x,y)\mid 1\leqslant x^2+y^2\leqslant 4\}$是有界闭区域；

$D_4=\{(x,y)\mid x+y>0\}$是无界开区域.

二、邻域

设 $P_0(x_0,y_0)$是 xOy 平面上的一个点，δ 是某一正数，与点 $P_0(x_0,y_0)$距离小于 δ 的点 $P(x,y)$的全体，称为点 P_0 的 δ 邻域，记为 $U(P_0,\delta)$，即

$$U(P_0,\delta)=\{P\mid |PP_0|<\delta\}$$

或

$$U(P_0,\delta)=\{(x,y)\mid \sqrt{(x-x_0)^2+(y-y_0)^2}<\delta\}$$

其中，P_0 称为邻域的中心，δ 称为邻域的半径.

在几何上，$U(P_0,\delta)$表示 xOy 平面上以点 $P_0(x_0,y_0)$为圆心，$\delta>0$ 为半径的圆的内部的点 $P(x,y)$的全体.

点 P_0 的去心 δ 邻域，记作 $\mathring{U}(P_0,\delta)$，即

$$\mathring{U}(P_0,\delta)=\{P\mid 0<|P_0P|<\delta\}\text{或}\mathring{U}(P_0,\delta)=\{(x,y)\mid 0<\sqrt{(x-x_0)^2+(y-y_0)^2}<\delta\}$$

如果不需要强调邻域的半径 δ，则用 $\mathring{U}(P_0)$表示点 P_0 的某个邻域，点 P_0 的去心邻域记作 $\mathring{U}(P_0)$.

三、二元函数

与一元函数一样，二元函数也是从实际问题中抽象出来的一个数学概念，下面先看两个例子.

例 4.1　圆柱体的体积 V 和它的底半径 r、高 h 之间具有关系

$$V=\pi r^2 h$$

这里，当 r,h 在集合 $\{(r,h)\mid r>0,h>0\}$ 内取定一对值 (r,h) 时，V 对应的值就随之确定.

例 4.2 一定量的理想气体的压强 p、体积 V 和绝对温度 T 之间具有关系

$$p=\frac{RT}{V}$$

其中，R 为常数. 这里，当 V,T 在集合 $\{(V,T)\mid V>0,T>0\}$ 内取定一对值 (V,T) 时，p 对应的值就随之确定.

上面两个例子的具体意义虽然不相同，但它们却有共同的性质，抽出这些共性就可得到二元函数的定义.

定义 4.1 设 D 是 xOy 平面的一个点集，如果对于 D 内任意一点 $P(x,y)$，变量 z 按照一定的法则总有确定的值与之对应，则称 z 是变量 x,y 的二元函数(或称 z 是点 P 的函数)，记作 $z=f(x,y)$(或 $z=f(P)$).

点集 D 称为函数的定义域；x,y 称为自变量；z 称为因变量；数集 $\{z\mid z=f(x,y),(x,y)\in D\}$ 称为该函数的值域.

关于多元函数的定义域，我们作如下约定：当我们用某个算式表达多元函数时，凡是使算式有意义的自变量所组成的点集称为这个多元函数的自然定义域. 例如，二元函数 $z=\ln(x+y)$ 的定义域为 $\{(x,y)\mid x+y>0\}$(见图 4-1)，这是一个无界区域. 又如二元函数 $z=\arcsin(x^2+y^2)$ 的定义域为 $\{(x,y)\mid x^2+y^2\leqslant 1\}$(见图 4-2)，这是一个有界闭区域.

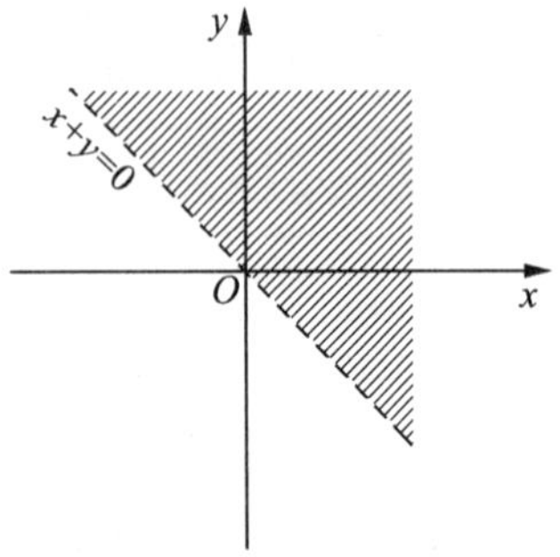

图 4-1

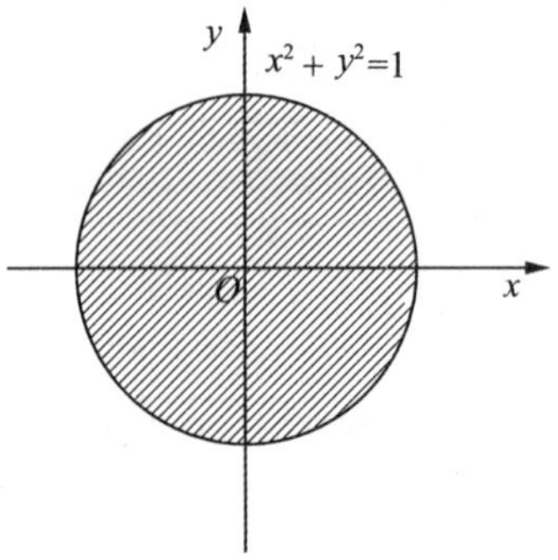

图 4-2

例 4.3 求函数 $z=\arcsin(x+y)$ 的定义域及在点 $(0,\frac{1}{2})$ 处的函数值.

解 根据反正弦函数的定义，x,y 应满足不等式 $-1\leqslant x+y\leqslant 1$，

所以，函数的定义域是平面点集 $\{(x,y)\mid -1\leqslant x+y\leqslant 1\}$；

函数在 $(0,\frac{1}{2})$ 的函数值是 $\arcsin(0+\frac{1}{2})=\frac{\pi}{6}$.

从方程的角度看，二元函数 $z=f(x,y)$ 是一个三元方程，一般它表示一张曲面，这张曲面就叫作二元函数 $z=f(x,y)$ 的图形. 例如，$z=x^2+y^2$ 的图形是一张旋转抛物面.

二元及二元以上的函数统称为多元函数.

4.1.2　二元函数的极限

定义 4.2　设二元函数 $z=f(x,y)$ 在点 $P_0(x_0,y_0)$ 的某去心邻域内有定义(在点 P_0 可以没有定义)，若点 $P(x,y)$ 以任意的方式趋于点 $P_0(x_0,y_0)$ 时，对应的函数值无限地接近于某个确定的常数 A，则称当 $x\to x_0$，$y\to y_0$ 时，$f(x,y)$ 有极限 A，记作

$$\lim_{(x,y)\to(x_0,y_0)} f(x,y)=A \quad 或 \quad \lim_{\substack{x\to x_0\\ y\to y_0}} f(x,y)=A$$

上述定义的二元函数的极限又叫作二重极限. 二重极限是一元函数极限的推广，有关一元函数极限的运算法则和定理，都可以直接类推到二重极限，这里不详细叙述，仅举例说明.

例 4.4　求 $\lim\limits_{(x,y)\to(0,2)} \dfrac{\sin(xy)}{x}$.

解　$\lim\limits_{(x,y)\to(0,2)} \dfrac{\sin(xy)}{x}=\lim\limits_{(x,y)\to(0,2)} \dfrac{\sin(xy)}{xy}\cdot y=\lim\limits_{(x,y)\to(0,2)} \dfrac{\sin(xy)}{xy}\cdot \lim\limits_{(x,y)\to(0,2)} y=1\times 2=2$.

$P(x,y)\to P_0(x_0,y_0)$ 表示点 P 以任何方式趋近于点 P_0，当 $P(x,y)$ 以某几条特殊路径趋近于 $P_0(x_0,y_0)$ 时，即使函数 $f(x,y)$ 无限地趋近于某一确定常数 A，并不能断定函数的极限 $\lim\limits_{(x,y)\to(x_0,y_0)} f(x,y)=A$ 存在.

反过来，如果当 $P(x,y)$ 沿两条不同路径趋近于点 $P_0(x_0,y_0)$ 时，函数 $f(x,y)$ 趋近于不同的值，则可以断定函数的二重极限不存在.

4.1.3　多元函数的连续性

定义 4.3　设二元函数 $z=f(x,y)$ 在点 $P_0(x_0,y_0)$ 的某邻域内有定义，点 $P(x,y)$ 是邻域内任意的点，如果 $\lim\limits_{(x,y)\to(x_0,y_0)} f(x,y)=f(x_0,y_0)$，则称函数 $z=f(x,y)$ 在点 $P_0(x_0,y_0)$ 连续，$P_0(x_0,y_0)$ 称为函数的连续点.

如果函数 $z=f(x,y)$ 在定义域 D 内每一点都连续，则称函数 $f(x,y)$ 在 D 内连续，此时，又称函数 $f(x,y)$ 是 D 内的连续函数.

函数 $f(x,y)$ 不连续的点称为间断点.

例 4.5　对于函数 $f(x,y)=\sin\dfrac{1}{x^2+y^2-1}$，曲线 $x^2+y^2=1$ 上的点都是其间断点，因为该函数在 $x^2+y^2-1=0$ 时没有定义.

习题 4.1

1. 设 $f(x,y)=\dfrac{xy}{x^2+y^2}$，试求 $f(\dfrac{y}{x},1)$.

2. 求下列函数的定义域.

(1) $z=\dfrac{1}{\sqrt{x-y}}+\dfrac{1}{y}$　　(2) $z=\dfrac{\sqrt{4x-y^2}}{\ln(1-x^2-y^2)}$

(3) $z=\dfrac{\arcsin y}{\sqrt{x}}$　　(4) $z=\ln(x+y-1)+\dfrac{1}{\sqrt{1-x^2-y^2}}$

3. 求下列各极限.

(1) $\lim\limits_{(x,y)\to(0,1)}\dfrac{1-xy}{x^2+y^2}$　　(2) $\lim\limits_{(x,y)\to(0,0)}\dfrac{2-\sqrt{xy+4}}{xy}$

(3) $\lim\limits_{(x,y)\to(2,0)}\dfrac{\tan(xy)}{y}$　　(4) $\lim\limits_{(x,y)\to(0,0)}\dfrac{1-\cos(x^2+y^2)}{(x^2+y^2)e^{x^2y^2}}$

4. 求函数 $z=\dfrac{y^2+2x}{y^2-2x}$ 的间断点.

4.2　偏导数

4.2.1　偏导数的定义及其计算

在一元函数中，我们通过研究函数的变化率引入了导数的概念. 对于多元函数同样需要讨论它们的变化率. 但多元函数的自变量不止一个，因而因变量与自变量的关系要比一元函数复杂得多. 在这一节里，我们首先考虑多元函数关于其中一个自变量的变化率.

下面将一元函数里面增量的概念推广到二元函数.

一、偏增量

定义 4.4　设函数 $z=f(x,y)$ 在点 (x_0,y_0) 的某邻域内有定义，当 y 固定在 y_0，而 x 在 x_0 处有增量 Δx 时，相应地函数有增量 $\Delta z_x=f(x_0+\Delta x,y_0)-f(x_0,y_0)$，称为函数 $z=f(x,y)$ 在 (x_0,y_0) 关于自变量 x 的偏增量.

类似可得：

定义 4.5　设函数 $z=f(x,y)$ 在点 (x_0,y_0) 的某邻域内有定义，当 x 固定在 x_0，而 y 在 y_0 处有增量 Δy 时，相应地函数有增量 $\Delta z_y=f(x_0,y_0+\Delta y)-f(x_0,y_0)$，称为函数 $z=f(x,y)$ 在 (x_0,y_0) 关于自变量 y 的偏增量.

二、全增量

定义 4.6　设函数 $z=f(x,y)$ 在点 (x_0,y_0) 的某邻域内有定义，当自变量 x,y 在点 (x_0,y_0) 分别有增量 $\Delta x,\Delta y$，且 $(x_0+\Delta x,y_0+\Delta y)$ 也在该邻域内，函数 $z=f(x,y)$ 相应地有增量 $\Delta z=f(x_0+\Delta x_0,y_0+\Delta y)-f(x_0,y_0)$ 称为函数 $z=f(x,y)$ 在点 (x_0,y_0) 处的全增量.

三、偏导数

定义 4.7　设函数 $z=f(x,y)$ 在点 (x_0,y_0) 的某邻域内有定义，当 y 固定在 y_0，而 x 在 x_0 处有增量 Δx 时，相应地函数有增量 $f(x_0+\Delta x,y_0)-f(x_0,y_0)$，如果 $\lim\limits_{\Delta x\to 0}\dfrac{f(x_0+\Delta x,y_0)-f(x_0,y_0)}{\Delta x}$ 存在，则称此极限值为函数 $z=f(x,y)$ 在点 (x_0,y_0) 处对 x 的偏导数，记作

$$\left.\frac{\partial z}{\partial x}\right|_{\substack{x=x_0\\y=y_0}},\left.\frac{\partial f}{\partial x}\right|_{\substack{x=x_0\\y=y_0}},z_x\Big|_{\substack{x=x_0\\y=y_0}}\text{或 }f_x(x_0,y_0)$$

即有
$$f_x(x_0,y_0)=\lim_{\Delta x\to 0}\frac{f(x_0+\Delta x,y_0)-f(x_0,y_0)}{\Delta x}.$$

类似地，函数 $z=f(x,y)$ 在点 (x_0,y_0) 处对 y 的偏导数定义为
$$f_y(x_0,y_0)=\lim_{\Delta y\to 0}\frac{f(x_0+\Delta x,y_0)-f(x_0,y_0)}{\Delta y}$$

记作
$$\left.\frac{\partial z}{\partial y}\right|_{\substack{x=x_0\\y=y_0}},\left.\frac{\partial f}{\partial y}\right|_{\substack{x=x_0\\y=y_0}},z_y\Big|_{\substack{x=x_0\\y=y_0}}\text{或 } f_y(x_0,y_0)$$

如果函数 $z=f(x,y)$ 在区域 D 内每一点 (x,y) 处对 x 的偏导数都存在，那么这个偏导数就是 x,y 的函数，它就称为函数 $z=f(x,y)$ 对自变量 x 的偏导函数，记作
$$\frac{\partial z}{\partial x},\frac{\partial f}{\partial x},z_x\text{ 或 } f_x(x,y)$$

类似地，可以定义函数 $z=f(x,y)$ 对自变量 y 的偏导函数，记作
$$\frac{\partial z}{\partial y},\frac{\partial f}{\partial y},z_y\text{ 或 } f_y(x,y)$$

偏导函数也简称为偏导数.

求 $z=f(x,y)$ 的偏导数，并不需要用新的方法，因为这里只有一个自变量在变动，另一个自变量被看作常量，所以仍旧是一元函数的微分法问题. 求$\frac{\partial f}{\partial x}$时，只要把 y 暂时看作常量对 x 求导数；求$\frac{\partial f}{\partial y}$时，则只要把 x 暂时看作常量对 y 求导数.

偏导数的概念还可以推广到二元以上的函数.

例 4.6　求 $z=x^2+3xy+y^2$ 在点(1, 2)处的偏导数.

解　把 y 看作常量，得$\frac{\partial z}{\partial x}=2x+3y$，

把 x 看作常量，得$\frac{\partial z}{\partial y}=3x+2y$，

将(1, 2)代入上面的结果得

$$\left.\frac{\partial z}{\partial x}\right|_{\substack{x=1\\y=2}}=2\times 1+3\times 2=8,$$

$$\left.\frac{\partial z}{\partial y}\right|_{\substack{x=1\\y=2}}=3\times 1+2\times 2=7.$$

例 4.7　求三元函数 $u=xy+yz+zx$ 的偏导数.

解　将 y,z 看成常数，对 x 求导，得$\frac{\partial u}{\partial x}=y+z$.

同理得$\frac{\partial u}{\partial y}=x+z$，$\frac{\partial u}{\partial z}=y+x$.

4.2.2　古诺模型

古诺模型是由法国经济学家安东尼·奥古斯丁·古诺于 1838 年提出的，是纳什均衡应用的最早版本，通常被作为寡头理论分析的出发点. 古诺模型是一个只有两个寡头厂商的简单模型，该模型也被称为“双头模型”. 古诺模型的结论可以很容易地推广到三个或三个以上的寡头厂商的情况中去.

古诺模型假定一种产品市场只有两个卖者，并且相互间没有任何勾结行为，但相互间都知道对方将怎样行动，从而各自确定最优的产量来实现利润最大化，因此，古诺模型又称为“双寡头垄断理论”.

古诺模型的假定是：市场上只有 A，B 两个寡头生产和销售相同的产品；他们共同面临的市场的需求曲线是线性的，A，B 两个寡头都准确地了解市场的需求曲线；两个寡头分别用 40 元的固定成本生产可以相互替代并且有差别的产品，并假定不存在可变成本，边际成本为 0，两个寡头面临的市场需求函数分别为 $Q_1=24-4p_1+2p_2$，$Q_2=24-4p_2+2p_1$；A，B 两个厂商都是在已知对方产量的情况下，各自确定能够给自己带来最大利润的产量，即每一个产商都是消极地以自己的产量去适应对方已确定的产量.

一、问题分析与建立模型

A 寡头的利润函数：$L_1=Q_1p_1-40=24p_1-4p_1^2+2p_1p_2-40$.

B 寡头的利润函数：$L_2=Q_2p_2-40=24p_2-4p_2^2+2p_1p_2-40$.

由一元函数的最值原理知：

A 寡头如要取得最大利润，则：$\dfrac{\partial L_1}{\partial p_1}=24-8p_1+2p_2=0$，即 $p_1=3+\dfrac{1}{4}p_2$.

B 寡头如要取得最大利润，则：$\dfrac{\partial L_2}{\partial p_2}=24-8p_2+2p_1=0$，即 $p_2=3+\dfrac{1}{4}p_1$.

解得 $p_1=p_2=4$（见图 4-3）. 此时 $Q_1=Q_2=16$，$L_1=L_2=24$.

寡头间的这种无勾结行为而达到的这种均衡称为古诺均衡.

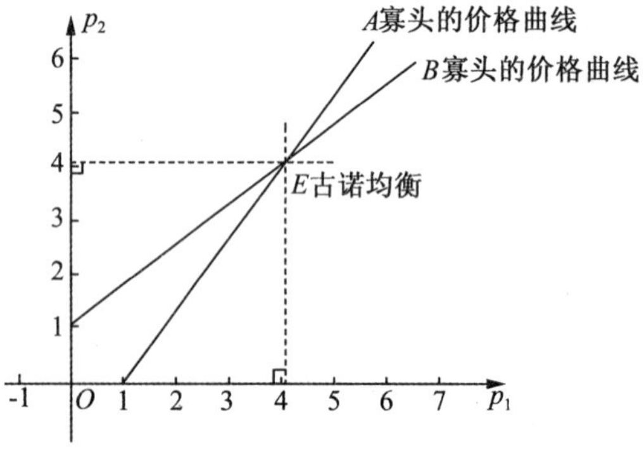

图 4-3　价格竞争的古诺模型

二、模型分析

(1) 古诺模型理论中的寡头市场古诺模型可以在一个简单的情形中得到说明. 假定两个面临同一市场的竞争厂商，它们生产无差异的产品，成本为 0. 起初，A 厂商选择市场总量的 $\dfrac{1}{2}$，以便利润最大化. 随后，B 厂商将余下的 $\dfrac{1}{2}$ 作为其面临的市场需求，并与 A 一样选择其中的 $\dfrac{1}{2}$ 即 $\dfrac{1}{4}$ 的产量. 结果，A 厂商的利润因 B 厂商的加入而未能达到最大，于是它变动产量，将 B 厂商生产 $\dfrac{1}{4}$ 余下的 $\dfrac{3}{4}$ 作为决策的依据，选择其中的 $\dfrac{1}{2}$ 即 $\dfrac{3}{8}$. 同样，B 厂商将会选择$\frac{5}{16}$. 如此等等. 最终,两个厂商各选择$\frac{1}{3}$的产量,而且它们没有进一步变动产量的动力,从而市场处于均衡. 古诺模型的缺陷是假定了厂商以竞争对手不改变产量为条件.

(2)市场需求总量函数为$Q=Q_1+Q_2=48-2p_1-2p_2$,则市场最大需求量为$Q=48$(称为市场容量).

(3)若市场只有A寡头,即市场被A寡头独享,即$p_1=p_2$,$Q=Q_1+Q_2=48-4p_1$,此时A寡头的利润函数为$L=(48-4p_1)p_1-40$,则当$\frac{\mathrm{d}L}{\mathrm{d}p_1}=48-8p_1=0$,即$p_1=6$,$Q=24$时,$A$寡头取得最大利润为104.

(4)如果寡头间存在着相互勾结,以求利益最大化,则A、B两寡头可以选择$Q_1=Q_2=12$,则两寡头可以获得利润$L_1=L_2=32>24$,此时称为共谋均衡.

(5)如果寡头厂商们联合起来形成卡特尔,选择垄断利润最大化产量,每个厂商都可以得到更多的利润. 但在一厂商遵守协议的产量情况下,如果另一厂商增加生产,可以获得更多的利润,结果使得每个厂商都增加生产,所以厂商只能得到古诺均衡产量下的利润,它远小于卡特尔产量下的利润. 即便是在双方都遵循协议的情况下,当有第三方参与竞争时,也可以打破原有的共谋均衡.

注:虽然本模型使用的函数、条件具有一些特殊性,但结论不失一般性.

4.2.3　高阶偏导数

设函数$z=f(x,y)$在区域D内具有偏导数$\frac{\partial z}{\partial x}=f_x(x,y)$,$\frac{\partial z}{\partial y}=f_y(x,y)$,那么在$D$内$f_x(x,y)$,$f_y(x,y)$都是$x$,$y$的函数. 如果这两个函数的偏导数也存在,则称它们是函数$z=f(x,y)$的二阶偏导数. 按照对变量求导次序的不同,有下列四个二阶偏导数:

$$\frac{\partial}{\partial x}\left(\frac{\partial z}{\partial x}\right)=\frac{\partial^2 z}{\partial x^2}=f_{xx}(x,y),\quad \frac{\partial}{\partial y}\left(\frac{\partial z}{\partial x}\right)=\frac{\partial^2 z}{\partial x\partial y}=f_{xy}(x,y),$$

$$\frac{\partial}{\partial x}\left(\frac{\partial z}{\partial y}\right)=\frac{\partial^2 z}{\partial y\partial x}=f_{yx}(x,y),\quad \frac{\partial}{\partial y}\left(\frac{\partial z}{\partial y}\right)=\frac{\partial^2 z}{\partial y^2}=f_{yy}(x,y)$$

其中,第二、三个偏导数称为混合偏导数;同样可得三阶、四阶以及n阶偏导数.

二阶及以上的偏导数统称为高阶偏导数.

例 4.8　设$z=x^3y^2-3xy^3-xy+1$,求$\frac{\partial^2 z}{\partial x^2}$,$\frac{\partial^2 z}{\partial y\partial x}$,$\frac{\partial^2 z}{\partial x\partial y}$,$\frac{\partial^2 z}{\partial y^2}$.

解　$\frac{\partial z}{\partial x}=3x^2y^2-3y^3-y$,$\frac{\partial z}{\partial y}=2x^3y-9xy^2-x$;

$\frac{\partial^2 z}{\partial x^2}=6xy^2$,$\frac{\partial^2 z}{\partial y\partial x}=6x^2y-9y^2-1$;

$\frac{\partial^2 z}{\partial x\partial y}=6x^2y-9y^2-1$;$\frac{\partial^2 z}{\partial y^2}=2x^3-18xy$.

我们看到上例中两个二阶混合偏导数相等,即$\frac{\partial^2 z}{\partial y\partial x}=\frac{\partial^2 z}{\partial x\partial y}$,这不是偶然的. 事实上,我们有下述结论:

定理 4.1　如果函数 $z=f(x,y)$ 的两个二阶混合偏导数 $\frac{\partial^2 z}{\partial y\partial x}$ 及 $\frac{\partial^2 z}{\partial x\partial y}$ 在区域 D 内连续，那么在该区域内这两个二阶混合偏导数必相等.

换句话说，二阶混合偏导数在连续的条件下与求导的次序无关.

例 4.9　验证函数 $z=\ln\sqrt{x^2+y^2}$ 满足方程 $\frac{\partial^2 z}{\partial x^2}+\frac{\partial^2 z}{\partial y^2}=0$.

证　因为 $z=\ln\sqrt{x^2+y^2}=\frac{1}{2}\ln(x^2+y^2)$，所以

$$\frac{\partial z}{\partial x}=\frac{x}{x^2+y^2},\frac{\partial z}{\partial y}=\frac{y}{x^2+y^2},$$

$$\frac{\partial^2 z}{\partial x^2}=\frac{(x^2+y^2)-x\cdot 2x}{(x^2+y^2)^2}=\frac{y^2-x^2}{(x^2+y^2)^2},$$

$$\frac{\partial^2 z}{\partial y^2}=\frac{(x^2+y^2)-y\cdot 2y}{(x^2+y^2)^2}=\frac{x^2-y^2}{(x^2+y^2)^2},$$

因此 $\frac{\partial^2 z}{\partial x^2}+\frac{\partial^2 z}{\partial y^2}=\frac{x^2-y^2}{(x^2+y^2)^2}+\frac{y^2-x^2}{(x^2+y^2)^2}=0$.

*4.2.4　二元函数的泰勒公式

在第 3 章，我们已经知道，若函数 $f(x)$ 在含有 x_0 的某个开区间 (a,b) 内具有直到 $(n+1)$ 阶的导数，则当 x 在 (a,b) 内时，有下面的 n 阶泰勒公式：

$$f(x)=f(x_0)+f'(x_0)(x-x_0)+\frac{f''(x_0)}{2!}(x-x_0)^2+\cdots+\frac{f^{(n)}(x_0)}{n!}(x-x_0)^n$$
$$+\frac{f^{(n+1)}(x_0+\theta(x-x_0))}{(n+1)!}(x-x_0)^{n+1}\ (0<\theta<1)$$

利用一元函数的泰勒公式，我们可用 n 次多项式来近似表达函数 $f(x)$，且误差是当 $x\to x_0$ 时比 $(x\to x_0)^n$ 高阶的无穷小. 对于多元函数来说，无论是为了达到理论还是实际计算的目的，都有必要考虑用多个变量的多项式来近似表达一个给定的多元函数，并能具体地估算出误差的大小. 现以二元函数 $z=f(x,y)$ 为例，设 $z=f(x,y)$ 在点 (x_0,y_0) 的某一邻域内连续且有直到 $(n+1)$ 阶的连续偏导数，(x_0+h,y_0+k) 为此邻域内任一点，现要把函数 $f(x_0+h,y_0+k)$ 近似地表达为 $h=x-x_0,k=y-y_0$ 的 n 次多项式，由此产生的误差是当 $\rho=\sqrt{h^2+k^2}\to 0$ 时比 ρ^n 高阶的无穷小. 为了解决这个问题，就要把一元函数的泰勒中值定理推广到多元函数的情形.

定理 4.2　设 $z=f(x,y)$ 在点 (x_0,y_0) 的某一邻域内连续且有直到 $(n+1)$ 阶的连续偏导数，(x_0+h,y_0+k) 为此邻域内任一点，则有

$$f(x_0+h,y_0+k)=f(x_0,y_0)+\left(h\frac{\partial}{\partial x}+k\frac{\partial}{\partial y}\right)f(x_0,y_0)+\frac{1}{2!}\left(h\frac{\partial}{\partial x}+k\frac{\partial}{\partial y}\right)^2 f(x_0,y_0)$$
$$+\cdots+\frac{1}{n!}\left(h\frac{\partial}{\partial x}+k\frac{\partial}{\partial y}\right)^n f(x_0,y_0)+\frac{1}{(n+1)!}\left(h\frac{\partial}{\partial x}+k\frac{\partial}{\partial y}\right)^{n+1} f(x_0+\theta h,y_0+\theta k)\quad(0<\theta<1)$$

其中，记号

$\left(h\frac{\partial}{\partial x}+k\frac{\partial}{\partial y}\right)f(x_0,y_0)$ 表示 $hf_x(x_0,y_0)+kf_y(x_0,y_0)$；

$\left(h\frac{\partial}{\partial x}+k\frac{\partial}{\partial y}\right)^2 f(x_0,y_0)$表示$h^2 f_{xx}(x_0,y_0)+2hkf_{xy}(x_0,y_0)+k^2 f_{yy}(x_0,y_0)$.

一般地,记号

$$\left(h\frac{\partial}{\partial x}+k\frac{\partial}{\partial y}\right)^m f(x_0,y_0)\text{表示}\sum_{p=0}^{m} C_m^p h^p k^{m-p}\frac{\partial^m}{\partial x^p \partial y^{m-p}} f(x_0,y_0).$$

上式称为二元函数$f(x,y)$在点(x_0,y_0)的n阶泰勒公式,$R_n=\frac{1}{(n+1)!}\cdot\left(h\frac{\partial}{\partial x}+k\frac{\partial}{\partial y}\right)^{n+1} f(x_0+\theta h,y_0+\theta k)(0<\theta<1)$为该公式的拉格朗日型余项.

于是该公式常记为:

$$f(x_0+h,y_0+k)=f(x_0,y_0)+\left(h\frac{\partial}{\partial x}+k\frac{\partial}{\partial y}\right)f(x_0,y_0)+\frac{1}{2!}\left(h\frac{\partial}{\partial x}+k\frac{\partial}{\partial y}\right)^2 f(x_0,y_0)$$

$$+\cdots+\frac{1}{n!}\left(h\frac{\partial}{\partial x}+k\frac{\partial}{\partial y}\right)^n f(x_0,y_0)+R_n$$

其中,$R_n=\frac{1}{(n+1)!}\left(h\frac{\partial}{\partial x}+k\frac{\partial}{\partial y}\right)^{n+1} f(x_0+\theta h,y_0+\theta k),0<\theta<1.$

由二元函数的泰勒公式可知,以泰勒公式右端h及k的n次多项式近似表达函数$f(x_0+h,y_0+k)$时,其误差为$|R_n|$,可证明误差$|R_n|$是当$\rho\to 0$时比ρ^n高阶的无穷小.

当$n=0$时,二元函数的泰勒公式成为

$$f(x_0+h,y_0+k)=f(x_0,y_0)+hf_x(x_0+\theta h,y_0+\theta k)+kf_y(x_0+\theta h,y_0+\theta k).$$

该公式称为二元函数的拉格朗日中值公式.由此公式可推得下述结论:

如果函数$f(x,y)$的偏导数$f_x(x,y),f_y(x,y)$在某一区域内都恒等于零,则函数$f(x,y)$在该区域内为一常数.

例 4.10　求函数$f(x,y)=\ln(1+x+y)$在点$(0,0)$的三阶泰勒公式.

解　因为

$$f_x(x,y)=f_y(x,y)=\frac{1}{1+x+y},$$

$$f_{xx}(x,y)=f_{xy}(x,y)=f_{yy}(x,y)=\frac{-1}{(1+x+y)^2},$$

$$\frac{\partial^3 f}{\partial x^p \partial y^{3-p}}=\frac{2!}{(1+x+y)^3}(p=0,1,2,3),$$

$$\frac{\partial^4 f}{\partial x^p \partial y^{4-p}}=\frac{-3!}{(1+x+y)^4}(p=0,1,2,3,4),$$

所以

$$\left(h\frac{\partial}{\partial x}+k\frac{\partial}{\partial y}\right)f(0,0)=hf_x(0,0)+kf_y(0,0)=h+k,$$

$$\left(h\frac{\partial}{\partial x}+k\frac{\partial}{\partial y}\right)^2 f(0,0)=h^2 f_{xx}(0,0)+2hkf_{xy}(0,0)+k^2 f_{yy}(0,0)=-(h+k)^2,$$

$$\left(h\frac{\partial}{\partial x}+k\frac{\partial}{\partial y}\right)^3 f(0,0)=h^3 f_{xxx}(0,0)+3h^2 kf_{xxy}(0,0)+3hk^2 f_{xyy}(0,0)+k^3 f_{yyy}(0,0)$$

$$=2(h+k)^3,$$

又 $f(0,0)=0$，并将 $h=x,k=y$ 代入，由三阶泰勒公式便得

$$\ln(1+x+y)=x+y-\frac{1}{2}(x+y)^2+\frac{1}{3}(x+y)^3+R_3,$$

其中，$R_3=\frac{1}{4!}\left[\left(h\frac{\partial}{\partial x}+k\frac{\partial}{\partial y}\right)^4 f(\theta h,\theta k)\right]=-\frac{1}{4}\frac{(x+y)^4}{(1+\theta x+\theta y)^4}(0<\theta<1)$.

习题 4.2

1. 求下列函数的偏导数.

(1) $z=x^3y-y^3x$　　(2) $s=\frac{u^2+v^2}{uv}$

(3) $z=\sqrt{\ln(xy)}$　　(4) $z=\sin(xy)+\cos^2(xy)$

(5) $z=\ln\tan\frac{x}{y}$　　(6) $z=(1+xy)^y$

2. 求下列函数的 $\frac{\partial^2 z}{\partial x^2}$，$\frac{\partial^2 z}{\partial y^2}$ 和 $\frac{\partial^2 z}{\partial x\partial y}$.

(1) $z=x^4+y^4-4x^2y^2$

(2) $z=\arctan\frac{y}{x}$

(3) $z=y^x$

3. 已知二元函数 $f(x,y)=\frac{1}{x^2+y^2}$，求 $f_y(1,3)$.

4. 已知二元函数 $z=\ln(2e^x-e^y)$，求 $z_{xx}(0,0)$.

5. 求函数 $f(x,y)=e^x\ln(1+y)$ 在点 $(0,0)$ 的三阶泰勒公式.

4.3　全微分

4.3.1　全微分

定义 4.8　设函数 $z=f(x,y)$ 在点 (x_0,y_0) 的某邻域内有定义，如果函数在点 (x_0,y_0) 的全增量 $\Delta z=f(x_0+\Delta x_0,y_0+\Delta y)-f(x_0,y_0)$ 可表示为

$$\Delta z=A\Delta x+B\Delta y+o(\rho)$$

其中，$\rho=\sqrt{(\Delta x)^2+(\Delta y)^2}$，$A,B$ 不依赖于 $\Delta x,\Delta y$，而仅与 x_0,y_0 有关，则称函数 $z=f(x,y)$ 在点 (x_0,y_0) 可微，而 $A\Delta x+B\Delta y$ 称为函数 $z=f(x,y)$ 在点 (x_0,y_0) 的全微分，记作 dz，即 $dz=A\Delta x+B\Delta y$.

如果函数在区域 D 内各点处都可微，那么称这函数在 D 内可微.

在学习一元函数的微分时，我们曾得到，函数在某一点处可微，则在该点一定连续且可导. 对二元函数也有类似的性质.

定理 4.3(可微的必要条件)　若函数 $z=f(x,y)$ 在点 (x_0,y_0) 可微，则该函数在点

(x_0,y_0)的偏导数$\frac{\partial z}{\partial x},\frac{\partial z}{\partial y}$必定存在，且函数 $z=f(x,y)$在点(x_0,y_0)的全微分为

$$dz=\frac{\partial z}{\partial x}\Delta x+\frac{\partial z}{\partial y}\Delta y$$

另外，一元函数在某点的导数存在，则在该点一定可微，但对于二元函数来说，当函数的各偏导数都存在时，它的全微分不一定存在，由此可知，偏导数存在是可微分的必要条件而不是充分条件. 但是，如果再假定函数的各个偏导数连续，则可以证明函数是可微分的，即有下面定理.

定理 4.4(可微的充分条件)　如果函数 $z=f(x,y)$的偏导数$\frac{\partial z}{\partial x},\frac{\partial z}{\partial y}$在点$(x_0,y_0)$连续，则函数在该点可微.

习惯上，我们将自变量的增量 $\Delta x,\Delta y$ 分别记作 dx,dy，并分别称为自变量 x,y 的微分. 这样，函数 $z=f(x,y)$的全微分就可以写为

$$dz=\frac{\partial z}{\partial x}dx+\frac{\partial z}{\partial y}dy$$

例 4.11　计算函数 $z=x^2+y^2$ 的全微分.

解　因为$\frac{\partial z}{\partial x}=2x,\frac{\partial z}{\partial y}=2y$,

所以 $dz=2xdx+2ydy$.

以上二元函数全微分的概念和公式，均可直接推到三元及三元以上的函数.

例 4.12　计算函数 $u=x+\sin\frac{y}{2}+e^{yz}$的全微分.

解　因为$\frac{\partial u}{\partial x}=1,\frac{\partial u}{\partial y}=\frac{1}{2}\cos\frac{y}{2}+ze^{yz},\frac{\partial u}{\partial z}=ye^{yz}$,

所以 $du=dx+\left(\frac{1}{2}\cos\frac{y}{2}+ze^{yz}\right)dy+ye^{yz}dz$.

*4.3.2　全微分在近似计算中的应用

当二元函数 $z=f(x,y)$在点 $P(x,y)$的两个偏导数 $f_x(x,y),f_y(x,y)$连续，并且 $|\Delta x|,|\Delta y|$都较小时，有近似等式 $\Delta z\approx dz=f_x(x,y)\Delta x+f_y(x,y)\Delta y$，即

$$f(x+\Delta x,y+\Delta y)\approx f(x,y)+f_x(x,y)\Delta x+f_y(x,y)\Delta y$$

我们可以利用上述近似等式对二元函数作近似计算.

例 4.13　有一圆柱体受压后发生形变，它的半径由 20 cm，增大到20.05 cm，高度由 100 cm 减少到 99 cm，求此圆柱体体积变化的近似值.

解　设圆柱体的半径、高和体积依次为 r,h 和 V，则有 $V=\pi r^2h$.

已知 $r=20,h=100,\Delta r=0.05,\Delta h=-1$，根据近似公式，有

$$\Delta V\approx dV=V_r dr+V_h dh=V_r\Delta r+V_h\Delta h=2\pi rh\Delta r+\pi r^2\Delta h$$
$$=2\pi\times 20\times 100\times 0.05+\pi\times 20^2\times(-1)=-200\pi(cm^3).$$

即此圆柱体在受压后体积约减少了 $200\pi\ cm^3$.

例 4.14　计算$(1.04)^{2.02}$的近似值.

解　设函数 $f(x,y)=x^y$. 显然，要计算的值就是函数在 $x=1.04,y=2.02$ 时的函数

值 $f(1.04,2.02)$.

取 $x=1,y=2,\Delta x=0.04,\Delta y=0.02$,由于

$$f(x+\Delta x,y+\Delta y)\approx f(x,y)+f_x(x,y)\Delta x+f_y(x,y)\Delta y$$
$$=x^y+yx^{y-1}\Delta x+x^y\ln x\Delta y$$

所以 $(1.04)^{2.02}\approx 1^2+2\times 1^{2-1}\times 0.04+1^2\times\ln 1\times 0.02=1.08$.

例 4.15　利用单摆摆动测定重力加速度 g 的公式是

$$g=\frac{4\pi^2 l}{T^2}$$

现测得单摆摆长 l 与振动周期 T 分别为 $l=100\pm 0.1\text{ cm},T=2\pm 0.004\text{ s}$. 问由于测定 l 与 T 的误差而引起的 g 的绝对误差和相对误差各为多少?

解　如果把测量 l 与 T 所产生的误差记作 $|\Delta l|$ 与 $|\Delta T|$，则利用上述计算公式所产生的误差就是二元函数 $g=\frac{4\pi^2 l}{T^2}$ 的全增量的绝对值 $|\Delta g|$. 由于 $|\Delta l|,|\Delta T|$ 都很小,因此我们可以用 $\mathrm{d}g$ 来近似地代替 Δg,这样就得到 g 的误差为

$$|\Delta g|\approx|\mathrm{d}g|=\left|\frac{\partial g}{\partial l}\Delta l+\frac{\partial g}{\partial T}\Delta T\right|$$
$$\leqslant\left|\frac{\partial g}{\partial l}\right|\cdot\delta_l+\left|\frac{\partial g}{\partial T}\right|\cdot\delta_T$$
$$=4\pi^2\left(\frac{1}{T^2}\delta_l+\frac{2l}{T^3}\delta_T\right)$$

其中,δ_l 与 δ_T 分别为 l 与 T 的绝对误差. 把 $l=100,T=2,\delta_l=0.1,\delta_T=0.004$ 代入上式,得 g 的绝对误差约为

$$\delta_g=4\pi^2\left(\frac{0.1}{2^2}+\frac{2\times 100}{2^3}\times 0.004\right)=0.5\pi^2(\text{cm/s}^2)$$

g 的相对误差为

$$\frac{\delta_g}{g}=\frac{0.5\pi^2}{\frac{4\pi^2\times 100}{2^2}}=0.5\%$$

从上面的例子可以看到,对于一般的二元函数 $z=f(x,y)$，如果自变量 x,y 的绝对误差分别为 δ_x,δ_y,即

$$|\Delta x|\leqslant\delta_x,|\Delta y|\leqslant\delta_y$$

则 z 的误差

$$|\Delta z|\approx|\mathrm{d}z|=\left|\frac{\partial z}{\partial x}\Delta x+\frac{\partial z}{\partial y}\Delta y\right|$$
$$\leqslant\left|\frac{\partial z}{\partial x}\right|\cdot|\Delta x|+\left|\frac{\partial z}{\partial y}\right|\cdot|\Delta y|$$
$$\leqslant\left|\frac{\partial z}{\partial x}\right|\cdot\delta_x+\left|\frac{\partial z}{\partial y}\right|\cdot\delta_y$$

从而得到 z 的绝对误差约为

$$\delta_z=\left|\frac{\partial z}{\partial x}\right|\cdot\delta_x+\left|\frac{\partial z}{\partial y}\right|\cdot\delta_y$$

z 的相对误差约为

$$\frac{\delta_z}{|z|}=\left|\frac{\frac{\partial z}{\partial x}}{z}\right|\delta_x+\left|\frac{\frac{\partial z}{\partial y}}{z}\right|\delta_y$$

习题 4.3

1. 求函数 $z=\ln(1+x^2+y^2)$ 当 $x=1,y=2$ 时的全微分.
2. 求下列函数的全微分.

(1)$z=\arctan\frac{y}{x}$　　　(2)$z=\ln(3x-2y)$

(3)$z=\frac{x+y}{x-y}$　　　(4)$u=\sin(x^2+y^2+z^2)$

4.4 多元函数微分法

4.4.1 多元复合函数微分法

多元复合函数的求导法则是一元复合函数求导法则的推广. 由于多元复合函数的构成比较复杂,因此要分不同的情形去讨论. 下面从二元函数入手对此问题展开讨论.

对于二元函数 $z=f(x,y)$,通过中间变量 $u=\varphi(x,y)$,$v=\psi(x,y)$可以构成复合函数 $z=f[\varphi(x,y),\psi(x,y)]$,这个复合函数的变量间的关系可以借用图4-4来表示,通过中间变量 u,v,变量 z 最终也是变量 x,y 的函数.

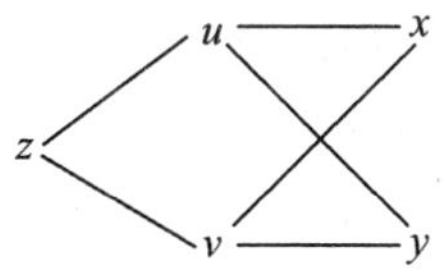

图 4-4

从图中很容易看出,从变量 z 到变量 x 有两个分支,即 $z\to u\to x$ 和 $z\to v\to x$;由变量 z 到变量 y 也有两个分支,即 $z\to u\to y$ 和 $z\to v\to y$.

要求复合函数 $z=f[\varphi(x,y),\psi(x,y)]$对 x 的偏导数$\frac{\partial z}{\partial x}$,可以把 x 看作变量,把 y 看作常数,因为 x 的变化会同时引起 u,v 两个变量变化,因此导致 z 的变化可以分为两部分,一部分变化是由 u 的变化引起的,另一部分变化是由 v 的变化引起的(同理可以考虑对 y 的偏导数的求法),可以证明有如下定理.

定理 4.5 如果函数 $u=\varphi(x, y)$,$v=\psi(x,y)$都在点(x,y)具有对 x 及 y 的偏导数,函数 $z=f(u,v)$在对应点(u,v)具有连续偏导数,则复合函数 $z=f=[\varphi(x,y),\psi(x,y)]$在点$(x,y)$的两个偏导数存在,且有

$$\frac{\partial z}{\partial x}=\frac{\partial z}{\partial u}\cdot\frac{\partial u}{\partial x}+\frac{\partial z}{\partial v}\cdot\frac{\partial v}{\partial x}$$

$$\frac{\partial z}{\partial y}=\frac{\partial z}{\partial u}\cdot\frac{\partial u}{\partial y}+\frac{\partial z}{\partial v}\cdot\frac{\partial v}{\partial y}$$

此法则称为二元复合函数的链式求导法则.

类似地,此法则有如下推广:

设 $z=f(u,v,w),u=\varphi(x,y),v=\psi(x,y),w=\omega(x,y)$,则

$$\frac{\partial z}{\partial x}=\frac{\partial z}{\partial u}\cdot\frac{\partial u}{\partial x}+\frac{\partial z}{\partial v}\cdot\frac{\partial v}{\partial x}+\frac{\partial z}{\partial w}\cdot\frac{\partial w}{\partial x}$$

$$\frac{\partial z}{\partial y}=\frac{\partial z}{\partial u}\cdot\frac{\partial u}{\partial y}+\frac{\partial z}{\partial v}\cdot\frac{\partial v}{\partial y}+\frac{\partial z}{\partial w}\cdot\frac{\partial w}{\partial y}$$

例 4.16　设 $z=e^u\sin v,u=xy,v=x+y$,求$\frac{\partial z}{\partial x}$和$\frac{\partial z}{\partial y}$.

解

$$\begin{aligned}\frac{\partial z}{\partial x}&=\frac{\partial z}{\partial u}\cdot\frac{\partial u}{\partial x}+\frac{\partial z}{\partial v}\cdot\frac{\partial v}{\partial x}\\&=e^u\sin v\cdot y+e^u\cos v\cdot 1\\&=e^{xy}[y\sin(x+y)+\cos(x+y)]\end{aligned}$$

$$\begin{aligned}\frac{\partial z}{\partial y}&=\frac{\partial z}{\partial u}\cdot\frac{\partial u}{\partial y}+\frac{\partial z}{\partial v}\cdot\frac{\partial v}{\partial y}\\&=e^u\sin v\cdot x+e^u\cos v\cdot 1\\&=e^{xy}[x\sin(x+y)+\cos(x+y)]\end{aligned}$$

多元复合函数的复合关系是多种多样的,不可能把所有求偏导数的公式都写出来,但是,只要我们能准确地把握函数间的各层复合关系,能准确地画出各个变量间关系分支图,就可以对复合函数关于某个变量轻松求偏导,该复合函数对某个变量的偏导数就等于函数对各个中间变量的偏导数与这个中间变量对该自变量的偏导数的乘积之和. 下面我们给出几种常见的复合函数求偏导数的方法.

(1)设函数 $u=\varphi(x,y)$在(x,y)处的偏导数存在,而函数 $z=f(u)$在对应点 u 处可导,则复合函数 $z=f[\varphi(x,y)]$在点(x,y)存在偏导数,且

$$\frac{\partial z}{\partial x}=\frac{dz}{du}\cdot\frac{\partial u}{\partial x},\ \frac{\partial z}{\partial y}=\frac{dz}{du}\cdot\frac{\partial u}{\partial y}$$

(2)如果函数 $u=\varphi(t)$及 $v=\psi(t)$都在点 t 可导, 函数 $z=f(u,v)$在对应点(u,v)具有连续偏导数,则复合函数 $z=f[\varphi(t),\psi(t)]$在点 t 可导,且有

$$\frac{dz}{dt}=\frac{\partial z}{\partial u}\cdot\frac{du}{dt}+\frac{\partial z}{\partial v}\cdot\frac{dv}{dt}$$

例 4.17　设 $z=uv+\sin t$,而 $u=e^t,v=\cos t$,求导数$\frac{dz}{dt}$.

解

$$\begin{aligned}\frac{dz}{dt}&=\frac{\partial z}{\partial u}\cdot\frac{du}{dt}+\frac{\partial z}{\partial v}\cdot\frac{dv}{dt}+\frac{\partial z}{\partial t}=ve^t-u\sin t+\cos t\\&=e^t\cos t-e^t\sin t+\cos t=e^t(\cos t-\sin t)+\cos t\end{aligned}$$

4.4.2　隐函数微分法

一、由方程 $F(x,y)=0$ 所确定的隐函数求导公式

设函数 $F(x,y)$ 在点 (x,y) 处的偏导数存在，且 $F_y(x,y)\neq 0$，则方程 $F(x,y)=0$ 在点 (x,y) 处的某邻域内唯一确定一个连续且具有连续导数的函数 $y=f(x)$，则 $F(x,y)$ 可以看成是一个复合函数 $F[x,f(x,y)]$，对复合函数 $F[x,f(x,y)]=0$ 两端同时关于 x 求导，得 $\frac{\partial F}{\partial x}+\frac{\partial F}{\partial y}\cdot\frac{\mathrm{d}y}{\mathrm{d}x}=0$. 因为 $F_y(x,y)\neq 0$，则有

$$\frac{\mathrm{d}y}{\mathrm{d}x}=-\frac{F_x}{F_y}$$

例 4.18　求由方程 $xy-\mathrm{e}^x+\mathrm{e}^y=0$ 所确定的隐函数 y 的导数 $\frac{\mathrm{d}y}{\mathrm{d}x}$，$\left.\frac{\mathrm{d}y}{\mathrm{d}x}\right|_{x=0}$.

解　令 $F=xy-\mathrm{e}^x+\mathrm{e}^y$，则 $F_x=y-\mathrm{e}^x$，$F_y=x+\mathrm{e}^y$，所以

$$\frac{\mathrm{d}y}{\mathrm{d}x}=-\frac{F_x}{F_y}=\frac{\mathrm{e}^x-y}{x+\mathrm{e}^y}$$

由原方程知 $x=0$ 时，$y=0$，所以

$$\left.\frac{\mathrm{d}y}{\mathrm{d}x}\right|_{x=0}=\left.\frac{\mathrm{e}^x-y}{x+\mathrm{e}^y}\right|_{\substack{x=0\\y=0}}=1$$

二、由方程 $F(x,y,z)=0$ 所确定的隐函数求导公式

设函数 $F(x,y,z)$ 在点 (x,y,z) 处的某邻域内具有连续的偏导数，且 $F_z(x,y,z)\neq 0$，则方程 $F(x,y,z)=0$ 在点 (x,y,z) 的某邻域内唯一确定一个连续且具有连续偏导数的函数 $z=f(x,y)$，则 $F(x,y,z)$ 可以看成是一个复合函数 $F[x,y,f(x,y)]$，对复合函数 $F[x,y,f(x,y)]=0$ 两端同时关于 x 和 y 求偏导，得 $F_x+F_z\cdot\frac{\partial z}{\partial x}=0$，$F_y+F_z\cdot\frac{\partial z}{\partial y}=0$. 因为 $F_z(x,y,z)\neq 0$，则有

$$\frac{\partial z}{\partial x}=-\frac{F_x}{F_z},\quad \frac{\partial z}{\partial y}=-\frac{F_y}{F_z}$$

例 4.19　求由方程 $z^3-3xyz=a^3$（a 是常数）所确定的隐函数 $z=f(x)$ 的偏导数 $\frac{\partial z}{\partial x}$ 和 $\frac{\partial z}{\partial y}$.

解　令 $F(x,y,z)=z^3-3xyz-a^3$，则 $F_x=-3yz$，$F_y=-3xz$，$F_z=3z^2-3xy$，显然都连续.

所以，当 $F_z=3z^2-3xy\neq 0$ 时，

$$\frac{\partial z}{\partial x}=-\frac{F_x}{F_z}=-\frac{-3yz}{3z^2-3xy}=\frac{yz}{z^2-xy}$$

$$\frac{\partial z}{\partial y}=-\frac{F_y}{F_z}=-\frac{-3xz}{3z^2-3xy}=\frac{xz}{z^2-xy}$$

习题 4.4

1. 设 $z=u^2\ln v$，而 $u=\frac{x}{y}$，$v=3x-2y$，求 $\frac{\partial z}{\partial x}$，$\frac{\partial z}{\partial y}$.

2. 设 $z=\arcsin(x-y)$, $x=3t$, $y=4t^3$，求 $\dfrac{dz}{dt}$.

3. 设 $z=\sin\dfrac{x}{y}$, $x=e^t$, $y=t^2$，求 $\dfrac{dz}{dt}$.

4. 求由方程所确定的函数 $y=f(x)$ 的导数.

(1) $\sin y+e^x-x^3y$ (2) $x^2+y^2=xe^y$

5. 设 $z=z(x,y)$ 是由方程 $z+e^z=xy$ 所确定的二元函数，求 $\dfrac{\partial z}{\partial x}$, $\dfrac{\partial z}{\partial y}$.

6. 设 $z=z(x,y)$ 是由方程 $yz+x^2+z=0$ 所确定，求 dz.

4.5　多元函数的极值与最值

4.5.1　多元函数的极值

在实际问题中，往往会遇到多元函数的最大值、最小值问题. 与一元函数相类似，多元函数的最大值、最小值与极大值、极小值有密切联系，因此我们以二元函数为例，先来讨论多元函数的极值问题.

定义 4.9　设函数 $z=f(x,y)$ 在点 (x_0,y_0) 的某邻域内有定义，如果对于该邻域内任何异于 (x_0,y_0) 的点 (x,y)，都有

$$f(x,y)<f(x_0,y_0)\ (\text{或 } f(x,y)>f(x_0,y_0))$$

则称函数在点 (x_0,y_0) 有极大值(或极小值) $f(x_0,y_0)$.

极大值、极小值统称为极值，使函数取得极值的点称为极值点.

例 4.20　证明函数 $z=3x^2+4y^2$ 在点 $(0,0)$ 处有极小值.

证　当 $(x,y)=(0,0)$ 时，$z=0$；而当 $(x,y)\neq(0,0)$ 时，$z>0$，因此 $z=0$ 是函数的极小值.

例 4.21　证明函数 $z=-\sqrt{x^2+y^2}$ 在点 $(0,0)$ 处有极大值.

证　当 $(x,y)=(0,0)$ 时，$z=0$；而当 $(x,y)\neq(0,0)$ 时，$z<0$，因此 $z=0$ 是函数的极大值.

例 4.22　证明函数 $z=xy$ 在点 $(0,0)$ 处既不取得极大值也不取得极小值.

证　因为在点 $(0,0)$ 处的函数值为零，而在点 $(0,0)$ 的任一邻域内，总有使函数值为正的点，也有使函数值为负的点. 故函数 $z=xy$ 在点 $(0,0)$ 处既不取得极大值也不取得极小值.

二元函数的极值问题，一般可以利用偏导数来解决，下面两个定理就是关于这个问题的讨论.

定理 4.6(必要条件)　设函数 $f(x,y)$ 在点 (x_0,y_0) 具有偏导数，且在点 (x_0,y_0) 处有极值，则有 $f_x(x_0,y_0)=0$, $f_y(x_0,y_0)=0$.

定义 4.10　使 $f_x(x,y)=0$, $f_y(x,y)=0$ 同时成立的点 (x_0,y_0) 称为函数 $z=f(x,y)$ 的驻点.

从定理 4.6 可知，具有偏导数的函数的极值点必定是驻点，但函数的驻点不一定是

极值点.

例如,点(0,0)是函数 $z=xy$ 的驻点,但函数在该点并无极值.

怎样判定一个驻点是否是极值点呢?下面的定理回答了这个问题.

定理 4.7(充分条件)　设函数 $z=f(x,y)$ 在点(x_0,y_0)的某邻域内连续且有一阶及二阶连续偏导数,又 $f_x(x_0,y_0)=0$,$f_y(x_0,y_0)=0$,令

$$f_{xx}(x_0,y_0)=A,f_{xy}(x_0,y_0)=B,f_{yy}(x_0,y_0)=C$$

则 $f(x,y)$ 在(x_0,y_0)处是否取得极值的条件如下:

(1)$AC-B^2>0$ 时具有极值,且当 $A<0$ 时有极大值,当 $A>0$ 时有极小值;

(2)$AC-B^2<0$ 时没有极值;

(3)$AC-B^2=0$ 时可能有极值,也可能没有极值.

综合前面的讨论,求具有二阶连续偏导数的函数 $z=f(x,y)$ 的极值的步骤如下:

(1)解方程组 $\begin{cases} f_x(x,y)=0 \\ f_y(x,y)=0 \end{cases}$,求得一切实数解,即可得一切驻点.

(2)对于每一个驻点(x_0,y_0),求出二阶偏导数的值 A,B 和 C.

(3)定出 $AC-B^2$ 的符号,按定理 4.7 的结论判定 $f(x_0,y_0)$是否是极值、是极大值还是极小值.

例 4.23　求函数 $f(x,y)=x^3-y^3+3x^2+3y^2-9x$ 的极值.

解　解方程组 $\begin{cases} f_x(x,y)=3x^2+6x-9=0 \\ f_y(x,y)=-3y^2+6y=0 \end{cases}$,

求得驻点为(1,0),(1,2),(−3,0),(−3,2).

再求出二阶偏导数

$f_{xx}(x,y)=6x+6$,$f_{xy}(x,y)=0$,$f_{yy}(x,y)=-6y+6$.

在点(1,0)处,$AC-B^2=12\times 6>0$,又 $A>0$,所以函数在(1,0)处有极小值 $f(1,0)=-5$;

在点(1,2)处,$AC-B^2=12\times(-6)<0$,所以 $f(1,2)$ 不是极值;

在点(−3,0)处,$AC-B^2=-12\times 6<0$,所以 $f(-3,0)$ 不是极值;

在点(−3,2)处,$AC-B^2=-12\times(-6)>0$,又 $A<0$,所以函数在(−3,2)处有极大值 $f(-3,2)=31$.

4.5.2　多元函数的最值

与一元函数相类似,我们可以利用二元函数的极值来求函数的最大值和最小值.

如果 $f(x,y)$ 在有界闭区域 D 上连续,则 $f(x,y)$ 在 D 上必定能取得最大值和最小值. 这种使函数取得最大值或最小值的点既可能在 D 的内部,也可能在 D 的边界上. 我们假定,函数在 D 上连续、在 D 内可微且只有有限个驻点,这时如果函数在 D 的内部取得最大值(最小值),那么这个最大值(最小值)也是函数的极大值(极小值). 因此,求最大值和最小值的一般方法是,将函数 $f(x,y)$ 在 D 内的所有驻点处的函数值及在 D 的边界上的最大值和最小值相互比较,其中最大的就是最大值,最小的就是最小值. 在通常遇到的实际问题中,如果根据问题的性质,知道函数 $f(x,y)$ 的最大值(最小值)一定在 D 的内部取得,而函数在 D 内只有一个驻点,那么可以肯定该驻点处的函数值就是函数 $f(x,y)$

在 D 上的最大值(最小值).

例 4.24 某厂要用铁板做成一个体积为 8 m^3 的有盖长方体水箱. 问当长、宽、高各取多少时,才能使用料最省?

解 设水箱的长为 x m,宽为 y m,则其高应为$\frac{8}{xy}$m,此水箱所用材料的面积为

$$A=2\left(xy+y\cdot\frac{8}{xy}+x\cdot\frac{8}{xy}\right)=2\left(xy+\frac{8}{x}+\frac{8}{y}\right)(x>0,y>0)$$

$$\text{令 } A_x=2\left(y-\frac{8}{x^2}\right)=0, A_y=2\left(x-\frac{8}{y^2}\right)=0,\text{得 } x=2,y=2.$$

根据题意可知,水箱所用材料面积的最小值一定存在,并在开区域 $D=\{(x,y)\mid x>0,y>0\}$内取得. 因为函数 A 在 D 内只有一个驻点,所以此驻点一定是 A 的最小值点,即当水箱的长为 2 m、宽为 2 m、高为$\frac{8}{2\cdot 2}=2$ m 时,水箱所用的材料最省.

从这个例子还可看出,在体积一定的长方体中,以立方体的表面积为最小.

例 4.25 (易拉罐尺寸设计问题)

我们只要稍加留意就会发现,销量很大的饮料(例如饮料量为 355 毫升的可口可乐、青岛啤酒等)的饮料罐(即易拉罐)的形状和尺寸几乎都是一样的. 看来,这并非偶然,这应该是某种意义下的最优设计.

(1)设易拉罐是一个正圆柱体. 什么是它的最优设计?其结果是否可以合理地说明你们所测量的易拉罐的形状和尺寸,例如说,半径 r 和高 h 之比,等等?

(2)设易拉罐的中心纵断面如图 4-5 所示,即上面部分是一个正圆台,下面部分是一个正圆柱体.

什么是它的最优设计?其结果是否可以合理地说明你们所测量的易拉罐的形状和尺寸?

图 4-5

解 (1)①问题分析与建立模型

假设易拉罐是一个正圆柱体,除顶盖外,罐的其他部分厚度相同,记作 b,据资料,顶盖厚度为其他部分材料厚度的 3 倍,则顶盖部分材料的厚度为 $3b$.

记正圆柱体的易拉罐内侧半径为 r,则外侧半径为 $r+b$,罐体高度为 h,从而易拉罐侧面所用材料的体积为

$$[\pi(r+b)^2-\pi r^2]\cdot[h+(1+3)b]=2\pi rhb+8\pi rb^2+h\pi b^2+4\pi b^3$$

易拉罐上、下底所用材料的体积分别为 $3b\pi r^2$,$b\pi r^2$.

而制作易拉罐所用材料的总体积=侧面所用材料的体积+上底体积+下底体积. 若记一个标准易拉罐所需材料的总体积为 S,则

$$S=2\pi rhb+8\pi rb^2+h\pi b^2+4\pi b^3+4b\pi r^2$$

此时,罐体的总容积 V 为

$$V=\pi r^2 h$$

由于 $b\ll r$,所以含 b^2,b^3 的项可以视为无穷小量,忽略不计,因此有

$$S\approx 2\pi bhr+4\pi br^2 \tag{1}$$

假设罐体材料厚度及设计容积不变，即假定 b,V 是常数，希望得到罐体用料最省的最佳参数设计. 则问题即可化为求参数 h,r，使得

$$\min_{h,r} S=2\pi bhr+4\pi br^2 \tag{2}$$

由罐体容积计算公式可得

$$h=\frac{V}{\pi r^2} \tag{3}$$

代入(2)式得原问题的等价形式

$$\min_{r} S=2\pi b\frac{V}{\pi r^2}r+4\pi br^2=\frac{2Vb}{r}+4\pi br^2$$

求导得

$$\frac{\mathrm{d}S}{\mathrm{d}r}=8\pi br-2\frac{Vb}{r^2}$$

令$\frac{\mathrm{d}S}{\mathrm{d}r}=0$得

$$r=\sqrt[3]{\frac{V}{4\pi}} \tag{4}$$

将(4)式代入(3)式得

$$h=2\sqrt[3]{\frac{2V}{\pi}}=4\sqrt[3]{\frac{V}{4\pi}}=4r \tag{5}$$

即若圆柱体的直径与高度之比为 1∶2 时，用料量省.

注意到，易拉罐不能装满饮料，假设饮料封装时留有 10cm^3 的空间余量，则对于标注容量为 355 mL 的易拉罐，其实际容积应为 $V=365\ \text{cm}^3$，由 $V=\pi r^2h=4\pi r^3=365\ \text{cm}^3$，可得 $r\approx 3.073932$，与实际问题吻合得很好.

②结果分析

为验证这个上述结果就是极小值，计算其二阶导数.

$$S''=8\pi b+4Vbr^{-3}>0$$

所以，当 $r=\sqrt[3]{\frac{V}{4\pi}}$时，目标函数达到全局最小，即模型是正确的.

(2)问题分析与模型建立

设易拉罐的中心纵断面如图 4-5 所示，即上面部分是一个正圆台，下面部分是一个正圆柱体. 记 r_1 为易拉罐圆柱体部分底面的半径，r_2 为易拉罐上面部分上底的半径，h_1 为易拉罐圆柱体部分的高(除去底面材料的厚度)，h_2 为易拉罐圆台部分的高(除去上底材料的厚度)，V_1 为易拉罐圆柱部分的容积，V_2 为易拉罐上面圆台部分的容积.

由图 4-5 可知，易拉罐圆柱部分的容积

$$V_1=\pi r_1^2h_1$$

圆台部分的容积

$$V_2=\frac{1}{3}\pi(r_1^2+r_2^2+r_1r_2)h_2$$

易拉罐柱体部分侧面所用材料的体积

$$[\pi(r_1+b)^2-\pi r_1^2](h_1+b)=2\pi bh_1r_1+2\pi b^2r_1+\pi b^2h_1+\pi b^3+\pi br_1^2$$

上、下底所用材料的体积分别为 $3\pi br_2^2$，πbr_1^2

圆台侧面所用材料的体积

$$S=\frac{1}{3}\pi[(r_1+b)^2+(r_2+b)^2+(r_1+b)(r_2+b)]\cdot(h_2+3b)-\frac{1}{3}\pi(r_2^2+r_1^2+r_1r_2)h_2-3\pi br_2^2$$

由于 $b\ll r$，则化简上式并忽略含有 b^2，b^3 的项，可得罐体所用材料的总体积近似为

$$S\approx 2\pi bh_1r_1+2\pi br_1^2+\pi bh_2r_1+\pi bh_2r_2+\pi br_2^2+\pi br_1r_2$$

又通过查阅文献或实际测量可知 $\frac{r_1-r_2}{h_2}=0.3$，即 $h_2=\frac{10}{3}(r_1-r_2)$.

若假定罐容不变，则由

$$V=V_1+V_2=\pi h_1r_1^2+\frac{1}{3}\pi(r_1^2+r_2^2+r_1r_2)h_2=\pi h_1r_1^2+\frac{1}{3}\pi(r_1^2+r_2^2+r_1r_2)\frac{10}{3}(r_1-r_2)$$

得

$$h_1=\frac{9V-10\pi(r_1^3-r_2^3)}{9\pi r_1^2}$$

将 h_1，h_2 代入 S 的近似计算公式得

$$S=\frac{18bV+20\pi br_2^3+28\pi br_1^3+9\pi br_1^2r_2-21\pi br_1r_2^3}{9r_1}$$

用 MATLAB 软件编程，进行搜索我们得到了一些近似最优设计，如下表：

r_1(cm)	r_2(cm)	h_1(cm)	h_2(cm)	用料(πb cm^3)
3.1100	2.8700	11.2723	0.8000	111.4047
3.1200	2.7300	10.7910	1.3000	110.3804
3.1200	2.7600	10.8684	1.2000	110.5727
3.1400	2.8200	10.8221	1.0667	110.8465
3.1400	2.8400	10.8763	1.0000	110.9853
3.1600	2.9200	10.8943	0.8000	111.4407
3.1700	2.7500	10.3391	1.4000	110.2155
3.2000	2.8000	10.1724	1.3333	110.3833
3.2100	2.9100	10.3660	1.0000	111.0869
3.2400	2.9100	10.0758	1.1000	110.9480
3.2600	2.9200	9.9130	1.1333	110.9373
3.2600	2.9600	10.0214	1.0000	110.2260
3.3000	2.9200	9.5424	1.2667	110.8008
3.3000	3.0000	9.7569	1.0000	111.3758
3.3100	2.9700	9.5835	1.1333	111.1240
3.3300	3.0900	9.7337	0.8000	111.9780

②结果分析

根据上述数据，我们可以看出所得结果能够比较好地说明实际问题，所以该模型还是

比较合理的. 通过将各组数据求平均值得到一组数据：$r_1=3.21$ cm，$r_2=2.89$ cm，$h_1=10.31$ cm，$h_2=1.08$ cm，与实际吻合得很好.

例 4.26　假定通过观测或实验得到如下一组数据(即列表函数)：

k	1	2	3	4	5	6	7	8
x_k	0	1	2	3	4	5	6	7
y_k	1.4	1.3	1.4	1.1	1.3	1.8	1.6	2.3

用一简单的式子表示出这些数据间的关系.

(1)问题分析

通过分析数据看出，这些点差不多分布在一条直线上，因此我们自然想到用线性式 $y=a+bx$ 表示它们之间的关系，这就需确定参数 a 和 b 的值.

(2)建立模型

假定有某方法可以定出 a 和 b，则按 $y=a+bx$，给出一个 x 便可以算出一个 y. 我们记

$$\overline{y_k}=a+bx_k \quad (k=1,2,\cdots,8)$$

$\overline{y_k}$称为 y_k 的估计值，显然它们不会是完全相同的，它们之间的差(通常称为残差)

$$\varepsilon_k=y_k-\overline{y_k} \quad (k=1,2,\cdots,8)$$

无疑是衡量被确定的参数 a 和 b(也就是近似多项式 $y=a+bx$)好坏的重要标志.

可以规定许多原则来确定参数 a,b，例如

(1)残差绝对值中最大的一个达到最小，即 $T=\max\limits_k|\varepsilon_k|$ 为最小；

(2)残差绝对值之和达到最小，即 $\sum\limits_k|\varepsilon_k|$ 为最小；

(3)残差的平方和达到最小，即 $\sum|\varepsilon_k^2|$ 为最小.

(1)和(2)两个原则是很直观的，也很理想，但很不好用；而原则(3)既直观又很好用. 按原则(3)确定待定参数，从而得到近似多项式的方法，就是通常所说的最小二乘法. 这一方法的理论依据，概率理论已证明，只有这样的原则才能使得观测或实验的偶然误差对于所作的近似多项式有最小的影响.

最小二乘法起源于以测量和观测为基础的天文学. 高斯在 1794 年利用最小二乘法解决了多余观测问题，这实际上是多余观测问题.

(3)问题求解

回到所提出的问题上来，即用最小二乘法确定参数 a,b. 按最小二乘法，应使

$$S(a,b)=\sum_{i=1}^{s}[y_i-(a+bx_i)]^2$$

取最小值. 因此，应有

$$\frac{\partial S}{\partial a}=-2\sum_{i=1}^{s}[y_i-(a+bx_i)]=0$$

$$\frac{\partial S}{\partial b}=-2\sum_{i=1}^{s}[y_i-(a+bx_i)]x_i=0$$

由此，得到如下线性方程组：

$$\begin{cases} a \cdot s + b \sum_{i=1}^{8} x_i = \sum_{i=1}^{8} y_i \\ a \sum_{i=1}^{8} x_i + b \sum_{i=1}^{8} x_i^2 = \sum_{i=1}^{8} x_i y_i \end{cases}$$

经过简单计算，这个方程组为

$$\begin{cases} 8a + 28b = 12.2 \\ 28a + 140b = 47.3 \end{cases}$$

解之可得 $a=1.142$，$b=0.110$，从而得近似多项式 $p_1(x)=1.142+0.110x$.

习题 4.5

1. 求下列函数的极值.

(1) $f(x,y)=x^2+xy+y^2+x-y+1$

(2) $f(x,y)=(6x-x^2)(4y-y^2)$

2. 在 xOy 面上求一点，使它到直线 $x=0$，直线 $y=0$ 和直线 $x+2y-16=0$ 的距离的平方和最小.

3. 要造一个容积等于定数 k 的长方形无盖水池，应如何选择水池的尺寸，方可使它的表面积最小？

4.6　MATLAB 在多元函数的应用

利用 MATLAB 中的相关命令，可以求多元函数的偏导数、隐函数的导数等相关问题.

例 4.27　$z=x^4+y^4-4x^2y^2$，求其二阶偏导数.

解

```
>>syms x y
z=x^4+y^4-4*x^2*y^2;
zxx=diff(z,x,2)
zxx =
    12*x^2-8*y^2
syms x y
z=x^4+y^4-4*x^2*y^2;
zyy=diff(z,y,2);
zyy
zyy=
      12*y^2 - 8*x^2
syms x y
z=x^4+y^4-4*x^2*y^2;
```

```
zx=diff(z,x)
zxy=diff(zx,y)
zx =
  4 * x^3 - 8 * x * y^2
zxy =
   -16 * x * y
```

得：$\frac{\partial^2 z}{\partial x^2}=12x^2-8y^2$，$\frac{\partial^2 z}{\partial y^2}=12y^2-8x^2$，$\frac{\partial^2 z}{\partial x\partial y}=-16xy$.

例 4.28　求由 $e^y+y\sin x-e^x=0$ 所确定的隐函数 $y=y(x)$ 的导数$\frac{dy}{dx}$.

解

```
>>syms x y
f=exp(y)+y * sin(x)-exp(x);
dfx=diff(f,x);
dfy=diff(f,y);
dyf= -dfx/dfy;
dyf
dyf=
(exp(x) - y * cos(x))/(exp(y)+sin(x))
```

习题 4.6

1. 利用 MATLAB 中的相关命令，求解下列函数的二阶偏导数.

(1) $z=x^3y-y^3x$　　　　(2) $z=\ln(1+x^2+y^2)$

2. 利用 MATLAB 中的相关命令，求由 $e^{xy}+\sin(x+y)=2x$ 所确定的隐函数 $y=y(x)$ 的导数.

总习题 4

1. 填空题

(1) 函数 $z=\arccos(x+y)+\ln(1-x^2-y^2)$ 的定义域是________.

(2) $\lim\limits_{\substack{x\to 1\\ y\to 0}}\frac{\ln(x+e^y)}{\sqrt{x^2+y^2}}=$________.

(3) $z=xy^2$，则$\frac{\partial z}{\partial x}=$________.

(4) 设 $u=\arctan\frac{x}{y}$，则 $du=$________.

(5) 函数 $z=x^3-4x^2+2xy-y^2$ 的驻点为________；极值点为________.

2. 选择题

(1)函数 $z=\ln(xy)$ 的定义域为(　　)

A. $x\geqslant 0, y\geqslant 0$　　B. $x\geqslant 0, y\geqslant 0$ 或 $x\leqslant 0, y\leqslant 0$

C. $x<0, y<0$　　D. $x>0, y>0$ 或 $x<0, y<0$

(2)函数 $z=f(x,y)$ 在点 $P_0(x_0,y_0)$ 处的两个偏导数 $\frac{\partial z}{\partial x}$ 和 $\frac{\partial z}{\partial y}$ 存在，则它在 P_0 处(　　)

A. 连续　　B. 可微

C. 一定不连续　　D. 不一定连续

(3)函数 $f(x,y)$ 在点 (x_0,y_0) 处全微分存在，是 $f(x,y)$ 在 (x_0,y_0) 偏导数存在的(　　)

A. 充要条件　　B. 充分条件

C. 必要条件　　D. 以上都不对

(4)若 $f_x(x_0,y_0)=0, f_y(x_0,y_0)=0$，则 $f(x,y)$ 在点 (x_0,y_0) 处(　　)

A. 有极值　　B. 无极值

C. 不一定有极值　　D. 有极大值

(5)下列各点中，是二元函数 $f(x,y)=x^3-y^3-3x^2+3y-9x$ 的极值点是(　　)

A. $(-3,-1)$　　B. $(3,1)$

C. $(-1,-1)$　　D. $(-1,1)$

3. 求下列函数的一阶和二阶偏导数.

(1) $z=\ln(x+y^2)$　　(2) $z=x^y$

4. 求下列函数的全微分.

(1) $z=y^{\sin x}$　　(2) $z=\ln(x+\ln y)$

5. 已知 $z=\sqrt{x^4+y^4}$，而 $x=\sin t, y=1-\mathrm{e}^{2t}$，求 $\frac{\mathrm{d}z}{\mathrm{d}t}$.

6. 设方程 $xy+yz+zx=1$ 确定隐函数 $z=z(x,y)$，求 $\frac{\partial z}{\partial y}$.

7. 求下列各函数的极值.

(1) $f(x,y)=4(x-y)-x^2-y^2$

(2) $f(x,y)=\mathrm{e}^{2x}(x+y^2+2y)$

8. 设一矩形的周长为 2，现让它绕其一边旋转，求所得圆柱体体积为最大时矩形的面积及圆柱体体积.

9. 在斜边长为 c 的一切直角三角形中，求周长最大的直角三角形.

第 5 章　一元函数积分学

积分学主要研究瞬时变化在一段时间间隔上的积累.它的思想首先出现在求面积、体积等问题中,在古代中国、古希腊、巴比伦、古埃及的早期数学文献中都有涉及这类问题的思想和方法.古希腊的阿基米德(公元前 287— 前 212) 用边数越来越多的正多边形去逼近圆的面积,称为“穷竭法”.中国魏晋时期的刘徽在其《九章算术注》(公元 263 年) 中,对于圆面积的计算提出了著名的“割圆术”,这些都是原始的积分思想.特别地,为了处理 17 世纪一系列主要的科学问题,如求行星沿轨道运动的路程、行星矢径扫过的面积以及物体的重心与引力等,又使面积、体积、曲线长、重心和引力等微积分基本问题的计算被重新研究.其中最具代表性的工作有以下几个:

(1) 德国天文学家、数学家开普勒(J. Kepler,1571—1630) 的无限小元法.开普勒注意到,酒商用来计算酒桶体积的方法很不精确,他努力探求计算体积的正确方法,于 1615 年出版《测量酒桶体积的新科学》一书,书中论述了利用无限小元求旋转体体积的积分法.他的无限小元法的要旨是用无数个同维无限小元素之和来确定曲边形的面积和旋转体的体积,如他认为球的体积是无数个顶点在球心、底面在球上的小圆锥的体积的和.

(2) 意大利数学家卡瓦列里(B. Cavalieri,1598—1647) 的不可分量法.卡瓦列里在其著作《用新方法推进的连续的不可分量的几何学》(1635) 中系统地发展了不可分量法.他认为点运动形成线,线运动形成面,体则是由无穷多个平行平面组成,并分别把这些元素叫作线、面和体的不可分量.他建立了一条关于这些不可分量的一般原理(后称卡瓦列里原理,即我国的祖暅原理):如果在等高处的横截面有相同的面积,那么两个有同高的立体有相同的体积.利用这一原理他给出了幂函数积分公式,并解决了开普勒的旋转体体积的问题.

(3) 英国数学家沃利斯(J. Wallis,1616—1703) 的算术不可分量方法.沃利斯在其著作《无穷算术》中,利用算术不可分量方法获得了一系列重要结果.其中就有将卡瓦列里的幂函数积分公式推广到分数幂情形,以及计算四分之一圆的面积等.沃利斯是在牛顿和莱布尼兹之前,将分析方法引入微积分贡献最突出的数学家.

17 世纪上半叶一系列先驱性的工作,都沿着不同的方向向微积分的大门逼近,但所有这些努力还不足以标志微积分作为一门独立科学的诞生.前驱者对于求解各类微积分问题确实做出了宝贵的贡献,但他们的方法仍缺乏足够的一般性.虽然有人注意到这些问题之间的某些联系,但没有人将这些联系作为一般规律明确提出来,作为微积分基本特征的积分和微分的互逆关系也没有引起足够的重视.因此,如何在更高的高度将以往个别的贡献和分散的成就综合为统一的理论,成为 17 世纪中叶数学家面临的艰巨任务.经过了半个世纪的酝酿，牛顿和莱布尼兹出场了.时代的需要与个人的才识，使他们完成了微积分创立中最后的也是最关键的一步.在此过程中，他们共同分享着这份伟大的荣耀.

本章我们将用微积分的基本分析方法，从分析实例入手，概括出定积分的.在解决定积分的计算时，引入原函数和不定积分的概念，阐明微分和积分的内在联系，讲解不定积分的求法，给出数值积分的计算公式，并应用积分解决一些实际问题，最后用 *MATLAB* 求解不定积分和定积分.

5.1 定积分的概念与性质

5.1.1 定积分的问题举例

例 5.1 (1) 曲边梯形的面积

所谓曲边梯形，是指由连续曲线 $y=f(x)$（设 $f(x)\geqslant 0$），直线 $x=a$，$x=b$ 和 x 轴 $(y=0)$ 所围成的图形（见图 5-1）.我们知道矩形面积的求法，但是此图形有一边是一条曲线，该如何求呢？

虽然曲边梯形的高 $f(x)$ 在区间 $[a,b]$ 上是连续变化的，但是在很小的一区间段内其变化很小，近似于不变，并且当区间的长度无限缩小时，高的变化也无限减小.因此，如果把区间 $[a,b]$ 分成许多小区间，在每个小区间上，用其中某一点的高来近似代替同一个小区间上的窄曲边梯形的高，我们再根据矩形的面积公式，即可求出相应窄曲边梯形面积的近似值，从而求出整个曲边梯形面积的近似值.显然，把区间 $[a,b]$ 分得越细，所求出的面积值越接近于精确值，为此我们通过下列四步计算.

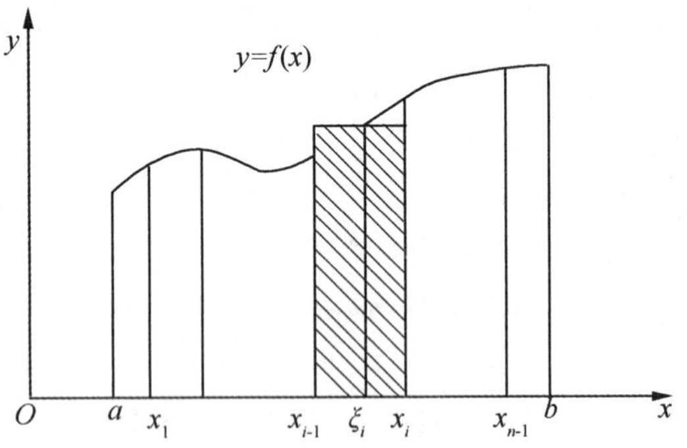

图 5-1

第一步：分割.用分点 $a=x_0<x_1<x_2<\cdots<x_{n-1}<x_n=b$，将区间 $[a,b]$ 任意分成 n 个小区间 $[x_{i-1},x_i]$，$i=1,2,\cdots,n$.第 i 个小区间的长度为 $\Delta x_i=x_i-x_{i-1}$，$i=1,2,\cdots,n$.

经过每一个分点作平行于 y 轴的直线段，把曲边梯形分成 n 个窄曲边梯形，各个窄曲边梯形的面积记为 $\Delta A_i(i=1,2,\cdots,n)$.

第二步：近似. 在每个小区间$[x_{i-1},x_i]$上任取一点ξ_i，以$f(\xi_i)$为高、Δx_i为底的矩形面积为$f(\xi_i)\Delta x_i (i=1,2,\cdots,n)$，把它作为窄曲边梯形面积$\Delta A_i$的近似值，即

$$\Delta A_i \approx f(\xi_i)\Delta x_i \quad (i=1,2,\cdots,n)$$

第三步：求和. 将各窄曲边梯形面积的近似值加起来即得所求曲边梯形面积的近似值

$$A \approx \sum_{i=1}^{n} f(\xi_i)\Delta x_i$$

第四步：取极限. 记$\lambda=\max\limits_{1\leqslant i\leqslant n}\{\Delta x_i\}$，当$\lambda\to 0$时，取上述和式的极限，得曲边梯形的面积为

$$A=\lim_{\lambda\to 0}\sum_{i=1}^{n} f(\xi_i)\Delta x_i$$

求曲边梯形的面积就归结为求上述这种和式的极限.

(2) 变速直线运动的路程

当物体做匀速直线运动时，运动的路程等于速度乘以时间. 现设物体运动的速度v随时间t而变化，即v是时间t的函数$v=v(t)(t>0)$，求此物体在时间区间$[a,b]$内所走过的路程S.

第一步：分割. 用分点$a=t_0<t_1<t_2<\cdots<t_{n-1}<t_n=b$将时间区间$[a,b]$任意分割成$n$个小区间$[t_{i-1},t_i]$，$i=1,2,\cdots,n$，如图 5-2 所示，第$i$个小区间的长度为$\Delta t_i=t_i-t_{i-1}$，$i=1,2,\cdots,n$. 用$\Delta s_i$表示在时间间隔$[t_{i-1},t_i]$内物体走过的路程.

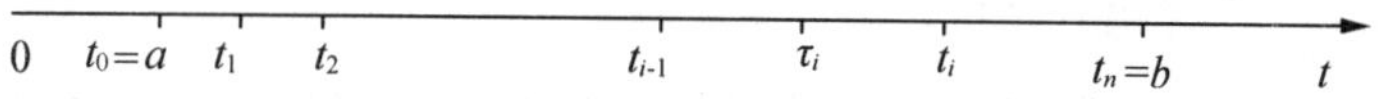

图 5-2

第二步：近似. 在每一个小时间区间$[t_{i-1},t_i](i=1,2,\cdots,n)$上任取某一时刻$\tau_i(t_{i-1}\leqslant\tau_i\leqslant t_i)$，假设以该点的速度$v(\tau_i)$做匀速直线运动，在相应的小时间区间上所走过的路程$v(\tau_i)\Delta t_i$近似代替变速直线运动在该小时间区间上所走过的路程$\Delta s_i$，即

$$\Delta s_i \approx v(\tau_i)\Delta t_i \quad (i=1,2,\cdots,n)$$

第三步：求和. 把n个匀速直线运动小段路程相加，得到总路程S的近似值，即

$$S \approx \sum_{i=1}^{n} v(\tau_i)\Delta t_i$$

第四步：取极限. 当分点数n无限增大且小时间区间中最大的区间长度$\lambda(\lambda=\max\limits_{1\leqslant i\leqslant n}\{\Delta t_i\})$趋于零时，上述和式的极限就是变速直线运动物体在这段时间内运动的距离S，即

$$S=\lim_{\lambda\to 0}\sum_{i=1}^{n} v(\tau_i)\Delta t_i$$

以上两个实例尽管背景及实际意义不同，但最后都归结为“分割—近似—求和—取极限”的问题，因此我们抛开问题的实际意义，对它们的共性加以概括和抽象，就得到定积分的概念.

5.1.2 定积分的定义

设函数 $f(x)$ 是定义在$[a,b]$上的有界函数,按下列四步构造极限.

第一步:分割.用分点 $a = x_0 < x_1 < x_2 < \cdots < x_{n-1} < x_n = b$,将区间$[a,b]$任意分成 n 个小区间$[x_{i-1}, x_i]$,$i = 1,2,\cdots,n$.第 i 个小区间的长度为 $\Delta x_i = x_i - x_{i-1}$,$i = 1,2,\cdots,n$.

第二步:近似.在每个小区间$[x_{i-1}, x_i]$上任取一点 ξ_i,取乘积 $f(\xi_i)\Delta x_i(i = 1,2,\cdots,n)$.

第三步:求和.

$$S_n = \sum_{i=1}^{n} f(\xi_i)\Delta x_i.$$

第四步:取极限.记 $\lambda = \max\limits_{1 \leqslant i \leqslant n}\{\Delta x_i\}$,当 $\lambda \to 0$ 时,取上述和式的极限

$$\lim_{\lambda \to 0} S_n = \lim_{\lambda \to 0} \sum_{i=1}^{n} f(\xi_i)\Delta x_i$$

若上述和式的极限存在且为 I,则称函数 $f(x)$ 在$[a,b]$上是可积的,并称此极限值 I 为 $f(x)$ 在$[a,b]$上的定积分,记作

$$I = \int_a^b f(x)\mathrm{d}x$$

其中,x 称为积分变量,$f(x)$ 称为被积函数,$f(x)\mathrm{d}x$ 称为被积表达式,a,b 分别称为积分下限和上限,$[a,b]$称为积分区间.

注:(1) 定积分$\int_a^b f(x)\mathrm{d}x$ 表示一个常数,它只与积分区间$[a,b]$和被积函数 $f(x)$ 有关,而与积分变量的记法无关,即有

$$\int_a^b f(x)\mathrm{d}x = \int_a^b f(u)\mathrm{d}u = \int_a^b f(t)\mathrm{d}t$$

(2) 若 $y = f(x)$ 在$[a,b]$上连续或者有界且只有有限个间断点,则 $y = f(x)$ 在$[a,b]$上可积.

(3) 为今后使用方便,作两点补充规定:

$$\int_a^b f(x)\mathrm{d}x = -\int_b^a f(x)\mathrm{d}x; \quad \int_a^a f(x)\mathrm{d}x = 0$$

5.1.3 定积分的几何意义

设由连续曲线 $y = f(x)$,直线 $x = a$,$x = b(a < b)$ 和 x 轴($y = 0$)所围成的曲边梯形面积用 A 表示,其几何意义为

(1) 当 $f(x) \geqslant 0$ 时(见图 5-1),有$\int_a^b f(x)\mathrm{d}x = A$.

特别地,在区间$[a,b]$上,若 $f(x) = 1$,则$\int_a^b f(x)\mathrm{d}x = \int_a^b \mathrm{d}x = b - a$,它表示以区间$[a,b]$为底,高为 1 的矩形的面积(见图 5-3).

(2) 当 $f(x) \leqslant 0$ 时(见图 5-4),有$\int_a^b f(x)\mathrm{d}x = -A$.

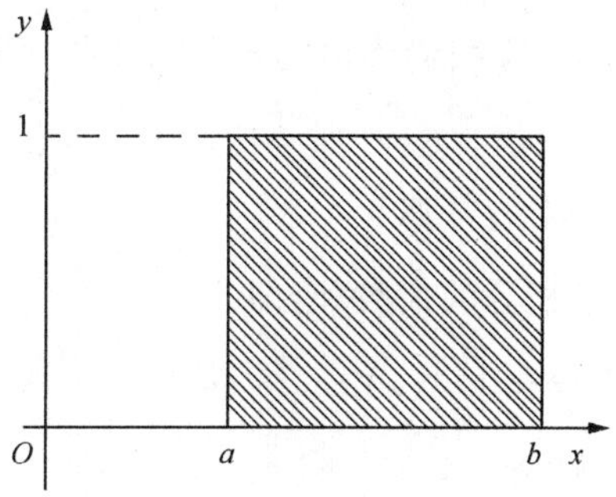

图 5-3

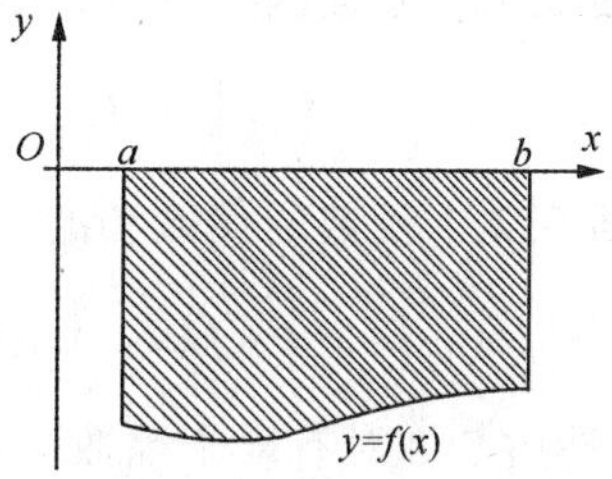

图 5-4

(3) 当 $f(x)$ 在 $[a,b]$ 上有正也有负时，$\int_a^b f(x)\mathrm{d}x$ 等于连续曲线 $y=f(x)$ 和直线 $x=a,x=b$ 与 x 轴($y=0$) 所围成各部分图形面积的代数和，如图 5-5 所示，$\int_a^b f(x)\mathrm{d}x = A_1 - A_2 + A_3$.

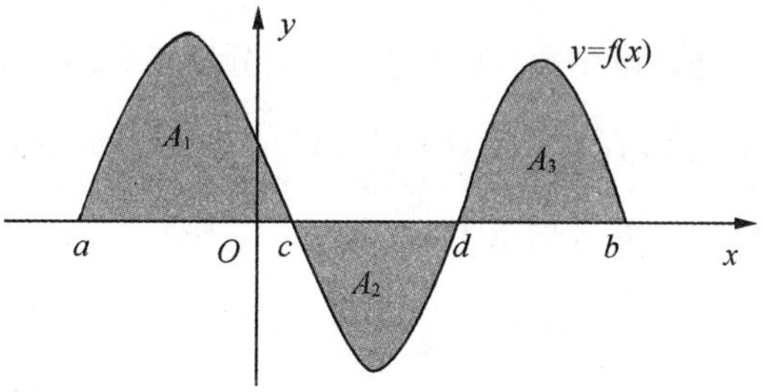

图 5-5

例 5.2　利用定积分的几何意义，求 $\int_{-2}^{2}\sqrt{4-x^2}\mathrm{d}x$.

解　被积函数是 $y=\sqrt{4-x^2}, x\in[-2,2]$，是 x 轴上方的半圆，如图 5-6 所示. 根据定积分的几何意义，所求定积分为阴影部分的面积，即

$$\int_{-2}^{2}\sqrt{4-x^2}\mathrm{d}x = 2\pi$$

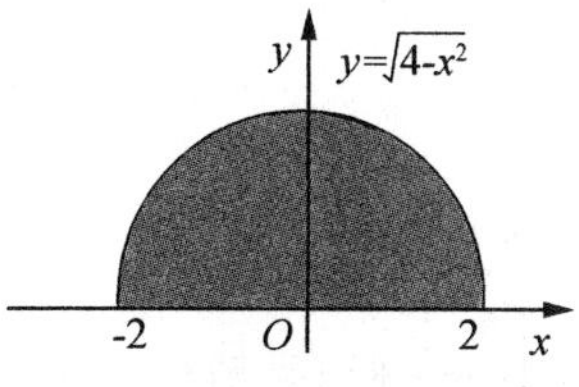

图 5-6

5.1.4　定积分的性质

假设函数 $f(x)$，$g(x)$ 在给定的区间上是可积的，下面我们给出定积分的一些性质.

性质 5.1　常数因子可以提到积分号前，即

$$\int_a^b kf(x)\mathrm{d}x = k\int_a^b f(x)\mathrm{d}x \quad (k\text{ 为常数})$$

性质 5.2　函数的代数和的定积分等于它们的定积分的代数和，即

$$\int_a^b [f(x)\pm g(x)]\mathrm{d}x = \int_a^b f(x)\mathrm{d}x \pm \int_a^b g(x)\mathrm{d}x$$

注：性质 5.2 对有限个函数的代数和的情况仍然成立.

性质 5.3（定积分对积分区间的可加性）　如果积分区间 $[a,b]$ 被点 c 分成两个小区间 $[a,c]$ 与 $[c,b]$，则

$$\int_a^b f(x)\mathrm{d}x = \int_a^c f(x)\mathrm{d}x + \int_c^b f(x)\mathrm{d}x$$

注：按定积分的补充规定，无论 C 在区间 $[a,b]$ 内还是在区间 $[a,b]$ 外，性质 3 都成立.

例 5.3　已知 $f(x)=\begin{cases}1+x, & x<0\\ 1-\dfrac{x}{2}, & x\geqslant 0\end{cases}$，求 $\int_{-1}^2 f(x)\mathrm{d}x$.

解　由于被积函数是分段函数，所以定积分应分段积分. 根据性质 3，有

$$\int_{-1}^2 f(x)\mathrm{d}x = \int_{-1}^0 f(x)\mathrm{d}x + \int_0^2 f(x)\mathrm{d}x = \int_{-1}^0 (1+x)\mathrm{d}x + \int_0^2\left(1-\frac{x}{2}\right)\mathrm{d}x$$

利用定积分的几何意义，可分别求出

$$\int_{-1}^0 (1+x)\mathrm{d}x = \frac{1}{2};\quad \int_0^2\left(1-\frac{x}{2}\right)\mathrm{d}x = 1$$

于是 $\int_{-1}^2 f(x)\mathrm{d}x = \frac{1}{2}+1=\frac{3}{2}$.

性质 5.4（比较性质）　如果在区间 $[a,b]$ 上，$f(x)\leqslant g(x)$，则

$$\int_a^b f(x)\mathrm{d}x \leqslant \int_a^b g(x)\mathrm{d}x$$

特别地，若 $f(x)\geqslant 0$，则 $\int_a^b f(x)\geqslant 0$.

例 5.4　比较下列积分值的大小：

$$\int_0^{\frac{\pi}{4}}\sin x\mathrm{d}x \quad\text{与}\quad \int_0^{\frac{\pi}{4}}\cos x\mathrm{d}x$$

解　当 $x\in\left[0,\frac{\pi}{4}\right]$ 时，$\sin x\leqslant\cos x$.

由性质 5.4，有 $\int_0^{\frac{\pi}{4}}\sin x\mathrm{d}x \leqslant \int_0^{\frac{\pi}{4}}\cos x\mathrm{d}x$.

性质 5.5（估值定理）　设 M 及 m 分别是函数 $f(x)$ 在区间 $[a,b]$ 上的最大值及最小值，则

$$m(b-a)\leqslant\int_a^b f(x)\mathrm{d}x\leqslant M(b-a)$$

性质 5.6（积分中值定理）　如果 $f(x)$ 在区间 $[a,b]$ 上连续，则在积分区间 $[a,b]$ 上至少存在一点 ξ，使得

$$\int_a^b f(x)\mathrm{d}x = f(\xi)(b-a)$$

习题 5.1

1. 用定积分表示抛物线 $y = x^2$，x 轴及直线 $x = 1$ 所围的曲边梯形的面积.

2. 根据定积分的几何意义，求下列定积分的值.

(1) $\int_{-1}^{1} x\mathrm{d}x$　　(2) $\int_{-4}^{4} \sqrt{16-x^2}\mathrm{d}x$

(3) $\int_{-1}^{1} x^3\mathrm{d}x$　　(4) $\int_{0}^{2\pi} \sin x\mathrm{d}x$

3. 已知 $\int_2^3 f(x)\mathrm{d}x = 8$，$\int_2^5 f(x)\mathrm{d}x = 3$，求 $\int_3^5 f(x)\mathrm{d}x$.

4. 用定积分的性质比较下列各组积分值的大小.

(1) $\int_0^1 x^n\mathrm{d}x$ 与 $\int_0^1 x^{n+1}\mathrm{d}x$

(2) $\int_{\mathrm{e}}^5 \ln x\mathrm{d}x$ 与 $\int_{\mathrm{e}}^1 \ln^2 x\mathrm{d}x$

(3) $\int_3^1 \mathrm{e}^x\mathrm{d}x$ 与 $\int_3^1 \mathrm{e}^{2x}\mathrm{d}x$

5.2　微积分基本公式

5.2.1　变上限的定积分

定义 5.1　设函数 $f(x)$ 在区间 $[a,b]$ 上连续，若 $x \in [a,b]$，则称函数 $\varphi(x) = \int_a^x f(t)\mathrm{d}t$ 为变上限的定积分.

函数 $\varphi(x)$ 表示右侧一边可以平行移动的曲边梯形的面积. 如图 5-7 所示，这个曲边梯形的面积是随 x 位置的变动而变化的，且当 x 给定后，这条边就确定，面积 $\varphi(x)$ 也随之而定，因而 $\varphi(x)$ 是 x 的函数，也称为变上限函数.

定理 5.1　若函数 $f(x)$ 在区间 $[a,b]$ 上连续，则变上限定积分 $\Phi(x) = \int_a^x f(t)\mathrm{d}t$ 在 $[a,b]$ 上可导，且 $\Phi'(x) = \frac{\mathrm{d}}{\mathrm{d}x}\int_a^x f(t)\mathrm{d}t = f(x)$.

推广：设 $f(x)$ 连续，$a(x)$ 与 $f(x)$ 可导，则

(1) $\left(\int_a^{\beta(x)} f(t)\mathrm{d}t\right)' = f(\beta(x))\beta'(x)$.

(2) $\left(\int_{\alpha(x)}^b f(t)\mathrm{d}t\right)' = \left(-\int_b^{\alpha(x)} f(t)\mathrm{d}t\right)' = -f(\alpha(x))\alpha'(x)$.

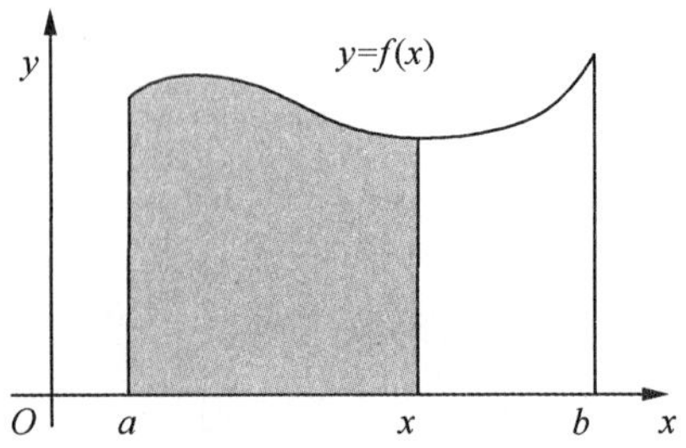

图 5-7

(3) $\left(\int_{\alpha(x)}^{\beta(x)} f(t)\mathrm{d}t\right)' = f(\beta(x))\beta'(x) - f(\alpha(x))\alpha'(x)$.

例 5.5 设 $\Phi(x) = \int_0^x \frac{\sin 2t}{t}\mathrm{d}t$，求 $\Phi'(x)$.

解 $\Phi'(x) = \left(\int_0^x \frac{\sin 2t}{t}\mathrm{d}t\right)' = \frac{\sin 2x}{x}$.

例 5.6 求 $\lim\limits_{x\to 0}\frac{\int_0^x \sin t^2 \mathrm{d}t}{x^3}$.

解 当 $x \to 0$ 时，原式为“$\frac{0}{0}$”型未定式，利用洛必达法则，有

$$\lim_{x\to 0}\frac{\int_0^x \sin t^2 \mathrm{d}t}{x^3} = \lim_{x\to 0}\frac{\left(\int_0^x \sin t^2 \mathrm{d}t\right)'}{(x^3)'} = \lim_{x\to 0}\frac{\sin x^2}{3x^2} = \frac{1}{3}$$

例 5.7 设 $\Phi(x) = \int_0^{\sqrt{x}} \cos t^2 \mathrm{d}t$，求 $\Phi'(x)$.

解 $\Phi'(x) = \left(\int_0^{\sqrt{x}} \cos t^2 \mathrm{d}t\right)' = (\cos x)(\sqrt{x})' = \frac{\cos x}{2\sqrt{x}}$.

例 5.8 设 $\Phi(x) = \int_{x^2}^{x^3} \sqrt{1+t^2}\mathrm{d}t$，求 $\Phi'(x)$.

解 $\Phi'(x) = \left(\int_{x^2}^{x^3} \sqrt{1+t^2}\mathrm{d}t\right)' = 3x^2\sqrt{1+x^6} - 2x\sqrt{1+x^4}$.

定理 5.1 揭示了微分与积分的内在联系，也表明了连续函数的原函数一定存在.

定义 5.2 如果在区间 I 上，可导函数 $F(x)$ 的导数为 $f(x)$，即对任一 $x \in I$，都有

$$F'(x) = f(x) \quad 或 \quad \mathrm{d}F(x) = f(x)\mathrm{d}x$$

则称函数 $F(x)$ 是 $f(x)$ 在区间 I 上的一个原函数.

因为 $(\sin x)' = \cos x$，所以 $\sin x$ 是 $\cos x$ 的一个原函数，不难验证 $\sin x + 1$，$\sin x + \sqrt{2}$，$\sin x + C$（C 为任意常数）也都是 $\cos x$ 的原函数，因此，如果函数 $f(x)$ 存在原函数，则它必有无穷多个原函数.

定理 5.2 若函数 $F(x)$ 是 $f(x)$ 的一个原函数，则 $F(x)+C$（C 为任意常数）为 $f(x)$ 的所有原函数.

5.2.2　牛顿 - 莱布尼兹(Newton-Leibniz) 公式

定理 5.3(微积分的基本定理)　设 $f(x)$ 在 $[a,b]$ 上连续，$F(x)$ 是 $f(x)$ 在 $[a,b]$ 上的任一原函数，则有

$$\int_a^b f(x)\mathrm{d}x = F(b) - F(a) \xlongequal{\text{记作}} F(x)\Big|_a^b$$

这个公式称为牛顿 - 莱布尼兹(Newton-Leibniz) 公式，也称为微积分的基本公式.

牛顿 - 莱布尼兹公式揭示了定积分与不定积分之间的联系，把积分和微分这两个不同的概念联系起来，从而把求定积分的问题化为求原函数的问题，是一种计算定积分的简便而有效的方法.

例 5.9　求 $\int_0^1 \frac{1}{\sqrt{1-x^2}}\mathrm{d}x$.

解　$\int_0^1 \frac{1}{\sqrt{1-x^2}}\mathrm{d}x = \arcsin x\Big|_0^1 = \arcsin 1 - \arcsin 0 = \frac{\pi}{2}$.

例 5.10　求 $\int_{-3}^1 |x|\mathrm{d}x$.

解　由于被积函数是分段函数，所以定积分应分段积分. 根据性质 3，有

$$\int_{-3}^1 |x|\mathrm{d}x = \int_{-3}^0 |x|\mathrm{d}x + \int_0^1 |x|\mathrm{d}x = \int_{-3}^0 (-x)\mathrm{d}x + \int_0^1 x\mathrm{d}x = -\frac{x^2}{2}\Big|_{-3}^0 + \frac{x^2}{2}\Big|_0^1 = 5$$

习题 5.2

1. 求下列各式对 x 的导数.

(1) $\int_0^{\sqrt{x}} \sin t^2\mathrm{d}t$　　(2) $\int_1^5 \frac{\sin x}{x^3(1+x)}\mathrm{d}x$

(3) $\int_x^{x^2} \mathrm{e}^{-t^2}\mathrm{d}t$　　(4) $\int_1^{\sin x} \mathrm{e}^{2t}\mathrm{d}t$

2. 求下列极限.

(1) $\lim\limits_{x\to 0}\frac{\int_0^{x^2}\ln(1+t)\mathrm{d}t}{x^4}$　　(2) $\lim\limits_{x\to 0}\frac{\int_0^x \sin t\mathrm{d}t}{x^2}$　　(3) $\lim\limits_{x\to 0}\frac{1}{x^2}\int_0^x \arctan t\mathrm{d}t$

3. 计算下列定积分.

(1) $\int_a^b x^5\mathrm{d}x$　　(2) $\int_1^{\sqrt{3}} \frac{1}{1+x^2}\mathrm{d}x$　　(3) $\int_{\frac{\pi}{4}}^{\frac{\pi}{3}} \frac{1}{\sin^2 x\cos^2 x}\mathrm{d}x$

(4) $\int_0^{2\pi} |\sin x|\mathrm{d}x$　　(5) $\int_1^2 \frac{1}{\sqrt{x}}\mathrm{d}x$　　(6) $\int_0^{\frac{\pi}{4}} \tan^2 x\mathrm{d}x$

4. 求函数 $y = \int_0^x (t^3-1)\mathrm{d}t$ 的极值.

5.3　不定积分的概念与性质

根据牛顿 - 莱布尼兹公式，定积分的计算归结为求被积函数的原函数的问题，因此我

们需要寻找求一个函数原函数的方法.

5.3.1　不定积分的概念

若 $F(x)$ 是 $f(x)$ 在某个区间上的一个原函数，则 $f(x)$ 的所有原函数 $F(x)+C$（C 为任意常数）称为 $f(x)$ 在该区间上的不定积分，记作 $\int f(x)\mathrm{d}x$，即

$$\int f(x)\mathrm{d}x = F(x)+C$$

其中，$f(x)$ 称为被积函数，$f(x)\mathrm{d}x$ 称为被积表达式，x 称为积分变量，C 称为积分常数.

根据不定积分的定义可知，求函数 $f(x)$ 的不定积分，只需求出 $f(x)$ 的一个原函数，再加上积分常数 C 即可. 因此，一个函数存在不定积分与存在原函数是等价的.

例 5.11　求 $f(x)=x^2$ 的不定积分.

解　因为 $\left(\frac{1}{3}x^3\right)'=x^2$，所以 $\frac{1}{3}x^3$ 是 $f(x)=x^2$ 的一个原函数，从而有

$$\int x^2\mathrm{d}x = \frac{1}{3}x^3+C$$

例 5.12　求 $f(x)=\frac{1}{x}$ 的不定积分.

解　当 $x>0$ 时，$(\ln x)'=\frac{1}{x}$，可见 $\int\frac{1}{x}\mathrm{d}x=\ln x+C$；

当 $x<0$ 时，$[(\ln(-x)]'=\frac{1}{-x}\cdot(-1)$，可见 $\int\frac{1}{x}\mathrm{d}x=\ln(-x)+C$.

于是有 $\int\frac{1}{x}\mathrm{d}x=\ln|x|+C$.

5.3.2　不定积分的性质

根据不定积分的定义，可以直接得到不定积分的下列性质：

性质 5.7　（不定积分与微分的关系）

(1) $\left[\int f(x)\mathrm{d}x\right]'=f(x)$ 或 $\mathrm{d}\int f(x)\mathrm{d}x=f(x)\mathrm{d}x$.

(2) $\int F'(x)\mathrm{d}x=F(x)+C$ 或 $\int\mathrm{d}F(x)=F(x)+C$.

性质 5.8　被积表达式中非零的常数因子可以提到积分号前面，即

$$\int kf(x)\mathrm{d}x = k\int f(x)\mathrm{d}x\quad(k\neq 0)$$

性质 5.9　两个函数代数和的不定积分，等于两个函数不定积分的代数和，即

$$\int[f(x)\pm g(x)]\mathrm{d}x=\int f(x)\mathrm{d}x\pm\int g(x)\mathrm{d}x$$

注：性质 5.9 对有限个函数的代数和的情况仍然成立.

5.3.3　不定积分的基本积分公式

由于求不定积分是求导数的逆运算，所以由基本导数公式对应地可以得到不定积分的基本积分公式.

(1) $\int k\mathrm{d}x = kx + C$（$k$ 为常数）

(2) $\int x^{\alpha}\mathrm{d}x = \dfrac{1}{1+\alpha}x^{\alpha+1} + C(\alpha \neq -1)$

(3) $\int \dfrac{1}{x}\mathrm{d}x = \ln|x| + C(x \neq 0)$

(4) $\int \mathrm{e}^{x}\mathrm{d}x = \mathrm{e}^{x} + C$

(5) $\int a^{x}\mathrm{d}x = \dfrac{a^{x}}{\ln a} + C \quad (a > 0, a \neq 1)$

(6) $\int \cos x\mathrm{d}x = \sin x + C$

(7) $\int \sin x\mathrm{d}x = -\cos x + C$

(8) $\int \dfrac{1}{\cos^{2} x}\mathrm{d}x = \int \sec^{2} x\mathrm{d}x = \tan x + C$

(9) $\int \dfrac{1}{\sin^{2} x}\mathrm{d}x = \int \csc^{2} x\mathrm{d}x = -\cot x + C$

(10) $\int \sec x \cdot \tan x\mathrm{d}x = -\sec x + C$

(11) $\int \csc x\cot x\mathrm{d}x = -\csc x + C$

(12) $\int \dfrac{1}{1+x^{2}}\mathrm{d}x = \arctan x + C$

(13) $\int \dfrac{1}{\sqrt{1-x^{2}}}\mathrm{d}x = \arcsin x + C$

利用不定积分的性质和基本积分公式，可求出一些简单函数的不定积分，通常把这种积分方法称为直接积分法.

例 5.13　求 $\int(3\mathrm{e}^{x} - \sqrt{x})\mathrm{d}x$.

解　$\int(3\mathrm{e}^{x} - \sqrt{x})\mathrm{d}x = \int 3\mathrm{e}^{x}\mathrm{d}x - \int\sqrt{x}\mathrm{d}x = 3\int\mathrm{e}^{x}\mathrm{d}x - \int\sqrt{x}\mathrm{d}x = 3\mathrm{e}^{x} - \dfrac{2}{3}x^{\frac{3}{2}} + C.$

注：逐项积分后，每个不定积分都含有任意常数，由于任意常数之和仍为任意常数，所以只需写一个任意常数.

例 5.14　求 $\int 2^{x}\mathrm{e}^{x}\mathrm{d}x$.

解　$\int 2^{x}\mathrm{e}^{x}\mathrm{d}x = \int(2\mathrm{e})^{x}\mathrm{d}x = \dfrac{(2\mathrm{e})^{x}}{\ln 2\mathrm{e}} + C = \dfrac{2^{x}\mathrm{e}^{x}}{\ln 2 + 1} + C.$

例 5.15　求 $\int\dfrac{x^{4}}{1+x^{2}}\mathrm{d}x$.

解　$\int\dfrac{x^{4}}{1+x^{2}}\mathrm{d}x = \int\dfrac{x^{4}-1+1}{1+x^{2}}\mathrm{d}x = \int\left(x^{2} - 1 + \dfrac{1}{1+x^{2}}\right)\mathrm{d}x = \int x^{2}\mathrm{d}x - \int\mathrm{d}x + \int\dfrac{1}{1+x^{2}}\mathrm{d}x = \dfrac{1}{3}x^{3} - x + \arctan x + C.$

例 5.16　求 $\int\dfrac{1}{1+\cos 2x}\mathrm{d}x$.

解　$\int\dfrac{1}{1+\cos 2x}\mathrm{d}x = \int\dfrac{1}{2\cos^{2} x}\mathrm{d}x = \dfrac{1}{2}\int\sec^{2} x\mathrm{d}x = \dfrac{1}{2}\tan x + C$

例 5.17　求 $\int\dfrac{1+x+x^{2}}{x(1+x^{2})}\mathrm{d}x$.

解　$\int\dfrac{1+x+x^{2}}{x(1+x^{2})}\mathrm{d}x = \int\dfrac{(1+x^{2})+x}{x(1+x^{2})}\mathrm{d}x = \int\left(\dfrac{1}{x} + \dfrac{1}{1+x^{2}}\right)\mathrm{d}x = \ln|x| + \arctan x + C.$

例 5.18　求 $\int\cot^{2} x\mathrm{d}x$.

解　$\int \cot^2 x\mathrm{d}x = \int (\csc^2 x - 1)\mathrm{d}x = \int \csc^2 x\mathrm{d}x - \int \mathrm{d}x = -\cot x - x + C.$

例 5.19　求$\int \sin^2 \frac{x}{2}\mathrm{d}x$.

解　$\int \sin^2 \frac{x}{2}\mathrm{d}x = \int \frac{1-\sin x}{2}\mathrm{d}x = \frac{1}{2}(x + \cos x) + C.$

例 5.20　求$\int \frac{1}{x^2(1+x^2)}\mathrm{d}x$.

解　$\int \frac{1}{x^2(1+x^2)}\mathrm{d}x = \int \frac{(1+x^2)-x^2}{x^2(1+x^2)}\mathrm{d}x = \int \frac{1}{x^2}\mathrm{d}x - \int \frac{1}{1+x^2}\mathrm{d}x = -\frac{1}{x} - \arctan x + C.$

5.3.4　不定积分的应用

一、滑冰场的结冰问题

例 5.21　美丽的冰城常年积雪，滑冰场完全靠自然结冰，结冰的速度由$\frac{\mathrm{d}y}{\mathrm{d}t} = kt^{\frac{3}{2}}$($k$为常数且$k > 0$)确定，其中$y$是从结冰起到时刻$t$时冰的厚度，求结冰厚度$y$关于时间$t$的函数.

解　由题意可得，结冰厚度y关于时间t的函数为

$$y = \int kt^{\frac{3}{2}}\mathrm{d}t = \frac{5}{2}kt^{\frac{3}{2}} + C$$

其中，常数C由结冰的时间确定.

如果$t = 0$时开始结冰，此时冰的厚度为0，即有$y(0) = 0$，代入上式得$C = 0$，这时$y = \frac{2}{5}kt^{\frac{5}{2}}$为结冰厚度关于时间$t$的函数.

二、高速公路限速与安全车距

(1) 问题提出

为了安全，在公路上行驶的汽车之间应保持必要的距离，我国公安部门规定，高速公路上行驶的汽车安全距离为 200 m，最高时速为 120 km/h，驾驶员的平均反应时间为 0.65 s，通过计算来说明安全距离为 200 m 的理论依据(取加速度$a = -3.2\ \mathrm{m/s^2}$).

(2) 问题应用背景

高速公路上的安全车距制定的理论依据.

(3) 涉及知识点

通过不定积分计算出汽车从时速为 120 km/h 减速到 0 km/h 所行驶的距离.

(4) 解题思路

汽车在高速公路上最高时速为 120 km/h，当制动时，汽车的加速度为$a = -3.2\ \mathrm{m/s^2}$，若驾驶员的反应时间为 0.65 s，求汽车从最高时速到刹住车所行驶的距离.

(5) 解答过程

设制动后t s 行驶了s m，$s = s(t)$.

$a = s''(t) = -3.2\ \mathrm{m/s^2}$，$v = v(t) = s'(t)$.

$$v=v(t)=\int a\mathrm{d}t=\int(-3.2)\mathrm{d}t=-3.2t+C_1,$$

$$s=s(t)=\int v(t)\mathrm{d}t=\int(-3.2t+C_1)\mathrm{d}t=-1.6t^2+C_1t+C_2.$$

当 $t=0$ 时，$s=0$，$v=\dfrac{120\times1000}{3600}=\dfrac{100}{3}$，则 $C_1=\dfrac{100}{3}$，$C_2=0$.

令 $v=0$，得到汽车从开始制动到完全停住所需时间为 $\dfrac{125}{12}=10.42\ \mathrm{s}$，

驾驶员反应时间内汽车行驶距离为 $120\times\dfrac{1000}{3600}\times0.65=21.67\ \mathrm{m}$.

则汽车从开始制动到完全停住所行驶的距离为

$$s=s(10.42)+21.67=\left(-1.6t^2+\frac{100}{3}t\right)\Big|_{t=10.42}+21.67=195.28.$$

由此可知安全距离为 200 m 是必要的.

(6) 问题延伸

当汽车从高速公路离开进入匝道，需要降速到 60 km/h，考查匝道的长度为多长是安全的？

习题 5.3

求下列不定积分：

1. $\int(\mathrm{e}^x-\sqrt[3]{x})\mathrm{d}x$

2. $\int 3^x\mathrm{e}^x\mathrm{d}x$

3. $\int\dfrac{2x^2}{1+x^2}\mathrm{d}x$

4. $\int\dfrac{\cos 2x}{\sin^2 x\cos^2 x}\mathrm{d}x$

5. $\int\dfrac{2+x^2}{x^2(1+x^2)}\mathrm{d}x$

6. $\int\dfrac{\cos 2x}{\sin x-\cos x}\mathrm{d}x$

7. $\int\dfrac{1}{\sin^2 x\cos^2 x}\mathrm{d}x$

8. $\int\dfrac{\mathrm{d}x}{1+\cos 2x}$

9. $\int\dfrac{x-1}{\sqrt{x}+1}\mathrm{d}x$

10. $\int\cos^2\dfrac{x}{2}\mathrm{d}x$

11. $\int\dfrac{\sqrt{1+x^2}}{\sqrt{1-x^4}}\mathrm{d}x$

12. $\int\dfrac{1-2\tan^2 x}{\sin^2 x}\mathrm{d}x$

5.4　积分的计算

从 5.3 节看到，利用基本积分公式和积分的性质可以求出不少函数的原函数，但实际上遇到的积分仅凭这种方法还远远不够，如下列积分：

$$\int\frac{\ln x}{x}\mathrm{d}x,\int\sin^5 x\cos x\mathrm{d}x,\int\frac{1}{1+\sqrt{x}}\mathrm{d}x,\cdots$$

就无法用直接积分法求出，因此，有必要进一步讨论求积分的方法. 本节将讲述求积分(不

定积分和定积分）的换元积分法和分部积分法，换元积分法分为第一类换元积分法（也称“凑微分法”）和第二类换元积分法.

5.4.1 换元积分法

一、不定积分的换元法

（一）第一类换元积分法（凑微分法）

第一类换元积分法就是将所求积分在形式上“凑”成基本积分公式的积分，因此这种积分法也叫作“凑微分法”. 例如求不定积分$\int e^{2x}dx$，此积分用直接积分法是求不出来的，但可以“凑”成基本积分公式$\int e^{2}dx$的形式，比较$\int e^{2x}dx$和$\int e^{x}dx$，我们可以发现，e^{x}的指数相差一个常因子，因此，凑上一个常数 2，上述积分就可以成为

$$\int e^{2x}dx=\frac{1}{2}\int e^{2x}d(2x)$$

再变量代换，设 $2x=u$，那么上述积分就为

$$\frac{1}{2}\int e^{u}du=\frac{1}{2}e^{u}+C$$

然后再回代原来的变量 x 就求得不定积分

$$\int e^{2x}dx=\int e^{2x}\frac{(2x)'}{2}dx=\frac{1}{2}\int e^{2x}d(2x)=\frac{1}{2}\int e^{u}du=\frac{1}{2}e^{u}+C=\frac{1}{2}e^{2x}+C$$

可以验证其结果是正确的.

定理 5.4 若$\int f(u)du=F(u)+C$，且 $u=\varphi(x)$ 是可导函数，则有

$$\int f[\varphi(x)]\varphi'(x)dx=F[\varphi(x)]+C$$

用上式求不定积分的方法称为第一类换元积分法或凑微分法，用定理 5.4 求不定积分的步骤可用下式表示：

$$\int f[\varphi(x)]\varphi'(x)dx\xlongequal{\text{凑微分}}\int f[\varphi(x)]d\varphi(x)\xlongequal[\text{令 }u=\varphi(x)]{\text{变量替换}}\int f(u)du\xlongequal{\text{由基本公式}}F(u)+C\xlongequal{\text{变量回代}}F[\varphi(x)]+C$$

运用定理 5.4 求不定积分时，关键一步是凑微分，即设法将被积式凑成 $f[\varphi(x)]d\varphi(x)$ 的形式.

例 5.22 求$\int \sin 2x dx$.

解 $\int \sin 2xdx=\frac{1}{2}\int \sin 2xd(2x)=\frac{1}{2}\int \sin udu=-\frac{1}{2}\cos u+C=-\frac{1}{2}\cos 2x+C.$

例 5.23 求$\int \frac{2}{3+2x}dx$.

解 $\int \frac{2}{3+2x}dx=\frac{1}{2}\int \frac{2}{3+2x}d(3+2x)=\int \frac{1}{u}du=\ln|u|+C$

$=\ln|3+2x|+C.$

例 5.24 求$\int 2xe^{x^2}\mathrm{d}x$.

解 $\int 2xe^{x^2}\mathrm{d}x = \int e^{x^2}\mathrm{d}x^2 = e^{x^2} + C$.

例 5.25 求$\int \frac{\ln^2 x}{x}\mathrm{d}x$.

解 $\int \frac{\ln^2 x}{x}\mathrm{d}x = \int \ln^2 x \cdot \frac{1}{x}\mathrm{d}x = \int \ln^2 x\mathrm{d}(\ln x) = \frac{1}{3}\ln^3 x + C$.

例 5.26 求$\int \tan x\mathrm{d}x$.

解 $\int \tan x\mathrm{d}x = \int \frac{\sin x}{\cos x}\mathrm{d}x = -\int \frac{\mathrm{d}\cos x}{\cos x} = -\ln|\cos x| + C$.

类似可得$\int \cot x\mathrm{d}x = \ln|\sin x| + C$.

例 5.27 求$\int \csc x\mathrm{d}x$.

解

$$\begin{aligned}\int \csc x\mathrm{d}x &= \int \frac{1}{\sin x}\mathrm{d}x = \int \frac{1}{2\sin\frac{x}{2}\cos\frac{x}{2}}\mathrm{d}x \\ &= \int \frac{1}{\tan\frac{x}{2}\cos^2\frac{x}{2}}\mathrm{d}x = \int \frac{1}{\tan\frac{x}{2}\cos^2\frac{x}{2}}\mathrm{d}\left(\frac{x}{2}\right) \\ &= \int \frac{1}{\tan\frac{x}{2}}\mathrm{d}\left(\tan\frac{x}{2}\right) = \ln\left|\tan\frac{x}{2}\right| + C.\end{aligned}$$

因为$\tan\frac{x}{2} = \frac{\sin\frac{x}{2}}{\cos\frac{x}{2}} = \frac{2\sin^2\frac{x}{2}}{\sin x} = \frac{1-\cos x}{\sin x} = \csc x - \cot x$,所以上述不定积分又可以表示为

$$\int \csc x\mathrm{d}x = \ln|\csc x - \cot x| + C$$

同理可得$\int \sec x\mathrm{d}x = \ln|\sec x + \tan x| + C$.

例 5.28 求$\int \cos^2 x\mathrm{d}x$.

解

$$\begin{aligned}\int \cos^2 x\mathrm{d}x &= \int \frac{1+\cos 2x}{2}\mathrm{d}x = \frac{1}{2}\int \mathrm{d}x + \frac{1}{2}\int \cos 2x\mathrm{d}x \\ &= \frac{1}{2}x + \frac{1}{4}\int \cos 2x\mathrm{d}(2x) \\ &= \frac{1}{2}x + \frac{1}{4}\sin 2x + C.\end{aligned}$$

例 5.29 求$\int \frac{1}{a^2+x^2}\mathrm{d}x$.

解 $\int \frac{1}{a^2+x^2}dx = \frac{1}{a^2}\int \frac{1}{1+\frac{x^2}{a^2}}dx = \frac{1}{a}\int \frac{1}{1+\left(\frac{x}{a}\right)^2}d\left(\frac{x}{a}\right) = \frac{1}{a}\arctan\frac{x}{a}+C.$

例 5.30 求$\int \frac{1}{a^2-x^2}dx$.

解
$$\begin{aligned}\int \frac{1}{a^2-x^2}dx &= \frac{1}{2a}\int\left(\frac{1}{a+x}+\frac{1}{a-x}\right)dx \\ &= \frac{1}{2a}\left(\int \frac{1}{a+x}dx+\int \frac{1}{a-x}dx\right) \\ &= \frac{1}{2a}\left[\int \frac{1}{a+x}d(a+x)-\int \frac{1}{a-x}d(a-x)\right] \\ &= \frac{1}{2a}[\ln|a+x|-\ln|a-x|]+C \\ &= \frac{1}{2a}\ln\left|\frac{a+x}{a-x}\right|+C.\end{aligned}$$

凑微分法是计算不定积分时常用的一种计算方法，不但需要熟记基本公式，而且还要掌握一些常用的凑微分形式，如：

$dx = \frac{1}{a}d(ax \pm b)$	$x^n dx = \frac{1}{n+1}x^{n+1}$
$e^x dx = de^x$	$\frac{1}{x}dx = d\ln x$
$\frac{1}{x^2}dx = -\frac{1}{x}$	$\cos x dx = d\sin x$
$\sin x dx = -d\cos x$	$\sec^2 x dx = d\tan x$
$\csc^2 x dx = -d\cot x$	$\frac{1}{\sqrt{x}}dx = 2d\sqrt{x}$
$\frac{1}{\sqrt{1-x^2}}dx = d\arcsin x$	$\frac{1}{1+x^2}dx = d\arctan x$

（二）第二类换元积分法

第一类换元积分法是先凑微分，再利用新变量 u 替换 $\varphi(x)$. 但是有一类积分，不能用凑微分法，需要作相反的替换，即令 $x=\varphi(t)$，为此介绍第二类换元积分法.

定理 5.5（第二类换元积分法） 设函数 $f(x)$ 连续，函数 $x=\varphi(t)$ 单调可导，且 $\varphi'(t) \neq 0$，如果$\int f[\varphi(t)]\varphi'(t)dt = F(t)+C$，则有

$$\int f(x)dx = F[\varphi^{-1}(x)]+C$$

应用第二类换元积分法求不定积分的步骤为：

$$\int f(x)dx \xlongequal[x=\varphi(t)]{\text{换元}} \int f[\varphi(t)]\varphi'(t)dt = \int g(t)dt \xlongequal[\text{或凑微分求}]{\text{用基本公式}} F(t)+C \xlongequal[t=\varphi^{-1}(x)]{\text{还原}} F[\varphi^{-1}(x)]+C$$

常见的第二类换元积分法的积分变量代换主要有如下两种：

① 根式代换法

a. 被积函数含有形如 $\sqrt[n]{ax+b}$(n 为正整数）的根式，令 $\sqrt[n]{ax+b}=t$.

b. 被积函数含有形如 $\sqrt[n]{x}$，$\sqrt[m]{x}$(n,m 为正整数，$n\neq m$）的根式，令 $\sqrt[k]{x}=t$，其中 k 为 n,m 的最小公倍数.

例 5.31　求 $\int\frac{1}{1+\sqrt{x}}\mathrm{d}x$.

解　设 $\sqrt{x}=t$，则 $x=t^2$，$\mathrm{d}x=2t\mathrm{d}t$，于是

$$\begin{aligned}\int\frac{1}{1+\sqrt{x}}\mathrm{d}x&=\int\frac{1}{1+t}2t\mathrm{d}t\\&=2\int\frac{t+1-1}{1+t}\mathrm{d}t\\&=2t-\ln|1+t|+C=2\sqrt{x}-\ln|1+\sqrt{x}|+C\end{aligned}$$

例 5.32　求 $\int\frac{\sqrt{x-1}}{x}\mathrm{d}x$.

解　设 $\sqrt{x-1}=t$，即 $x=1+t^2$，$\mathrm{d}x=2t\mathrm{d}t$，于是

$$\begin{aligned}\int\frac{\sqrt{x-1}}{x}\mathrm{d}x&=\int\frac{t}{1+t^2}\cdot 2t\mathrm{d}t\\&=2\int\frac{t^2+1-1}{1+t^2}\mathrm{d}t\\&=2\int\left(1-\frac{1}{1+t^2}\right)\mathrm{d}t\\&=2(t-\arctan t)+C\\&=2(\sqrt{x-1}-\arctan\sqrt{x-1})+C\end{aligned}$$

例 5.33　求 $\int\frac{1}{\sqrt{x}-\sqrt[3]{x}}\mathrm{d}x$.

解　设 $\sqrt[6]{x}=t$，即 $x=t^6$，$\mathrm{d}x=6t^5\mathrm{d}t$，于是

$$\begin{aligned}\int\frac{1}{\sqrt{x}-\sqrt[3]{x}}\mathrm{d}x&=\int\frac{6t^5}{t^3-t^2}\mathrm{d}t\\&=6\int\frac{t^3}{t-1}\mathrm{d}t\\&=6\int\frac{t^3-1+1}{t-1}\mathrm{d}t\\&=6\int\left(t^2+t+1+\frac{1}{t\quad 1}\right)\mathrm{d}t\\&=2t^3+3t^2+6t+6\ln|t-1|+C\\&=2\sqrt{x}+3\sqrt[3]{x}+6\sqrt[6]{x}+6\ln|\sqrt[6]{x}-1|+C\end{aligned}$$

② 三角代换法

a. 被积函数含有形如 $\sqrt{a^2-x^2}$ ($a>0$) 的根式，设 $x=a\sin t$.

例 5.34　求 $\int\sqrt{a^2-x^2}\mathrm{d}x$.

解　设 $x = a\sin t, t \in \left[-\frac{\pi}{2}, \frac{\pi}{2}\right]$，则 $\mathrm{d}x = a\cos t\mathrm{d}t$，于是 $\int \sqrt{a^2 - x^2}\mathrm{d}x$
$= \int a^2\cos^2 t\mathrm{d}t = \frac{a^2}{2}\int(1 + \cos 2t)\mathrm{d}t = \frac{a^2}{2}\left(t + \frac{1}{2}\sin 2t\right) + C.$

由所设 $\sin t = \frac{x}{a}$，作出直角三角形，如图 5-8 所示. 由图可知

$\cos t = \frac{\sqrt{a^2 - x^2}}{a}.$

$$\int \sqrt{a^2 - x^2}\mathrm{d}x = \frac{a^2}{2}\left(\arcsin\frac{x}{a} + \frac{x}{a}\frac{\sqrt{a^2 - x^2}}{a}\right) + C$$
$$= \frac{a^2}{2}\arcsin\frac{x}{a} + \frac{x}{2}\sqrt{a^2 - x^2} + C$$

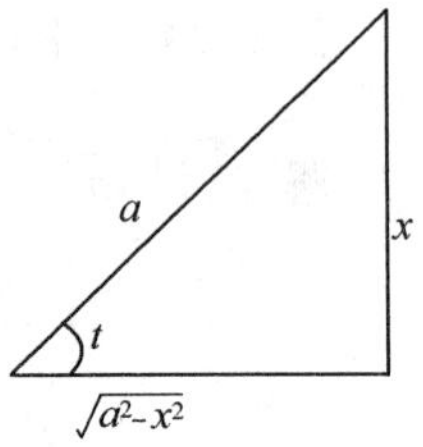

图 5-8

b. 被积函数含有形如 $\sqrt{x^2 + a^2}(a > 0)$ 的根式，设 $x = a\tan t$.

例 5.35　求 $\int \frac{1}{\sqrt{x^2 + a^2}}\mathrm{d}x$.

解　设 $x = a\tan t, t \in \left(-\frac{\pi}{2}, \frac{\pi}{2}\right)$，则 $\mathrm{d}x = a\sec^2 t\mathrm{d}t$，$\sqrt{x^2 + a^2}$
$= a\sec t$，于是

$$\int \frac{1}{\sqrt{x^2 + a^2}}\mathrm{d}x = \int \frac{a\sec^2 t}{a\sec t}\mathrm{d}t = \int \sec t\mathrm{d}t = \ln|\sec t + \tan t| + C.$$

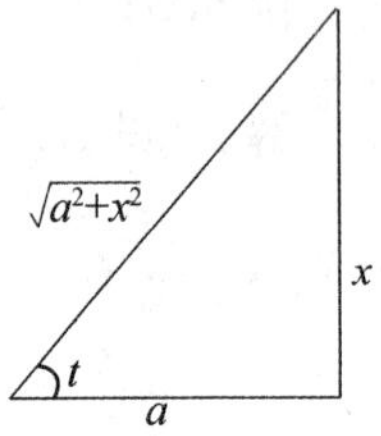

图 5-9

由所设 $\tan t = \frac{x}{a}$，作出直角三角形，如图 5-9 所示.

由图可知 $\sec t = \frac{\sqrt{x^2 + a^2}}{a}$.

$$\int \frac{1}{\sqrt{x^2 + a^2}}\mathrm{d}x = \ln\left|\frac{\sqrt{x^2 + a^2}}{a} + \frac{x}{a}\right| + C_1$$
$$= \ln|\sqrt{x^2 + a^2} + x| - \ln a + C_1$$
$$= \ln|\sqrt{x^2 + a^2} + x| + C$$

c. 被积函数含有形如 $\sqrt{x^2 - a^2}\ (a > 0)$ 的根式，设 $x = a\sec t$.

例 5.36　求 $\int \frac{\mathrm{d}x}{\sqrt{x^2 - a^2}}(a > 0)$.

解　首先注意到被积函数的定义域为 $x \in (-\infty, -a) \cup (a, +\infty)$，我们在 $(a, +\infty)$ 和 $(-\infty, -a)$ 上分别求不定积分.

当 $x > a$ 时，设 $x = a\sec t\left(0 < t < \frac{\pi}{2}\right)$，则 $\sqrt{x^2 - a^2} = \sqrt{a^2\sec^2 t - a^2}$
$= a\sqrt{\sec^2 t - 1} = a\tan t$，$\mathrm{d}x = a\sec t\tan t\mathrm{d}t$，于是

$$\int \frac{\mathrm{d}x}{\sqrt{x^2 - a^2}} = \int \frac{a\sec t\tan t}{a\tan t}\mathrm{d}t = \int \sec t\mathrm{d}t = \ln(\sec t + \tan t) + C_1$$

再换回原来的变量时，由所设 $\sec t = \frac{x}{a}$，作出直角三角形，如图 5-10 所示.

由图可知 $\tan t = \frac{\sqrt{x^2 - a^2}}{a}$.

$\int \frac{\mathrm{d}x}{\sqrt{x^2 - a^2}} = \ln\left(\frac{x}{a} + \frac{\sqrt{x^2 - a^2}}{a}\right) + C_1 = \ln(x + \sqrt{x^2 - a^2})$ $+ C$，其中，$C = C_1 - \ln a$.

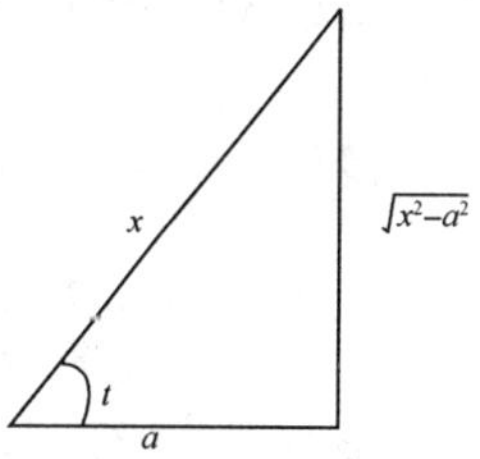

图 5-10

当 $x < -a$ 时，令 $x = -u$，则 $u > a$，由前面结果有

$$\int \frac{\mathrm{d}x}{\sqrt{x^2 - a^2}} = -\int \frac{\mathrm{d}u}{\sqrt{u^2 - a^2}} + C_2 = -\ln(u + \sqrt{u^2 - a^2}) + C_2$$

$$= -\ln(-x + \sqrt{x^2 - a^2}) + C_2 = \ln\frac{-x - \sqrt{x^2 - a^2}}{a^2} + C_2 = \ln(-x - \sqrt{x^2 - a^2}) + C,$$

其中，$C = C_2 + 2\ln a$.

将上述结果综合起来，就有

$$\int \frac{\mathrm{d}x}{\sqrt{x^2 - a^2}} = \ln\left|x + \sqrt{x^2 - a^2}\right| + C$$

除以上情况外，也会见到其他类型的根式，其主要方法是去掉根号.

由本节的例题可得下列公式，也可作为对基本积分公式的补充，以后也常用到，读者要会用.

(14) $\int \frac{\mathrm{d}x}{x^2 - a^2} = \frac{1}{2a}\ln\left|\frac{x-a}{x+a}\right| + C$　　(15) $\int \frac{\mathrm{d}x}{a^2 + x^2} = \frac{1}{a}\arctan\frac{x}{a} + C$

(16) $\int \frac{\mathrm{d}x}{\sqrt{a^2 - x^2}} = \arcsin\frac{x}{a} + C$　　(17) $\int \tan x\mathrm{d}x = -\ln|\cos x| + C$

(18) $\int \cot x\mathrm{d}x = \ln|\sin x| + C$　　(19) $\int \sec x\mathrm{d}x = \ln|\sec x + \tan x| + C$

(20) $\int \csc x\mathrm{d}x = \ln|\csc x - \cot x| + C$

(21) $\int \frac{\mathrm{d}x}{\sqrt{x^2 \pm a^2}} = \ln\left|x + \sqrt{x^2 \pm a^2}\right| + C$

二、定积分的换元法

根据牛顿 - 莱布尼兹公式，在求出不定积分时，利用原函数可求出定积分的值，由于定积分与积分限有关、与积分变量无关，在用换元法计算定积分时可以在换元的同时使积分限作相应的改变，使其转换为换元后的定积分，不需要在不定积分变量还原后再求定积分，这样可以使计算简化.

定理 5.6　设函数 $f(x)$ 在区间$[a,b]$上连续，而 $x = \varphi(t)$ 满足下列条件：

(1) 在区间$[a,b]$上单值且有连续导数 $\varphi'(t)$；

(2) 当 t 在区间$[a,b]$上变化时，$x = \varphi(t)$ 的值在$[a,b]$上变化，且 $\varphi(\alpha) = a$，$\varphi(\beta) = b$，则有

$$\int_a^b f(x)\mathrm{d}x = \int_\alpha^\beta f[\varphi(t)]\varphi'(t)\mathrm{d}t$$

注：换元必换限.原上限对新上限，原下限对新下限.

例 5.37　求$\int_0^{\frac{\pi}{2}}\cos^3 x\sin x\mathrm{d}x$.

解　$\int_0^{\frac{\pi}{2}}\cos^3 x\sin x\mathrm{d}x=-\int_0^{\frac{\pi}{2}}\cos^3 x\mathrm{d}\cos x=-\frac{1}{4}\cos^4 x\Big|_0^{\frac{\pi}{2}}=\frac{1}{4}$.

例 5.38　求$\int_1^{\mathrm{e}}\frac{\ln x}{x}\mathrm{d}x$.

解　$\int_1^{\mathrm{e}}\frac{\ln x}{x}\mathrm{d}x=\int_1^{\mathrm{e}}\ln x\mathrm{d}\ln x=\left(\frac{1}{2}\ln^2 x\right)\Big|_1^{\mathrm{e}}=\frac{1}{2}$.

例 5.39　求$\int_0^a\sqrt{a^2-x^2}\mathrm{d}x(a>0)$.

解　令$x=a\sin t,t\in\left[-\frac{\pi}{2},\frac{\pi}{2}\right]$,则$\mathrm{d}x=a\cos t\mathrm{d}t$.

当$x=0$时,$t=0$;当$x=a$时,$t=\frac{\pi}{2}$,所以

$$\int_0^a\sqrt{a^2-x^2}\mathrm{d}x=\int_0^{\frac{\pi}{2}}\sqrt{a^2-(a\sin t)^2}\cdot a\cos t\mathrm{d}t=\int_0^{\frac{\pi}{2}}a^2\cos^2 t\mathrm{d}t$$

$$=\frac{a^2}{2}\int_0^{\frac{\pi}{2}}(1+\cos 2t)\mathrm{d}t=\frac{a^2}{2}\left(t+\frac{1}{2}\sin 2t\right)\Big|_0^{\frac{\pi}{2}}=\frac{1}{4}\pi a^2$$

此外,利用定积分的换元积分法还可以证明一些定积分恒等式,此时,关键是选择合适的变量替换.

例 5.40　设函数$f(x)$在区间$[-a,a](a>0)$上连续,证明：

(1) 当$f(x)$为偶函数时,$\int_{-a}^a f(x)\mathrm{d}x=2\int_0^a f(x)\mathrm{d}x$;

(2) 当$f(x)$为奇函数时,$\int_{-a}^a f(x)\mathrm{d}x=0$.

证　(1) 因为$f(x)$为偶函数,所以$f(-x)=f(x)$.由定积分的区间可加性,有

$$\int_{-a}^a f(x)\mathrm{d}x=\int_{-a}^0 f(x)\mathrm{d}x+\int_0^a f(x)\mathrm{d}x$$

设$x=-t$, 则有

$$\int_{-a}^0 f(x)\mathrm{d}x=\int_a^0 f(-t)\mathrm{d}(-t)=-\int_a^0 f(t)\mathrm{d}t=\int_0^a f(t)\mathrm{d}t=\int_0^a f(x)\mathrm{d}x$$

代入上式得

$$\int_{-a}^a f(x)\mathrm{d}x=\int_0^a f(x)\mathrm{d}x+\int_0^a f(x)\mathrm{d}x=2\int_0^a f(x)\mathrm{d}x$$

即$\int_{-a}^a f(x)\mathrm{d}x=2\int_0^a f(x)\mathrm{d}x$.

(2) 类似于(1) 的证明,请读者自行完成.

例 5.41　求$\int_{-\pi}^{\pi}(x^2+\sin^3 x)\mathrm{d}x$.

解　所给积分区间为对称区间,而被积函数既不是x的奇函数也不是x的偶函数,但是x^2是x的偶函数,$\sin^3 x$是x的奇函数,于是有

$$\int_{-\pi}^{\pi}(x^2+\sin^3 x)\mathrm{d}x=\int_{-\pi}^{\pi}x^2\mathrm{d}x+\int_{-\pi}^{\pi}\sin^3 x\mathrm{d}x=2\int_{0}^{\pi}x^2\mathrm{d}x=\frac{2}{3}x^3\Big|_0^{\pi}=\frac{2}{3}\pi^3$$

例 5.42　(能源消耗问题)近年来,世界范围内每年的石油消耗率呈指数增长,且增长指数大约为0.07.1987年初,消耗率大约为每年161亿桶.设 $R(t)$ 表示从1987年起第 t 年的石油消耗率,则 $R(t)=161\mathrm{e}^{0.07t}$(亿桶),试用此式估计从1987年到2007年间石油消耗的总量.

解　设 $T(t)$ 表示从1987年起($t=0$)直到第 t 年的石油消耗总量,要求从1987年到2007年间石油消耗的总量,即求 $T(20)$.

由条件可知 $T'(t)=R(t)$,以从 $t=0$ 到 $t=20$ 期间石油消耗的总量为:

$$\int_0^{20}161\mathrm{e}^{0.07t}\mathrm{d}t=\frac{161}{0.07}\mathrm{e}^{0.07t}\Big|_0^{20}=2300(\mathrm{e}^{0.07\times 20}-1)=7027(\text{亿桶})$$

5.4.2　分部积分法

利用两个函数乘积的求导(微分)法则,可以推出另一个重要的积分方法——分部积分法.

一、不定积分的分部积分法

设函数 $u=u(x)$,$v=v(x)$ 具有连续导数,根据乘积的微分公式

$$\mathrm{d}(uv)=v\mathrm{d}u+u\mathrm{d}v$$

移项得

$$u\mathrm{d}v=\mathrm{d}(uv)-v\mathrm{d}u$$

对等式两边求不定积分,得

$$\int u\mathrm{d}v=uv-\int v\mathrm{d}u$$

上式称为不定积分的分部积分公式.利用上式求不定积分的方法称为分部积分法.这个公式说明,利用分部积分法的关键是选择合适的 u,v,下面将分两种情况讨论.

(1) 被积函数只含有一个函数,则被积函数为 u,$\mathrm{d}x$ 为 $\mathrm{d}v$.

例 5.43　求 $\int \arctan x\mathrm{d}x$.

解

$$\begin{aligned}\int \arctan x\mathrm{d}x&=x\arctan x-\int\frac{x}{1+x^2}\mathrm{d}x\\&=x\arctan x-\frac{1}{2}\int\frac{\mathrm{d}(1+x^2)}{1+x^2}\\&=x\arctan x-\frac{1}{2}\ln(1+x^2)+C\end{aligned}$$

例 5.44　求 $\int \ln x\mathrm{d}x$.

解　$\int \ln x\mathrm{d}x=x\ln x-\int x\mathrm{d}(\ln x)=x\ln x-\int x\cdot\frac{1}{x}\mathrm{d}x=x\ln x-x+C.$

(2) 被积函数含有两个函数,则按照"反、对、幂、三、指"的顺序确定 u,剩下的函数与 $\mathrm{d}x$ 凑成 $\mathrm{d}v$.

例 5.45　求 $\int x\cos x\mathrm{d}x$.

解 $\int x\cos x\mathrm{d}x = \int x\mathrm{d}(\sin x) = x\sin x - \int \sin x\mathrm{d}x = x\sin x + \cos x + C.$

例 5.46 求$\int x\arctan x\mathrm{d}x$.

解
$$\begin{aligned}\int x\arctan x\mathrm{d}x &= \frac{1}{2}\int \arctan x\mathrm{d}x^2 \\ &= \frac{1}{2}x^2\arctan x - \frac{1}{2}\int \frac{x^2}{1+x^2}\mathrm{d}x \\ &= \frac{1}{2}x^2\arctan x - \frac{1}{2}x + \frac{1}{2}\arctan x + C\end{aligned}$$

例 5.47 求$\int x\ln x\mathrm{d}x$.

解
$$\begin{aligned}\int x\ln x\mathrm{d}x &= \int \ln x\mathrm{d}\left(\frac{x^2}{2}\right) \\ &= \frac{x^2}{2}\ln x - \int \frac{x^2}{2}\mathrm{d}(\ln x) \\ &= \frac{x^2}{2}\ln x - \frac{1}{2}\int x\mathrm{d}x = \frac{x^2}{2}\ln x - \frac{1}{4}x^2 + C\end{aligned}$$

例 5.48 求$\int x^2\mathrm{e}^x\mathrm{d}x$.

解
$$\int x^2\mathrm{e}^x\mathrm{d}x = \int x^2\mathrm{d}(\mathrm{e}^x) = x^2\mathrm{e}^x - \int \mathrm{e}^x\mathrm{d}(x^2) = x^2\mathrm{e}^x - 2\int x\mathrm{e}^x\mathrm{d}x$$

其中对$\int x\mathrm{e}^x\mathrm{d}x$再用一次分部积分公式,得

$$\int x^2\mathrm{e}^x\mathrm{d}x = x^2\mathrm{e}^x - 2(x\mathrm{e}^x - \mathrm{e}^x) + C = \mathrm{e}^x(x^2 - 2x + 2) + C$$

注:有些不定积分需要多次使用分部积分法才能得到结果.

例 5.49 求$\int \mathrm{e}^x\cos x\mathrm{d}x$.

解
$$\begin{aligned}\int \mathrm{e}^x\cos x\mathrm{d}x &= \int \mathrm{e}^x\mathrm{d}(\sin x) = \mathrm{e}^x\sin x - \int \sin x\mathrm{d}(\mathrm{e}^x) \\ &= \mathrm{e}^x\sin x - \int \mathrm{e}^x\sin x\mathrm{d}x = \mathrm{e}^x\sin x + \int \mathrm{e}^x\mathrm{d}(\cos x) \\ &= \mathrm{e}^x\sin x + \mathrm{e}^x\cos x - \int \cos x\mathrm{d}(\mathrm{e}^x) \\ &= \mathrm{e}^x(\sin x + \cos x) - \int \mathrm{e}^x\cos x\mathrm{d}x\end{aligned}$$

移项,得 $2\int \mathrm{e}^x\cos x\mathrm{d}x = \mathrm{e}^x(\sin x + \cos x) + C_1$.

于是$\int \mathrm{e}^x\cos x\mathrm{d}x = \frac{1}{2}\mathrm{e}^x(\sin x + \cos x) + C\left(C = \frac{1}{2}C_1\right)$.

二、定积分的分部积分法

由不定积分的分部积分公式,不难推导出定积分的分部积分公式.

设函数 $u = u(x), v = v(x)$ 在区间$[a,b]$上有连续导数,则有

$$\int_a^b uv'\mathrm{d}x = uv\mid_a^b - \int_a^b vu'\mathrm{d}x$$

上式称为定积分的分部积分公式，也可以简单地记为

$$\int_a^b u\mathrm{d}v = uv\mid_a^b - \int_a^b v\mathrm{d}u$$

例 5.50　计算$\int_0^1 x\mathrm{e}^{-x}\mathrm{d}x$.

解　$\int_0^1 x\mathrm{e}^{-x}\mathrm{d}x = -\int_0^1 x\mathrm{d}\mathrm{e}^{-x} = -\left(x\mathrm{e}^{-x}\mid_0^1 - \int_0^1 \mathrm{e}^{-x}\mathrm{d}x\right) = -\left(\mathrm{e}^{-1} + \mathrm{e}^{-x}\mid_0^1\right) = 1 - \frac{2}{\mathrm{e}}$.

例 5.51　计算$\int_1^4 \ln x\mathrm{d}x$.

解　$\int_1^4 \ln x\mathrm{d}x = x\ln x\mid_1^4 - \int_1^4 x\mathrm{d}\ln x = 4\ln 4 - 3$.

例 5.52　计算$\int_0^1 \mathrm{e}^{\sqrt{x}}\mathrm{d}x$.

解　被积函数中有无理式时，通常要先用换元法使被积函数有理化.

令$\sqrt{x} = t$，则 $x = t^2$，$\mathrm{d}x = 2t\mathrm{d}t$.

当 $x = 0$ 时，$t = 0$；当 $x = 1$ 时，$t = 1$，于是

$$\begin{aligned}\int_0^1 \mathrm{e}^{\sqrt{x}}\mathrm{d}x &= \int_0^1 \mathrm{e}^t \cdot 2t\mathrm{d}t = 2\int_0^1 t\mathrm{e}^t\mathrm{d}t = 2\int_0^1 t\mathrm{d}\mathrm{e}^t \\ &= 2(t\mathrm{e}^t)\mid_0^1 - 2\int_0^1 \mathrm{e}^t\mathrm{d}t \\ &= 2\mathrm{e} - 2\mathrm{e}^t\mid_0^1 = 2\end{aligned}$$

习题 5.4

1. 求下列不定积分

(1) $\int \frac{\mathrm{d}x}{1-2x}$　　(2) $\int \frac{\mathrm{d}x}{1+9x^2}$　　(3) $\int \mathrm{e}^{\sin x}\cos x\mathrm{d}x$

(4) $\int \frac{\ln^3 x}{x}\mathrm{d}x$　　(5) $\int \sin^2 x\mathrm{d}x$　　(6) $\int \frac{1}{4+x^2}\mathrm{d}x$

(7) $\int \frac{1}{9-x^2}\mathrm{d}x$　　(8) $\int \frac{x\mathrm{d}x}{1+9x^2}$　　(9) $\int \sin^3 x\mathrm{d}x$

(10) $\int \sin^2 x\cos^3 x\mathrm{d}x$　　(11) $\int \frac{\mathrm{d}x}{\sqrt{x}+\sqrt[3]{x}}$　　(12) $\int \sqrt{4-x^2}dx$

(13) $\int \frac{\mathrm{d}x}{\sqrt{9+x^2}}$　　(14) $\int x\cos\frac{x}{2}\mathrm{d}x$　　(15) $\int x^2\mathrm{e}^{-x}\mathrm{d}x$

(16) $\int x^4\ln x\mathrm{d}x$　　(17) $\int \mathrm{e}^{2x}\cos 3x\mathrm{d}x$　　(18) $\int x\arctan x\mathrm{d}x$

2. 求下列定积分

(1) $\int_0^2 \frac{1}{x^2} e^{\frac{1}{x}} dx$　　(2) $\int_0^{\frac{\pi}{2}} \sin x \cos^3 x dx$　　(3) $\int_0^{\pi} \cos^2 x dx$

(4) $\int_0^1 \frac{t}{(t^2+3)^2} dt$　　(5) $\int_1^e \frac{\cos(\ln x)}{x} dx$　　(6) $\int_{-1}^0 \frac{(2x+3)dx}{x^2+3x+2}$

(7) $\int_0^1 \frac{\sqrt{x}}{2-\sqrt{x}} dx$　　(8) $\int_0^1 x^2\sqrt{1-x^2} dx$　　(9) $\int_1^e \ln x dx$

(10) $\int_0^1 \arctan x dx$　　(11) $\int_0^1 x^2 e^{-x} dx$　　(12) $\int_0^{\frac{\pi}{2}} x^2 \sin x dx$

(13) $\int_1^4 \frac{\ln x}{\sqrt{x}} dx$

5.5 反常积分

前面讨论的定积分的积分区间都是有限区间，且被积函数在积分区间上有界. 但实际问题中还会遇到无穷区间上的积分以及无界函数的积分问题，这类积分称为反常积分.

5.5.1 无穷区间上的反常积分

定义 5.3 设函数 $f(x)$ 在$[a,+\infty)$ 上连续，对于任意的 $b>a$，如果极限 $\lim\limits_{b\to+\infty}\int_a^b f(x)dx$ 存在，则称此极限为 $f(x)$ 在$[a,+\infty)$ 上的反常积分，记为$\int_a^{+\infty} f(x)dx$，即

$$\int_a^{+\infty} f(x)dx = \lim_{b\to+\infty}\int_a^b f(x)dx$$

这时也称反常积分$\int_a^{+\infty} f(x)dx$ 收敛；若上述极限不存在，则称反常积分$\int_a^{+\infty} f(x)dx$ 发散.

类似地，定义 $f(x)$ 在$(-\infty,b]$ 上的反常积分为

$$\int_{-\infty}^b f(x)dx = \lim_{a\to-\infty}\int_a^b f(x)dx \quad (a<b)$$

若极限存在，称反常积分$\int_{-\infty}^b f(x)dx$ 收敛，否则称之为发散.

函数 $f(x)$ 在$(-\infty,+\infty)$ 上的反常积分定义为

$$\int_{-\infty}^{+\infty} f(x)dx = \int_{-\infty}^c f(x)dx + \int_c^{-\infty} f(x)dx \quad (c\text{ 为任意实数})$$

当且仅当上式右边的两个反常积分都收敛时，称反常积分$\int_{-\infty}^{+\infty} f(x)dx$ 收敛，否则称之为发散.

上述各反常积分统称为无穷区间上的反常积分，简称为无穷积分.

以后为了书写方便，常把无穷积分的计算也统一到牛顿 - 莱布尼兹公式中，即

$$\int_a^{+\infty} f(x)dx = F(x)\Big|_a^{+\infty} = F(+\infty) - F(a)$$

$$\int_{-\infty}^{b} f(x)\mathrm{d}x = F(x)\,\Big|_{-\infty}^{b} = F(b) - F(-\infty)$$

$$\int_{-\infty}^{+\infty} f(x)\mathrm{d}x = F(x)\,\Big|_{-\infty}^{+\infty} = F(+\infty) - F(-\infty)$$

其中，$F(+\infty)$ 与 $F(-\infty)$ 分别表示极限 $\lim\limits_{x\to+\infty} F(x)$ 与 $\lim\limits_{x\to-\infty} F(x)$.

例 5.53　计算无穷积分$\displaystyle\int_{-\infty}^{+\infty} \frac{1}{1+x^2}\mathrm{d}x$.

解

$$\int_{-\infty}^{+\infty} \frac{1}{1+x^2}\mathrm{d}x = \arctan x\,\Big|_{-\infty}^{+\infty} = \lim_{x\to+\infty}\arctan x - \lim_{x\to-\infty}\arctan x = \frac{\pi}{2} - \left(-\frac{\pi}{2}\right) = \pi$$

例 5.54　计算无穷积分$\displaystyle\int_{0}^{+\infty} \cos x\mathrm{d}x$.

解

$$\int_{0}^{+\infty} \cos x\mathrm{d}x = \sin x\,\Big|_{0}^{+\infty} = \lim_{x\to+\infty}\sin x - \sin 0 = \lim_{x\to+\infty}\sin x$$

因为极限 $\lim\limits_{x\to+\infty}\sin x$ 不存在，所以无穷积分$\displaystyle\int_{0}^{+\infty} \cos x\mathrm{d}x$ 发散.

例 5.55　讨论无穷积分$\displaystyle\int_{1}^{+\infty} \frac{1}{x^p}\mathrm{d}x\,(p>0)$ 的敛散性.

解　(1) 当 $p=1$ 时，$\displaystyle\int_{1}^{+\infty} \frac{1}{x}\mathrm{d}x = \ln x\,\Big|_{1}^{+\infty} = +\infty$，该反常积分发散；

(2) 当 $p>1$ 时，$\displaystyle\int_{1}^{+\infty} \frac{1}{x^p}\mathrm{d}x = \frac{1}{1-p}x^{1-p}\,\Big|_{1}^{+\infty} = \frac{1}{p-1}$，该反常积分收敛；

(3) 当 $p<1$ 时，$\displaystyle\int_{1}^{+\infty} \frac{1}{x^p}\mathrm{d}x = \frac{1}{1-p}x^{1-p}\,\Big|_{1}^{+\infty} = +\infty$，该反常积分发散.

于是$\displaystyle\int_{1}^{+\infty} \frac{1}{x^p}\mathrm{d}x\,(p>0)$ 在 $p>1$ 时收敛，在 $p\leqslant 1$ 时发散.

例 5.56　(终身供应润滑油问题) 某制造公司在生产了一批超音速运输机之后停产了，但该公司承诺将为客户终身供应一种适于该机型的特殊润滑油，一年后该批飞机的用油率(单位：升 / 年) 由下式给出：

$$r(t) = 300t^{\frac{3}{2}}$$

其中，t 表示飞机服役的年数($t\geqslant 1$)，该公司要一次性生产该批飞机所需的润滑油并在需要时分发出去，请问需要生产此润滑油多少升？

解　因为 $r(t)$ 是该批飞机一年后的用油率，所以在第一年到第 x 年间的任意一个时间段 $[t, t+\Delta t]$ 中，该批飞机所需的润滑油的数量等于 $r(t)\mathrm{d}t$，因此从第一年到第 x 年间所需的润滑油的数量等于$\displaystyle\int_{1}^{x} r(t)\mathrm{d}t$，那么$\displaystyle\int_{1}^{+\infty} r(t)\mathrm{d}t$ 就等于该批飞机终身所需的润滑油的数量.

$$\begin{aligned}\int_{1}^{+\infty} r(t)\mathrm{d}t &= \lim_{x\to+\infty}\int_{1}^{x} 300t^{-\frac{3}{2}}\mathrm{d}t \\ &= \lim_{x\to+\infty} 300\times(-2)t^{-\frac{1}{2}}\,\Big|_{1}^{x} \\ &= \lim_{x\to+\infty} 600(1-x^{-\frac{1}{2}}) = 600(\text{升})\end{aligned}$$

即 600 升润滑油将保证终身供应.

5.5.2 无界函数的反常积分

定义 5.4 设函数 $f(x)$ 在区间 $(a,b]$ 上连续，且 $\lim\limits_{x\to a^+}f(x)=\infty$. 取 $\varepsilon>0$ 若极限 $\lim\limits_{\varepsilon\to 0^+}\int_{a+\varepsilon}^{b}f(x)\mathrm{d}x$ 存在，则称此极限为函数 $f(x)$ 在区间 $(a,b]$ 上的反常积分，记作

$$\int_a^b f(x)\mathrm{d}x=\lim_{\varepsilon\to 0^+}\int_{a+\varepsilon}^{b}f(x)\mathrm{d}x$$

这时我们称反常积分 $\int_a^b f(x)\mathrm{d}x$ 收敛；若极限 $\lim\limits_{\varepsilon\to 0^+}\int_{a+\varepsilon}^{b}f(x)\mathrm{d}x$ 不存在，就称反常积分 $\int_a^b f(x)\mathrm{d}x$ 发散.

类似地，可以定义 $x=b$ 为函数 $f(x)$ 无穷间断点时的无界函数的反常积分为

$$\int_a^b f(x)\mathrm{d}x=\lim_{\varepsilon\to 0^+}\int_{a}^{b-\varepsilon}f(x)\mathrm{d}x$$

对于 $f(x)$ 在 $[a,b]$ 上除 $c(a<c<b)$ 点外处处连续，而 $\lim\limits_{x\to c}f(x)=\infty$ 的情形，则定义为

$$\int_a^b f(x)\mathrm{d}x=\lim_{\varepsilon_1\to 0^+}\int_{a}^{c-\varepsilon_1}f(x)\mathrm{d}x+\lim_{\varepsilon_2\to 0^+}\int_{c+\varepsilon_2}^{b}f(x)\mathrm{d}x$$

当且仅当右端两个反常积分同时收敛时，才称反常积分 $\int_a^b f(x)\mathrm{d}x$ 收敛.

上面所述的无界函数的反常积分也称为瑕积分，无界函数的无穷间断点也称为瑕点. 瑕积分与一般定积分的形式虽然一样，但其含义不同，因此，在计算积分时，首先要考虑是定积分还是瑕积分，若是瑕积分，则要按瑕积分的计算方法处理.

例 5.57 计算瑕积分 $\int_0^1\dfrac{1}{\sqrt{1-x^2}}\mathrm{d}x$.

解 $x=1$ 是无穷间断点，取 $\varepsilon>0$ 则有

$$\int_0^1\frac{1}{\sqrt{1-x^2}}\mathrm{d}x=\lim_{\varepsilon\to 0^+}\frac{1}{\sqrt{1-x^2}}\mathrm{d}x=\lim_{\varepsilon\to 0^+}\arcsin x\,\Big|_0^{1-\varepsilon}=\lim_{\varepsilon\to 0^+}\arcsin(1-\varepsilon)=\frac{\pi}{2}$$

例 5.58 讨论瑕积分 $\int_{-1}^{1}\dfrac{1}{x^2}$ 的敛散性.

解 $x=0$ 是无穷间断点，则

$$\int_{-1}^{1}\frac{1}{x^2}\mathrm{d}x=\int_{-1}^{0}\frac{1}{x^2}\mathrm{d}x+\int_{0}^{1}\frac{1}{x^2}\mathrm{d}x$$

取 $\varepsilon>0$ 则

$$\int_{-1}^{0}\frac{1}{x^2}\mathrm{d}x=\lim_{\varepsilon\to 0^+}\int_{-1}^{-\varepsilon}\frac{1}{x^2}\mathrm{d}x=\lim_{\varepsilon\to 0^+}\left(-\frac{1}{x}\right)\Big|_{-1}^{-\varepsilon}=\lim_{\varepsilon\to 0^+}\left(\frac{1}{\varepsilon}-1\right)=\infty$$

所以瑕积分 $\int_{-1}^{1}\dfrac{1}{x^2}\mathrm{d}x$ 发散.

注：本例如果疏忽了 $x=0$ 是瑕点，则会得到错误的结果：

$$\int_{-1}^{1}\frac{1}{x^2}\mathrm{d}x=-\frac{1}{x}\Big|_{-1}^{1}=-1-1=-2$$

习题 5.5

1. 判定下列无限区间的反常积分的收敛性，若收敛，求出值.

(1) $\int_{1}^{+\infty}\frac{\mathrm{d}x}{\sqrt{x}}$　　(2) $\int_{-\infty}^{+\infty}\frac{\mathrm{d}x}{x^2+2x+2}$

(3) $\int_{\mathrm{e}}^{+\infty}\frac{\ln x}{x}\mathrm{d}x$　　(4) $\int_{0}^{+\infty}x\mathrm{e}^{-x^2}\mathrm{d}x$

2. 判定下列无界函数的反常积分的收敛性，若收敛，求出值.

(1) $\int_{0}^{1}\frac{1}{\sqrt{1-x}}\mathrm{d}x$　　(2) $\int_{-\frac{\pi}{4}}^{\frac{\pi}{4}}\frac{1}{\sin^2 x}\mathrm{d}x$

5.6　定积分的应用

定积分的应用很广泛，本节将介绍微元法，通过微元法来掌握定积分的几何应用和经济应用.

5.6.1　微元法

用定积分求曲边梯形的面积时，经过如下四个步骤：第一是分割，即把整体进行分割；第二是近似，在局部范围内"以直代曲"，即求出整体量在局部范围内的近似值；第三是求和，即将各窄曲边梯形面积的近似值加起来；第四是取极限，从而得到整体量的精确值. 事实上，这种方法在实际应用中很广泛，为了今后应用方便，我们在解决实际问题中将这四个步骤简化成以下步骤：

(1) 取积分变量 x，确定取值范围 $[a,b]$.

(2) 分割区间 $[a,b]$，在其中任取一个小区间，记为 $[x,x+\Delta x]$ 或 $[x,x+\mathrm{d}x]$，设所求整体量是 S，取 $\xi_i = x$(小区间的左端点)，求出 S 在小区间上的局部量 ΔS 的近似表达式

$$\Delta S \approx f(x)\mathrm{d}x$$

它称为量 S 的微分元素(简称微元).

(3) 定限求积分，即用定积分表示所求整体量.

当 $\Delta x \to 0$ 时，所有的微元无限相加，就是在区间 $[a,b]$ 上的定积分：

$$S = \int_a^b f(x)\mathrm{d}x$$

用以上定积分表示具体问题的简化步骤来解决实际问题的方法称为微元法.

5.6.2　微元法的应用

一、平面图形的面积

由定积分的几何意义，我们已经知道：由连续曲线 $y = f(x)$ $(f(x) \geqslant 0)$ 和 x 轴以及两条直线 $x = a, x = b$ $(a < b)$ 所围成的曲边梯形的面积为：

$$A = \int_a^b f(x)\mathrm{d}x = \int_a^b y\mathrm{d}x$$

应注意在上式中 $f(x)$ 是非负的，如果 $f(x)\leqslant 0$，那么相应图形面积(所围曲边梯形的面积)应为

$$A=\int_a^b|f(x)|\mathrm{d}x=\int_a^b|y|\mathrm{d}x$$

一般地，由两条连续曲线 $y=g(x)$，$y=f(x)$(假定 $g(x)\leqslant f(x)$)及两条直线 $x=a$，$x=b(a<b)$ 所围的平面图形(见图5-11)的面积按如下方法求得：

$$A=\int_a^b[f(x)-g(x)]\mathrm{d}x$$

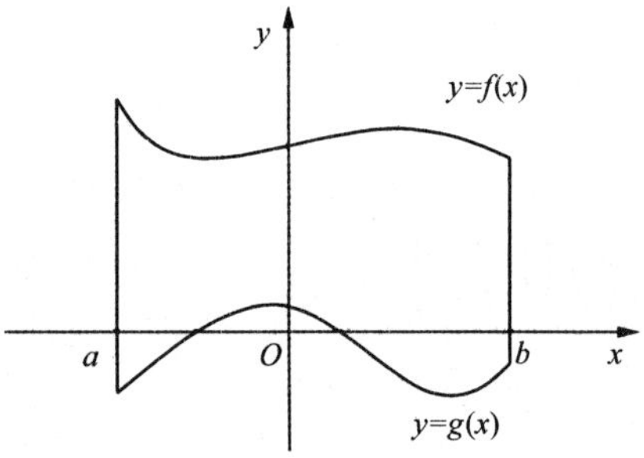

图 5-11

当不能确定 $y=g(x)$ 与 $y=f(x)$ 哪个在上面时，则以 $y=g(x)$，$y=f(x)$ 为边界及直线 $x=a$，$x=b(a<b)$ 所围图形的面积应记为

$$A=\int_a^b|f(x)-g(x)|\mathrm{d}x$$

类似地，由连续曲线 $x=\varphi(y)\geqslant 0$，y 轴与直线 $y=c$，$y=d(c<d)$ 所围成的曲边梯形(见图 5-12)的面积为

$$A=\int_c^d\varphi(y)\mathrm{d}y$$

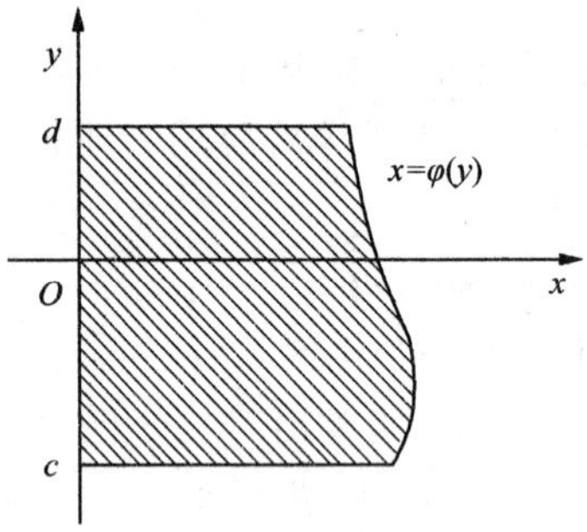

图 5-12

一般地，由连续曲线 $x=\varphi(y)$，$x=\psi(y)$ 及两条直线 $y=c$，$y=d(c<d)$ 所围成的平面图形(见图 5-13)的面积为

$$A=\int_c^d|\varphi(y)-\psi(y)|\mathrm{d}y$$

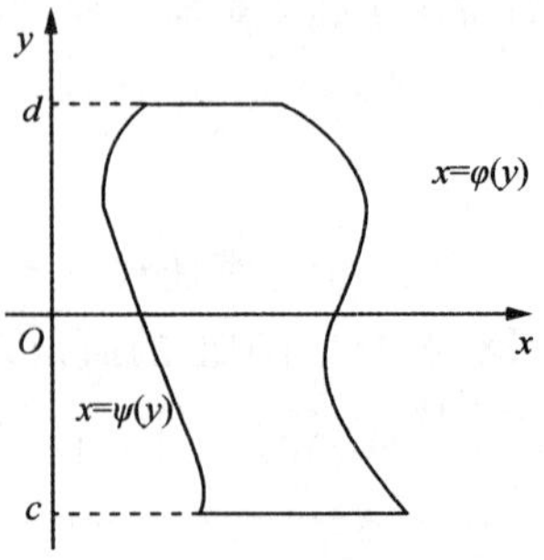

图 5-13

例 5.59　求由曲线 $xy=1$，直线 $y=x$ 和 $x=2$ 所围图形的面积.

解　如图 5-14 所示，应选 x 作积分变量.

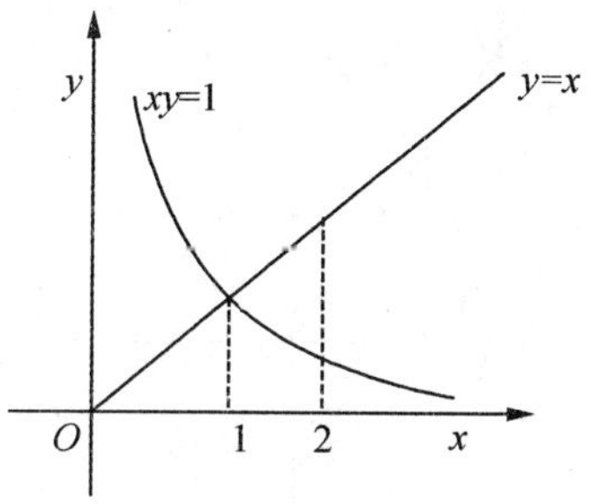

图 5-14

解方程组 $\begin{cases} xy=1 \\ y=x \end{cases}$ 得交点(1,1)，积分区间为[1,2].

用公式可得所求面积为

$$A=\int_1^2\left(x-\frac{1}{x}\right)\mathrm{d}x=\left(\frac{1}{2}x^2-\ln x\right)\Big|_1^2=\frac{3}{2}-\ln 2$$

例 5.60　求由曲线 $y^2=2x$ 与 $y=4-x$ 所围图形的面积.

解　如图 5-15 所示，确定积分变量为 y.

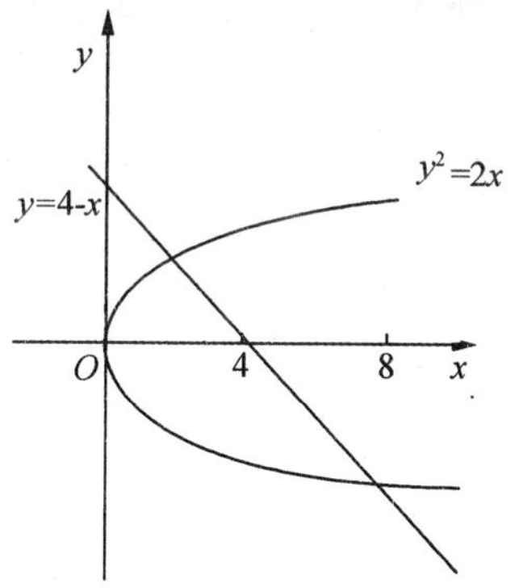

图 5-15

解方程组 $\begin{cases} y^2=2x \\ y=4-x \end{cases}$ 得交点(2,2)，(8，－4)，于是得积分区间为[－4,2].

所求图形面积为

$$A=\int_{-4}^2\left(4-y-\frac{y^2}{2}\right)\mathrm{d}y=\left(4y-\frac{1}{2}y^2-\frac{1}{6}y^3\right)\Big|_{-4}^2=18$$

例 5.61　求由 $y=x$，$y=2x$，$x+y=6$ 所围图形的面积.

解　如图 5-16 所示，解方程组 $\begin{cases} y=2x \\ x+y=6 \end{cases}$ 和 $\begin{cases} y=x \\ x+y=6 \end{cases}$ 得交点(2,4) 和(3,3).

取积分变量为 x，则积分区间分别为[0,2]，[2,3].

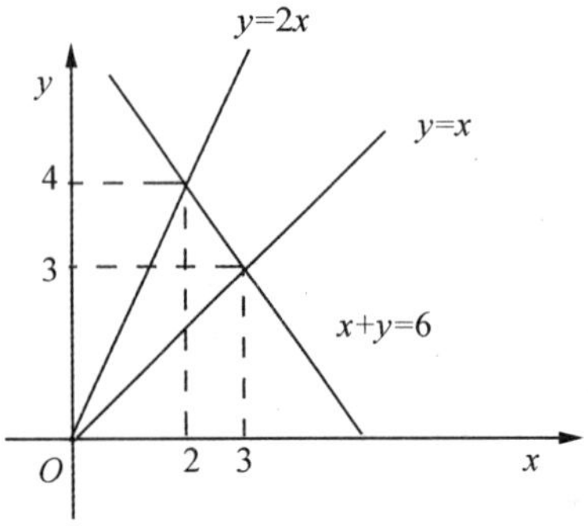

图 5-16

则所求图形的面积为

$$A=\int_0^2(2x-x)\mathrm{d}x+\int_2^3(6-x-x)\mathrm{d}x=\left(\frac{1}{2}x^2\right)\Big|_0^2+(6x-x^2)\Big|_2^3=3$$

该题也可以取 y 为积分变量,此时积分区间为[0,3],[3,4],所求图形的面积为

$$A=\int_0^3\left(y-\frac{y}{2}\right)\mathrm{d}y+\int_3^4\left(6-y-\frac{y}{2}\right)\mathrm{d}y=\frac{y^2}{4}\Big|_0^3+\left(6y-\frac{3y^2}{4}\right)\Big|_3^4=3$$

说明:用定积分求几何图形的面积,既可选取 x 为积分变量,也可选取 y 为积分变量.但积分变量的选取,决定了图形用不用分块,即表示面积的定积分是用一个表达式还是用几个表达式.一般情况下,选取积分变量的原则是:尽量使图形不分块(用一个定积分表示)和少分块(必须分块时).

归纳出解题步骤:

(1) 画图

(2) 由图选取积分变量,求出积分区间

(3) 写出面积公式:

① 选 x 为积分变量,确定 x 的范围 $[a,b]$, $A=\int_a^b|f(x)-g(x)|\mathrm{d}x$;

② 选 y 为积分变量,确定 y 的范围 $[c,d]$, $A=\int_c^d|\varphi(y)-\psi(y)|\mathrm{d}y$.

二、旋转体的体积

旋转体是指由平面图形绕该平面内的某直线旋转一周所形成的立体图形,这条直线叫作旋转轴.

下面我们计算由连续曲线 $y=f(x)$,直线 $x=a$, $x=b(a<b)$ 所围成的图形绕 x 轴旋转一周所成旋转体的体积 V.

(1) 取 x 为积分变量,其变化区间为 $[a,b]$,在 $[a,b]$ 上任取一点 x,作垂直于 x 轴的截面,该截面是半径为 $|f(x)|$ 的圆,因而截面面积为 $A(x)=\pi y^2=\pi[f(x)]^2$.

(2) 在 $[a,b]$ 上,以 x 为端点取区间 $[x,x+\mathrm{d}x]$,则以截面 $A(x)$ 为底、以 $\mathrm{d}x$ 为高的圆柱体体积为 $\mathrm{d}V=A(x)\mathrm{d}x=\pi y^2\mathrm{d}x=\pi[f(x)^2]\mathrm{d}x$.

(3) 以 $\mathrm{d}V$ 为体积微元,在 $[a,b]$ 上作定积分,即得所求的体积为

$$V_x=\pi\int_a^b y^2\mathrm{d}x=\pi\int_a^b[f(x)]^2\mathrm{d}x$$

类似地，由连续曲线 $x=\varphi(y)$，直线 $y=c,y=d(c<d)$ 以及 y 轴所围成的曲边梯形绕 y 轴旋转一周所形成的旋转体的体积为

$$V_y=\pi\int_c^d x^2\mathrm{d}y=\pi\int_c^d[\varphi(y)]^2\mathrm{d}y$$

例 5.62　求由抛物线 $y=x^2$，直线 $x=2$ 及 x 轴所围平面图形分别绕 x 轴、y 轴旋转所得立体的体积 V.

解　(1) 绕 x 轴旋转所生成的立体体积为 $V_x=\pi\int_0^2 y^2\mathrm{d}x$，于是

$$V_x=\pi\int_0^2 x^4\mathrm{d}x=\frac{\pi}{5}x^5\Big|_0^2=\frac{32}{5}\pi$$

(2) 绕 y 轴旋转所形成立体的体积等于直线 $x=2$ 绕 y 轴旋转得到的体积减去抛物线 $y=x^2$ 绕 y 轴旋转得到的立体，所以其体积

$$V_y=\pi\int_0^4[2^2-(\sqrt{y})^2]\mathrm{d}y=\pi\int_0^4(4-y)\mathrm{d}y=\pi\left(4y-\frac{1}{2}y^2\right)\Big|_0^4=8\pi$$

三、经济应用

例 5.63　设某产品在时刻 t(单位：小时) 总产量的变化率为 $f(t)=100+12t-0.6t^2$，求从 $t=2$ 到 $t=4$ 这两小时的总产量.

解　因为总产量 $p(t)$ 是它的变化率的原函数，所以从 $t=2$ 到 $t=4$ 这两小时的总产量为

$$\int_2^4 f(t)\mathrm{d}t=\int_2^4(100+12t-0.6t^2)\mathrm{d}t=(100t+6t^2-0.2t^3)\Big|_2^4=260.8$$

例 5.64　设某商店售出 Q 台录音机时总利润 $L(Q)$(元) 的变化率(即边际利润) 为

$$L'(Q)=12.5-\frac{Q}{80}\quad(Q\geqslant 0)$$

试求：(1) 售出 40 台时的总利润；

(2) 售出 60 台时，前 30 台平均利润和后 30 台的平均利润.

解　(1) $L(40)=\int_0^{40}\left(12.5-\frac{Q}{80}\right)\mathrm{d}Q=\left(12.5Q-\frac{Q^2}{160}\right)\Big|_0^{40}=490$(元)

(2) 前 30 台的平均利润为

$$\frac{1}{30}\int_0^{30}\left(12.5-\frac{Q}{80}\right)\mathrm{d}Q=\frac{1}{30}\left(12.5Q-\frac{Q^2}{160}\right)\Big|_0^{30}=\frac{1}{30}\times 369.375=12.31\text{(元)}$$

后 30 台的平均利润为

$$\frac{1}{30}\int_{30}^{60}\left(12.5-\frac{Q}{80}\right)\mathrm{d}Q=\frac{1}{30}\left(12.5Q-\frac{Q^2}{160}\right)\Big|_{30}^{60}=\frac{1}{30}\times 353.125=11.77\text{(元)}$$

例 5.65　已知生产某产品 x 单位时，边际收益函数(总收益函数的变化率) 为 $R'(x)=200-\frac{x}{50}$(元 / 单位)，试求生产 x 单位时总收益 $R(x)$ 以及平均单位收益 $\overline{R}(x)$，并求生产这种产品 2000 单位时的总收益和平均收益.

解　因为总收益是边际收益函数在 $[0,x]$ 上的定积分，所以生产 x 单位时的总收

益为

$$R(x)=\int_0^x\left(200-\frac{t}{50}\right)\mathrm{d}t=\left(200t-\frac{t^2}{100}\right)\Big|_0^x=200x-\frac{x^2}{100}$$

则平均单位收益为

$$\overline{R}(x)=\frac{R(x)}{x}=200-\frac{x}{100}$$

当生产 2000 单位时，总收益为

$$R(2000)=200\times2000-\frac{2000^2}{100}=360000(\text{元})$$

平均单位收益为

$$\overline{R}(2000)=200-\frac{2000}{100}=180(\text{元})$$

四、其他应用

例 5.66 （人口统计模型）某城市 1997 年的人口密度近似为 $P(r)=\dfrac{4}{r^2+10}$，其中 $P(r)$ 表示距市中心 r 千米区域内的人口数，单位为 10 万人 / 千米²，试求距市中心 2 千米区域内的人口数.

解　假设从城市中心画一条射线，把这条线上从 0 ～ 2 均匀分成 n 个小区间，每个小区间的长度为 Δr，每个小区间确定了一个环（见图 5-17），估计每个环中的人口数并且把它们相加，就可以得到总人口数.

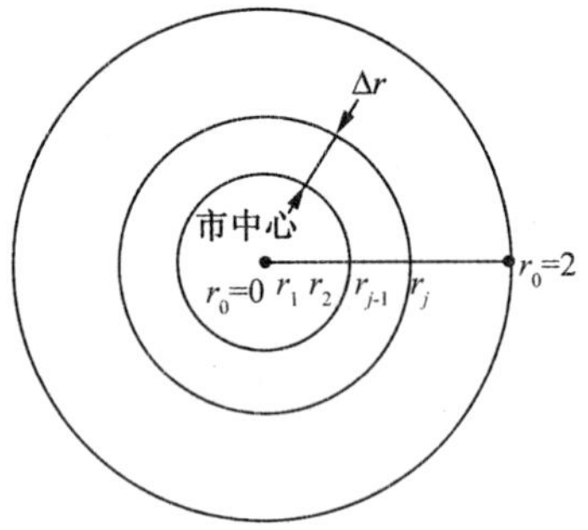

图 5-17

第 j 个环的面积为：

$$\pi r_j^2-\pi r_{j-1}^2=\pi r_j^2-\pi(r_j-\Delta r)^2=\pi r_j^2-\pi[r_j^2-2r_j\Delta r+(\Delta r)^2]=2\pi r_j\Delta r-\pi(\Delta r)^2$$

当 n 很大时，Δr 很小，$\pi(\Delta r)^2$ 相对于 $2\pi r_j\Delta r$ 来说很小，可以忽略不计，所以此环的面积近似为 $2\pi r_j\Delta r$. 在第 j 个环内，人口密度可看成常数 $P(r_j)$，所以此环的人口数近似为 $2P(r_j)\pi r_j\Delta r$，距市中心 2 千米区域内的人口数近似为 $\sum\limits_{j=1}^{n}2P(r_j)\pi r_j\Delta r$，即人口数

$$N=\int_0^2 2P(r)\pi r\mathrm{d}r=\int_0^2 2\pi\frac{4r}{r^2+10}\mathrm{d}r=4\pi\int_0^2\frac{2r}{r^2+10}\mathrm{d}r=4\pi\int_0^2\frac{1}{r^2+10}\mathrm{d}(r^2+10)$$

$$=4\pi\ln(r^2+10)\Big|_0^2=4\pi\ln\frac{14}{10}\approx4.228(10\text{ 万人})$$

即距市中心 2 千米区域内的人口数大约为 422800.

例 5.67 （报童模型）报童每天从报社订购报纸零售，晚上将没有卖掉的报纸退回，假设报纸每份的购进价为 b，零售价为 a，退回价为 c，并且 $a>b>c$. 因此，报童售出一份报纸赚 $(a-b)$，退回一份赔 $(b-c)$，报童每天如果购进的报纸太少，不够卖，会少赚钱；如果购进太多，卖不完，将要赔钱. 那么，他应如何确定每天购进报纸的数量，以获得最大的收入？

(1) 问题分析与建立模型

众所周知，在市场经济下，应该根据需求量确定购进量. 需求量是随机的，假定报童已经根据自己的经验或其他的渠道掌握了需求量的随机规律，即在他的销售范围内，每天的需求量为 r 份的概率为 $f(r)(r=1,2,\cdots)$，通过 $f(r),a,b,c$ 就可以建立关于购进量的优化模型了.

首先，我们建立使每天收入最大的购进量的优化模型.

假设每天购进量为 n 份，因为需求量 r 是不稳定的，所以，作为优化模型的目标函数，不能是报童每天的收入，而应该是他长期(几个月或是一年) 的日平均收入. 从概率论的观点看，这相当于报童每天收入的期望值，以下简称为平均收入.

记报童每天购进 n 份报纸时的平均收入为 $G(n)$，如果每天的需求量 $r\leqslant n$，则他售出 r 份，退回 $(n-r)$ 份；如果这天的需求量 $r>n$，则 n 份将全部售出. 考虑到需求量为 r 的概率为 $f(r)$，所以

$$G(n)=\sum_{r=0}^{n}[(a-b)r-(b-c)(n-r)]f(r)+\sum_{r=n+1}^{\infty}(a-b)nf(r) \tag{1}$$

(2) 模型的求解

问题归结为在 $f(r),a,b,c$ 已知时，求 n 使 $G(n)$ 最大.

通常需求量 r 的取值和购进量 n 都相当大，将 r 视为连续变量，这时 $f(r)$ 转化为概率密度函数 $P(r)$，这样(1) 式变为：

$$G(n)=\int_0^n[(a-b)r-(b-c)(n-r)]P(r)\mathrm{d}r+\int_n^{+\infty}(a-b)nP(r)\mathrm{d}r \tag{2}$$

计算

$$\frac{\mathrm{d}G}{\mathrm{d}n}=(a-b)nP(n)-\int_0^{\infty}(b-c)P(r)\mathrm{d}r-(a-b)nP(r)+\int_n^{+\infty}(a-b)P(r)\mathrm{d}r$$

$$=-(b-c)\int_0^n P(r)\mathrm{d}r+(a-b)\int_n^{+\infty}P(r)\mathrm{d}r$$

令 $\frac{\mathrm{d}G}{\mathrm{d}n}=0$，解得

$$\frac{\int_0^n P(r)\mathrm{d}r}{\int_n^{+\infty}P(r)\mathrm{d}r}=\frac{a-b}{b-c} \tag{3}$$

使报童日平均收入达到最大的购进量 n 应满足式(3).

(3) 结果分析

因为 $\int_0^{+\infty}P(r)\mathrm{d}r=1$，所以式(3) 可变为

$$\frac{\int_0^n P(r)\mathrm{d}r}{1-\int_0^n P(r)\mathrm{d}r}=\frac{a-b}{b-c}$$

即有

$$\int_0^n P(r)\mathrm{d}r=\frac{a-b}{a-c} \tag{4}$$

根据需求量的概率密度 $P(r)$ 的图形(见图 5-18) 很容易从式(4) 确定购进量 n.

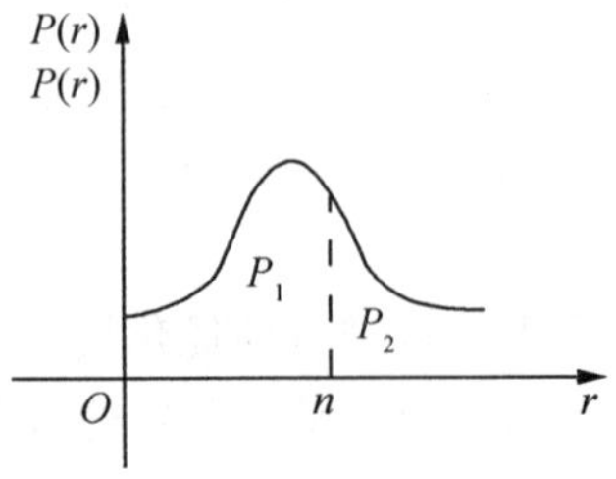

图 5-18

在图中,用 P_1,P_2 分别表示曲线 $P(r)$ 下的两块面积,则式(3) 又可记作:

$$\frac{P_1}{P_2} = \frac{a-b}{b-c} \tag{5}$$

因为当购进 n 份报纸时:

$P_1 = \int_0^n P(r)\mathrm{d}r$ 是需求量 r 不超过 n 的概率,即卖不完的概率;

$P_2 = \int_n^{+\infty} P(r)\mathrm{d}r$ 是需求量 r 超过 n 的概率,即卖完的概率,

所以式(3) 表明:购进的份数 n 应该使卖不完与卖完的概率之比,恰好等于卖出一份赚的钱 $(a-b)$ 与退回一份赔的钱 $(b-c)$ 之比. 显然,当报童与邮局签订的合同使报童每份赚钱与赔钱之比越大时,报童购进的份数就应该越多.

习题 5.6

1. 求由下列各曲线所围成的图形的面积.

(1) $y = \frac{1}{x}, y = 2x, x = 4$.

(2) $y = \mathrm{e}^x, x = 0, y = \mathrm{e}$.

2. 求椭圆 $\frac{x^2}{a^2} + \frac{y^2}{b^2} = 1$ 绕 y 轴旋转而成的旋转体的体积.

3. 生产某产品,其边际收益函数 $R'(Q) = 200 - \frac{Q}{50}$,

(1) 求总收益函数;

(2) 求生产 200 个单位时的总收益;

(3) 若已经生产了 200 个单位,求再生产 200 个单位时的收益.

5.7　数值积分

根据微积分基本定理，只要找到被积函数 $f(x)$ 的原函数 $F(x)$，便由牛顿 - 莱布尼兹公式求出：$\int_a^b f(x)\mathrm{d}x = F(b) - F(a)$. 但大量的被积函数找不到用初等函数表示的原函数，而实验测量或数值计算给出的通常是一张函数表，所以牛顿 - 莱布尼兹公式往往不能直接运用. 因此有必要研究积分的数值计算问题.

5.7.1　数值求积的基本思想

依据积分中值定理$\int_a^b f(x)\mathrm{d}x = (b-a)f(\xi)$，就是说，底为$(b-a)$而高为 $f(\xi)$ 的矩形面积恰恰等于所求曲边梯形的面积.

取$[a,b]$内若干个节点 x_k 处的高度 $f(x_k)$，通过加权平均的方法生成平均高度 $f(\xi)$，由此构造的近似求积公式

$$\int_a^b f(x)\mathrm{d}x \approx \sum_{k=0}^{n} A_k f(x_k)$$

称为数值求积公式. 式中，x_k 称为求积节点；A_k 称为求积系数，亦称伴随节点的权.

下面介绍几类简单的求积公式：

5.7.2　插值型积分公式

由插值理论可知，任一函数 $f(x)$ 给定一组节点 $a = x_0 < x_1 < \cdots < x_n = b$ 后，可用一 n 次多项式 $P_n(x)$ 对其插值，即 $f(x) \approx P_n(x)$，因此，

$$\int_a^b f(x)\mathrm{d}x \approx \int_a^b P_n(x)\mathrm{d}x$$

当 $P_n(x)$ 为拉格朗日插值多项式时，即 $P_n(x) = \sum_{k=1}^{n} l_k(x) f(x_k)$，则

$$\begin{aligned}\int_a^b f(x)\mathrm{d}x &\approx \int_a^b \sum_{k=1}^{n} l_k(x) f(x_k)\mathrm{d}x \\ &= \sum_{k=1}^{n}\left[\int_a^b l_k(x)\mathrm{d}x\right] f(x_k) \\ &= \sum_{k=1}^{n} A_k f(x_k)\end{aligned}$$

其中，$A_k = \int_a^b l_k(x)\mathrm{d}x = \int_a^b \frac{(x-x_0)\cdots(x-x_{k-1})(x-x_{k+1})\cdots(x-x_n)}{(x_k-x_0)\cdots(x_k-x_{k-1})(x_k-x_{k+1})\cdots(x_k-x_n)}\mathrm{d}x.$

一、梯形公式

当只有两个节点时，即 $x_0 = a, x_1 = b$ 时，我们有

$$A_0 = \int_a^b l_0(x)\mathrm{d}x = \int_a^b \frac{x-b}{a-b}\mathrm{d}x = \frac{1}{2}(b-a)$$

$$A_1 = \int_a^b l_1(x)\mathrm{d}x = \int_a^b \frac{x-a}{b-a}\mathrm{d}x = \frac{1}{2}(b-a)$$

由此得梯形公式：

$$T(f) = \int_a^b f(x)\mathrm{d}x \approx \frac{b-a}{2}[f(a)+f(b)]$$

二、辛普森(Simpson) 公式

当只有三个节点时，即 $x_0 = a, x_1 = \frac{a+b}{2}, x_2 = b$ 时，我们有

$$A_0 = \int_a^b l_0(x)\mathrm{d}x = \int_a^b \frac{(x-x_1)(x-x_2)}{(x_0-x_1)(x_0-x_2)}\mathrm{d}x = \frac{1}{6}(b-a)$$

$$A_1 = \int_a^b l_1(x)\mathrm{d}x = \int_a^b \frac{(x-x_0)(x-x_2)}{(x_1-x_0)(x_1-x_2)}\mathrm{d}x = \frac{2}{3}(b-a)$$

$$A_2 = \int_a^b l_2(x)\mathrm{d}x = \int_a^b \frac{(x-x_0)(x-x_1)}{(x_2-x_0)(x_2-x_1)}\mathrm{d}x = \frac{1}{6}(b-a)$$

由此得辛普森公式：

$$S(f) = \int_a^b f(x)\mathrm{d}x \approx \frac{b-a}{6}\left[f(a)+4f\left(\frac{a+b}{2}\right)+f(b)\right]$$

5.7.3　复化积分公式

对于插值型积分公式，我们把求积区间进行等分，比如取步长 $h = \frac{b-a}{n}$，把区间$[a, b]$ n 等分，分点为 $x_k = x_0 + kh, k = 0,1,2,\cdots,n$，在$[x_k, x_{k+1}]$上求 $I_k = \int_{x_k}^{x_{k+1}} f(x)\mathrm{d}x$，取和值作为整个区间上的积分近似值：$I = \int_a^b f(x)\mathrm{d}x = \sum_{k=0}^{n-1} I_k$.

一、复化梯形公式

由梯形公式知：

$$I_k = \frac{h}{2}[f(x_k)+f(x_{k+1})]$$

故

$$T_n = \sum_{k=0}^{n-1} I_k = \sum_{k=0}^{n-1} \frac{h}{2}[f(x_k)+f(x_{k+1})]$$

得复化梯形公式：$T_n(f) = \frac{h}{2}\left[f(a)+2\sum_{k=1}^{n-1} f(x_k)+f(b)\right]$

二、复化辛普森公式

记 $x_{k+\frac{1}{2}} = \frac{x_k + x_{k+1}}{2}$，由辛普森公式得：

$$I_k = \frac{h}{6}[f(x_k)+4f(x_{k+\frac{1}{2}})+f(x_{k+1})]$$

从而得到复化辛普森公式：

$$S_n = \sum_{k=0}^{n-1} \frac{h}{6}[f(x_k)+4f(x_{k+\frac{1}{2}})+f(x_{k+1})]$$

5.7.4　牛顿 - 科茨(Newton-Cotes) 求积公式

n 点 Newton-Cotes 求积公式又称为等距节点求积公式，它是利用被积函数 $f(x)$ 在积分区间 $[a,b]$ 的 n 个等分节点上的函数值构造的插值函数 $\varphi(x)$ 代替 $f(x)$ 作定积分计算所构造求积公式.

一、n 点 Newton-Cotes 求积公式的构造过程

将积分区间 $[a,b]$ 分为 $n-1$ 等份，其中 n 个节点 $x_i=a+(i-1)h, i=1,2,\cdots,n, h=\dfrac{b-a}{n-1}$，然后用 $f(x)$ 在这 n 个节点上建立插值于 $f(x)$ 的 $n-1$ 次代数多项式 $P_{n-1}(x)$，引入变换

$$x=a+th,\quad 0\leqslant t\leqslant n-1$$

得到：

$$P_{n-1}(x)=\sum_{i=1}^{n}\left[f(x_i)\prod_{k=1,k\neq i}^{n}\frac{x-x_k}{x_i-x_k}\right]=\sum_{i=1}^{n}\left[f(x_i)\prod_{k=1,k\neq i}^{n}\frac{t-k+1}{i-k}\right]$$

将 $C_i^{(n)}$ 代入定积分，我们即得到 n 点 Newton-Cotes 求积公式：

$$\int_a^b f(x)\mathrm{d}x\approx\int_a^b p_{n-1}(x)\mathrm{d}x=\sum_{i=1}^{n}\left[f(x_i)\int_a^b\prod_{k=1,k\neq i}^{n}\frac{x-x_k}{x_i-x_k}\mathrm{d}x\right]$$

$$=\frac{b-a}{n-1}\sum_{i=1}^{n}\left[f(x_i)\int_0^{n-1}\prod_{k=1,k\neq i}^{n}\frac{t-k+1}{i-k}\mathrm{d}t\right]$$

令 $c_i^{(n)}=\dfrac{1}{n-1}\displaystyle\int_0^{n-1}\prod_{k=1,k\neq i}^{n}\frac{t-k+1}{i-k}\mathrm{d}t$

$$\int_a^b f(x)\mathrm{d}x\approx(b-a)\sum_{k=1}^{n}C_k^{(n)}f(x_k)$$

其中，$C_k^{(n)}$ 称为 Cotes 系数.

二、两点的 Newton-Cotes 求积公式就是如下梯形公式：

$$\int_a^b f(x)\mathrm{d}x\approx\frac{b-a}{2}[f(a)+f(b)]$$

三、三点的 Newton-Cotes 求积公式就是如下辛普森公式：

$$\int_a^b f(x)\mathrm{d}x\approx\frac{b-a}{6}\left[f(a)+4f\left(\frac{a+b}{2}\right)+f(b)\right]$$

5.8　利用 MATLAB 求积分

下面我们将用 MATLAB 软件进行积分运算.

一、定积分的 MATLAB 符号计算

非数值的积分运算，在 MATLAB 中称为符号运算，使用时有以下要求：

(1) 使用命令"sym"或"syms"创建符号和符号表达式，然后进行运算；

(2) 先创建符号变量，然后才能创建符号表达式.

运用命令"int"可以求函数的积分，但是，函数的积分不可能都存在，即使有时存在，也可能限于软件无法顺利表达出来. 当 Matlab 不能找到积分时，它将返回函数表达式. 运

用“int”的语法如下：

(1) $\int f(x)\mathrm{d}x$ 的输入格式为：int(f) 或 int(f,x)

(2) $\int_a^b f(x)\mathrm{d}x$ 的输入格式为：int(f,a,b) 或 int(f,x,a,b)

例 5.68　用 MATLAB 求 $\int(ax^2+bx+c)\mathrm{d}x$ 和 $\int(ax^2+bx+c)\mathrm{d}a$.

解　输入及结果如下：

```
syms  a  b  c  x
f = sym(a*x^2+b*x+c);
f1 = int(f)

f1 =
(a*x^3)/3 + (b*x^2)/2+c*x
syms  a  b  c  x
f = sym(a*x^2+b*x+c);
f2 = int(f,a)

f2 =
a*(c+b*x) + (a^2*x^2)/2
```

例 5.69　用 MATLAB 求 $\int_0^2(ax^2+bx+c)\mathrm{d}x$.

解　输入及结果如下：

```
syms  a  b  c  x
f = sym(a*x^2+b*x+c);
f1 = int(f,x,0,2)

f1 =
(8*a)/3+2*b+2*c
```

例 5.70　用 MATLAB 求 $\int_0^1 \frac{1}{1+x}\mathrm{d}x$.

解　输入及结果如下：

```
syms  x
f = int(1/(1+x),x,0,1)

f =
log(2)
```

例 5.71　由 $y=\sin x, y=\cos x, x=-\frac{1}{2}, x=\frac{3}{2}$ 围成了平面区域 D，求平面区域 D 的面积 S.

解 输入作函数图形的程序：

```
>> x =-1 : 0.001 : 2; F1 = sin(x); F2 = cos(x);
plot(x ,F1,'b-',x ,F2,'g-'),axis([-1,pi/4+1,-1.3,1.3]),
xlabel('x'),ylabel('y'),
title('y = sinx ,y = cosx 和 x =-0.5 及 x = 1.5 所围成的平面区域的图形')
```

运行后屏幕显示图形.

求平面区域 D 的面积 S. 输入计算面积 S 的程序：

```
>> syms x
f1 = cos(x) - sin(x); f2 =- f1;S1 = int(f1,x,-0.5,pi/4);
S2 = int(f2,x, pi/4,1.5);S = S1 + S2,Sj = double(S)
```

运行后屏幕显示计算面积的值 S 及其近似值 Sj 如下：

```
S =
2 * 2^(1/2) + sin(1/2) - cos(1/2) - sin(3/2) - cos(3/2)
Sj =
1.36203791318826
```

二、变限积分的 MATLAB 符号计算

例 5.72 已知 $F(x)=\int_{x}^{x^2} e^t\sin\left(2+\sqrt{t^3}\right)dt$，求 $F'(x)$.

解 输入程序：

```
>> syms x t
F1 = int(exp(t) * sin(2 + sqrt(t^3)),x,0);
F2 = int(exp(t) * sin(2 + sqrt(t^3)),0,x^2);
Fi = F1 + F2;
dF = diff(Fi)
```

运行后屏幕显示计算变限积分 $F(x)$ 的导数.

三、梯形数值积分的 MATLAB 程序

(1) 用函数 trapz 计算定积分

调用格式一：Z = trapz(Y)

调用格式二：Z = trapz(X,Y)

调用格式三：Z = trapz(X,Y,DIM) 或 trapz(Y,DIM)

(2) 用函数 cumtrapz 计算定积分

调用格式一：Z = cumtrapz(Y)

调用格式二：Z = cumtrapz(X,Y)

调用格式三：Z = cumtrapz(X,Y,DIM) 或 cumtrapz(Y,DIM)

梯形数值积分的 MATLAB 主程序：

```
function T = rctrap(fun,a,b,m)
  n = 1;h = b - a; T = zeros(1,m + 1); x = a;
  T(1) = h * (feval(fun,a) + feval(fun,b))/2;
```

```
for i = 1:m
  h = h/2; n = 2 * n; s = 0;
  for k = 1:n/2
    x = a + h * (2 * k - 1); s = s + feval(fun,x);
  end
  T(i + 1) = T(i)/2 + h * s;
end
T = T(1:m);
```

例 5.73　用 MATLAB 的函数 trapz 和 cumtrapz 分别计算 $\int_0^{\frac{\pi}{2}} e^{-x}\sin x\mathrm{d}x$，精确到 10^{-4}，并与矩形公式比较.

解　将 $[0,\frac{\pi}{2}]$ 分成 20 等份，步长为 π/40，输入程序如下（注意 trapz(y) 是单位步长，trapz(y) * h = trapz(x,y)）：

```
>> h = pi/40; x = 0:h:pi/2; y = exp(- x). * sin(x);
z1 = sum(y(1:20)) * h;z2 = sum(y(2:21)) * h;z = (z1 + z2)/2;
z3 = trapz(y) * h;z3h = trapz(x,y);z3c = cumtrapz(y) * h;
```

运行后计算结果为：z1 = 0.3873，z2 = 0.4036，z = 0.3954，z3 = 0.3954，z3c = (0, 0.0028, 0.0109, 0.0234, 0.0395, 0.0586, 0.0798, 0.1028, 0.1270, 0.1519, 0.1771, 0.2023, 0.2273, 0.2517, 0.2755, 0.2983, 0.3201, 0.3408, 0.3602, 0.3785, 0.3954)

例 5.74　分别取 $h = \pi/8000, \pi/800, \pi/80$，用梯形公式计算定积分 $I = \int_0^{\pi/2} e^x\mathrm{d}x$，并与精确值比较. 然后观察 h 对计算结果的有效数字和绝对误差的影响 .

解　编写并输入如下程序：

```
>> h = pi/8000;a = 0;b = pi/2;x = a:h:b;n = length(x), y = exp(x);
z1 = (y(1) + y(n)) * h/2; z2 = sum(y(2:n - 1)) * h; z8000 = z1 + z2;
syms t
f = exp(t); intf = int(f,t,a,b); Fs = double(intf);
Juewucha8000 = abs(z8000 - Fs);
```

运行后屏幕显示取 $h = \pi/8000$ 时，积分区间 $[0,\frac{\pi}{2}]$ 上等距节点的个数 $n = 4001$，用梯形公式计算定积分 I 的值 z8000 = 3.8105 和精确值 intf 的近似值 Fs = 3.8105 及其绝对误差 Juewucha8000 = 4.8969×10^{-8}.

四、辛普森数值积分的 MATLAB 程序

调用格式一：quad('fun',a,b)

调用格式二：quad('fun',a,b,tol)

调用格式三：[Q,FCNT] = quad(...)

调用格式四：quad('fun',a,b,tol,TRACE)

调用格式五：quad('fun',a,b, tol,TRACE,P1,P2, …)

复合辛普森数值积分的 MATLAB 主程序：

```
function y = comsimpson(fun,a,b,n)
    z1 = feval (fun,a) + feval (fun,b);m = n/2;
    h = (b - a)/(2 * m); x = a;
    z2 = 0; z3 = 0; x2 = 0; x3 = 0;
for k = 2:2:2 * m
    x2 = x + k * h; z2 = z2 + 2 * feval (fun,x2);
end
for k = 3:2:2 * m
    x3 = x + k * h; z3 = z3 + 4 * feval (fun,x3);
end
y = (z1 + z2 + z3) * h/3;
```

例 5.75　用辛普森公式计算 $I = \frac{1}{\sqrt{2\pi}}\int_0^1 e^{-\frac{x^2}{2}}dx$，取 $n = 20001$ 个等距节点．

解　由 $n = 2m + 1 = 20001$，得 $m = 10000$．根据辛普森公式编写并输入下面的程序：

```
>> a = 0;b = 1;m = 10000; h = (b - a)/(2 * m); x = a:h:b;
y = exp((- x.^2)./2)./(sqrt(2 * pi));
z1 = y(1) + y(2 * m + 1); z2 = 2 * sum(y(2:2:2 * m));
z3 = 4 * sum(y(3:2:2 * m));
z = (z1 + z2 + z3) * h/3
```

运行后屏幕显示用辛普森公式计算定积分 I 的近似值 z 和精确值 intf = 0.3413.

五、计算牛顿－科茨公式的 MATLAB 程序

调用格式一：quad8('fun',a,b)

调用格式二：quad8('fun',a,b,tol)

调用格式三：quad8('fun',a,b, tol,TRACE)

调用格式四：quad8('fun',a,b, tol,TRACE,P1,P2,…)

计算 n 阶科茨系数 $C_k^{(n)}$ 和求截断误差公式的 MATLAB 主程序：

```
function [Cn, RNCn] = newcotE(n)
syms t a b M,Fz = zeros(1,n + 1);
Cn = zeros(1,n + 1); su = t;k = 1;m = 1;m0 = 1;
  for u = 1:n
    su1 = su * (t - u);m01 = m0 * u; su = su1;m0 = m01;
  end
    su;m0; f1 = su/(t - 0); intf1 = int(f1,t,0,n);
    y = double(intf1);
    Cn(1) = ((- 1)^(n - 0) * y)/(n * m0); k = 1;m = 1;
  for j = 1:n
    k1 = k * j; m1 = m * (n - j); f = su/(t - j);
```

```
    intf = int(f,t,0,n); y = double(intf);
    Cn(j+1) = ((-1)^(n-j) * y)/(n * k1 * m1);
    warning off MATLAB:divideByZero
  end
    fn = su/(t-n); intfn = int(fn,t,0,n);
    y = double(intfn);Cn(n+1) = y/(n * m0);
    Cn; suk = 1; p = n/2 - fix(n/2);
  if p == 0
    for k = 1:n+2
      suk = suk * k;
    end
      suk; syms t a b fxn2,su = t^2;
    for u = 1:n
      su = su * (t-u);
    end
      su; intf = int(su,t,0,n); y = double(intf);
      RNCn = (((b-a)/n)^(n+3)) * fxn2 * abs(y)/suk;
  else
    for k = 1:n+1
      suk = suk * k;
    end
      suk; syms t a b fxn1,su = t;
    for u = 1:n
      su = su * (t-u);
    end
    su; intf = int(su,t,0,n); y = double(intf);
    RNCn = (((b-a)/n)^(n+2)) * fxn1 * abs(y)/ suk;
end
```

例 5.76　用计算 n 阶科茨系数 $C_k^{(n)}$ 和求截断误差公式的 MATLAB 主程序，计算定积分 $I=\int_a^b f(x)\mathrm{d}x$ 的 1 ～ 3 阶牛顿 - 科茨公式的系数和截断误差公式 .

解　(1) 先求 1 ～ 3 阶牛顿 - 科茨公式的系数和截断误差公式. 输入程序：

```
>> n1 = 1,[Cn1,RNCn1] = newcotE(n1)
n2 = 2,[Cn2,RNCn2] = newcotE(n2)
n3 = 3,[Cn3,RNCn3] = newcotE(n3)
```

运行后屏幕显示 1 ～ 3 阶牛顿 - 科茨公式的系数 Cn_1，Cn_2，Cn_3 和截断误差公式 $RNCn_1$，$RNCn_2$，$RNCn_3$ 如下：

```
n1 =
```

```
Cn1 =
      1
      1/2       1/2
RNCn1 =
1/12 * (b - a)^3 * fxn1
n2 =
      2
Cn2 =
      1/6       2/3       1/6
RNCn2 =
1/90 * (1/2 * b - 1/2 * a)^5 * fxn2
n3 =
      3
Cn3 =
      1/8       3/8       3/8       1/8
RNCn3 =
3/80 * (1/3 * b - 1/3 * a)^5 * fxn1
```

总习题 5

一、填空题

1. $\dfrac{d}{dx}\left(\int_0^1 x e^{x^2} dx\right) =$ ________.

2. 设 $f(x) = \begin{cases} x^2 - 1, & 0 \leqslant x \leqslant 1 \\ x + 1, & -1 \leqslant x < 0 \end{cases}$，则 $\int_{-1}^1 f(x) =$ ________.

3. 设 $f(x)$ 是函数 $\sin x$ 的一个原函数，则 $\int f(x) dx =$ ________.

4. $\int (\tan x + \cot x)^2 dx =$ ________.

5. 设 e^{-x} 是 $f(x)$ 的一个原函数，则 $\int x f(x) dx =$ ________.

6. $\int_{-1}^1 (1 - \sin^3 x) \dfrac{1}{1 + x^2} dx =$ ________.

7. $\int_1^e \dfrac{1}{x} \cos(\ln x) dx =$ ________.

8. $\int_{-\infty}^0 e^{2x} dx =$ ________.

9. $\int \dfrac{f'(x) dx}{\sqrt{f(x)}} =$ ________.

10. 已知某产品产量 $p(t)$ 的变化率为 $f(t) = 2t + 3$，其中 t 表示时间，又知 $p(0) = 0$，则 $p(t) =$ ________.

二、选择题

1. 设函数 $F(x)$ 是 $f(x)$ 的一个原函数，则 $\int e^{-x} \cdot f(e^{-x})dx =$ (　　)

A. $F(e^{-x})+C$　　B. $-F(e^{-x})+C$

C. $F(e^{x})+C$　　D. $-F(e^{x})+C$

2. $\int (3e)^x dx =$ (　　)

A. $(3e)^x+C$　　B. $3e^x+C$

C. $\frac{1}{3}(3e)^x+C$　　D. $\frac{(3e)^x}{\ln 3+1}+C$

3. 设函数 $f(x)$ 在闭区间 $[a,b]$ 上连续，则由曲线 $y=f(x)$，直线 $x=a, x=b$ 及 x 轴所围成的平面图形的面积等于(　　)

A. $\int_a^b f(x)x dx$　　B. $-\int_a^b f(x)dx$

C. $\left|\int_a^b f(x)dx\right|$　　D. $\int_a^b |f(x)|\,dx$

4. $\int \left(\frac{1}{\cos^2 x}-1\right) d\cos x =$ (　　)

A. $\tan x - x + C$　　B. $\tan x - \cos x + C$

C. $-\frac{1}{\cos x} - x + C$　　D. $-\frac{1}{\cos x} - \cos x + C$

5. $\int e^{\sin x} \sin x \cos x dx =$ (　　)

A. $e^{\sin x}+C$　　B. $e^{\sin x}\sin x + C$

C. $e^{\sin x}\cos x + C$　　D. $e^{\sin x}(\sin x - 1)+C$

6. 如果 $\int_0^x f(t)dt = x\sin x$，则 $f(x)=$ (　　)

A. $\sin x + x\cos x$　　B. $\sin x - x\cos x$

C. $-\sin x + x\cos x$　　D. $-\sin x - x\cos x$

7. $\int_{e^2}^{e^5} \frac{1}{x\sqrt{\ln x - 1}}dx =$ (　　)

A. 2　　B. 1

C. $2(e^{\frac{5}{2}}-e)$　　D. $\frac{14}{3}$

8. 如图 5-19 所示，阴影部分绕 x 轴旋转，那么用定积分表示这个旋转体的体积公式是(　　)

A. $V=\pi\int_0^2 y^2 dx = \pi\int_0^2 x^4 dx$

B. $V=\pi\int_0^4 x^2 dy = \pi\int_0^4 y dy$

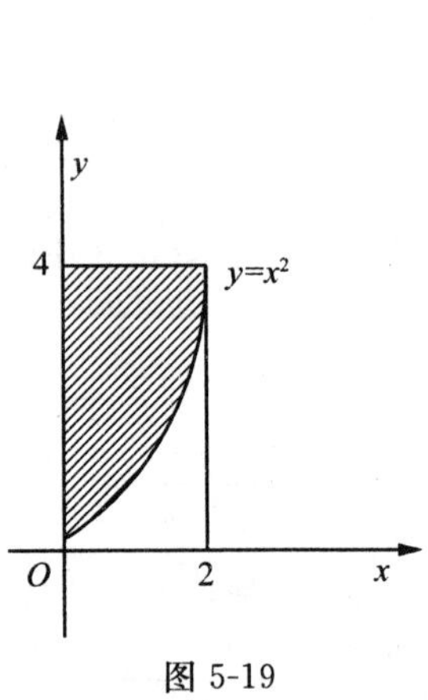

图 5-19

C. $V=\pi\int_0^2(4^2-x^4)\mathrm{d}x$

D. $V=\pi\int_0^4(2^2-y)\mathrm{d}y$

三、计算题

1. 计算以下积分：

(1) $\int x\arctan x\mathrm{d}x$　(2) $\int\frac{\cos 2x}{\cos^2 x+\sin^2 x}\mathrm{d}x$　(3) $\int\frac{1}{\sqrt{x}(1+\sqrt[3]{x})}\mathrm{d}x$

(4) $\int_1^{\mathrm{e}}\frac{\mathrm{d}x}{x(1+\ln x)}$　(5) $\int_0^{\pi}x^2\cos 2x\mathrm{d}x$　(6) $\int_1^2\mathrm{e}^{\sqrt{x-1}}\mathrm{d}x$

(7) $\int_0^{+\infty}\frac{1}{x^2+2x+2}\mathrm{d}x$　(8) $\int_0^a\frac{1}{\sqrt{a^2-x^2}}\mathrm{d}x$

2. (1) 求极限 $\lim\limits_{x\to 0}\frac{1}{x^2}\int_0^x\sin 2t\mathrm{d}t$.

(2) 求由 $\int_0^y\mathrm{e}^t\mathrm{d}t+\int_0^x\cos t\mathrm{d}t=0$ 所确定的隐函数 y 对 x 的导数 $\frac{\mathrm{d}y}{\mathrm{d}x}$.

3. 已知 $x\mathrm{e}^x$ 为 $f(x)$ 的一个原函数，求 $\int_0^1 xf'(x)\mathrm{d}x$.

4. 求由曲线 $y=\frac{1}{x}$，$y=x$，$x=2$ 所围成的平面图形的面积.

5. 求由曲线 $y=x^{\frac{3}{2}}$，$x=4$ 及 x 轴所围成的图形绕 y 轴旋转而成的旋转体的体积.

6. 用梯形公式、辛普森和牛顿－科茨求积公式计算定积分 $I=\int_0^{\frac{\pi}{2}}\mathrm{e}^{\sin x}\mathrm{d}x$，取精度 10^{-4}.

四、应用题

1. 设生产某产品的固定成本为 C(万元)，边际收益和边际成本分别为(单位：万元/百台)

$$R'(x)=8-x,\quad C'(x)=4+\frac{x}{4}$$

(1) 求产量由100台增加到500台时，总收益增加多少？

(2) 求产量为多少时，总利润 L 最大？

(3) 已知固定成本 $C(0)=1$ 万元，分别求出总成本、总利润与产量 x 的函数关系式.

(4) 求总利润最大时的总收益、总成本和总利润.

2. 在人口统计模型中，若人口密度近似为 $P(r)=\frac{4}{r^2+20}$，其中 $P(r)$ 表示距市中心 r km区域内的人口数，单位为10万人/千米^2，试求距市中心2千米区域内的人口数.

第6章　二重积分

重积分可以认作是一元函数定积分思想到多元函数的自然推广.它在几何学、静力学等学科中有着广泛的应用.

关于重积分的概念,牛顿在《自然哲学的数学原理》中讨论球与球壳作用于质点上的万有引力时就已经涉及,但他是用几何形式论述的.18世纪上半叶,牛顿的工作被以分析的形式加以推广.1748年,欧拉用累次积分算出了一厚度为 δc 的椭圆薄片对其中心正上方一质点的引力的重积分:

$$\delta c\iint \frac{c\mathrm{d}x\mathrm{d}y}{(c^2+x^2+y^2)^{\frac{3}{2}}}$$

积分区域由椭圆 $\frac{x^2}{a^2}+\frac{y^2}{b^2}=1$ 围成.1769年,欧拉建立了平面有界区域上二重积分理论,他给出了用累次积分计算二重积分的方法.拉格朗日(J. L. Lagrange,1736—1813)在关于旋转椭球的引力的著作中,用了三重积分表示引力.为了克服计算中的困难,他用球坐标建立了积分变换公式,开始了多重积分变换的研究.与此同时,拉普拉斯(P. S. Laplace,1749—1827)也使用了球坐标变换.

二重积分的理论于19世纪得到完整解决.柯西在1814年的论文中指出,如果被积函数在积分区域中不连续,则在计算 $\iint f(x,y)\mathrm{d}x\mathrm{d}y$ 时,积分的次序至关重要.柯西还特别指出,当 $f(x,y)$ 无界时,累次积分 $\int_0^1\mathrm{d}x\int_0^1 f(x,y)\mathrm{d}y$ 和 $\int_0^1\mathrm{d}y\int_0^1 f(x,y)\mathrm{d}x$ 不一定相等.

1828年,俄国数学家奥斯特洛格拉茨基在研究热传导理论的过程中,证明了关于三重积分和曲面积分之间关系的公式,现在称为奥斯特洛格拉茨基-高斯公式(高斯也曾独立地证明过这个公式).同年,英国数学家格林(G. Green,1793—1841)在研究位势方程时得到了著名的格林公式.之后,德国数学家雅可比建立了多重积分变量替换的雅可比行列式.与此同时,奥斯特洛格拉茨基不仅得到了二重积分和三重积分的变换公式,而且还把奥斯特洛格拉茨基-高斯公式推广到 n 维的情形.变量替换中涉及到的曲线积分与曲面积分也是在这一时期得到明确的概念和系统的研究.

1854年,英国数学物理学家斯托克斯(G. G. Stokes, 1819—1903)把格林公式推广到三维空间,建立了著名的斯托克斯定理.1876年,托梅(Karl J. Thomae, 1840—1921)将黎曼的积分理论推广到二元函数.1878年,他又给出了有界函数的一个简单例子:上面形式的第二个累次积分存在,但第一个累次积分不存在.但是,柯西和托梅的例子都属于二重积分不存在的情形.1883年,达布(Darboux J. G., 1842—1917)证明了,即使二重积分存在，两个累次积分也不一定存在. 对于二重积分的情形，最有意义的推广是由勒贝格(Labesgue H.，1875—1941)做出的.

随着 n 维空间的引进，二重积分、三重积分也推广到了 n 重积分. 但已不像二重积分那样几何直观.

6.1　二重积分的概念与性质

6.1.1　二重积分的概念

先看两个实例，了解二重积分的数学思想.

引例 6.1　(曲顶柱体的体积)

设有一立体，它的底是 xOy 面上的闭区域 D，它的侧面是以 D 的边界曲线为准线而母线平行于 z 轴的柱面，它的顶是曲面 $z=f(x,y)$，这里 $z=f(x,y)\geqslant 0$ 且在 D 上连续，这种立体叫作曲顶柱体，现在我们来讨论如何计算曲顶柱体的体积 V.

首先，用一组曲线网把 D 分成 n 个小区域：

$$\Delta\sigma_1, \Delta\sigma_2, \cdots, \Delta\sigma_n$$

分别以这些小闭区域的边界曲线为准线，作母线平行于 z 轴的柱面，这些柱面把原来的曲顶柱体分为 n 个细曲顶柱体，在 $\Delta\sigma_i$ 中任取一点 (ξ_i, η_i)，以 $f(\xi_i, \eta_i)$ 为高而底为 $\Delta\sigma_i$ 的平顶柱体的体积为

$$f(\xi_i, \eta_i)\Delta\sigma_i \quad (i=1,2,\cdots,n)$$

这 n 个平顶柱体体积之和为

$$\sum_{i=1}^{n} f(\xi_i, \eta_i)\Delta\sigma_i$$

可以认为这是整个曲顶柱体体积的近似值，为求得曲顶柱体体积的精确值，将分割加细，取极限，即得

$$V=\lim_{\lambda\to 0}\sum_{i=1}^{n} f(\xi_i, \eta_i)\Delta\sigma_i$$

其中，λ 是各个小区域的直径(一个闭区域的直径是指区域上任意两点间距离的最大者)中的最大值.

引例 6.2　(平面薄片的质量)

设有一平面薄片位于 xOy 面上的闭区域 D 上，它在点 (x,y) 处的面密度为 $\rho(x,y)$，这里 $\rho(x,y)>0$ 且在 D 上连续. 现在要计算该薄片的质量 M.

用一组曲线网把 D 分成 n 个小区域：

$$\Delta\sigma_1, \Delta\sigma_2, \cdots, \Delta\sigma_n$$

把各小块看作均匀薄片，在 $\Delta\sigma_i$ 中任取一点 (ξ_i, η_i)，以 $\rho(\xi_i, \eta_i)$ 作为 $\Delta\sigma_i$ 的面密度，则 $\Delta\sigma_i$ 的质量近似为

$$\rho(\xi_i, \eta_i)\Delta\sigma_i$$

各小块质量近似值的和作为平面薄片的质量的近似值，即

$$M \approx \sum_{i=1}^{n} \rho(\xi_i, \eta_i) \Delta\sigma_i$$

将分割加细，取极限，得到平面薄片的质量：

$$M = \lim_{\lambda \to 0} \sum_{i=1}^{n} \rho(\xi_i, \eta_i) \Delta\sigma_i$$

其中，λ 是各小区域的直径中的最大值.

以上两个例子实际背景虽然不同，但都可以通过“分割、近似、求和、取极限”的步骤求和式的极限问题.

定义 6.1 设 $f(x,y)$ 是有界闭区域 D 上的有界函数，将闭区域 D 任意分成 n 个小闭区域

$$\Delta\sigma_1, \Delta\sigma_2, \cdots, \Delta\sigma_n$$

其中，$\Delta\sigma_i$ 表示第 i 个小区域，也表示它的面积. 在每个 $\Delta\sigma_i$ 上任取一点 (ξ_i, η_i)，作和

$$\sum_{i=1}^{n} f(\xi_i, \eta_i) \Delta\sigma_i$$

如果当各小闭区域的直径中的最大值 λ 趋于零时，这和的极限总存在，则称此极限为函数 $f(x,y)$ 在闭区域 D 上的二重积分，记作 $\iint\limits_D f(x,y)\mathrm{d}\sigma$，即

$$\iint\limits_D f(x,y)\mathrm{d}\sigma = \lim_{\lambda \to 0} \sum_{i=1}^{n} f(\xi_i, \eta_i) \Delta\sigma_i$$

其中，$f(x,y)$ 叫作被积函数；$f(x,y)\mathrm{d}\sigma$ 叫作被积表达式；$\mathrm{d}\sigma$ 叫作面积元素；x,y 叫作积分变量；D 叫作积分区域；$\lim\limits_{\lambda \to 0} \sum\limits_{i=1}^{n} f(\xi_i, \eta_i) \Delta\sigma_i$ 叫作积分和.

对二重积分的定义，作以下说明：

(1) 直角坐标系中的面积元素：如果在直角坐标系中用平行于坐标轴的直线网来划分 D，那么除了包含边界点的一些小闭区域外，其余的小闭区域都是矩形闭区域，设矩形闭区域 $\Delta\sigma_i$ 的边长为 Δx_i 和 Δy_i，则 $\Delta\sigma_i = \Delta x_i \Delta y_i$，因此在直角坐标系中，有时也把面积元素 $\mathrm{d}\sigma$ 记作 $\mathrm{d}x\mathrm{d}y$，而把二重积分记作

$$\iint f(x,y)\mathrm{d}x\mathrm{d}y$$

其中，$\mathrm{d}x\mathrm{d}y$ 叫作直角坐标系中的面积元素.

(2) 二重积分的存在性：当 $f(x,y)$ 在闭区域 D 上连续时，积分和的极限是存在的，也就是说函数 $f(x,y)$ 在 D 上的二重积分必定存在. 我们总假定函数 $f(x,y)$ 在闭区域 D 上连续，以后不再加以说明.

(3) 二重积分的几何意义：如果 $f(x,y) \geqslant 0$，被积函数 $f(x,y)$ 可解释为曲顶柱体在点 (x,y) 处的竖坐标，所以二重积分的几何意义就是柱体的体积，如果 $f(x,y)$ 是负的，柱体就在 xOy 面的下方，二重积分等于柱体的体积的负值，若 $f(x,y)$ 在 D 的某些部分区域上是正的，在其余部分区域是负的，那么二重积分就等于 xOy 平面上面的柱体体积与 xOy 平面下面的柱体体积的差.

6.1.2　二重积分的性质

性质 6.1　设 c_1, c_2 为常数,则

$$\iint_D [c_1 f(x,y) \pm c_2 g(x,y)] \mathrm{d}\sigma = c_1 \iint_D f(x,y) \mathrm{d}\sigma \pm c_2 \iint_D g(x,y) \mathrm{d}\sigma$$

性质 6.2　如果闭区域 D 被有限条曲线分为有限个部分闭区域,则在 D 上的二重积分等于在各部分闭区域上的二重积分的和. 例如 D 分为两个闭区域 D_1 与 D_2,则

$$\iint_D f(x,y) \mathrm{d}\sigma = \iint_{D_1} f(x,y) \mathrm{d}\sigma + \iint_{D_2} f(x,y) \mathrm{d}\sigma$$

性质 6.3　$\iint_D 1 \mathrm{d}\sigma = \iint_D \mathrm{d}\sigma = \sigma$($\sigma$ 为 D 的面积).

性质 6.4　如果在 D 上,$f(x,y) \leqslant g(x,y)$,则有不等式

$$\iint_D f(x,y) \mathrm{d}\sigma \leqslant \iint_D g(x,y) \mathrm{d}\sigma$$

特殊地有

$$\left| \iint_D f(x,y) \mathrm{d}\sigma \right| \leqslant \iint_D |f(x,y)| \mathrm{d}\sigma$$

性质 6.5　设 M, m 分别是 $f(x,y)$ 在闭区域 D 上的最大值和最小值,σ 为 D 的面积,则有

$$m\sigma \leqslant \iint_D f(x,y) \mathrm{d}\sigma \leqslant M\sigma$$

性质 6.6(二重积分的中值定理)　设函数 $f(x,y)$ 在闭区域 D 上连续,σ 为 D 的面积,则在 D 上至少存在一点 (ξ, η),使得

$$\iint_D f(x,y) \mathrm{d}\sigma = f(\xi, \eta) \sigma$$

习题 6.1

1. 设 D 为圆域 $x^2 + y^2 \leqslant a^2 (a > 0)$,若积分 $\iint_D \sqrt{a^2 - x^2 - y^2} \mathrm{d}x\mathrm{d}y = \frac{\pi}{12}$,求 a 的值.

2. 设 D 由圆 $(x-2)^2 + (y-1)^2 = 2$ 围成,求 $\iint_D 3 \mathrm{d}x\mathrm{d}y$.

3. 设 D:$\{(x,y) \mid 3 \leqslant x \leqslant 5, 0 \leqslant y \leqslant 1\}$,$I_1 = \iint_D \ln(x+y) \mathrm{d}x\mathrm{d}y$,$I_2 = \iint_D [\ln(x+y)]^2 \mathrm{d}x\mathrm{d}y$,比较 I_1 与 I_2 的大小关系.

4. 根据二重积分的性质估计下列积分的值:

$$\iint_D \sin^2 x \sin^2 y \mathrm{d}x\mathrm{d}y, \quad \text{其中 } D: 0 \leqslant x \leqslant \pi, 0 \leqslant y \leqslant \pi$$

5. 设 $f(x,y)$ 为有界闭区域 D:$x^2 + y^2 \leqslant a^2$ 上的连续函数,求

$$\lim_{a\to 0}\frac{1}{\pi a^2}\iint_D f(x,y)\mathrm{d}x\mathrm{d}y$$

6.2 二重积分的计算法

6.2.1 利用直角坐标计算二重积分

首先介绍两种特殊的积分区域.

X- 型区域:

$$D:\varphi_1(x)\leqslant y\leqslant\varphi_2(x),\quad a\leqslant x\leqslant b$$

Y- 型区域:

$$D:\psi_1(y)\leqslant x\leqslant\psi_2(y),\quad c\leqslant y\leqslant d$$

此时二重积分$\iint\limits_D f(x,y)\mathrm{d}\sigma$在几何上表示以曲面$z=f(x,y)$为顶,以区域$D$为底的曲顶柱体的体积.

如果区域D为X- 型区域:对于$x_0\in[a,b]$,过x_0作平行于yOz面的平面截曲顶柱体,所得截面为以区间$[\varphi_1(x_0),\varphi_2(x_0)]$为底,以曲线$z=f(x_0,y)$为曲边的曲边梯形,所以这截面的面积为

$$A(x_0)=\int_{\varphi_1(x_0)}^{\varphi_2(x_0)}f(x_0,y)\mathrm{d}y$$

根据平行截面面积为已知的立体体积的计算方法,得曲顶柱体体积为

$$V=\int_a^b A(x)\mathrm{d}x=\int_a^b\left[\int_{\varphi_1(x)}^{\varphi_2(x)}f(x,y)\mathrm{d}y\right]\mathrm{d}x$$

即

$$V=\iint_D f(x,y)\mathrm{d}\sigma=\int_a^b\left[\int_{\varphi_1(x)}^{\varphi_2(x)}f(x,y)\mathrm{d}y\right]\mathrm{d}x$$

可记为

$$\iint_D f(x,y)\mathrm{d}\sigma=\int_a^b\mathrm{d}x\int_{\varphi_1(x)}^{\varphi_2(x)}f(x,y)\mathrm{d}y$$

类似地,如果区域D为Y- 型区域,则有

$$\iint_D f(x,y)\mathrm{d}\sigma=\int_c^d\mathrm{d}y\int_{\psi_1(y)}^{\psi_2(y)}f(x,y)\mathrm{d}x$$

例 6.1 计算$\iint\limits_D xy\mathrm{d}\sigma$,其中$D$是由直线$y=1$,$x=2$及$y=x$所围成的闭区域.

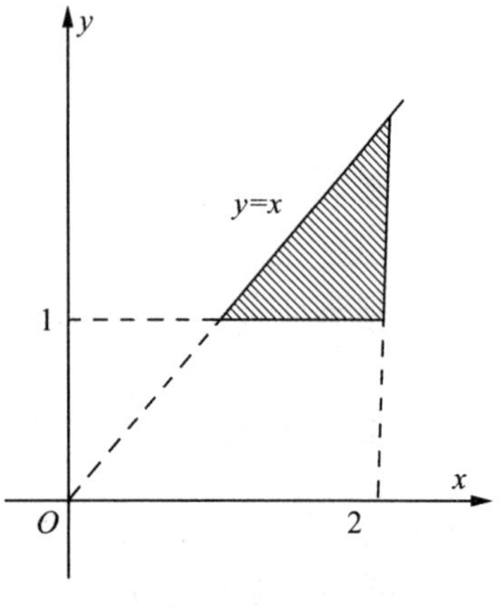

图 6-1

解 画出区域D,如图 6-1 所示.

解法 1 可把D看成是X- 型区域:$1\leqslant x\leqslant 2$,$1\leqslant y\leqslant x$.于是

$$\iint_D xy\mathrm{d}\sigma=\int_1^2\mathrm{d}x\int_1^x xy\mathrm{d}y=\int_1^2 x\cdot\left(\frac{y^2}{2}\right)\Bigg|_1^x\mathrm{d}x$$

$$= \frac{1}{2}\int_1^2 (x^3 - x)\mathrm{d}x = \frac{1}{2}\left(\frac{x^4}{4} - \frac{x^2}{2}\right)\Big|_1^2 = \frac{9}{8}$$

注：积分还可以写成 $\iint\limits_D xy\,\mathrm{d}\sigma = \int_1^2 \mathrm{d}x\int_1^x xy\,\mathrm{d}y = \int_1^2 x\mathrm{d}x\int_1^x y\mathrm{d}y$.

解法 2　也可把 D 看成是 Y- 型区域：$1 \leqslant y \leqslant 2, y \leqslant x \leqslant 2$. 于是

$$\iint\limits_D xy\,\mathrm{d}\sigma = \int_1^2 \mathrm{d}y\int_y^2 xy\,\mathrm{d}y = \int_1^2 y \cdot \left(\frac{x^2}{2}\right)\Big|_y^2 \mathrm{d}y$$

$$= \int_1^2 \left(2y - \frac{y^3}{2}\right)\mathrm{d}y = \left(y^2 - \frac{y^4}{8}\right)\Big|_1^2 = \frac{9}{8}$$

例 6.2　计算 $\iint\limits_D y\sqrt{1 + x^2 - y^2}\,\mathrm{d}\sigma$，其中 D 是由直线 $y = 1, x = -1$ 及 $y = x$ 所围成的闭区域.

解　画出区域 D，如图 6-2 所示. 可把 D 看成是 X- 型区域：$-1 \leqslant x \leqslant 1, x \leqslant y \leqslant 1$. 于是

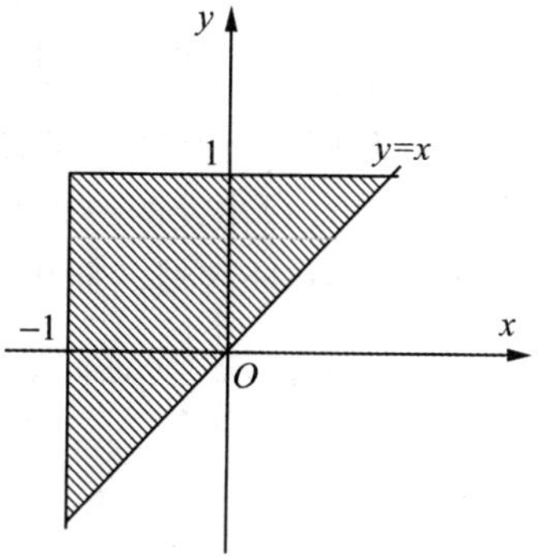

图 6-2

$$\iint\limits_D y\sqrt{1 + x^2 - y^2}\,\mathrm{d}\sigma$$

$$= \int_{-1}^1 \mathrm{d}x\int_x^1 y\sqrt{1 + x^2 - y^2}\,\mathrm{d}y$$

$$= -\frac{1}{3}\int_{-1}^1 [(1 + x^2 - y^2)^{\frac{3}{2}}]\big|_x^1 \mathrm{d}x$$

$$= -\frac{1}{3}\int_{-1}^1 (|x|^3 - 1)\mathrm{d}x$$

$$= -\frac{2}{3}\int_0^1 (x^3 - 1)\mathrm{d}x = \frac{1}{2}$$

注：也可把 D 看成是 Y- 型区域：$-1 \leqslant y \leqslant 1, -1 \leqslant x \leqslant y$. 于是

$$\iint\limits_D y\sqrt{1 + x^2 - y^2}\,\mathrm{d}\sigma = \int_{-1}^1 \mathrm{d}y\int_{-1}^y y\sqrt{1 + x^2 - y^2}\,\mathrm{d}x$$

例 6.3　计算 $\iint\limits_D xy\,\mathrm{d}\sigma$，其中 D 是由直线 $y = x - 2$ 及抛物线 $y^2 = x$ 所围成的闭区域.

解　画出区域 D，如图 6-3 所示. D 可看成是 Y- 型区域：$-1 \leqslant y \leqslant 2, y^2 \leqslant x \leqslant y + 2$. 于是

$$\iint\limits_D xy\,\mathrm{d}\sigma = \int_{-1}^2 \mathrm{d}y\int_{y^2}^{y+2} xy\,\mathrm{d}x$$

$$= \int_{-1}^2 y\left(\frac{x^2}{2}\right)\Big|_{y^2}^{y+2}\mathrm{d}y$$

$$= \frac{1}{2}\int_{-1}^2 [y(y + 2)^2 - y^5]\mathrm{d}y$$

$$= \frac{1}{2}\left(\frac{y^4}{4} + \frac{4}{3}y^3 + 2y^2 - \frac{y^6}{6}\right)\Big|_{-1}^2$$

$$= \frac{45}{8}$$

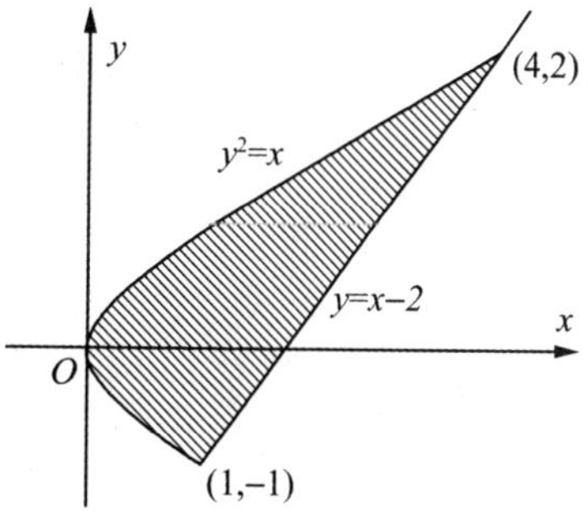

图 6-3

注：D 也可看成是 X- 型区域，由于 $y = \varphi_1(x)$ 在区间

[0,1] 和[1,4] 上具有不同的解析式，因此需将 D 分成 D_1 和 D_2 两部分，即 $D=D_1+D_2$.

其中 $D_1: 0\leqslant x\leqslant 1, -\sqrt{x}\leqslant y\leqslant\sqrt{x}$；$D_2: 1\leqslant x\leqslant 4, x-2\leqslant y\leqslant\sqrt{x}$，于是

$$\iint_D xy\,\mathrm{d}\sigma=\int_0^1\mathrm{d}x\int_{-\sqrt{x}}^{\sqrt{x}}xy\,\mathrm{d}y+\int_1^4\mathrm{d}x\int_{x-2}^{\sqrt{x}}xy\,\mathrm{d}y$$

6.2.2　利用极坐标计算二重积分

有些二重积分，积分区域 D 的边界曲线用极坐标方程来表示比较方便，且被积函数用极坐标变量 ρ,θ 表达比较简单，这时我们就可以考虑利用极坐标来计算二重积分.

由二重积分的定义有

$$\iint_D f(x,y)\mathrm{d}\sigma=\lim_{\lambda\to 0}\sum_{i=1}^{n}f(\xi_i,\eta_i)\Delta\sigma_i$$

下面我们来研究这个和的极限在极坐标系中的形式.

以从极点 O 出发的一族射线及以极点为中心的一族同心圆构成的网将区域 D 分为 n 个小闭区域，小闭区域的面积为：

$$\begin{aligned}\Delta\sigma_i&=\frac{1}{2}(\rho_i+\Delta\rho_i)^2\cdot\Delta\theta_i-\frac{1}{2}\rho_i^2\cdot\Delta\theta_i=\frac{1}{2}(2\rho_i+\Delta\rho_i)\Delta\rho_i\cdot\Delta\theta_i\\&=\frac{\rho_i+(\rho_i+\Delta\rho_i)}{2}\cdot\Delta\rho_i\cdot\Delta\theta_i=\bar{\rho}_i\Delta\rho_i\Delta\theta_i\end{aligned}$$

其中，$\bar{\rho}_i$ 表示相邻两圆弧的半径的平均值.

在 $\Delta\sigma_i$ 内取点 $(\bar{\rho}_i,\bar{\theta}_i)$，设其直角坐标为 (ξ_i,η_i)，则有 $\xi_i=\bar{\rho}_i\cos\bar{\theta}_i,\eta_i=\bar{\rho}_i\sin\bar{\theta}_i$，于是

$$\lim_{\lambda\to 0}\sum_{i=1}^{n}f(\xi_i,\eta_i)\Delta\sigma_i=\lim_{\lambda\to 0}\sum_{i=1}^{n}f(\bar{\rho}_i\cos\bar{\theta}_i,\bar{\rho}_i\sin\bar{\theta}_i)\,\bar{\rho}_i\Delta\rho_i\Delta\theta_i$$

即

$$\iint_D f(x,y)\mathrm{d}\sigma=\iint_D f(\rho\cos\theta,\rho\sin\theta)\rho\mathrm{d}\rho\mathrm{d}\theta$$

若积分区域 D 可表示为

$$\varphi_1(\theta)\leqslant\rho\leqslant\varphi_2(\theta),\quad \alpha\leqslant\theta\leqslant\beta$$

则

$$\iint_D f(\rho\cos\theta,\rho\sin\theta)\rho\mathrm{d}\rho\mathrm{d}\theta=\int_\alpha^\beta\mathrm{d}\theta\int_{\varphi_1(\theta)}^{\varphi_2(\theta)}f(\rho\cos\theta,\rho\sin\theta)\rho\mathrm{d}\rho$$

例 6.4　计算 $\iint_D \mathrm{e}^{-x^2-y^2}\mathrm{d}x\mathrm{d}y$，其中 D 是由中心在原点、半径为 a 的圆周所围成的闭区域.

解　在极坐标系中，闭区域 D 可表示为

$$0\leqslant\rho\leqslant a,\quad 0\leqslant\theta\leqslant 2\pi$$

于是

$$\begin{aligned}\iint_D \mathrm{e}^{-x^2-y^2}\mathrm{d}x\mathrm{d}y&=\iint_D \mathrm{e}^{-\rho^2}\rho\mathrm{d}\rho\mathrm{d}\theta\\&=\int_0^{2\pi}\mathrm{d}\theta\int_0^a\mathrm{e}^{-\rho^2}\rho\mathrm{d}\rho=\int_0^{2\pi}\left(-\frac{1}{2}\mathrm{e}^{-\rho^2}\right)\Big|_0^a\mathrm{d}\theta\\&=\frac{1}{2}(1-\mathrm{e}^{-a^2})\int_0^{2\pi}\mathrm{d}\theta=\pi(1-\mathrm{e}^{-a^2})\end{aligned}$$

注：此处积分 $\iint_D \mathrm{e}^{-x^2-y^2}\mathrm{d}x\mathrm{d}y$ 也常写成 $\iint\limits_{x^2+y^2\leqslant a^2}\mathrm{e}^{-x^2-y^2}\mathrm{d}x\mathrm{d}y$.

例 6.5　计算 $I=\iint\limits_D \sqrt{R^2-x^2-y^2}\,\mathrm{d}x\mathrm{d}y$，其中 $D: x^2+y^2\leqslant Rx(R>0)$.

解　在极坐标系中，闭区域 D 可表示为

$$0\leqslant \rho\leqslant R\cos\theta,\quad -\frac{\pi}{2}\leqslant\theta\leqslant\frac{\pi}{2}$$

于是

$$\begin{aligned}I&=\iint\limits_D \sqrt{R^2-x^2-y^2}\,\mathrm{d}x\mathrm{d}y=\int_{-\frac{\pi}{2}}^{\frac{\pi}{2}}\mathrm{d}\theta\int_0^{R\cos\theta}\sqrt{R^2-\rho^2}\rho\mathrm{d}\rho\\&=-\int_{-\frac{\pi}{2}}^{\frac{\pi}{2}}\frac{1}{3}(R^2-\rho^2)^{\frac{3}{2}}\Big|_0^{R\cos\theta}\mathrm{d}\theta=-\frac{2}{3}\int_0^{\frac{\pi}{2}}(R^3\sin^3\theta-R^3)\mathrm{d}\theta\\&=\frac{2}{3}R^3\left(\frac{\pi}{2}-\frac{2}{3}\right)\end{aligned}$$

例 6.6　求球体 $x^2+y^2+z^2\leqslant 4a^2$ 被圆柱面 $x^2+y^2=2ax$ 所截得的（含在圆柱面内的部分）立体的体积.

解　由对称性知，立体体积为第一卦限部分的四倍，即

$$V=4\iint\limits_D\sqrt{4a^2-x^2-y^2}\,\mathrm{d}x\mathrm{d}y$$

其中，D 为半圆周 $y=\sqrt{2ax-x^2}$ 及 x 轴所围成的闭区域.

在极坐标系中，D 可表示为

$$0\leqslant\rho\leqslant 2a\cos\theta,\quad 0\leqslant\theta\leqslant\frac{\pi}{2}$$

于是
$$\begin{aligned}V&=4\iint\limits_D\sqrt{4a^2-\rho^2}\rho\mathrm{d}\rho\mathrm{d}\theta=4\int_0^{\frac{\pi}{2}}\mathrm{d}\theta\int_0^{2a\cos\theta}\sqrt{4a^2-\rho^2}\rho\mathrm{d}\rho\\&=\frac{32}{3}a^2\int_0^{\frac{\pi}{2}}(1-\sin^3\theta)\mathrm{d}\theta=\frac{32}{3}a^2\left(\frac{\pi}{2}-\frac{2}{3}\right)\end{aligned}$$

习题 6.2

1. 求 $I=\iint\limits_D\frac{x^2}{y^2}\mathrm{d}x\mathrm{d}y$，其中 D 是由 $x=2, y=x, xy=1$ 所围成的区域.

2. 设 $D=\{(x,y)\mid 0\leqslant x\leqslant 1, 0\leqslant y\leqslant 1\}$，求 $\iint\limits_D \mathrm{e}^{x+y}\mathrm{d}x\mathrm{d}y$ 的值.

3. 求 $I=\iint\limits_D\sqrt{R^2-x^2-y^2}\,\mathrm{d}x\mathrm{d}y$，其中 D 是由 $x^2+y^2=Rx$ 所围成的区域.

4. 计算二重积分 $\iint\limits_D|x^2+y^2-4|\,\mathrm{d}x\mathrm{d}y$，其中 D 是圆域 $x^2+y^2\leqslant 9$.

5. 计算二重积分 $\iint\limits_D\frac{x+y}{x^2+y^2}\mathrm{d}x\mathrm{d}y$，其中 $D: x^2+y^2\leqslant 1, x+y\geqslant 1$.

6. 改变二次积分的次序：$\int_0^2\mathrm{d}x\int_0^x f(x,y)\mathrm{d}y+\int_2^4\mathrm{d}x\int_0^{4-x}f(x,y)\mathrm{d}y$.

6.3 二重积分的应用

有许多求总量的问题可以用定积分的微元法来处理，这种微元法也可推广到二重积分的应用中. 如果所要计算的某个量 U 对于闭区域 D 具有可加性(就是说，当闭区域 D 分成许多小闭区域时，所求量 U 相应地分成许多部分量，且 U 等于部分量之和)，并且在闭区域 D 内任取一个直径很小的闭区域 $\mathrm{d}\sigma$ 时，相应的部分量可近似地表示为 $f(x,y)\mathrm{d}\sigma$ 的形式，其中 (x,y) 在 $\mathrm{d}\sigma$ 内，则称 $f(x,y)\mathrm{d}\sigma$ 为所求量 U 的元素，记为 $\mathrm{d}U$，以它为被积表达式，在闭区域 D 上积分：$U=\iint\limits_D f(x,y)\mathrm{d}\sigma$，这就是所求量的积分表达式. 本节将介绍利用二重积分计算空间曲面的面积、非均匀物体的质心和平面薄板的转动惯性.

6.3.1 曲面的面积

设曲面 S 由方程 $z=f(x,y)$ 给出，D 为曲面 S 在 xOy 面上的投影区域，函数 $f(x,y)$ 在 D 上具有连续偏导数 $f_x(x,y)$ 和 $f_y(x,y)$，现求曲面的面积 A.

在区域 D 内任取一点 $P(x,y)$，并在区域 D 内取一包含点 $P(x,y)$ 的小闭区域 $\mathrm{d}\sigma$(其面积也记为 $\mathrm{d}\sigma$)，在曲面 S 上点 $M(x,y,f(x,y))$ 处作曲面 S 的切平面 T，再作以小区域 $\mathrm{d}\sigma$ 的边界曲线为准线、母线平行于 z 轴的柱面，将含于柱面内的小块切平面的面积作为含于柱面内的小块曲面面积的近似值，记为 $\mathrm{d}A$. 又设切平面 T 的法向量与 z 轴所成的角为 γ，则

$$\mathrm{d}A=\frac{\mathrm{d}\sigma}{\cos\gamma}=\sqrt{1+f_x^2(x,y)+f_y^2(x,y)}\,\mathrm{d}\sigma$$

这就是曲面 S 的面积元素.

于是曲面 S 的面积为

$$A=\iint\limits_D\sqrt{1+f_x^2(x,y)+f_y^2(x,y)}\,\mathrm{d}\sigma$$

或
$$A=\iint\limits_D\sqrt{1+\left(\frac{\partial z}{\partial x}\right)^2+\left(\frac{\partial z}{\partial y}\right)^2}\,\mathrm{d}x\mathrm{d}y$$

当曲面方程为 $x=g(y,z)$ 或 $y=h(z,x)$ 时，则曲面的面积公式为

$$A=\iint\limits_{D_{yz}}\sqrt{1+\left(\frac{\partial x}{\partial y}\right)^2+\left(\frac{\partial x}{\partial z}\right)^2}\,\mathrm{d}y\mathrm{d}z$$

或
$$A=\iint\limits_{D_{zx}}\sqrt{1+\left(\frac{\partial y}{\partial z}\right)^2+\left(\frac{\partial y}{\partial x}\right)^2}\,\mathrm{d}z\mathrm{d}x$$

其中，D_{yz} 是曲面在 yOz 面上的投影区域；D_{zx} 是曲面在 zOx 面上的投影区域.

例 6.7 求半径为 R 的球的表面积.

解 上半球面方程为 $z=\sqrt{R^2-x^2-y^2}$，$x^2+y^2\leqslant R^2$.

因为 z 对 x 和对 y 的偏导数在 $D:x^2+y^2\leqslant R^2$ 上无界，所以上半球面面积不能直接求出，因此先求在区域 $D_1:x^2+y^2\leqslant a^2(a<R)$ 上的部分球面面积，然后取极限.

$$\iint\limits_{x^2+y^2\leqslant a^2}\sqrt{1+\left(\frac{\partial z}{\partial x}\right)^2+\left(\frac{\partial z}{\partial y}\right)^2}\mathrm{d}x\mathrm{d}y=\iint\limits_{x^2+y^2\leqslant a^2}\frac{R}{\sqrt{R^2-x^2-y^2}}\mathrm{d}x\mathrm{d}y$$

$$=R\int_0^{2\pi}\mathrm{d}\theta\int_0^a\frac{\rho\mathrm{d}\rho}{\sqrt{R^2-\rho^2}}=2\pi R(R-\sqrt{R^2-a^2})$$

于是上半球面面积为 $A_1=\lim\limits_{a\to R}2\pi R(R-\sqrt{R^2-a^2})=2\pi R^2$

整个球面面积为 $A=2A_1=4\pi R^2$

例 6.8　设有一颗地球同步轨道通讯卫星，距地面的高度为 $h=36000$ km，运行的角速度与地球自转的角速度相同. 试计算该通讯卫星的覆盖面积与地球表面积的比值(地球半径 $R=6400$ km).

解　取地心为坐标原点，地心到通讯卫星中心的连线为 z 轴，建立坐标系.

通讯卫星覆盖的曲面 Σ 是上半球面被半顶角为 α 的圆锥面所截得的部分. Σ 的方程为

$$z=\sqrt{R^2-x^2-y^2},\quad x^2+y^2\leqslant R^2\sin^2\alpha$$

于是通讯卫星的覆盖面积为

$$A=\iint\limits_{D_{xy}}\sqrt{1+\left(\frac{\partial z}{\partial x}\right)+\left(\frac{\partial z}{\partial y}\right)^2}\mathrm{d}x\mathrm{d}y=\iint\limits_{D_{xy}}\frac{R}{\sqrt{R^2-x^2-y^2}}\mathrm{d}x\mathrm{d}y$$

其中，$D_{xy}=\{(x,y)\mid x^2+y^2\leqslant R^2\sin^2\alpha\}$ 是曲面 Σ 在 xOy 面上的投影区域.

利用极坐标，得

$$A=\int_0^{2\pi}\mathrm{d}\theta\int_0^{R\sin\alpha}\frac{R}{\sqrt{R^2-\rho^2}}\rho\mathrm{d}\rho$$

$$=2\pi R\int_0^{R\sin\alpha}\frac{\rho}{\sqrt{R^2-\rho^2}}\mathrm{d}\rho=2\pi R^2(1-\cos\alpha)$$

由于 $\cos\alpha=\dfrac{R}{R+h}$，代入上式得

$$A=2\pi R^2\left(1-\frac{R}{R+h}\right)=2\pi R^2\,\frac{h}{R+h}$$

由此得这颗通讯卫星的覆盖面积与地球表面积之比为

$$\frac{A}{4\pi R^2}=\frac{h}{2(R+h)}=\frac{36\times10^6}{2(36+6.4)\times10^6}\approx42.5\%$$

由以上结果可知，卫星覆盖了全球三分之一以上的面积，故使用三颗相隔 $\dfrac{2}{3}\pi$ 角度的通讯卫星就可以覆盖几乎地球全部表面.

6.3.2　质　心

设有一平面薄片，位于 xOy 面的闭区域 D 上，在点 $P(x,y)$ 处的面密度为 $\mu(x,y)$，假定 $\mu(x,y)$ 在 D 上连续，现在要求该薄片的质心坐标.

在闭区域 D 上任取一点 $P(x,y)$ 及包含点 $P(x,y)$ 的一直径很小的闭区域 $\mathrm{d}\sigma$(其面积也记为 $\mathrm{d}\sigma$)，则平面薄片对 x 轴和对 y 轴的力矩(仅考虑大小) 元素分别为

$$\mathrm{d}M_x=y\mu(x,y)\mathrm{d}\sigma,\quad \mathrm{d}M_y=x\mu(x,y)\mathrm{d}\sigma$$

平面薄片对 x 轴和对 y 轴的力矩分别为

$$M_x = \iint_D y\mu(x,y)\mathrm{d}\sigma, \quad M_y = \iint_D x\mu(x,y)\mathrm{d}\sigma$$

设平面薄片的质心坐标为$(\overline{x},\overline{y})$，平面薄片的质量为 M，则有

$$\overline{x} \cdot M = M_y, \quad \overline{y} \cdot M = M_x$$

于是

$$\overline{x} = \frac{M_y}{M} = \frac{\iint_D x\mu(x,y)\mathrm{d}\sigma}{\iint_D \mu(x,y)\mathrm{d}\sigma}, \quad \overline{y} = \frac{M_x}{M} = \frac{\iint_D y\mu(x,y)\mathrm{d}\sigma}{\iint_D \mu(x,y)\mathrm{d}\sigma}$$

如果平面薄片是均匀的，即面密度是常数，则平面薄片的质心的公式为

$$\overline{x} = \frac{\iint_D x\,\mathrm{d}\sigma}{\iint_D \mathrm{d}\sigma} = \frac{\iint_D x d\sigma}{\sigma}, \quad \overline{y} = \frac{\iint_D y\,\mathrm{d}\sigma}{\iint_D \mathrm{d}\sigma} = \frac{\iint_D y\,\mathrm{d}\sigma}{\sigma}$$

例 6.9 求位于两圆 $\rho = 2\sin\theta$ 和 $\rho = 4\sin\theta$ 之间的均匀薄片的质心.

解 因为闭区域 D 对称于 y 轴，所以质心 $C(\overline{x},\overline{y})$ 必位于 y 轴上，于是$\overline{x} = 0$.

因为

$$\iint_D y\,\mathrm{d}\sigma = \iint_D \rho^2 \sin\theta \mathrm{d}\rho \mathrm{d}\theta = \int_0^{\pi} \sin\theta \mathrm{d}\theta \int_{2\sin\theta}^{4\sin\theta} \rho^2 \mathrm{d}\rho = 7\pi$$

$$\iint_D \mathrm{d}\sigma = \pi \cdot 2^2 - \pi \cdot 1^2 = 3\pi$$

所以 $\overline{y} = \dfrac{\iint_D y\,\mathrm{d}\sigma}{\iint_D \mathrm{d}\sigma} = \dfrac{7\pi}{3\pi} = \dfrac{7}{3}$，于是所求质心是 $C\left(0,\dfrac{7}{3}\right)$.

6.3.3 转动惯量

设有一平面薄片，位于 xOy 面的闭区域 D 上，在点 $P(x,y)$ 处的面密度为 $\mu(x,y)$，假定 $\mu(x,y)$ 在 D 上连续，现在要求该薄片对于 x 轴的转动惯量和 y 轴的转动惯量.

在闭区域 D 上任取一点 $P(x,y)$ 及包含点 $P(x,y)$ 的一直径很小的闭区域 $\mathrm{d}\sigma$（其面积也记为 $\mathrm{d}\sigma$），则平面薄片对于 x 轴的转动惯量和 y 轴的转动惯量的元素分别为

$$\mathrm{d}I_x = y^2\mu(x,y)\mathrm{d}\sigma, \quad \mathrm{d}I_y = x^2\mu(x,y)\mathrm{d}\sigma$$

整片平面薄片对于 x 轴的转动惯量和 y 轴的转动惯量分别为

$$I_x = \iint_D y^2\mu(x,y)\mathrm{d}\sigma, \quad I_y = \iint_D x^2\mu(x,y)\mathrm{d}\sigma$$

例 6.10 求半径为 a 的均匀半圆薄片（面密度为常量 μ）对于其直径边的转动惯量.

解 取坐标系如图 6-4 所示，则薄片所占闭区域 D 可表示为

$$D = \{x,y) \mid x^2 + y^2 \leqslant a^2, y \geqslant 0\}$$

于是所求转动惯量即半圆薄片对于 x 轴的转动惯量为

$$I_x = \iint_D \mu y^2 \mathrm{d}\sigma = \mu \iint_D \rho^2 \sin^2\theta \cdot \rho \mathrm{d}\rho \mathrm{d}\theta$$

$$= \mu \int_0^{\pi} \sin^2\theta \mathrm{d}\theta \int_0^a \rho^3 \mathrm{d}\rho = \mu \cdot \frac{a^4}{4} \int_0^{\pi} \sin^2\theta \mathrm{d}\theta$$

$$= \frac{1}{4}\mu a^4 \cdot \frac{\pi}{2} = \frac{1}{4} M a^2$$

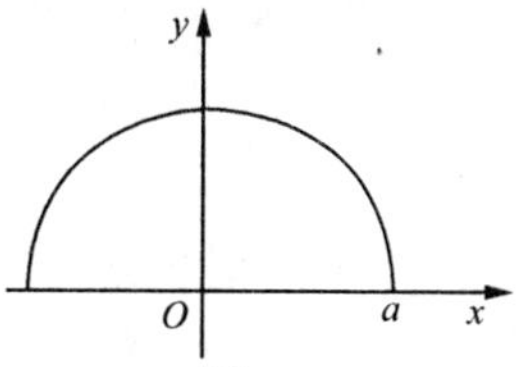

图 6-4

其中，$M = \frac{1}{2}\pi a^2 \mu$ 为半圆薄片的质量.

6.3.4　城市人口问题

例 6.11　人口统计学家已经发现每个城市的市中心人口密度最大 m 离市中心越远，人口越稀少，密度越小. 现设某城市的人口密度函数为

$$f(x,y) = \frac{50000}{x + |y| + 1}$$

其中，$D: 0 \leqslant x \leqslant 4, -5 \leqslant y \leqslant 5$. 试求该城市的总人口 S.

解　(1) 建立模型

在区域 D 内任取一点 $P(x,y)$，并在区域 D 内取一包含点 $P(x,y)$ 的小闭区域 $\mathrm{d}\sigma$(其面积也记为 $\mathrm{d}\sigma$)，则小闭区域 $\mathrm{d}\sigma$ 内人口数近似为密度函数与面积的乘积，即

$$f(x,y)\mathrm{d}\sigma = \frac{50000}{x + |y| + 1} \mathrm{d}x \mathrm{d}y$$

(2) 模型求解

所求城市总人口数为

$$S = \iint_D f(x,y) \mathrm{d}x \mathrm{d}y = \int_0^4 \left(\int_{-5}^5 \frac{50000}{x + |y| + 1} \mathrm{d}y \right) \mathrm{d}x = 2\int_0^4 \left(\int_0^5 \frac{50000}{x + y + 1} \mathrm{d}y \right) \mathrm{d}x$$

$$= 10^5 \int_0^4 (\ln|x + y + 1|)\big|_0^5 \mathrm{d}x = 10^5 \int_0^4 [\ln(x+6) - \ln(x+1)] \mathrm{d}x$$

因为 $\int \ln(x+6)\mathrm{d}x = x\ln(x+6) - \int x \mathrm{d}\ln(x+6)$

$$= x\ln(x+6) - \int \frac{x}{x+6}\mathrm{d}x = x\ln(x+6) - \int \frac{x+6-6}{x+6}\mathrm{d}x$$

$$= x\ln(x+6) - x + 6\ln(x+6)$$

且 $\int \ln(x+1)\mathrm{d}x = x\ln(x+1) - x + \ln(x+1)$，

代入上式得总人口为：$10^5(10\ln 10 - 6\ln 6 - 5\ln 5)$(取整数).

习题 6.3

1. 计算抛物面 $z = x^2 + y^2$ 在平面 $z = 1$ 下方的面积.

2. 求均匀上半球体(半径为 R) 的质心.

6.4　利用 MATLAB 求二重积分

由于二重积分可以化成二次积分来进行计算，因此只要确定出积分区域，就可反复使用 int 命令来计算二重积分.

例 6.12　计算二重积分 $I=\iint\limits_D x^2 e^{-y^2}\,dx dy$，$D$ 是由直线 $x=0$，$y=x$ 和 $y=1$ 所围区域.

解　我们已知该积分可写成

$$I=\int_0^1 dy\int_0^y x^2 e^{-y^2}\,dx \text{ 或 } I=\int_0^1 dx\int_x^1 x^2 e^{-y^2}\,dy$$

按第一种形式的求解步骤为

```
syms x y
I1 = int(x^2 * exp(- y^2), x, 0, y)
I1 =
y^3/(3 * exp(y^2))
syms x y
I = int(I1, y, 0, 1)
I =
1/6 - 1/(3 * exp(1))
```

如果采用第二种形式，手工无法计算，而用 MATLAB 却照样可以算出结果：

```
syms x y
I1 = int(x^2 * exp(- y^2), y, x, 1)
I1 =
(pi^(1/2) * x^2 * (erf(1) - erf(x)))/2
syms x y
I = int(I1, x, 0, 1)
I =
1/6 - 1/(3 * exp(1))
```

总习题 6

1. 设 $I_1=\iint\limits_{D_1}(x^2+y^2)^3\,d\sigma$，其中 D_1 是矩形闭区域：$-1\leqslant x\leqslant 1$，$-2\leqslant y\leqslant 2$，又 $I_2=\iint\limits_{D_2}(x^2+y^2)^3\,d\sigma$，其中 D_2 是矩形闭区域：$0\leqslant x\leqslant 1$，$0\leqslant y\leqslant 2$，试用二重积分的几何意义说明 I_1，I_2 间的关系.

2. 利用二重积分性质估计下列积分的值：

(1) $I=\iint\limits_D(x+y+1)\mathrm{d}\sigma$，$D$ 为 $\{(x,y)\mid 0\leqslant x\leqslant 1,0\leqslant y\leqslant 2\}$；

(2) $I=\iint\limits_D(x^2+4y^2+9)\mathrm{d}\sigma$，$D$ 为圆域 $\{(x,y)\mid x^2+y^2\leqslant 4\}$.

3. 给出二重积分 $I=\iint\limits_D f(x,y)\mathrm{d}\sigma$ 在直角坐标系下的二次积分(用两种次序给出)：

(1) D 由 $x=3,x=5,3x-2y+4=0,3x-2y+1=0$ 围成；

(2) D 为 $\{(x,y)\mid x+y\leqslant 1,x-y\leqslant 1,x\geqslant 0\}$.

4. 交换下列二重积分的积分次序：

(1) $\int_0^1\mathrm{d}y\int_y^{\sqrt{y}}f(x,y)\mathrm{d}x$　　(2) $\int_0^1\mathrm{d}y\int_{-\sqrt{1-y^2}}^{\sqrt{1-y^2}}f(x,y)\mathrm{d}x$

(3) $\int_1^2\mathrm{d}y\int_y^2 f(x,y)\mathrm{d}x$　　(4) $\int_0^1\mathrm{d}x\int_0^x f(x,y)\mathrm{d}y+\int_1^2\mathrm{d}x\int_0^{2-x}f(x,y)\mathrm{d}y$

5. 求下列二重积分.

(1) $\iint\limits_D(x+y)\mathrm{d}x\mathrm{d}y$，其中 D 是由曲线 $y=1+x^2,y=x^2$ 与 $x=0,x=1$ 所围成的区域.

(2) $\iint\limits_D x\mathrm{d}x\mathrm{d}y$，其中区域 D 满足 $x^2+y^2\leqslant 1,x\geqslant 0,y\geqslant 0$.

(3) $\iint\limits_D\sqrt{x^2+y^2}\mathrm{d}x\mathrm{d}y$，其中区域 D 满足 $x^2+y^2\leqslant 4,y\geqslant 0$.

(4) $\iint\limits_D\dfrac{\sin y}{y}\mathrm{d}x\mathrm{d}y$，其中 D 是由曲线 $y=x,y=\sqrt{x}$ 所围成的区域.

6. 求由四个平面 $x=0,y=0,x=1,y=1$ 所围成的柱体被平面 $z=0$ 及 $2x+3y+z=6$ 所截得的立体体积.

7. 设一薄板是中心在原点、半径为 R 的圆域，面密度为 $\rho(x,y)=\sqrt{x^2+y^2}$，求薄板的质量 m.

第 7 章　微分方程

对于数学及其应用而言,微分方程的重大意义在于:许多实际问题的研究都可以划归为微分方程的求解问题.诸如电子计算机及无线电装置的应用计算、弹道的计算、飞机在飞行中的稳定性研究以及化学反应过程中的稳定性研究等等.某些物理规律也可以用微分方程描述.

微分方程理论的基本问题是研究满足这个微分方程的函数,即微分方程的解.微分方程的理论使得人们有可能充分、全面地表达出方程解的性质.这在自然科学的应用中有其重要意义,微分方程的理论也提供了求解数值解的方法.

常微分方程是伴随着微积分一起发展起来的.从 17 世纪末开始,由摆的运动、弹性理论以及天体力学等实际问题的研究引出了一系列常微分方程,这些问题当时在数学家之间引起激烈的争论.数学家曾借助于微分方程从理论上得到了行星运动规律,从而验证了德国天文学家开普勒由实验得到的推想.天文学家也曾借助于微分方程,在海王星被观测到之前,推算出了它的方位.而今微分方程已成为研究自然的强有力的工具.牛顿、莱布尼兹和伯努利兄弟等都曾讨论过低阶常微分方程,到 1740 年左右,几乎所有的求解一阶微分方程的初等方法都已经被提出.

1728 年,欧拉的一篇论文引进了著名的指数代换理论,将二阶常微分方程化为一阶方程,开始了对二阶常微分方程的系统研究.1743 年,欧拉给出了 n 阶常系数齐次线性微分方程的完整解法,这是高阶常微分方程的重要突破.1774～1775 年,拉格朗日用参数变易法解出了一般 n 阶变系数非齐次常微分方程,这一工作是 18 世纪常微分方程求解的最高成就.在 18 世纪,常微分方程已成为新的数学分支.

本章所讲的常微分方程初步,主要是介绍几类微分方程的初等求解方法,即限于微分方程历史的第一个时期:17 世纪的后 25 年至 18 世纪所得到的求解微分方程的成果.

时至今日,微分方程仍然是最有生命力的数学分支之一,并不断在向前发展,它几乎渗透到了各个科学领域.

7.1　微分方程的基本概念

我们通过例题来说明微分方程的一些基本概念.

例 7.1　放射性元素铀由于不断地有原子放射出微粒子而变成其他元素,其含量不断减少,这种现象叫作衰变.由原子物理学知道,铀的衰变速度与当时未衰变的原子的含量 M 成正比.已知 $\tau=0$ 时铀的含量为 M_0,求在衰变过程中铀的含量 $M(\tau)$随时间 τ 变化的规律.

解　铀的衰变速度就是 $M(\tau)$ 对时间 τ 的导数 $\frac{dM}{d\tau}$. 由于铀的衰变速度与其含量成正比,故得微分方程

$$\frac{dM}{d\tau}=-\lambda M \tag{7.1}$$

按题意,满足条件:当 $\tau=0$ 时,$M=M_0$.

将式(7.1)改写为

$$\frac{dM}{M}=-\lambda d\tau \tag{7.2}$$

两边积分得 $\ln|M|=-\lambda\tau+\ln|C|$,其中 C 是常数.

上式可写为 $M=Ce^{-\lambda\tau}$,

将 $\tau=0$ 时,$M=M_0$ 代入,得 $M_0=C$.

所以衰变规律为 $M=M_0e^{-\lambda\tau}$.

在该问题中 $M(\tau)$ 是我们要求的,它是未知的,称为未知函数. 关系式(7.1)是一个含有未知函数 M 及其导数 $\frac{dM}{d\tau}$ 的方程,称为微分方程. 由于微分方程(7.1)中未知函数的最高阶导数的阶数为1,所以(7.1)式称为一阶微分方程.

若将函数 $M=Ce^{-\lambda\tau}$ 及其导数代入式(7.1),显然是一个恒等式,这种能使微分方程成为恒等式的函数,称为微分方程的解.

式(7.1)是一阶微分方程,函数 $M=Ce^{-\lambda\tau}$ 中含有一个任意常数,且任意常数的个数与微分方程的阶数相同,这样的解叫作微分方程的通解;当通解中的任意常数 C 确定为某一特定值时的解,称为微分方程的特解. 本例中,当 $\tau=0$ 时,$M=M_0$,这是用来确定通解中的任意常数 C 取特定值的条件,这样的条件一般称为初始条件.

例 7.2　一质量为 m 的物体受重力作用下落,假设初始位置和初始速度都为零,试确定该物体下落的距离 s 与时间 t 的函数关系.

解　该物体只受重力作用下落,加速度是 g. 按二阶导数的物理意义,若设下落距离 s 与时间 t 的函数关系为 $s=s(t)$,则有

$$\frac{d^2s}{dt^2}=g \tag{7.3}$$

对式(7.3)两边积分,得

$$\frac{ds}{dt}=gt+C_1 \tag{7.4}$$

按一阶导数的物理意义知 $\frac{ds}{dt}=v(t)$,则 $v(t)=gt+C_1$ 应是物体运动的速度,其中 C_1 是任意常数.

对(7.4)式两边再积分,得

$$s=\frac{1}{2}gt^2+C_1t+C_2 \tag{7.5}$$

其中,C_2 也是任意常数. 显然(7.5)式给出了 s 与 t 的函数关系.

依题意初始位置和初始速度都为零,即

$$s(0)=s|_{t=0}=C_2=0 \tag{7.6}$$

$$v(0)=\left.\frac{\mathrm{d}s}{\mathrm{d}t}\right|_{t=0}=C_1=0 \tag{7.7}$$

于是，所求的 s 与 t 的函数关系，即物体下落的运动方程为 $s=\frac{1}{2}gt^2$.

在本例中，需要求的 s 与 t 的函数关系 $s=s(t)$ 是未知函数；(7.3)式中含有未知函数的最高阶导数的阶数为 2，称为二阶微分方程；函数(7.5)式满足微分方程(7.3)式，它是该微分方程的解；对于(7.3)式这样的二阶微分方程，满足它的函数(7.5)式中含有两个任意常数，这是通解；而 $s=\frac{1}{2}gt^2$ 是当 $C_1=0$ 且 $C_2=0$ 时的解，这是特解；(7.6)式和(7.7)式是用来确定 C_1 和 C_2 的条件，这是初始条件.

分析以上两个例题，可得到微分方程的一般概念：

凡表示未知函数、未知函数的导数或微分与自变量之间的关系的方程，叫作微分方程. 注意微分方程中可以不显含自变量和未知函数，但必须显含未知函数的导数或微分. 因此，简单来说，含有未知函数的导数或微分的方程，叫作微分方程.

未知函数是一元函数的微分方程叫作常微分方程；未知函数是多元函数的微分方程，叫作偏微分方程. 本章只讨论常微分方程.

微分方程中所出现的未知函数最高阶导数的阶数，叫作微分方程的阶.

二阶和二阶以上的微分方程统称为高阶微分方程.

一般地，n 阶微分方程的形式是 $F(x,y,y',\cdots,y^{(n)})=0$.

如果把一个函数及其导数代入微分方程后，能使微分方程成为恒等式，则称此函数为该微分方程的解.

如果微分方程的解中含有任意常数，且任意常数的个数与微分方程的阶数相同，这样的解叫作微分方程的通解；确定了通解中的任意常数以后，就得到微分方程的特解.

用以确定通解中任意常数的条件通常称为初始条件.

例 7.3　验证：函数 $x=C_1\cos kt+C_2\sin kt$ 是微分方程 $\frac{\mathrm{d}^2x}{\mathrm{d}t^2}+k^2x=0$ 的解.

解　首先，求所给函数的导数：

$$\frac{\mathrm{d}x}{\mathrm{d}t}=-kC_1\sin kt+kC_2\cos kt$$

$$\frac{\mathrm{d}^2x}{\mathrm{d}t^2}=-k^2C_1\cos kt-k^2C_2\sin kt=-k^2(C_1\cos kt+C_2\sin kt)$$

将 $\frac{\mathrm{d}^2x}{\mathrm{d}t^2}$ 及 x 的表达式代入所给方程，得

$$-k^2(C_1\cos kt+C_2\sin kt)+k^2(C_1\cos kt+C_1\sin kt)\equiv 0$$

这表明函数 $x=C_1\cos kt+C_2\sin kt$ 满足方程 $\frac{\mathrm{d}^2x}{\mathrm{d}t^2}+k^2x=0$，因此它是所给方程的解.

求微分方程满足某初始条件的解的问题，称为微分方程的初值问题.

例如，函数 $y=4\mathrm{e}^x-3$ 就是满足初值问题 $\frac{\mathrm{d}y}{\mathrm{d}x}=y+3$，$y(0)=1$ 的解.

习题 7.1

1. 试说出下列各微分方程的阶数：

(1) $x(y')^2-2yy'+x=0$；　(2) $x^2y'-xy'+y=0$；

(3) $xy'''+2y'+x^2y=0$；　(4) $(7x-6y)\mathrm{d}x+(x+y)\mathrm{d}y=0$；

(5) $L\dfrac{\mathrm{d}^2Q}{\mathrm{d}t^2}+R\dfrac{\mathrm{d}Q}{\mathrm{d}t}+\dfrac{Q}{C}=0$；　(6) $\dfrac{\mathrm{d}\rho}{\mathrm{d}\theta}+\rho=\sin^2\theta$

2. 指出下列各题中的函数是否为所给微分方程的解：

(1) $xy'=2y,y=5x^2$；

(2) $y'+y=0,y=3\sin x-4\cos x$；

(3) $y''-2y'+y=0,y=x^2\mathrm{e}^x$；

(4) $y''-(\lambda_1+\lambda_2)y'+\lambda_1\lambda_2 y=0,y=C_1\mathrm{e}^{\lambda_1 x}+C_2\mathrm{e}^{\lambda_2 x}$.

3. 写出由下列条件确定的曲线所满足的微分方程：

(1) 曲线在点 (x,y) 处的切线的斜率等于该点横坐标的平方；

(2) 曲线上点 $P(x,y)$ 处的法线与 x 轴的交点为 Q，且线段 PQ 被 y 轴平分.

7.2 一阶微分方程

本节介绍几种常见类型的一阶微分方程的解法.

7.2.1 可分离变量的微分方程

形如

$$\frac{\mathrm{d}y}{\mathrm{d}x}=f(x)\cdot g(y) \tag{7.8}$$

的微分方程称为可分离变量的微分方程

例如，$\dfrac{\mathrm{d}y}{\mathrm{d}x}=-\mathrm{e}^x\cdot\mathrm{e}^y$，$\dfrac{\mathrm{d}y}{\mathrm{d}x}=\dfrac{\mathrm{e}^x}{y(1+\mathrm{e}^x)}$ 都是可分离变量的微分方程.

这种方程可以用分离变量法求解.

若 $g(y)\neq 0$，则可将式(7.8)写成如下形式：

$$\frac{\mathrm{d}y}{g(y)}=f(x)\mathrm{d}x \tag{7.9}$$

若 $f(x)$，$g(y)$ 为连续函数，将式(7.9)两端分别积分，它们的原函数只相差一个常数，便有 $\displaystyle\int\frac{1}{g(y)}\mathrm{d}y=\int f(x)\mathrm{d}x+C$，其中 $\displaystyle\int\frac{1}{g(y)}\mathrm{d}y$，$\displaystyle\int f(x)\mathrm{d}x$ 分别表示函数 $\dfrac{1}{g(y)}$，$f(x)$ 的一个原函数，C 是任意常数，称为积分常数. 这就得到了 x 与 y 之间的函数关系.

于是 $\displaystyle\int\frac{1}{g(y)}\mathrm{d}y=\int f(x)\mathrm{d}x+C$ 是微分方程 $\dfrac{\mathrm{d}y}{\mathrm{d}x}=f(x)\cdot g(y)$ 的通解.

注：可分离变量的微分方程也可以写成如下形式：

$$M_1(x)M_2(y)\mathrm{d}x+N_1(x)N_2(y)\mathrm{d}y=0$$

例 7.4 求微分方程$\frac{dy}{dx}=2xy$ 的通解.

解 此方程是可分离变量的微分方程,分离变量后得

$$\frac{dy}{y}=2xdx$$

两端积分

$$\int\frac{dy}{y}=\int 2xdx+C_1$$

于是

$$\ln|y|=x^2+C_1$$

从而

$$y=\pm e^{x^2+C_1}=\pm e^{C_1}e^{x^2}$$

又因为$\pm e^{C_1}$仍是任意非零常数,把它记作 C,则得

$$y=Ce^{x^2}\quad (C\neq 0)$$

注意到 $y=0$ 也是原方程的解,所以 C 实际上也可以取零. 这样就得到原方程的通解为 $y=Ce^{x^2}$(C 为任意常数).

从例题 7.4 的求解过程可以看出,凡遇到方程左端积分后是对数的形式,都需要作类似于上述的处理. 为使解法过程简洁,今后凡遇到方程左端积分后是对数的情形都作简化处理,以例题 7.4 为例示范如下:

分离变量后得

$$\frac{dy}{y}=2xdx$$

两边积分得

$$\ln|y|=x^2+\ln|C|$$

通解为

$$y=Ce^{x^2}\quad (C\text{ 为任意常数})$$

例 7.5 求微分方程$\frac{dy}{dx}=1+x+y^2+xy^2$ 的通解.

解 原方程可化为

$$\frac{dy}{dx}=(1+x)(1+y^2)$$

分离变量得

$$\frac{1}{1+y^2}dy=(1+x)dx$$

两边积分得

$$\int\frac{1}{1+y^2}dy=\int(1+x)dx+C$$

即

$$\arctan y=\frac{1}{2}x^2+x+C$$

于是原方程的通解为 $y=\tan\left(\frac{1}{2}x^2+x+C\right)$.

例7.6　有高为1 m的半球形容器，水从它的底部小孔流出，小孔横截面面积为1 cm²，开始时容器内盛满了水，求水从小孔流出过程中容器里水面高度h随时间t变化的规律.

解　由水力学知道，水从孔口流出的流量Q可用下列公式计算：

$$Q=\frac{\mathrm{d}V}{\mathrm{d}t}=0.62S\sqrt{2gh}$$

其中，0.62为流量系数，S为孔口横截面面积，g为重力加速度. 现在孔口横截面面积$S=1\ \mathrm{cm}^2$，故$\frac{\mathrm{d}V}{\mathrm{d}t}=0.62\sqrt{2gh}$或$\mathrm{d}V=0.62\sqrt{2gh}\mathrm{d}t$.

另一方面，设在微小时间间隔$[t,t+\mathrm{d}t]$内，水面高度由h降至$h+\mathrm{d}h(\mathrm{d}h<0)$，则又可得到

$$\mathrm{d}V=-\pi r^2\mathrm{d}h$$

其中，r是时刻t的水面半径，右端置负号是由于$\mathrm{d}h<0$而$\mathrm{d}V>0$的缘故. 又因

$$r=\sqrt{100^2-(100-h)^2}=\sqrt{200h-h^2},$$

所以

$$\mathrm{d}V=-\pi(200h-h^2)\mathrm{d}h$$

于是可得

$$0.62\sqrt{2gh}\mathrm{d}t=-\pi(200h-h^2)\mathrm{d}h$$

这就是未知函数$h=h(t)$应满足的微分方程.

此外，开始时容器内的水是满的，所以未知函数$h=h(t)$还应满足下列初始条件：

$$h\Big|_{t=0}=100$$

将方程$0.62\sqrt{2gh}\mathrm{d}t=-\pi(200h-h^2)\mathrm{d}h$分离变量后得

$$\mathrm{d}t=-\frac{\pi}{0.62\sqrt{2g}}(200h^{\frac{1}{2}}-h^{\frac{3}{2}})\mathrm{d}h$$

两端积分

$$t=-\frac{\pi}{0.62\sqrt{2g}}\int(200h^{\frac{1}{2}}-h^{\frac{3}{2}})\mathrm{d}h$$

即

$$t=-\frac{\pi}{0.62\sqrt{2g}}\left(\frac{400}{3}h^{\frac{3}{2}}-\frac{2}{5}h^{\frac{5}{2}}\right)+C\text{，其中}C\text{是任意常数.}$$

由初始条件得

$$C=\frac{\pi}{0.62\sqrt{2g}}\left(\frac{400000}{3}-\frac{200000}{5}\right)=\frac{\pi}{0.62\sqrt{2g}}\times\frac{14}{15}\times10^5$$

因此

$$t=\frac{\pi}{4.65\sqrt{2g}}(7\times10^5-10^3h^{\frac{3}{2}}+3h^{\frac{5}{2}})$$

上式表达了水从小孔流出的过程中容器内水面高度h与时间t之间的函数关系.

7.2.2　齐次微分方程

形如

$$\frac{\mathrm{d}y}{\mathrm{d}x}=\varphi\left(\frac{y}{x}\right)\tag{7.10}$$

的一阶微分方程称为齐次微分方程. 这种方程通过变量替换可化为可分离变量的微分

方程.

令 $u=\frac{y}{x}$(u 是关于 x 的函数),得 $y=xu$,将 $y=xu$ 两端对 x 求导,得

$$\frac{dy}{dx}=x\frac{du}{dx}+u$$

将 $u=\frac{y}{x}$ 及上式代入式(7.10),得

$$x\frac{du}{dx}+u=\varphi(u)$$

整理得

$$\frac{du}{dx}=\frac{\varphi(u)-u}{x}$$

这是可分离变量的微分方程,分离变量得

$$\frac{du}{\varphi(u)-u}=\frac{dx}{x}$$

两端积分得

$$\int\frac{du}{\varphi(u)-u}=\int\frac{dx}{x}+C$$

求出积分后,再用 $\frac{y}{x}$ 代换 u,便得所给齐次微分方程的通解.

例 7.7 解方程 $xy'=y(1+\ln y-\ln x)$.

解 原式可化为

$$\frac{dy}{dx}=\frac{y}{x}\left(1+\ln\frac{y}{x}\right)$$

令 $u=\frac{y}{x}$,则 $\frac{dy}{dx}=x\frac{du}{dx}+u$,于是原方程变为

$$x\frac{du}{dx}+u=u(1+\ln u)$$

分离变量得

$$\frac{du}{u\ln u}=\frac{dx}{x}$$

对上式两端积分得

$$\ln|\ln u|=\ln|x|+\ln|C|$$

整理得

$$u=e^{Cx}$$

故方程通解为

$$y=xe^{Cx}$$

例 7.8 求解微分方程 $y^2+x^2\frac{dy}{dx}=xy\frac{dy}{dx}$ 的通解.

解 原方程可写成

$$\frac{dy}{dx}=\frac{y^2}{xy-x^2}=\frac{\left(\frac{y}{x}\right)^2}{\frac{y}{x}-1}$$

因此它是齐次微分方程.令 $\frac{y}{x}=u$,则 $y=ux$,$\frac{dy}{dx}=u+x\frac{du}{dx}$,于是原方程变为

$$u+x\frac{du}{dx}=\frac{u^2}{u-1}$$

即
$$x\frac{\mathrm{d}u}{\mathrm{d}x}=\frac{u}{u-1}$$

分离变量得
$$(1-\frac{1}{u})\mathrm{d}u=\frac{\mathrm{d}x}{x}$$

两边积分得 $u-\ln|u|=\ln|x|+\ln|C|$，即 $Cxu=\mathrm{e}^{u}$.

将 $u=\frac{y}{x}$ 代入上式，得所给方程的通解为
$$\mathrm{e}^{\frac{y}{x}}=Cy$$

例 7.9 设一条河的两岸为平行直线，水流速度为 a，有一鸭子从岸边点 A 游向正对岸点 O，设鸭子的游速为 $b(b>a)$，且鸭子游动方向始终朝着点 O，已知 $OA=h$，求鸭子游过的迹线的方程.

解 取 O 为坐标原点，河岸朝顺水方向为 x 轴，y 轴指向对岸，设在时刻 t 鸭子位于点 $P(x,y)$ 则鸭子运动速度
$$\boldsymbol{v}=(v_x,v_y)=\left(\frac{\mathrm{d}x}{\mathrm{d}t},\frac{\mathrm{d}y}{\mathrm{d}t}\right)，故有\frac{\mathrm{d}x}{\mathrm{d}y}=\frac{v_x}{v_y}$$

另一方面，$\boldsymbol{v}=\boldsymbol{a}+\boldsymbol{b}=(a,0)+b\left(\frac{-x}{\sqrt{x^2+y^2}},\frac{-y}{\sqrt{x^2+y^2}}\right)$，$\boldsymbol{v}=\left(a-\frac{bx}{\sqrt{x^2+y^2}},-\frac{by}{\sqrt{x^2+y^2}}\right)$.

因此 $\frac{v_x}{v_y}=-\frac{a}{b}\sqrt{\left(\frac{x}{y}\right)^2+1}+\frac{x}{y}$，即 $\frac{\mathrm{d}x}{\mathrm{d}y}=-\frac{a}{b}\sqrt{\left(\frac{x}{y}\right)^2+1}+\frac{x}{y}$.

问题归结为解齐次方程 $\frac{\mathrm{d}x}{\mathrm{d}y}=-\frac{a}{b}\sqrt{\left(\frac{x}{y}\right)^2+1}+\frac{x}{y}$.

令 $\frac{x}{y}=u$，即 $x=yu$，得
$$y\frac{\mathrm{d}u}{\mathrm{d}y}=-\frac{a}{b}\sqrt{u^2+1}$$

分离变量得
$$\frac{\mathrm{d}u}{\sqrt{u^2+1}}=-\frac{a}{by}\mathrm{d}y$$

两边积分得
$$\operatorname{arsh}u=-\frac{b}{a}(\ln y+\ln C)$$

将 $u=\frac{x}{y}$ 代入上式并整理得
$$x=\frac{1}{2C}[(Cy)^{1-\frac{b}{a}}-(Cy)^{1+\frac{b}{a}}]$$

以 $x|_{y=h}=0$ 代入上式，得 $C=\frac{1}{h}$，故鸭子游过的轨迹方程为
$$x=\frac{h}{2}\left[\left(\frac{y}{h}\right)^{1-\frac{b}{a}}-\left(\frac{y}{h}\right)^{1+\frac{b}{a}}\right],\quad 0\leqslant y\leqslant h$$

注：将 $u=\frac{x}{y}$ 代入 $\operatorname{arsh}u=-\frac{b}{a}(\ln y+\ln C)$ 后的整理过程为

$$\operatorname{arsh}\frac{x}{y}=-\frac{b}{a}(\ln y+\ln C)$$

$$\Rightarrow\frac{x}{y}=\operatorname{sh}\ln(Cy)^{-\frac{b}{a}}\Rightarrow\frac{x}{y}=\frac{1}{2}[(Cy)^{-\frac{b}{a}}-(Cy)^{\frac{b}{a}}]$$

$$\Rightarrow x=\frac{y}{2}[(Cy)^{-\frac{b}{a}}-(Cy)^{\frac{b}{a}}]\Rightarrow x=\frac{1}{2C}[(Cy)^{1-\frac{b}{a}}-(Cy)^{1+\frac{b}{a}}]$$

7.2.3 一阶线性微分方程

形如

$$\frac{dy}{dx}+P(x)y=Q(x) \tag{7.11}$$

的微分方程,称为一阶线性微分方程.其中,$P(x)$与$Q(x)$都是已知的连续函数,$Q(x)$称为自由项.微分方程中所含未知函数y及其导数y'是一次的,且不含y与y'的乘积.

当$Q(x)\neq 0$时,式(7.11)称为一阶线性非齐次微分方程.

当$Q(x)\equiv 0$时,即

$$\frac{dy}{dx}+P(x)y=0 \tag{7.12}$$

称为与一阶线性非齐次微分方程(7.11)相对应的一阶线性齐次微分方程.

对于形如式(7.11)的一阶线性非齐次微分方程可用如下的常数变易法求解.

首先,求一阶线性齐次微分方程(7.12)的通解.

方程(7.12)是可分离变量的微分方程.

分离变量得

$$\frac{dy}{y}=-P(x)dx$$

积分得

$$\ln|y|=\int[-P(x)]dx+\ln|C|$$

于是方程(7.12)通解为

$$y=Ce^{-\int P(x)dx}\quad (C\text{是任意常数}) \tag{7.13}$$

其次,求一阶线性非齐次微分方程(7.11)的通解.

将一阶线性齐次微分方程(7.12)的通解中的常数C换成关于x的未知函数$u(x)$,这里$u(x)$是一个待定的函数,即设一阶线性非齐次微分方程(7.11)有如下形式的解

$$y=u(x)e^{-\int P(x)dx}$$

把上式及其导数代入微分方程(7.11)可得

$$u'(x)e^{-\int P(x)dx}-u(x)e^{-\int P(x)dx}P(x)+P(x)u(x)e^{-\int P(x)dx}=Q(x)$$

化简得

$$u'(x)=Q(x)e^{\int P(x)dx}$$

两端积分得

$$u(x)=\int Q(x)e^{\int P(x)dx}dx+C$$

于是,一阶线性非齐次微分方程(7.11)的通解为

$$y=e^{-\int P(x)dx}\left[\int Q(x)e^{\int P(x)dx}dx+C\right] \tag{7.14}$$

或

$$y=Ce^{-\int P(x)dx}+e^{-\int P(x)dx}\int Q(x)e^{\int P(x)dx}dx \tag{7.15}$$

在式(7.15)中,第一项是齐次微分方程(7.12)的通解;第二项是非齐次微分方程

(7.11)的一个特解.若将(7.15)式的第一项记做 Y;第二项记作 y^*,则非齐次微分方程(7.11)的通解为 $y=Y+y^*$.

例 7.10　求方程 $\frac{dy}{dx}-\frac{2y}{x+1}=(x+1)^{\frac{5}{2}}$ 的通解.

解　这里 $P(x)=-\frac{2}{x+1}$,$Q(x)=(x+1)^{\frac{5}{2}}$.

于是方程通解为

$$y=e^{-\int P(x)dx}\left[\int Q(x)e^{\int P(x)dx}dx+C\right]$$
$$=(x+1)^2\left[\frac{2}{3}(x+1)^{\frac{3}{2}}+C\right]$$

例 7.11　(污染治理问题)某湖泊蓄水量为 V,每年流入湖泊中的含污染物 A 的污水量为 $\frac{V}{6}$,流出湖泊的水量为 $\frac{V}{3}$.已知 2005 年底湖泊中污染物 A 的含量为 $5m_0$(m_0 为国家规定的达标指标),超过国家规定指标,为了治理污染,从 2006 年起,限制流入湖泊的含污染物 A 的污水的浓度不超过 $\frac{m_0}{V}$,问至少需经过几年,湖泊中污染物 A 的含量降至 m_0 以内?假设湖水中污染物 A 的分布是均匀的.

解　(1)建立微分方程

设 t 年后湖泊中污染物 A 的含量为 $m(t)$,则浓度为 $\frac{m(t)}{V}$,污染物增量为 $dm(t)$,已知 2006 年初 $t_0=0$,$m(0)=5m_0$,经过 T 年,湖泊中污染物 A 的含量降至 m_0 以内,即 $m(T)=m_0$.

由于污染物 A 的增量=污染物 A 的流入量—污染物 A 的流出量,在时间间隔 $[t,t+dt]$ 内污染物 A 的流入量为 $\frac{V}{6}\frac{m_0}{V}dt=\frac{m_0}{6}dt$(限制流入湖泊的含污染物 A 的污水的浓度不超过 $\frac{m_0}{V}$),污染物 A 的流出量为 $\frac{V}{3}\frac{m(t)}{V}dt=\frac{m(t)}{3}dt$,于是

$$dm=\frac{m_0}{6}dt-\frac{m}{3}dt,\text{即}\frac{dm}{dt}=\frac{m_0}{6}-\frac{m}{3}$$

此微分方程可看作是一阶线性非齐次微分方程.

(2)求微分方程的通解

由一阶线性微分方程的公式法解得:

$$m(t)=e^{-\int\frac{1}{3}dt}\left(\int\frac{m_0}{6}e^{\int\frac{1}{3}dt}dt+C\right)=\frac{m_0}{2}-Ce^{-\frac{1}{3}t}$$

(3)求微分方程的特解

由 $m(0)=5m_0$,得 $C=-\frac{9}{2}m_0$.

因此,满足初始条件的特解为 $m(t)=\frac{m_0}{2}+\frac{9}{2}m_0e^{-\frac{1}{3}t}$.

又由 $m(T)=\frac{m_0}{2}+\frac{9}{2}m_0e^{-\frac{T}{3}}=m_0$,解得 $T=6\ln 3\approx6.6$ 年.即至少需要 6.6 年的时间

湖泊中的污染物 A 的含量达标.

习题 7.2

1. 求下列微分方程的通解:

(1) $xy'-y\ln y=0$

(2) $3x^2+5x-5y'=0$

(3) $\sqrt{1-x^2}y'=\sqrt{1-y^2}$

(4) $y'-xy'=a(y^2+y')$

(5) $\sec^2 x\tan y\mathrm{d}x+\sec^2 y\tan x\mathrm{d}y=0$

(6) $\dfrac{\mathrm{d}y}{\mathrm{d}x}=10^{x+y}$

(7) $(\mathrm{e}^{x+y}-\mathrm{e}^x)\mathrm{d}x+(\mathrm{e}^{x+y}+\mathrm{e}^y)\mathrm{d}y=0$

(8) $\cos x\sin y\mathrm{d}x+\sin x\cos y\mathrm{d}y=0$

(9) $(y+1)^2\dfrac{\mathrm{d}y}{\mathrm{d}x}+x^3=0$

(10) $y\mathrm{d}x+(x^2-4x)\mathrm{d}y=0$

2. 求下列微分方程满足所给初始条件的特解:

(1) $y'=\mathrm{e}^{2x-y},y|_{x=0}=0$

(2) $y'\sin x=y\ln y,y|_{x=\frac{\pi}{2}}=\mathrm{e}$

(3) $\cos y\mathrm{d}x+(1+\mathrm{e}^{-x})\sin y\mathrm{d}y=0,y|_{x=0}=\dfrac{\pi}{4}$

(4) $x\mathrm{d}y+2y\mathrm{d}x=0,y|_{x=2}=1$

3. 求下列微分方程的通解:

(1) $\dfrac{\mathrm{d}y}{\mathrm{d}x}+y=\mathrm{e}^{-x}$

(2) $xy'+y=x^2+3x+2$

(3) $y'+y\cos x=\mathrm{e}^{-\sin x}$

(4) $y'+y\tan x=\sin 2x$

(5) $(x^2-1)y'+2xy-\cos x=0$

(6) $\dfrac{\mathrm{d}\rho}{\mathrm{d}\theta}+3\rho=2$

(7) $\dfrac{\mathrm{d}y}{\mathrm{d}x}+2xy=4x$

(8) $y\ln y\mathrm{d}x+(x-\ln y)\mathrm{d}y=0$

(9) $(x-2)\dfrac{\mathrm{d}y}{\mathrm{d}x}=y+2(x-2)^3$

(10) $(y^2-6x)\dfrac{\mathrm{d}y}{\mathrm{d}x}+2y=0$

4. 求下列微分方程满足所给初始条件的特解:

(1) $\dfrac{\mathrm{d}y}{\mathrm{d}x}-y\tan x=\sec x,y|_{x=0}=0$

(2) $\dfrac{\mathrm{d}y}{\mathrm{d}x}+\dfrac{y}{x}=\dfrac{\sin x}{x},y|_{x=\pi}=1$

(3) $\dfrac{\mathrm{d}y}{\mathrm{d}x}=y\cot x=5\mathrm{e}^{\cos x},y|_{x=\frac{\pi}{2}}=-4$

(4) $\dfrac{\mathrm{d}y}{\mathrm{d}x}+3y=8,y|_{x=0}=2$

(5) $\dfrac{\mathrm{d}y}{\mathrm{d}x}+\dfrac{2-3x^2}{x^3}y=1,y|_{x=0}=0$

5. 求一曲线的方程,这曲线通过原点,并且它在点 (x,y) 处的切线斜率等于 $2x+y$.

7.3　可降阶的二阶微分方程

在二阶微分方程中有的可以降为一阶微分方程来求解.本节介绍三种可降阶的二阶微分方程.

7.3.1　形如 $y''=f(x)$ 的微分方程

形如 $y''=f(x)$ 的二阶微分方程的特点是不显含未知函数 y 及其一阶导数 y',这是最简单的二阶微分方程,通过两次积分即可得到通解.

$$y' = \int f(x)\mathrm{d}x + C_1$$

$$y = \int\left[\int f(x)\mathrm{d}x + C_1\right]\mathrm{d}x + C_2$$

其中,C_1,C_2 为两个任意常数.

例 7.12　解方程 $y''=\dfrac{1}{\sqrt{2x+1}}$.

解　两边积分一次得

$$y' = \frac{1}{2}\int \frac{1}{\sqrt{2x+1}}\mathrm{d}(2x+1) = (2x+1)^{\frac{1}{2}} + C_1$$

两边再积分一次得

$$y = \int[(2x+1)^{\frac{1}{2}} + C_1]\mathrm{d}x = \frac{1}{3}(2x+1)^{\frac{3}{2}} + C_1x + C_2$$

7.3.2　形如 $y''=f(x,y')$ 的微分方程

形如 $y''=f(x,y')$ 的微分方程的特点是不显含函数 y,我们可以先求出 y',然后再求出 y,可通过变量替换 $y'=p=p(x)$,则 $y''=p'(x)$.于是原方程可化成关于自变量 x 的未知函数 p 的一阶微分方程 $p'=f(x,p)$.由一阶微分方程求解的方法可求得 p;由 $y'=p$,再积分就得到未知函数 y.

例 7.13　求二阶微分方程 $xy''+y'-x^2=0$ 的通解.

解　设 $y'=p=p(x)$,则 $y''=p'$.代入方程,则原方程化为一阶线性非齐次微分方程

$$p'+\frac{1}{x}p=x$$

解此一阶线性微分方程得

$$p=\frac{1}{3}x^2+\frac{C_1}{x},\quad 即\frac{\mathrm{d}y}{\mathrm{d}x}=\frac{1}{3}x^2+\frac{C_1}{x}$$

积分得原微分方程的通解为 $y=\dfrac{1}{9}x^3+C_1\ln|x|+C_2$.

例 7.14　求微分方程 $(1+x^2)y''=2xy'$,满足初始条件 $y|_{x=0}=1$,$y'|_{x=0}=3$ 的特解.

解　所给方程是 $y''=f(x,y')$ 型的.

设 $y'=p=p(x)$,$y''=p'$,代入方程并分离变量后,有

$$\frac{\mathrm{d}p}{p}=\frac{2x}{1+x^2}\mathrm{d}x$$

两边积分得

$$\ln|p|=\ln(1+x^2)+\ln|C_1|$$

于是 $p=C_1(1+x^2)$.

由条件 $y'|_{x=0}=p|_{x=0}=3$,得 $C_1=3$,所以

$$y'=3(1+x^2)$$

两边再积分得

$$y=x^3+3x+C_2$$

又由条件 $y|_{x=0}=1$,得 $C_2=1$ 于是所求特解为

$$y=x^3+3x+1$$

7.3.3　形如 $y''=f(y,y')$ 的微分方程

形如 $y''=f(y,y')$ 的微分方程的特点是显含 y'',y',y,不显含 x.

令 $y'=p$,这里 y 是自变量,p 是关于 y 的未知函数,则

$$y''=\frac{\mathrm{d}p}{\mathrm{d}x}=\frac{\mathrm{d}p}{\mathrm{d}y}\frac{\mathrm{d}y}{\mathrm{d}x}=p\frac{\mathrm{d}p}{\mathrm{d}y}$$

于是可将其化为一阶微分方程.

例 7.15　求微分方程 $yy''-y'^2+y'=0$ 的通解.

解　令 $y'=p$,则 $y''=\frac{\mathrm{d}p}{\mathrm{d}x}=\frac{\mathrm{d}p}{\mathrm{d}y}\frac{\mathrm{d}y}{\mathrm{d}x}=p\frac{\mathrm{d}p}{\mathrm{d}y}$,代入原微分方程,得

$$yp\frac{\mathrm{d}p}{\mathrm{d}y}-p^2+p=0$$

在 $y\neq 0$,$p\neq 0$ 时,约去 p 并分离变量得

$$\frac{\mathrm{d}p}{p-1}=\frac{\mathrm{d}y}{y}$$

两边积分得 $p=1+C_1y$,即 $y'=1+C_1y$.

这是一阶可分离变量的微分方程,分离变量并积分可得原方程通解为

$$\ln(1+C_1y)=C_1x+C_2.$$

$$1+C_1y=C_2\mathrm{e}^{C_1x}$$

$$y=C_2\mathrm{e}^{C_1x}-\frac{1}{C_1}$$

例 7.16　求微分方程 $yy''-y'^2=0$ 的通解.

解　设 $y'=p$,则 $y''=p\frac{\mathrm{d}p}{\mathrm{d}y}$,代入方程得

$$yp\frac{\mathrm{d}p}{\mathrm{d}y}-p^2=0$$

在 $y\neq 0$,$p\neq 0$ 时,约去 p 并分离变量得

$$\frac{\mathrm{d}p}{p}=\frac{\mathrm{d}y}{y}$$

两边积分得 $p=C_1y$,即 $y'=C_1y$.

再分离变量并两边积分得

$$\ln|y| = C_1 x + \ln|C_2|$$

所以原方程的通解为

$$y = C_2 e^{C_1 x} \quad (C_1, C_2 \text{ 是任意常数})$$

习题 7.3

1. 求下列各微分方程的通解：

(1) $y'' = x + \sin x$；　(2) $y'' = \dfrac{1}{1+x^2}$　(3) $y'' = 1 + y'^2$；

(4) $y'' = y' + x$；　(5) $xy'' + y' = 0$；　(6) $yy'' + y' = y'^2$；

(7) $y^3 y'' - 1 = 0$；　(8) $y'' = \dfrac{1}{\sqrt{y}}$；　(9) $y'' = y'^3 + y'$.

2. 求下列各微分方程满足所给初始条件的特解：

(1) $y^3 y'' + 1 = 0, y|_{x=1} = 1, y'|_{x=1} = 0$

(2) $y'' - ay'^2 = 0, y|_{x=1} = 0, y'|_{x=0} = -1$；

(3) $y''' = e^{ax}, y|_{x=1} = y'|_{x=1} = y''|_{x=1} = 0$；

(4) $y'' = e^{2y}, y|_{x=1} = y'|_{x=1} = 0$.

7.4　二阶常系数线性微分方程

将形如

$$y'' + py' + qy = f(x) \quad (p, q \text{ 为实数}) \tag{7.16}$$

的二阶微分方程称为二阶常系数线性微分方程，若式(7.16)中 $f(x) \equiv 0$，则称式(7.16)是齐次的，否则称为非齐次的. 若将式(7.16)的 $f(x)$ 换成 0，则称

$$y'' + py' + qy = 0 \tag{7.17}$$

为二阶常系数非齐次线性方程对应的二阶常系数齐次线性微分方程.

7.4.1　线性微分方程的一般理论

首先介绍两个函数线性相关与线性无关的概念.

函数 $y_1(x)$ 与 $y_2(x)$ 都定义在区间 I 上，若存在两个不全为零的常数 k_1, k_2，使等式 $k_1 y_1(x) + k_2 y_2(x) = 0$ 恒成立，则称函数 $y_1(x), y_2(x)$ 在区间 I 上线性相关；若仅当 $k_1 = k_2 = 0$ 时，上述恒等式成立，则称函数 $y_1(x), y_2(x)$ 线性无关.

定理 7.1　若函数 $y_1(x), y_2(x)$ 是二阶常系数齐次线性微分方程(7.17)的解，则 $y = C_1 y_1(x) + C_2 y_2(x)$ 也是方程(7.17)的解，其中 C_1, C_2 为任意常数.

定理 7.2　若函数 $y_1(x), y_2(x)$ 是二阶常系数齐次线性微分方程(7.17)的两个线性无关的特解，则 $y = C_1 y_1(x) + C_2 y_2(x)$ 是方程(7.17)的通解，其中 C_1, C_2 为任意常数.

定理 7.3　设 y^* 是方程(7.16)的特解，Y 是方程(7.17)的通解，则 $y = Y + y^*$ 是方程(7.16)的通解.

7.4.2　二阶常系数齐次线性微分方程的通解

假设 $y=e^{rx}$（其中 r 是待定常数）是方程(7.17)的解，将 $y=e^{rx}$ 代入方程(7.17)中得

$$(r^2+pr+q)e^{rx}=0$$

因为 $e^{rx}\neq 0$，故由上式得

$$r^2+pr+q=0$$

称 $r^2+pr+q=0$ 为微分方程(7.17)的特征方程. 特征方程的解称为特征根.

设 r_1,r_2 为 $r^2+pr+q=0$ 的解，下面分三种情况讨论如何用特征根求方程

$$y''+py'+qy=0$$

的通解.

(1)特征根为两个相异实根

此时判别式 $\Delta=p^2-4q>0$，则两实根为

$$r_1=\frac{1}{2}(-p+\sqrt{\Delta}),\quad r_2=\frac{1}{2}(-p-\sqrt{\Delta})$$

这时方程有两个特解，$y_1=e^{r_1x}$，$y_2=e^{r_2x}$，且二者线性无关，因此方程的通解为

$$y=C_1e^{r_1x}+C_2e^{r_2x}$$

其中，C_1，C_2 为任意常数.

(2)特征根为两个相等实根

此时判别式 $\Delta=p^2-4q=0$，则两实根为

$$r_1=r_2=-\frac{1}{2}p=r$$

这时方程有一个特解是 $y_1=e^{rx}$，经验证 $y_2=xe^{rx}$ 是方程 $y''+py'+qy=0$ 的另一个特解，且二者线性无关，因此方程的通解为

$$y=(C_1+C_2x)e^{rx}$$

其中，C_1，C_2 为任意常数.

(3)特征根为两个共轭复根

此时判别式 $\Delta=p^2-4q<0$，则两共轭复根为

$$r_1=\frac{1}{2}(-p+\sqrt{-\Delta}\mathrm{i}),\quad r_2=\frac{1}{2}(-p-\sqrt{-\Delta}\mathrm{i})$$

记复数 r_1，r_2 的实部与虚部分别为 $\alpha=-\frac{1}{2}p$，$\beta=\frac{1}{2}\sqrt{-\Delta}$.

可验证 $y_1=e^{\alpha x}\cos\beta x$，$y_2=e^{\alpha x}\sin\beta x$ 是方程的两个特解，且线性无关，故通解为

$$y=e^{\alpha x}(C_1\cos\beta x+C_2\sin\beta x)$$

其中，C_1，C_2 为任意常数

例 7.17　求微分方程 $y''-2y'-3y=0$ 的通解.

解　特征方程为 $r^2-2r-3=0$，故有两个特征根 $r_1=-1$，$r_2=3$. 因此方程的通解为

$$y=C_1e^{-x}+C_2e^{3x}$$

其中，C_1，C_2 为任意常数.

例 7.18　求微分方程 $y''-3y'+\frac{9}{4}y=0$ 的通解.

解 特征方程为 $r^2-3r+\frac{9}{4}=0$，故有两个相等的特征根 $r_1=r_2=\frac{3}{2}$，因此方程的通解为

$$y=(C_1+C_2x)e^{\frac{3}{2}x}$$

其中，C_1，C_2 为任意常数．

例 7.19 求方程 $y''-2y'+5y=0$ 的通解．

解 特征方程为 $r^2-2r+5=0$，它有两个共轭复根 $r_{1,2}=1\pm 2i$，因此方程的通解为

$$y=e^x(C_1\cos 2x+C_2\sin 2x),$$

其中，C_1，C_2 为任意常数．

7.4.3 二阶常系数非齐次线性微分方程的通解

求二阶常系数非齐次线性微分方程的通解，可以归结为求其一个特解与对应齐次线性微分方程的通解之和，求齐次方程 $y''+py'+qy=0$ 通解的方法上面已经介绍，下面我们采用待定系数法求二阶常系数非齐次线性微分方程 $y''+py'+qy=f(x)$ 的特解．

待定系数法的思路是：将与非齐次方程的自由项 $f(x)$ 形状相同的含有待定系数的函数代入 $y''+py'+qy=f(x)$ 中，然后利用方程两端对任何 x 值都相等的条件确定出待定系数，从而求出方程的一个特解．

一、$f(x)$ 为 $P_m(x)$ 型

这里 $P_m(x)$ 是 x 的 m 次多项式，即

$$P_m(x)=a_0x^m+a_1x^{m-1}+\cdots+a_{m-1}x+a_m$$

其中，$a_0,a_1,\cdots,a_{m-1},a_m$ 是常数，且 $a_0\neq 0$．

对于二阶常系数非齐次线性微分方程 $y''+py'+qy=P_m(x)$，由于 p，q 为常数，且多项式的一阶导数 y'、二阶导数 y'' 仍为多项式，可验证该方程有如下的特解：

$$y^*=x^kQ_m(x)$$

其中，$Q_m(x)$ 与 $P_m(x)$ 是同次多项式，其待定系数 k 的取值为：

(1) 当 $q\neq 0$ 时，数 0 不是特征方程的根，取 $k=0$，即特解为

$$y^*=x^0Q_m(x)=Q_m(x)=b_0x^m+b_1x^{m-1}+\cdots+b_{m-1}x+b_m$$

(2) 当 $q=0,p\neq 0$ 时，数 0 是特征方程的一重根，取 $k=1$，即特解为

$$y^*=x^1Q_m(x)=xQ_m(x)=x(b_0x^m+b_1x^{m-1}+\cdots+b_{m-1}x+b_m)$$

(3) 当 $q=0,p=0$ 时，数 0 是特征方程的二重根，取 $k=2$，即特解为

$$y^*=x^2Q_m(x)=x^2Q_m(x)=x^2(b_0x^m+b_1x^{m-1}+\cdots+b_{m-1}x+b_m)$$

例 7.20 求微分方程 $y''-2y'-3y=3x+1$ 的一个特解．

解 这是二阶常系数非齐次线性微分方程，其自由项 $f(x)-P_1(x)-3x+1$ 是一次多项式，且 $q\neq 0$，所以可设待定特解为

$$y^*=ax+b$$

则 $y^{*\prime}=a$，$y^{*\prime\prime}=0$，把 y^*，$y^{*\prime}$，$y^{*\prime\prime}$ 的表示式代入原微分方程，有

$$-2a-3(ax+b)=3x+1，即 -3ax-2a-3b=3x+1$$

比较等式两端 x 同次幂的系数，得 $a=-1$，$b=\frac{1}{3}$．

于是,所求的特解为 $y^*=-x+\frac{1}{3}$.

例 7.21　求微分方程 $y''+9y'=x-4$ 的通解.

解　特征方程是 $r^2+9r=0$,特征根是 $r_1=0, r_2=-9$.

于是,对应齐次线性微分方程的通解为:

$$Y=C_1+C_2e^{-9x}$$

其中,C_1, C_2 为任意常数.

由于自由项 $f(x)=P_1(x)=x-4$ 是一次多项式,且 $q=0$,所以设原方程的一个特解为

$$y^*=x(ax+b)$$

则 $y^{*\prime}=2ax+b, y^{*\prime\prime}=2a$,把 $y^*, y^{*\prime}, y^{*\prime\prime}$ 的表示式代入原微分方程,有

$$2a+9(2ax+b)=x-4,\text{即 } 18ax+2a+9b=x-4$$

比较等式两端 x 同次幂的系数,得 $a=\frac{1}{18}, b=-\frac{37}{81}$,于是,所求的特解为

$$y^*=x\left(\frac{1}{18}x-\frac{37}{81}\right)$$

综上,原微分方程的通解是

$$y=C_1+C_2e^{-9x}+x\left(\frac{1}{18}x-\frac{37}{81}\right)$$

例 7.22　一质量为 m 的物体,在液面上由静止状态开始铅直下沉,经时间 T 沉到底,已知在下沉过程中,液体对物体的阻力与下沉速度成正比,比例常数为 k,求物体在下沉过程中下沉深度与时间 t 的函数关系,并求液面到底面的距离.

解　取物体的初始位置为坐标原点,Ox 轴铅直向下,下沉深度 $x=x(t)$.

下沉过程中物体所受的力为重力 mg 与阻力 $-kv$. 由牛顿第二定律有

$$m\frac{d^2x}{dt^2}=mg-k\frac{dx}{dt}$$

初始条件为 $x|_{t=0}=0, \left.\frac{dx}{dt}\right|_{t=0}=0$.

方程可写成 $\frac{d^2x}{dt^2}+\frac{k}{m}\frac{dx}{dt}=g$,是二阶常系数非齐次线性微分方程.

特征方程为 $r^2+\frac{k}{m}r=0$,特征根为 $r_1=0, r_2=-\frac{k}{m}$.

由于自由项 $f(t)=g$,且 0 为特征根,故可设二阶常系数非齐次线性微分方程的特解为 $x^*=at$.

将特解 $x^*=at$ 代入方程得 $a=\frac{m}{k}g$,于是 $x^*=\frac{mg}{k}t$ 是原方程的一个特解.

故方程的通解为

$$x(t)=C_1+C_2e^{-\frac{k}{m}t}+\frac{mg}{k}t$$

由初始条件可得$\begin{cases} C_1+C_2=0 \\ C_2\left(-\dfrac{k}{m}\right)+\dfrac{mg}{k}=0 \end{cases}$，解得 $C_1=-\dfrac{m^2g}{k^2}$，$C_2=\dfrac{m^2g}{k^2}$.

故下沉深度为

$$x(t)=\frac{mg}{k}t-\frac{m^2g}{k^2}(1-e^{-\frac{k}{m}t})$$

当 $t=T$ 时，物体沉到底. 故令 $t=T$，得液面到底面的距离为

$$x(T)=\frac{mg}{k}T-\frac{m^2g}{k^2}(1-e^{-\frac{k}{m}T})$$

二、$f(x)$为 $Ae^{\alpha x}$ 型

这里 A,α 都是常数，对于二阶常系数非齐次线性微分方程 $y''+py'+qy=Ae^{\alpha x}$，由于 p,q 为常数，且指数函数的导数仍为指数函数，可验证该方程有如下形式的特解：

$$y^*=hx^ke^{\alpha x}$$

其中，h 是待定常数，k 的取值为：

(1)当 α 不是特征方程的根时，取 $k=0$，即特解为 $y^*=he^{\alpha x}$；

(2)当 α 是特征方程的一重根时，取 $k=1$，即特解为 $y^*=hxe^{\alpha x}$；

(3)当 α 是特征方程的二重根时，取 $k=2$，即特解为 $y^*=hx^2e^{\alpha x}$.

例 7.23　求微分方程 $y''-2y'-3y=e^{-x}$ 的通解.

解　特征方程是 $r^2-2r-3=0$，特征根是 $r_1=-1$，$r_2=3$.

于是，对应的齐次线性微分方程的通解为 $Y=C_1e^{3x}+C_2e^{-x}$.

由于自由项 $f(x)=e^{-x}$，$\alpha=-1$ 是特征方程的一重根. 所以设原方程的一个特解为

$$y^*=hxe^{-x}$$

则 $y^{*\prime}=h(1-x)e^{-x}$，$y^{*\prime\prime}=h(-2+x)e^{-x}$，把 y^*，$y^{*\prime}$，$y^{*\prime\prime}$的表示式代入原微分方程，有

$$-4he^{-x}=e^{-x}$$

从而 $h=-\dfrac{1}{4}$. 于是，所求的特解为 $y^*=-\dfrac{1}{4}xe^{-x}$.

原方程的通解为 $y=C_1e^{3x}+C_2e^{-x}-\dfrac{1}{4}xe^{-x}$，其中 C_1，C_2 为任意常数.

习题 7.4

1. 求下列微分方程的通解：

(1)$y''+y'-2y=0$　　(2)$y''-4y'=0$

(3)$y''+y=0$　　(4)$y''+6y'+13y=0$

(5)$4\dfrac{d^2x}{dt^2}-20\dfrac{dx}{dt}+25x=0$　　(6)$y''-4y'+5y=0$

2. 求下列微分方程满足所给初始条件的特解；

(1)$y''-4y'+3y=0$，$y|_{x=0}=6$，$y'|_{x=0}=10$

(2)$4y''+4y'+y=0$，$y|_{x=0}=2$，$y'|_{x=0}=0$

(3)$y''-3y'-4y=0,y|_{x=0}=0,y'|_{x=0}=-5$

(4)$y''+4y'+29y=0,y|_{x=0}=0,y'|_{x=0}=15$

(5)$y''+25y=0,y|_{x=0}=2,y'|_{x=0}=5$

(6)$y''-4y'+13y=0,y|_{x=0}=0,y'|_{x=0}=3$

3. 求下列各微分方程的通解：

(1)$2y''+y'-y=2e^x$　　(2)$y''+a^2y=e^x$

(3)$2y''+5y'=5x^2-2x-1$　　(4)$y''+3y'+2y=3xe^{-x}$

(5)$y''-2y'+5y=e^x\sin 2x$　　(6)$y''-6y'+9y=(x+1)e^{3x}$

(7)$y''+5y'+4y=3-2x$　　(8)$y''+4y=x\cos x$

(9)$y''+y=e^x+\cos x$　　(10)$y''-y=\sin^2 x$

4. 求下列各微分方程满足已给初始条件的特解：

(1)$y''+y+\sin x=0,y|_{x=\pi}=1,y'|_{x=\pi}=1$

(2)$y''-3y'+2y=5,y|_{x=0},y'|_{x=0}=2$

(3)$y''-10y'+9y=e^{2x},y|_{x=0}=\dfrac{6}{7},y'|_{x=0}=\dfrac{33}{7}$

(4)$y''-y=4xe^x,y|_{x=0}=0,y'|_{x=0}=1$

(5)$y''-4y'=5,y|_{x=0}=1,y'|_{x=0}=0$

7.5　微分方程在经济学中的应用

例 7.24　(市场均衡)设某商品的供给函数 $Q_s=60+p+4\dfrac{dp}{dt}$,需求函数 $Q_d=100-p+3\dfrac{dp}{dt}$,其中 $p(t)$表示时刻 t 时该商品的价格,$\dfrac{dp}{dt}$表示价格关于时间的变化率,已知 $p(0)=8$,试把市场均衡价格表示成关于时间的函数,并说明其实际意义.

解　市场均衡价格处有 $Q_s=Q_d$,即

$$60+p+4\frac{dp}{dt}=100-p+3\frac{dp}{dt},\text{亦即}\frac{dp}{dt}=40-2p$$

这是可分离变量的微分方程,解得 $p=20-Ce^{-2t}$.

由 $p(0)=8$,得 $C=12$.

因此均衡价格关于时间的函数 $p=20-12e^{-2t}$.

由于 $\lim\limits_{t\to+\infty}P=\lim\limits_{t\to+\infty}(20-12e^{-2t})=20$,所以市场对于这种商品的价格稳定,且可以认为随着时间的推移,此商品的价格逐渐趋向于 20.

例 7.25　(银行账户余额)某银行账户,以连续复利方式计息,年利率为 5%,希望连续 20 年以每年 12000 元人民币的速率用这一账户支付职工工资,若 t 以年为单位,求账户上余额 $B=f(t)$所满足的微分方程,且问当初始存入的数额 B_0 为多少时,才能使 20 年后账户中的余额精确地减至 0.

解　显然,银行余额的变化率=利息盈取率—工资支付速率.

因为时间 t 以年为单位,银行余额的变化率为$\frac{dB}{dt}$,利息盈取的速率为每年 $0.05B$ 元,工资支付的速率为每年 12000 元,于是有

$$\frac{dB}{dt}=0.05B-12000$$

变量分离得
$$\frac{dB}{0.05B-12000}=dt$$

两端积分得
$$B=Ce^{0.05t}+240000$$

由 $B|_{t=0}=B_0$,得 $C=B_0-240000$.

于是 $B=(B_0-240000)e^{0.05t}+240000$.

由题意, $t=20$ 时, $B=0$,即 $0=(B_0-240000)e+240000$,

由此得当 $B_0=240000-240000e^{-1}$时,20 年后银行的余额为 0.

7.6 利用 MATLAB 求解微分方程

利用 dsolve 命令可以很方便地求得常微分方程的通解和满足给定条件的特解.

例 7.26 求 $2y''+y'-y=2e^x$ 的通解.

解
```
y=dsolve('2*D2y+Dy-y=2*exp(x)','x')
y=
    exp(x)+C2*exp(x/2)+C3/exp(x)
```

7.7 常微分方程的数值解

在工程技术问题中常常会遇到常微分方程(包括初值问题和边值问题)的定解问题.例如,物种的增长和蜕变、物体的运动、电路的振动瞬变、化学反应过程等,都能将其表示为以时间 t 为变量的常微分方程或方程组.

物体冷却过程的数学模型可用下式表示:

$$\frac{du}{dt}=-k(u-u_0)$$

它含有自变量 t、未知函数 u 以及它的一阶导数$\frac{du}{dt}$,是一个常微分方程.给定微分方程及其初始条件,称为初值问题;给定微分方程及其边界条件,称为边值问题.

本节主要讨论常微分方程的初值问题:

$$\begin{cases}y'(x)=f(x,y)\\ y(a)=y_0\end{cases},a\leqslant x\leqslant b \tag{7.18}$$

或记为

$$\begin{cases}\frac{dy}{dx}=f(x,y)\\ y(a)=y_0\end{cases},a\leqslant x\leqslant b$$

通常，只有对一些特殊形式的 $f(x,y)$，我们才能找到它的解析解；对于大多数常微分方程的初值问题，我们主要用数值方法在计算机上求它的数值解. 常微分方程初值问题的数值解是求 $y(x)$ 在求解区间 $[a,b]$ 上剖分点列 $x_n, n=1,2,\cdots,m$ 的数值解 y_n. 在计算中约定 $y(x_n)$ 表示常微分方程准确解的值，y_n 表示 $y(x_n)$ 的近似值. 解常微分方程初值问题的主要手段是差分方法，这是一种通用性强、适用面广的简单方法. 本节介绍求解微分方程的差分数值方法.

通常我们假定式(7.18)中 $f(x,y)$ 满足李普希兹(Lipschitz)条件，即存在常数 $L>0$，使对 $\forall y_1,y_2\in\mathbf{R}$，有

$$|f(x,y_1)-f(x,y_2)|\leqslant L|y_1-y_2|$$

则初值问题(7.18)的解存在且唯一.

7.7.1 基于差商的欧拉公式

对于常微分方程初值问题(7.18)，在区间 $[a,b]$ 上作等距分割的剖分，步长 $h=\frac{b-a}{m}$，记 $x_n=x_{n-1}+h, n=1,2,\cdots,m$. 用数值微商的方法，即用差商近似微商数值求解常微分方程.

一、用向前差商近似 $y'(x)$

做出 $y(x)$ 在 $x=x_0$ 处的一阶向前差商式：

$$y'(x_0)\approx\frac{y(x_1)-y(x_0)}{h}$$

又 $y'(x_0)=f(x_0,y(x_0))$，于是得到

$$\frac{y(x_1)-y(x_0)}{h}\approx f(x_0,y(x_0))$$

从而 $y(x_1)$ 的近似值 y_1 可按

$$\frac{y_1-y_0}{h}=f(x_0,y_0)\text{或 } y_1=y_0+hf(x_0,y_0)$$

求得.

类似地，由

$$y'(x_n)\approx\frac{y(x_{n+1})-y(x_n)}{h}\text{及 } y'(x_n)=f(x_n,y(x_n))$$

得到计算 $y(x_{n+1})$ 近似值 y_{n+1} 的向前欧拉公式：

$$y_{n+1}=y_n+hf(x_n,y_n) \tag{7.19}$$

由差商(差分)得到的方程(7.19)称为差分方程.

由 y_n 直接算出 y_{n+1} 值的计算格式称为显式格式，向前欧拉公式是显式格式.

欧拉方法的几何意义：以 $f(x_0,y_0)$ 为斜率，通过点 (x_0,y_0) 作一条直线，它与直线 $x=x_1$ 的交点就是 y_1. 依此类推，y_{n+1} 是以 $f(x_n,y_n)$ 为斜率过点 (x_n,y_n) 的直线与直线 $x=x_{n+1}$ 的交点. 欧拉方法也称为欧拉折线法，如图 7-1 所示.

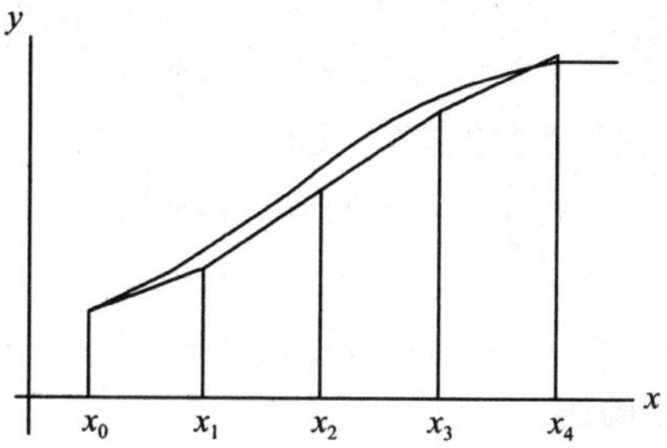

图 7-1　欧拉折线法

例 7.27　求解初值问题

$$\begin{cases} y'=y-\dfrac{2x}{y}, 0<x<1 \\ y(0)=1 \end{cases}$$

解　向前欧拉公式的具体形式为

$$y_{n+1}=y_n+h\left(y_n-\frac{2x_n}{y_n}\right)$$

取步长 $h=0.1$，计算结果见表 7-1.

表 7-1　　**计算结果**

n	x_n	y_n	n	x_n	y_n
1	0.1	1.1000	6	0.6	1.5090
2	0.2	1.1918	7	0.7	1.5803
3	0.3	1.2774	8	0.8	1.6498
4	0.4	1.3582	9	0.9	1.7178
5	0.5	1.4351	10	1.0	1.7848

二、用向后差商近似 $y'(x)$

做出 $y(x)$ 在 $x=x_0$ 处的一阶向后差商式：

$$y'(x_1)\approx\frac{y(x_1)-y(x_0)}{h}$$

又 $y'(x_1)=f(x_1,y(x_1))$，得到 $y(x_1)$ 的近似值 y_1 的计算公式：

$$y_1=y_0+hf(x_1,y_1)$$

类似地，可得到计算 $y(x_{n+1})$ 近似值 y_{n+1} 的计算公式：

$$y_{n+1}=y_n+hf(x_{n+1},y_{n+1}) \tag{7.20}$$

公式(7.20)称为向后欧拉公式．通常 $f(x,y)$ 为 y 的非线性函数，因此式(7.20)是关于 y_{n+1} 的非线性方程，称为隐式欧拉公式，需要通过迭代法求得 y_{n+1}．其中，初始值 $y_{n+1}^{(0)}$ 可由向前欧拉公式 $y_{n+1}^{(0)}=y_n+hf(x_n,y_n)$ 提供，用它代入式(7.20)的右端，使之转化为显

式，直接计算得

$$y_{n+1}^{(1)}=y_n+hf(x_{n+1},y_{n+1}^{(0)})$$

然后再利用 $y_{n+1}^{(1)}$ 代入式(7.20)的右端，又有

$$y_{n+1}^{(2)}=y_n+hf(x_{n+1},y_{n+1}^{(1)})$$

如此反复进行迭代，得

$$y_{n+1}^{(k+1)}=y_n+hf(x_{n+1},y_{n+1}^{(k)})\quad(k=0,1,\cdots)$$

从而获得向后欧拉方法的解.

三、用中心差商近似 $y'(x)$

做出 $y(x)$ 在 $x=x_1$ 处的中心差商式：

$$y'(x_1)\approx\frac{y(x_2)-y(x_0)}{2h}$$

又 $y'(x_1)=f(x_1,y(x_1))$，可得到 $y(x_2)$ 的近似值 y_2 的计算公式：

$$y_2=y_0+2hf(x_1,y_1)$$

类似地，可得到计算 $y(x_{n+1})$ 近似值 y_{n+1} 的计算公式：

$$y_{n+1}=y_{n-1}+2hf(x_n,y_n)\tag{7.21}$$

公式(7.21)称为中心公式. 按公式(7.21)，需要知道 y_{n-1}，y_n 的值才能求得 y_{n+1} 的值. 因此，除了给出初值 y_0 外，还需要用其他公式算出 y_1，再用中心格式算出 y_2，y_3，…需要指出的是，中心格式不是稳定格式，因此不能采用.

7.7.2　二阶龙格-库塔方法

求解常微分方程初值问题：

$$\begin{cases}y'(x)=f(x,y)\\ y(a)=y_0\end{cases}\quad a\leqslant x\leqslant b$$

将 $y(x+h)$ 在 x 点泰勒展开：

$$\begin{aligned}y(x+h)&=y(x)+hy'(x)+\frac{h^2}{2!}y''(x)+\cdots+\frac{h^p}{p!}y^{(p)}(x)+\frac{h^{p+1}}{(p+1)!}y^{(p+1)}(x+\theta h)\\&=y(x)+hy'(x)+\frac{h^2}{2!}y''(x)+\cdots+\frac{h^p}{p!}y^{(p)}(x)+T\end{aligned}$$

这里 $0\leqslant\theta\leqslant1$，$T=o(h^p)$. 取 $x=x_n$，就有

$$y(x_{n+1})=y(x_n)+hy'(x_n)+\frac{h^2}{2!}y''(x_n)+\cdots+\frac{h^p}{p!}y^{(p)}(x_n)+T_{n+1}\tag{7.22}$$

截断 T_{n+1} 可得到 $y(x_{n+1})$ 近似值 y_{n+1} 的计算公式，即欧拉公式：

$$y_{n+1}=y_n+hf(x_n,y_n)$$

若取 $p=2$，式(7.22)可写成：

$$\begin{aligned}y(x_{n+1})&=y(x_n)+hy'(x_n)+\frac{h^2}{2!}y''(x_n)+T_{n+1}\\&=y(x_n)+hf(x_n,y(x_n))+\frac{h^2}{2!}[f_x(x_n,y(x_n))\\&\quad+f_y(x_n,y(x_n))f(x_n,y(x_n))]+T_{n+1}\end{aligned}$$

或　$y(x_{n+1})=y(x_n)+h\{f(x_n,y(x_n))+\frac{h}{2!}[f_x(x_n,y(x_n))$

$$+f_y(x_n,y(x_n))f(x_n,y(x_n))]\}+T_{n+1} \tag{7.23}$$

$$T_{n+1}=\frac{h^3}{3!}y'''(\xi),\quad \xi\in[x_n,x_{n+1}]$$

截断 T_{n+1} 可得到 $y(x_{n+1})$ 近似值 y_{n+1} 的计算公式：

$$y_{n+1}=y_n+hf(x_n,y_n)+\frac{h^2}{2!}[f_x(x_n,y_n)+f_y(x_n,y_n)f(x_n,y_n)]$$

或

$$y_{n+1}=y_n+h\{f(x_n,y_n)+\frac{h}{2!}[f_x(x_n,y_n)+f_y(x_n,y_n)f(x_n,y_n)]\}$$

上式为二阶方法，一般优于一阶的欧拉公式(7.20)，但是在计算 y_{n+1} 时，需要计算 f，f_x，f_y 在 (x_n,y_n) 点的值，因此，此法不可取.

龙格-库塔设想用 $f(x,y)$ 在点 $(x_n,y(x_n))$ 和 $((x_n+ah),y(x_n)+bhf(x_n,y(x_n)))$ 值的线性组合逼近式(7.23)的主体，即用

$$c_1f(x_n,y(x_n))+c_2f(x_n+ah,y(x_n)+bhf(x_n,y(x_n))) \tag{7.24}$$

逼近

$$f(x_n,y(x_n))+\frac{h}{2!}[f_x(x_n,y(x_n))+f_y(x_n,y(x_n))f(x_n,y(x_n))] \tag{7.25}$$

得到数值公式：

$$y_{n+1}=y_n+h[c_1f(x_n,y(x_n))+c_2f(x_n+ah,y(x_n)+bhf(x_n,y(x_n)))] \tag{7.26}$$

或更一般地写成

$$\begin{cases}y_{n+1}=y_n+h(c_1k_1+c_2k_2)\\k_1=f(x_n,y_n)\\k_2=f(x_n+ah,y_n+bhk_1)\end{cases}$$

对式(7.24)在 $(x_n,y(x_n))$ 点泰勒展开得到：

$$\begin{aligned}&c_1f(x_n,y(x_n))+c_2[f(x_n,y(x_n))+ahf_x(x_n,y(x_n))\\&\quad+bhf(x_n,y(x_n))f_y(x_n,y(x_n))+o(h^2)]\end{aligned} \tag{7.27}$$

将式(7.27)与式(7.25)比较，知当 c_1,c_2,a,b 满足

$$\begin{cases}c_1+c_2=1\\2c_2a=1\\2c_2b=1\end{cases} \tag{7.28}$$

时有最好的逼近效果，此时式(7.27)与式(7.26)相差一个高阶无穷小量 $o(h^2)$.

式(7.28)是含 4 个未知数的 3 个方程，显然方程组有无数组解.

若取 $c_1=\frac{1}{2},c_2=\frac{1}{2},a=1,b=1$，则有二阶龙格-库塔公式，也称为改进的欧拉公式：

$$\begin{cases}y_{n+1}=y_n+\frac{h}{2}(k_1+k_2)\\k_1=f(x_n,y_n)\\k_2=f(x_n+h,y_n+hk_1)\end{cases} \tag{7.29}$$

若取 $c_1=0,c_2=1,a=\frac{1}{2},b=\frac{1}{2}$，则得另一种形式的二阶龙格-库塔公式，也称中

公式：

$$\begin{cases} y_{n+1}=y_n+hk_2 \\ k_1=f(x_n,y_n) \\ k_2=f(x_n+\dfrac{h}{2},y_n+\dfrac{h}{2}k_1) \end{cases} \tag{7.30}$$

总习题 7

1. 验证：对任意的常数 C，$y=Ce^x$ 是微分方程 $\dfrac{dy}{dx}=y$ 的通解.

2. 求下列方程的通解或满足给定条件的特解.

(1) $(1+y^2)dx=xdy$

(2) $\dfrac{dy}{dx}=\sqrt{1-y^2}$

(3) $\dfrac{dy}{dx}+yx^2=0, y|_{x=0}=1$

3. 求下列方程的通解.

(1) $(x+2y)dx-xdy=0$

(2) $\dfrac{dy}{dx}=\dfrac{x^2+y^2}{xy}$

4. 求下列方程的通解或满足给定条件的特解.

(1) $y'+2y=e^{-x}$

(2) $y'+3y=2$

(3) $x^2+xy'=y, y|_{x=1}=0$

5. 求下列二阶常系数齐次线性微分方程的通解.

(1) $y''+3y'-10y=0$

(2) $y''+4y'+4y=0$

(3) $y''+4y'+5y=0$

(4) $y''+y'=0$

6. 求下列二阶常系数非齐次线性微分方程的通解.

(1) $y''-y=x\cos 2x$

(2) $y''-5y'+6y=(x+1)e^{4x}$

(3) $y''-2y'+2y=e^x\cos x$

(4) $y''-y'=\sin x$

(5) $y''-5y'+4y=3e^{2x}$

第 8 章　无穷级数

对于微积分学的建立，无穷起着关键作用. 有了无穷表达式，才能把量还原成数，而且对微积分来讲，只有有了无穷表达式，才能由具体的特殊函数向前跨越一步，从而得出一般函数的概念及其表达式.

无穷级数出现的很早，往往都是出现在对个别问题的研究中. 到了中世纪，无穷级数使那时的哲学家与数学家着了迷，引起了他们对“无穷”的兴趣. 其中最杰出的代表人物是奥雷姆(Nicole Oresme，约 1320—1382)，他明确了几何级数有两种可能性. 这些无穷级数的早期研究促使人们接受无穷. 17 世纪微积分诞生之后，无穷级数作为一种工具在数学的前进中起到了巨大的推动作用. 为了把早期的微积分方法应用于超越函数，常常需要把这些函数表示为可以逐项微分或积分的无穷级数，泰勒定理为此做出了贡献. 将函数展成无穷级数之后，人们又在考虑这个问题的逆问题，即级数的求和问题. 欧拉和麦克劳林(Colin Maclaurin，1698—1746)为此给出了一个求和公式——欧拉-麦克劳林求和公式. 18 世纪时级数方面的工作大都是形式的，大部分数学家都把级数看作多项式的代数推广，于是产生许多问题，从而要求数学家进行严密化的研究. 19 世纪，柯西建立了级数理论，阿贝尔(Niels Henrik Abel，1802—1829)对此进行了完善，后来由魏尔斯特拉斯提出的一致收敛完成了整个级数理论的构建. 级数理论的形成影响了发散级数在数学中的地位，但最终由于它的实用性形成了渐近分析.

8.1　数项级数的概念与性质

8.1.1　数项级数的概念

设有一数列：

$$1,\frac{1}{2},\frac{1}{2^2},\cdots,\frac{1}{2^n},\cdots$$

由此数列可构造如下新的数列：

$$S_1=1,S_2=1+\frac{1}{2},\cdots,S_n=1+\frac{1}{2}+\cdots+\frac{1}{2^{n-1}}=\frac{1-\frac{1}{2^n}}{1-\frac{1}{2}}=2\left(1-\frac{1}{2^n}\right),\cdots$$

显然有

$$S=\lim_{n\to\infty}S_n=\lim_{n\to\infty}2\left(1-\frac{1}{2^n}\right)=2$$

自然地，可将 $S=2$ 理解为数列 $\left\{\frac{1}{2^n}\right\}$ 各项相加（无限多项）的和，并记为 $1+\frac{1}{2}+\frac{1}{2^2}+\cdots+\frac{1}{2^n}+\cdots=2$，简记为 $\sum\limits_{n=0}^{\infty}\frac{1}{2^n}=2$.

一般地，设 $\{u_n\}$ 是一个数列，则称表达式 $\sum\limits_{n=1}^{\infty}u_n=u_1+u_2+\cdots+u_n+\cdots$ 为一个数项级数，简称级数，其中第 n 项 u_n 称为级数的通项或一般项，$S_n=\sum\limits_{k=1}^{n}u_k$ 称为级数的部分和.

定义 8.1 若数项级数 $\sum\limits_{n=1}^{\infty}u_n$ 的部分和数列 $\{S_n\}$ 有极限，则称级数 $\sum\limits_{n=1}^{\infty}u_n$ 收敛，极限值 $\lim\limits_{n\to\infty}S_n=S$ 称为此级数的和，并写成 $\sum\limits_{n=1}^{\infty}u_n=S$. 当 $\lim\limits_{n\to\infty}S_n$ 不存在时，则称级数 $\sum\limits_{n=1}^{\infty}u_n$ 发散.

根据定义，级数 $\sum\limits_{n=1}^{\infty}u_n$ 是否收敛的问题转化为部分和数列 $\{S_n\}$ 是否有极限的问题.

例 8.1 讨论等比级数（几何级数）$\sum\limits_{n=0}^{\infty}aq^n=a+aq+aq^2+\cdots+aq^n+\cdots$ 的敛散性，其中 $a\neq 0$，q 叫作级数的公比.

解 如果 $q\neq 1$，则部分和 $S_n=a+aq+aq^2+\cdots+aq^{n-1}=\frac{a-aq^n}{1-q}=\frac{a}{1-q}-\frac{aq^n}{1-q}$.

当 $|q|<1$ 时，因为 $\lim\limits_{n\to\infty}S_n=\frac{a}{1-q}$，所以此时级数 $\sum\limits_{n=0}^{\infty}aq^n$ 收敛，其和为 $\frac{a}{1-q}$.

当 $|q|>1$ 时，因为 $\lim\limits_{n\to\infty}S_n=\infty$，所以此时级数 $\sum\limits_{n=0}^{\infty}aq^n$ 发散.

如果 $|q|=1$，则当 $q=1$ 时，$S_n=na\to\infty$，因此级数 $\sum\limits_{n=0}^{\infty}aq^n$ 发散；当 $q=-1$ 时，级数 $\sum\limits_{n=0}^{\infty}aq^n$ 成为 $a-a+a-a+\cdots$，此时因为 S_n 随着 n 为奇数或偶数而等于 a 或零，所以 S_n 的极限不存在，从而这时级数 $\sum\limits_{n=0}^{\infty}aq^n$ 也发散.

综上所述，如果 $|q|<1$，则级数 $\sum\limits_{n=0}^{\infty}aq^n$ 收敛，其和为 $\frac{a}{1-q}$；如果 $|q|\geqslant 1$，则级数 $\sum\limits_{n=0}^{\infty}aq^n$ 发散.

例 8.2 判别无穷级数 $\frac{1}{1\cdot 2}+\frac{1}{2\cdot 3}+\frac{1}{3\cdot 4}+\cdots+\frac{1}{n(n+1)}+\cdots$ 的收敛性.

解 由于 $u_n=\frac{1}{n(n+1)}=\frac{1}{n}-\frac{1}{n+1}$，因此

$$
\begin{aligned}
S_n&=\frac{1}{1\cdot 2}+\frac{1}{2\cdot 3}+\frac{1}{3\cdot 4}+\cdots+\frac{1}{n(n+1)}\\
&=\left(1-\frac{1}{2}\right)+\left(\frac{1}{2}-\frac{1}{3}\right)+\cdots+\left(\frac{1}{n}-\frac{1}{n+1}\right)=1-\frac{1}{n+1}
\end{aligned}
$$

从而$\lim\limits_{n\to\infty}S_n=\lim\limits_{n\to\infty}\left(1-\dfrac{1}{n+1}\right)=1$，所以这级数收敛，它的和是1.

例 8.3　证明调和级数$\sum\limits_{n=1}^{\infty}\dfrac{1}{n}$发散.

证　因为$x>0$时，$\ln(1+x)<x$，从而

$$S_n=1+\frac{1}{2}+\frac{1}{3}+\cdots+\frac{1}{n}>\ln(1+1)+\ln\left(1+\frac{1}{2}\right)+\cdots+\ln\left(1+\frac{1}{n}\right)=\ln(1+n)$$

于是，$\lim\limits_{n\to\infty}S_n=+\infty$. 从而，调和级数$\sum\limits_{n=1}^{\infty}\dfrac{1}{n}$发散.

例 8.4　某合同规定，从签约之日起，由甲方永不停止地每年支付给乙方300万元人民币，设利率为每年5%，分别以(1)年复利计算利息；(2)连续复利计算利息，则该合同的现值等于多少？

解　(1)以年复利计算利息，则

第一笔付款发生在签约当天，第一笔付款的现值(单位：百万元)$=3$；

第二笔付款在一年后实现，第二笔付款的现值(单位：百万元)$=\dfrac{3}{(1+0.05)^1}=\dfrac{3}{1.05}$；

第三笔付款在两年后实现，第三笔付款的现值(单位：百万元)$=\dfrac{3}{(1.05)^2}$；

如此连续地下去直至永远，则总的现值$=3+\dfrac{3}{1.05}+\dfrac{3}{(1.05)^2}+\cdots+\dfrac{3}{(1.05)^n}+\cdots$

这是一个$a=3$，公比$x=\dfrac{1}{1.05}$的等比数列，显然其收敛.

此合同的总现值(单位：百万元)$=\dfrac{3}{1-\dfrac{1}{1.05}}=63$. 也就是说若按年复利计息，甲方需存入63百万元，即可支付乙方或他的后代每年3百万元直至永远.

(2)若以连续复利计算利息，则

第一笔付款的现值(单位：百万元)$=3$；

第二笔付款的现值(单位：百万元)$=3e^{-0.05}$；

第三笔付款的现值(单位：百万元)$=3(e^{-0.05})^2$；

这样连续地下去直至永远，则总的现值$=3+3e^{-0.05}+3(e^{-0.05})^2+3(e^{-0.05})^3+\cdots$

这是一个公比$x=e^{-0.05}$的几何级数，且收敛，其总的现值(单位：百万元)$=\dfrac{3}{1-e^{-0.05}}\approx 61.5$.

也就是说，若按连续复利计息，甲方需存入约61.5百万元的现值，即可支付乙方或他的后代每年3百万元直至永远.

显然，为了同样的结果，连续复利所需的现值比年复利所需要的现值要小一些. 或者说，连续复利比年复利的年有效收益要高.

8.1.2　收敛级数的基本性质

性质 8.1　设$\sum\limits_{n=1}^{\infty}u_n$，$\sum\limits_{n=1}^{\infty}v_n$都收敛，和分别为$A$，$B$，则$\sum\limits_{n=1}^{\infty}(u_n\pm v_n)$必收敛，且$\sum\limits_{n=1}^{\infty}(u_n\pm v_n)=A\pm B$.

例如，由性质 8.1 和例 8.1、例 8.2 可知，级数$\sum\limits_{n=1}^{\infty}\left[\left(\dfrac{2}{5}\right)^{n-1}+\dfrac{1}{3n(n+1)}\right]$收敛，且有

$$\sum_{n=1}^{\infty}\left[\left(\frac{2}{5}\right)^{n-1}+\frac{1}{3n(n+1)}\right]=\frac{1}{1-\dfrac{2}{5}}+\frac{1}{3}=2.$$

性质 8.2　如果级数$\sum\limits_{n=1}^{\infty}u_n$收敛，其和为$S$，$k$是任一常数，则级数$\sum\limits_{n=1}^{\infty}ku_n$也收敛，且其和为$kS$，即$\sum\limits_{n=1}^{\infty}ku_n=k\sum\limits_{n=1}^{\infty}u_n$.

性质 8.3　增加、去掉或改变级数的有限项不影响该级数的敛散性.

例如，将例 8.2、例 8.3 中去掉前三项，根据性质 8.3，可知$\dfrac{1}{4\cdot 5}+\dfrac{1}{5\cdot 6}+\cdots=\sum\limits_{n=1}^{\infty}\dfrac{1}{(n+3)(n+4)}$收敛，$\dfrac{1}{4}+\dfrac{1}{5}+\cdots=\sum\limits_{n=1}^{\infty}\dfrac{1}{n+3}$发散.

性质 8.4　收敛的级数在不改变各项次序前提下任意加括号得到的新级数仍然收敛且和不变.

注：加括号后的级数收敛，不能得出原级数收敛，即性质 8.4 的逆命题不成立.

例如，级数$(1-1)+(1-1)+\cdots+(1-1)+\cdots$收敛，其和为零. 但去掉括号后的级数$1-1+1-1+\cdots=\sum\limits_{n=1}^{\infty}(-1)^{n-1}$发散.

性质 8.5(级数收敛的必要条件)　如果级数$\sum\limits_{n=1}^{\infty}u_n$收敛，则$\lim\limits_{n\to\infty}u_n=0$.

证　设$\sum\limits_{n=1}^{\infty}u_n=S$，由于$u_n=S_n-S_{n-1}$，故

$$\lim_{n\to\infty}u_n=\lim_{n\to\infty}(S_n-S_{n-1})=\lim_{n\to\infty}S_n-\lim_{n\to\infty}S_{n-1}=S-S=0$$

性质 8.5 的一个直接推论是：如果级数$\sum\limits_{n=1}^{\infty}u_n$的一般项不趋于零(包含$\lim\limits_{n\to\infty}u_n$不存在的情形)，则级数$\sum\limits_{n=1}^{\infty}u_n$必然发散.

例如，级数$\sum\limits_{n=1}^{\infty}\cos\dfrac{1}{n}$，由于$\lim\limits_{n\to\infty}\cos\dfrac{1}{n}=1\neq 0$，因此该级数发散.

请注意，这里仅是级数收敛的必要条件但并不充分，即是说，仅仅满足$\lim\limits_{n\to\infty}u_n=0$并不能保证该级数收敛. 例如，例 8.3 中的调和级数$\sum\limits_{n=1}^{\infty}\dfrac{1}{n}$，显然满足一般项趋于零，但是已经证明，它是发散的.

习题 8.1

1. 用级数收敛与发散的定义判定下列级数的敛散性.

(1) $\sum_{n=1}^{\infty}(\sqrt{n+1}-\sqrt{n})$　　(2) $\sum_{n=1}^{\infty}\frac{1}{(2n-1)(2n+1)}$

(3) $\sum_{n=1}^{\infty}\ln\frac{n+1}{n}$　　(4) $\sum_{n=1}^{\infty}\left(\frac{1}{3}\right)^{2n+1}$

2. 判断下列级数的敛散性.

(1) $\frac{1}{a}+\frac{1}{\sqrt{a}}+\cdots+\frac{1}{\sqrt[n]{a}}+\cdots(a>0)$

(2) $\frac{9}{8}+\frac{9^2}{8^2}+\cdots+\frac{9^n}{8^n}+\cdots$

(3) $\left(\frac{1}{6}+\frac{8}{9}\right)+\left(\frac{1}{6^2}+\frac{8^2}{9^2}\right)+\left(\frac{1}{6^3}+\frac{8^3}{9^3}\right)+\cdots$

(4) $\frac{1}{2}+\frac{1}{10}+\frac{1}{4}+\frac{1}{20}+\cdots+\frac{1}{2^n}+\frac{1}{10n}+\cdots$

3. 设银行存款的年利率为10%，若以年复利计息，应在银行中一次存入多少资金才能保证从存入之后起，以后每年能从银行提取500万元以支付职工福利直至永远？

8.2　正项级数

如果级数$\sum_{n=1}^{\infty}u_n$满足条件：$u_n\geqslant 0(n=1,2,\cdots)$，则称该级数为正项级数. 正项级数是级数中最重要的情形，对它的收敛性的讨论是级数中的基础内容.

对于正项级数$\sum_{n=1}^{\infty}u_n$，由于$u_n\geqslant 0, n=1,2,\cdots$，因此

$$S_{n+1}=u_1+u_2+\cdots+u_n+u_{n+1}=S_n+u_{n+1}\geqslant S_n$$

可知数列$S_1,S_2,\cdots,S_n,\cdots$为单调增加数列. 由数列极限存在准则知，如果数列$\{S_n\}$单调且有界，则$\lim\limits_{n\to\infty}S_n$必存在. 另一方面，由收敛数列性质推知，若$\lim\limits_{n\to\infty}S_n$存在，则数列$\{S_n\}$必定有界. 于是可以得出如下重要结论：

正项级数$\sum_{n=1}^{\infty}u_n$收敛的充分必要条件是：它的部分和数列$\{S_n\}$有界.

以此为基础可以建立关于正项级数的若干判别法.

8.2.1　比较判别法

定理 8.1（比较判别法）　设$\sum_{n=1}^{\infty}u_n$和$\sum_{n=1}^{\infty}v_n$均为正项级数，且$u_n\leqslant v_n(n=1,2,\cdots)$，则

(1) 当$\sum_{n=1}^{\infty}v_n$收敛时，$\sum_{n=1}^{\infty}u_n$也收敛；

(2) 当$\sum\limits_{n=1}^{\infty}u_n$发散时，$\sum\limits_{n=1}^{\infty}v_n$也发散.

证 (1) 当设$\sum\limits_{n=1}^{\infty}u_n$和$\sum\limits_{n=1}^{\infty}v_n$的部分和数列分别为$\{S_n\}$和$\{\sigma_n\}$，因为$u_n \leqslant v_n$，故

$$0 \leqslant S_n = u_1 + u_2 + \cdots + u_n \leqslant v_1 + v_2 + \cdots + v_n = \sigma_n$$

若$\sum\limits_{n=1}^{\infty}v_n$收敛，则$\{\sigma_n\}$有界，而$S_n \leqslant \sigma_n$，故$\{S_n\}$有界，因而$\sum\limits_{n=1}^{\infty}u_n$收敛.

(2) 反证法. 若$\sum\limits_{n=1}^{\infty}v_n$收敛，由$u_n \leqslant v_n$，由(1)的证明知$\sum\limits_{n=1}^{\infty}u_n$也收敛，与已知条件相矛盾，于是$\sum\limits_{n=1}^{\infty}v_n$发散.

结合级数的基本性质，容易推出以下重要结论：

推论 8.1 设$\sum\limits_{n=1}^{\infty}u_n$和$\sum\limits_{n=1}^{\infty}v_n$为正项级数，若存在常数$c>0$，使得当$n \geqslant N$($N$为某正整数)时，恒有$u_n \leqslant cv_n$，则

(1) 当$\sum\limits_{n=1}^{\infty}v_n$收敛时，$\sum\limits_{n=1}^{\infty}u_n$也收敛；

(2) 当$\sum\limits_{n=1}^{\infty}u_n$发散时，$\sum\limits_{n=1}^{\infty}v_n$也发散.

例 8.5 讨论p-级数$\sum\limits_{n=1}^{\infty}\dfrac{1}{n^p} = 1 + \dfrac{1}{2^p} + \dfrac{1}{3^p} + \cdots + \dfrac{1}{n^p} + \cdots$的敛散性.

解 当$p \leqslant 1$时，$\dfrac{1}{n^p} \geqslant \dfrac{1}{n}$，$n = 1,2,\cdots$，因$\sum\limits_{n=1}^{\infty}\dfrac{1}{n}$发散，由比较判别法知，$\sum\limits_{n=1}^{\infty}\dfrac{1}{n^p}$发散.

当$p>1$时，$\dfrac{1}{n^p} = \displaystyle\int_{n-1}^{n}\dfrac{1}{n^p}\mathrm{d}x \leqslant \int_{n-1}^{n}\dfrac{1}{x^p}\mathrm{d}x = \dfrac{1}{p-1}\left[\dfrac{1}{(n-1)^{p-1}} - \dfrac{1}{n^{p-1}}\right]$，$n = 2,3,\cdots$.

易证级数$\sum\limits_{n=2}^{\infty}\left[\dfrac{1}{(n-1)^{p-1}} - \dfrac{1}{n^{p-1}}\right]$收敛. 由比较判别法知，$\sum\limits_{n=2}^{\infty}\dfrac{1}{n^p}$收敛，从而$\sum\limits_{n=1}^{\infty}\dfrac{1}{n^p}$收敛.

综上结果知，p-级数$\sum\limits_{n=1}^{\infty}\dfrac{1}{n^p}$当$p \leqslant 1$时发散，当$p>1$时收敛.

为了便于应用，我们给出比较判别法的极限形式.

定理 8.2(比较判别法的极限形式) 设$\sum\limits_{n=1}^{\infty}u_n$和$\sum\limits_{n=1}^{\infty}v_n$均为正项级数，如果$\lim\limits_{n\to\infty}\dfrac{u_n}{v_n} = l\,(0<l<+\infty)$，则$\sum\limits_{n=1}^{\infty}u_n$和$\sum\limits_{n=1}^{\infty}v_n$具有相同的敛散性.

例 8.6 讨论级数的敛散性.

(1) $\sum\limits_{n=1}^{\infty}\dfrac{1}{n^2+n+2}$ (2) $\sum\limits_{n=1}^{\infty}\dfrac{4^n}{5^n-3^n}$

解 (1) $\lim\limits_{n\to\infty}\dfrac{\dfrac{1}{n^2+n+2}}{\dfrac{1}{n^2}} = 1 \in (0,+\infty)$，因$\sum\limits_{n=1}^{\infty}\dfrac{1}{n^2}$收敛，故$\sum\limits_{n=1}^{\infty}\dfrac{1}{n^2+n+2}$收敛.

(2) $\lim\limits_{n\to\infty}\dfrac{\dfrac{4^n}{5^n-3^n}}{\dfrac{4^n}{5^n}}=1\in(0,+\infty)$,因 $\sum\limits_{n=1}^{\infty}\dfrac{4^n}{5^n}=\sum\limits_{n=1}^{\infty}\left(\dfrac{4}{5}\right)^n$ 收敛,所以 $\sum\limits_{n=1}^{\infty}\dfrac{4^n}{5^n-3^n}$ 收敛.

比较判别法的实质在于寻找一个已知级数(一般为等比级数和 p- 级数)作"标准"和它比较,如果这个"标准"级数找不到,那么这种收敛法就失去了意义.为此,我们给出了只依赖于级数自身的判别法.

8.2.2　比式判别法

定理 8.3(比式判别法或达朗贝尔判别法)　设有正项级数 $\sum\limits_{n=1}^{\infty}u_n(u_n>0)$,若 $\lim\limits_{n\to\infty}\dfrac{u_{n+1}}{u_n}=\rho$,则

(1) 当 $\rho<1$ 时,$\sum\limits_{n=1}^{\infty}u_n$ 收敛;

(2) 当 $\rho>1$(包括 $\rho=+\infty$) 时,$\sum\limits_{n=1}^{\infty}u_n$ 发散;

(3) 当 $\rho=1$ 时,$\sum\limits_{n=1}^{\infty}u_n$ 可能收敛也可能发散.

例 8.7　讨论级数的敛散性.

(1) $1+\dfrac{1}{1}+\dfrac{1}{1\cdot 2}+\dfrac{1}{1\cdot 2\cdot 3}+\cdots+\dfrac{1}{1\cdot 2\cdot 3\cdot\cdots\cdot(n-1)}(n>1)$;

(2) $\dfrac{1}{10}+\dfrac{1\cdot 2}{10^2}+\dfrac{1\cdot 2\cdot 3}{10^3}+\cdots$.

解　(1) $u_n=\dfrac{1}{1\cdot 2\cdot 3\cdot\cdots\cdot(n-1)}(n>1)$,于是

$$\frac{u_{n+1}}{u_n}=\frac{\dfrac{1}{1\cdot 2\cdot 3\cdot\cdots\cdot(n-1)}}{\dfrac{1}{1\cdot 2\cdot 3\cdot\cdots\cdot(n-1)}}=\frac{1}{n}$$

所以 $\lim\limits_{n\to\infty}\dfrac{u_{n+1}}{u_n}=\lim\limits_{n\to\infty}\dfrac{1}{n}=0<1$.

由比式判别法知级数收敛.

(2) $u_n=\dfrac{n!}{10^n}$,于是 $\dfrac{u_{n+1}}{u_n}=\dfrac{(n+1)!}{10^{n+1}}\cdot\dfrac{10^n}{n!}=\dfrac{n+1}{10}$.

因此 $\lim\limits_{n\to\infty}\dfrac{u_{n+1}}{u_n}=\lim\limits_{n\to\infty}\dfrac{n+1}{10}=+\infty$. 由比式判别法知级数发散.

例 8.8　判别级数 $\sum\limits_{n=1}^{\infty}\dfrac{1}{(2n-1)\cdot 2n}$ 的敛散性.

解　$\lim\limits_{n\to\infty}\dfrac{u_{n+1}}{u_n}=\lim\limits_{n\to\infty}\dfrac{(2n-1)\cdot 2n}{(2n+1)\cdot(2n+2)}=1$.

这时 $\rho=1$,比式判别法失效,必须用其他方法来判别级数的敛散性.

因为 $\dfrac{1}{(2n-1)\cdot 2n}<\dfrac{1}{n^2}$,而级数 $\sum\limits_{n=1}^{\infty}\dfrac{1}{n^2}$ 收敛,因此由比较判别法可知级数收敛.

8.2.3 根式判别法

定理 8.4（根式判别法或柯西判别法） 设有正项级数 $\sum\limits_{n=1}^{\infty} u_n (u_n \geqslant 0)$，若 $\lim\limits_{n\to\infty} \sqrt[n]{u_n} = \rho$，则

(1) 当 $\rho < 1$ 时，$\sum\limits_{n=1}^{\infty} u_n$ 收敛；

(2) 当 $\rho > 1$ 时，$\sum\limits_{n=1}^{\infty} u_n$ 发散；

(3) 当 $\rho = 1$ 时，$\sum\limits_{n=1}^{\infty} u_n$ 可能收敛也可能发散.

例 8.9 判定级数 $\sum\limits_{n=1}^{\infty} \dfrac{2+(-1)^n}{2^n}$ 的敛散性.

解 因为 $\lim\limits_{n\to\infty} \sqrt[n]{u_n} = \lim\limits_{n\to\infty} \dfrac{1}{2} \sqrt[n]{2+(-1)^n} = \dfrac{1}{2}$，所以，根据根式判别法可知所给级数收敛.

例 8.10 证明级数 $1 + \dfrac{1}{2^2} + \dfrac{1}{3^3} + \cdots + \dfrac{1}{n^n} + \cdots$ 是收敛的.

证 因为 $\lim\limits_{n\to\infty} \sqrt[n]{u_n} = \lim\limits_{n\to\infty} \sqrt[n]{\dfrac{1}{n^n}} = \lim\limits_{n\to\infty} \dfrac{1}{n} = 0$，所以，根据根式判别法可知所给级数收敛.

习题 8.2

1. 用比较判别法判断级数的敛散性.

(1) $1 + \dfrac{1+2}{1+2^2} + \dfrac{1+3}{1+3^2} + \cdots$

(2) $\dfrac{1}{2 \cdot 5} + \dfrac{1}{3 \cdot 6} + \cdots + \dfrac{1}{(n+1)(n+4)} + \cdots$

(3) $\sin \dfrac{\pi}{3} + \sin \dfrac{\pi}{3^2} + \sin \dfrac{\pi}{3^3} + \cdots$

(4) $\sum\limits_{n=1}^{\infty} \dfrac{1}{n \cdot \sqrt[3]{n+1}}$

2. 用比式判别法或根式判别法判断级数的敛散性.

(1) $\dfrac{3}{1 \cdot 2} + \dfrac{3^2}{2 \cdot 2^2} + \dfrac{3^3}{3 \cdot 2^3} + \cdots$

(2) $\sum\limits_{n=1}^{\infty} \dfrac{n^2}{3^n}$

(3) $\sum\limits_{n=1}^{\infty} \dfrac{2^n \cdot n!}{n^n}$

(4) $\sum\limits_{n=1}^{\infty} \left(\dfrac{n}{2n+1}\right)^n$

(5) $\sum\limits_{n=1}^{\infty} \left(\dfrac{n}{3n-1}\right)^{2n-1}$

8.3　任意项级数

上一节研究了正项级数敛散性的判别问题.本节转向对任意项级数敛散性的讨论.

8.3.1　任意项级数及其绝对收敛

相对于同号级数,这里讨论的任意项级数是指,如果一个级数含有无穷多正项,同时也含有无穷多负项,称这样的级数为任意项级数.

首先给出任意项级数绝对收敛的定义.

定义 8.2　若任意项级数 $\sum\limits_{n=1}^{\infty} u_n$ 的各项取绝对值所取得的级数 $\sum\limits_{n=1}^{\infty} |u_n|$ 收敛,则称级数 $\sum\limits_{n=1}^{\infty} u_n$ 是绝对收敛的.

例如,由于 p- 级数 $\sum\limits_{n=1}^{\infty} \dfrac{1}{n^2}$ 是收敛的,因此任意项级数 $\sum\limits_{n=1}^{\infty} \dfrac{(-1)^{n-1}}{n^2}$ 是绝对收敛的;由于 $\sum\limits_{n=1}^{\infty} \dfrac{1}{n}$ 是发散的,因此任意项级数 $\sum\limits_{n=1}^{\infty} \dfrac{(-1)^{n-1}}{n}$ 不是绝对收敛的.

任意项级数的绝对收敛与它本身收敛的关系可由如下定理给出:

定理 8.5　如果级数 $\sum\limits_{n=1}^{\infty} u_n$ 绝对收敛,则级数 $\sum\limits_{n=1}^{\infty} u_n$ 必定收敛.

证　令 $v_n = \dfrac{1}{2}(u_n + |u_n|)$,显然 $v_n \geqslant 0$ 且 $v_n \leqslant |u_n|$ $(n = 1,2,\cdots)$.

由于级数 $\sum\limits_{n=1}^{\infty} u_n$ 绝对收敛,即 $\sum\limits_{n=1}^{\infty} |u_n|$ 收敛,故由正项级数的比较判别法知,正项级数 $\sum\limits_{n=1}^{\infty} v_n$ 收敛,从而 $\sum\limits_{n=1}^{\infty} 2v_n$ 也收敛.

由于 $u_n = 2v_n - |u_n|$,故由收敛级数的性质,$\sum\limits_{n=1}^{\infty} u_n = \sum\limits_{n=1}^{\infty}(2v_n - |u_n|)$ 也收敛.

例 8.11　证明级数 $\sum\limits_{n=1}^{\infty} \dfrac{\cos n\alpha}{n^{\frac{3}{2}}}$ 是收敛的.

证　由 $\left|\dfrac{\cos n\alpha}{n^{\frac{3}{2}}}\right| \leqslant \dfrac{1}{n^{\frac{3}{2}}}$,级数 $\sum\limits_{n=1}^{\infty} \dfrac{1}{n^{\frac{3}{2}}}$ 是收敛的 p- 级数,因此 $\sum\limits_{n=1}^{\infty} \left|\dfrac{\cos n\alpha}{n^{\frac{3}{2}}}\right|$ 收敛,由定理 8.5 知,级数 $\sum\limits_{n=1}^{\infty} \dfrac{\cos n\alpha}{n^{\frac{3}{2}}}$ 收敛.

例 8.12　证明级数 $\sum\limits_{n=1}^{\infty} \dfrac{(-1)^{n-1}}{n \cdot 2^n}$ 是收敛的.

证　由 $\left|\dfrac{(-1)^{n-1}}{n \cdot 2^n}\right| \leqslant \dfrac{1}{n \cdot 2^n}$,对于级数 $\sum\limits_{n=1}^{\infty} \dfrac{1}{n \cdot 2^n}$,由于

$$\lim_{n\to\infty}\frac{\dfrac{1}{(n+1)2^{n+1}}}{\dfrac{1}{n\cdot 2^n}}=\lim_{n\to\infty}\frac{n\cdot 2^n}{(n+1)2^{n+1}}=\frac{1}{2}<1$$

故由正项级数的达朗贝尔判别法，级数 $\sum\limits_{n=1}^{\infty}\frac{1}{n\cdot 2^n}$ 收敛，因此，级数 $\sum\limits_{n=1}^{\infty}\frac{(-1)^{n-1}}{n\cdot 2^n}$ 绝对收敛，因此它本身也收敛.

8.3.2　交错级数

如果 $u_1,u_2,\cdots,u_n,\cdots$ 都是正数，称级数

$$\sum_{n=1}^{\infty}(-1)^{n-1}u_n=u_1-u_2+\cdots+(-1)^{n-1}u_n+\cdots,$$

$$\sum_{n=1}^{\infty}(-1)^{n}u_n=-u_1+u_2+\cdots+(-1)^{n}u_n+\cdots$$

为交错级数.

对交错级数，有如下的莱布尼兹定理.

定理 8.6(莱布尼兹定理)　若交错级数 $\sum\limits_{n=1}^{\infty}(-1)^{n-1}u_n=u_1-u_2+\cdots+(-1)^{n-1}u_n+\cdots$ 满足

(1) $u_n\geqslant u_{n+1}(n=1,2,\cdots)$；

(2) $\lim\limits_{n\to\infty}u_n=0$.

那么，交错级数 $\sum\limits_{n=1}^{\infty}(-1)^{n-1}u_n$ 收敛，并且其和 $S\leqslant u_1$，其余项 r^n 满足 $|r_n|\leqslant u_{n+1}$.

证　先证明其前 $2n$ 项的和 $S_{2n}=u_1-u_2+u_3-u_4+\cdots+u_{2n-1}-u_{2n}$ 组成的数列 $\{S_{2n}\}$ 的极限存在. 为此，首先证明该数列是递增的. 记

$$S_{2n}=(u_1-u_2)+(u_3-u_4)+\cdots+(u_{2n-1}-u_{2n})$$

由条件(1)，上式中的各个括号内都是非负数，因此，$\{S_{2n}\}$ 是单调递增的. 下面再证 $\{S_{2n}\}$ 有界. 为此，记

$$S_{2n}=u_1-(u_2-u_3)-(u_4-u_5)-\cdots-(u_{2n-2}-u_{2n-1})-u_{2n}$$

同样由于上式中 u_1,u_{2n} 及各括号内都是非负数，因此，$S_{2n}<u_1(n=1,2\cdots)$. 即 $\{S_{2n}\}$ 递增且有界.

因此，数列 $\{S_{2n}\}$ 的极限必存在，记为 S.

事实上，$S_{2n+1}=S_{2n}+u_{2n+1}$，由条件(2)，有

$$\lim_{n\to\infty}S_{2n+1}=\lim_{n\to\infty}S_{2n}+\lim_{n\to\infty}u_{2n+1}=S+0=S$$

综上所述，级数 $\sum\limits_{n=1}^{\infty}(-1)^{n-1}u_n$ 收敛，且和为 S，并且由 $S_{2n}<u_1(n=1,2,\cdots)$，因此 $S=\lim\limits_{n\to\infty}S_{2n}\leqslant u_1$.

余项 r_n 可以写成 $r_n=\pm(u_{n+1}-u_{n+2}+\cdots)$，因此，$|r_n|=u_{n+1}-u_{n+2}+\cdots$ 是一个交错级数，它也满足收敛的两个条件，所以其和 $|r_n|\leqslant u_{n+1}$.

例 8.13　证明交错级数 $\sum_{n=1}^{\infty}\frac{(-1)^{n-1}}{n^p}(p>0)$ 是收敛的.

证　由于 $p>0$，因此 $\frac{1}{n^p}>\frac{1}{(n+1)^p}$；并且 $\lim_{n\to\infty}\frac{1}{n^p}=0$，因此满足定理8.6的条件，故该交错级数是收敛的.

8.3.3　条件收敛

定理8.5告诉我们，一个绝对收敛的任意项级数它本身一定收敛. 但反过来成立吗？由例8.13，交错级数 $\sum_{n=1}^{\infty}\frac{(-1)^{n-1}}{n}$ 是收敛的，但我们知道，$\sum_{n=1}^{\infty}\left|\frac{(-1)^{n-1}}{n}\right|=\sum_{n=1}^{\infty}\frac{1}{n}$ 却是发散的. 也就是说，对于一般项级数来说，即使它本身收敛，但各项取绝对值后所得的级数并不一定收敛. 为此，引入条件收敛的概念.

定义 8.3　若级数本身是收敛的，但其各项取绝对值后所得的级数发散，则称该级数是条件收敛的.

例 8.14　判别级数 $\sum_{n=1}^{\infty}\frac{\sin n\alpha}{n^2}$ 的敛散性，若收敛，指出是条件收敛还是绝对收敛.

解　因为 $\left|\frac{\sin n\alpha}{n^2}\right|\leqslant\frac{1}{n^2}$，而级数 $\sum_{n=1}^{\infty}\frac{1}{n^2}$ 是收敛的，所以级数 $\sum_{n=1}^{\infty}\left|\frac{\sin n\alpha}{n^2}\right|$ 也收敛，从而级数 $\sum_{n=1}^{\infty}\frac{\sin n\alpha}{n^2}$ 绝对收敛.

例 8.15　判别级数 $\sum_{n=1}^{\infty}\sin(\sqrt{n^2+1}\pi)$ 的敛散性，若收敛，指出是条件收敛还是绝对收敛.

解

$$\begin{aligned}u_n&=\sin(\sqrt{n^2+1}\pi)=\sin(\sqrt{n^2+1}\pi-n\pi+n\pi)\\&=(-1)^n\sin(\sqrt{n^2+1}\pi-n\pi)\\&=(-1)^n\sin\frac{\pi}{\sqrt{n^2+1}+n}\end{aligned}$$

由于 $|u_n|=\left|(-1)^n\sin\frac{\pi}{\sqrt{n^2+1}+n}\right|=\sin\frac{\pi}{\sqrt{n^2+1}+n}$，由于 $\lim_{n\to\infty}\frac{|u_n|}{\frac{1}{n}}=\frac{1}{2}\pi$，所以利用比较判别法的极限形式可得，级数 $\sum_{n=1}^{\infty}|u_n|$ 发散，又因为 $|u_n|=\sin\frac{\pi}{\sqrt{n^2+1}+n}$ 是单减的且趋向于零，故由交错级数的莱布尼兹判别法知，级数 $\sum_{n=1}^{\infty}u_n$ 收敛，且为条件收敛.

习题 8.3

1. 讨论下列交错级数的敛散性.

(1) $\sum_{n=1}^{\infty}(-1)^n\sqrt{\frac{n}{3n+1}}$　　(2) $\sum_{n=1}^{\infty}(-1)^{n-1}\sin\frac{1}{n}$

2. 判断下列级数是否收敛?如果是收敛的,是绝对收敛还是条件收敛?

(1) $1-\frac{1}{3^2}+\frac{1}{5^2}-\frac{1}{7^2}+\frac{1}{9^2}-\cdots$　　(2) $\sum_{n=1}^{\infty}(-1)^n\frac{n}{2^n}$

(3) $\sum_{n=1}^{\infty}\frac{1}{n}\sin\frac{n\pi}{2}$　　(4) $\sum_{n=1}^{\infty}(-1)^n\left(1-\cos\frac{1}{n}\right)$

(5) $\sum_{n=1}^{\infty}(-1)^n\frac{n}{2n+1}$　　(6) $\sum_{n=1}^{\infty}(-1)^n\ln\frac{n+1}{n}$

8.4　幂级数

前面我们讨论了正项级数和任意项级数的敛散性,本节讨论函数项级数

$$\sum_{n=0}^{\infty}u_n(x)=u_0(x)+u_1(x)+\cdots+u_n(x)+\cdots$$

对于函数项级数中每一个固定的点 $x=x_0$,$\sum_{n=0}^{\infty}u_n(x_0)$ 就是一个数项级数. 因此,数项级数的敛散性是讨论函数项级数敛散性的基础. 首先讨论一类最简单的函数项级数——幂函数.

8.4.1　幂级数及其收敛性

各项都是变量 x 的幂函数的级数

$$\sum_{n=0}^{\infty}a_nx^n=a_0+a_1x+a_2x^2+\cdots+a_nx^n+\cdots \tag{8.1}$$

称为幂级数,其中 $a_0,a_1,a_2,\cdots,a_n,\cdots$ 为实常数,称为幂级数的系数. 幂级数的一般形式是:

$$\sum_{n=0}^{\infty}a_n(x-x_0)^n=a_0+a_1(x-x_0)+a_2(x-x_0)^2+\cdots+a_n(x-x_0)^n+\cdots \tag{8.2}$$

只要作代换 $t=x-x_0$,则该级数就可化为第一种形式. 因此,这里着重讨论幂级数(8.1).

容易看出,幂级数(8.1)的每一项在区间$(-\infty,+\infty)$内都有意义,因此,任意给定点 $x=x_0$,即得到一个数项级数

$$\sum_{n=0}^{\infty}a_nx_0^n=a_0+a_1x_0+a_2x_0^2+\cdots+a_nx_0^n+\cdots \tag{8.3}$$

可知级数(8.3)可能收敛,也可能发散.

若级数(8.3)收敛,则称 x_0 为幂级数(8.1)的收敛点,所有收敛点的集合称为幂级数

(8.1) 的收敛域. 显然,任何形如(8.1) 的幂级数在点 $x=0$ 处均收敛. 因此,任何幂级数(8.1) 的收敛域都包含原点.

若级数(8.3) 发散,则称 x_0 为幂级数(8.3) 的发散点,所有发散点的集合称为幂级数(8.1) 的发散域.

若级数(8.1) 的收敛域为 D,那么对于 D 内的任意点,级数(8.1) 都有确定的和数与之相对应,而且这个和数随 x 的变化而变化,即在收敛域 D 上,级数(8.1) 的和是 x 的函数,记作 $S(x)$,并称 $S(x)$ 为级数(8.1) 的和函数,即 $S(x)=\sum\limits_{n=0}^{\infty}a_nx^n$.

例如,幂级数 $\sum\limits_{n=0}^{\infty}x^n$ 是定义在$(-\infty,+\infty)$内,且是以 x 为公比的等比级数. 由等比级数的敛散性,可知当公比 $|x|<1$ 时,该级数收敛;当公比 $|x|\geqslant 1$ 时,该级数发散. 由此可见,幂级数 $\sum\limits_{n=0}^{\infty}x^n$ 的收敛域为$(-1,1)$,在数轴上是以原点为中心,常数 1 为半径的开区间,而这个区间以外的部分为发散域. 那么,对于任意幂级数的收敛域和发散域是否也具有这个特点呢?下面给出定理:

定理 8.7(阿贝尔定理)　如果幂级数(8.1) 在点 $x_0\neq 0$ 处收敛,则对于满足 $|x|<|x_0|$ 的一切 x,幂级数(8.1) 都绝对收敛;如果幂级数(8.1) 在点 $x_0\neq 0$ 处发散,则对于满足 $|x|>|x_0|$ 的一切 x,幂级数(8.1) 都发散.

证　因为 $\sum\limits_{n=0}^{\infty}a_nx_0^n$ 收敛,则 $\lim\limits_{n\to\infty}a_nx_0^n=0$,于是数列$\{a_nx_0^n\}$有界,即存在正数 M,使得 $a_nx_0^n\leqslant M(n=0,1,2\cdots)$,所以

$$a_nx^n=|a_nx_0^n|\cdot\left|\frac{x}{x_0}\right|^n\leqslant M\left|\frac{x}{x_0}\right|^n\quad(n=0,1,2,\cdots)$$

又因为 $|x|<|x_0|$,故 $\left|\dfrac{x}{x_0}\right|<1$,级数 $\sum\limits_{n=0}^{\infty}M\left|\dfrac{x}{x_0}\right|^n$ 收敛.

根据比较判别法知,级数 $\sum\limits_{n=0}^{\infty}|a_nx^n|$ 收敛,即对于满足 $|x|<|x_0|$ 的一切 x,幂级数 $\sum\limits_{n=0}^{\infty}a_nx^n$ 都绝对收敛.

第二种情况用反证法,若存在 x_1,使得 $|x_1|>|x_0|$,而级数 $\sum\limits_{n=0}^{\infty}a_nx_1^n$ 收敛,由第一种情况可知,级数 $\sum\limits_{n=0}^{\infty}a_nx_0^n$ 收敛. 这与所设 x_0 是发散点相矛盾,所以,对于满足 $|x|>x_0$ 的一切 x,幂级数 $\sum\limits_{n=0}^{\infty}a_nx^n$ 都发散.

上述定理表明,幂级数 $\sum\limits_{n=0}^{\infty}a_nx^n$ 的收敛性必为下列三种情况之一:

(1) 仅在 $x=0$ 处收敛;

(2) 存在确定的正数 R,当 $|x|>R$ 时发散;

(3) 在区间$(-\infty,+\infty)$内处处绝对收敛.

上述情况中的正数 R，称为幂级数 $\sum_{n=0}^{\infty} a_n x^n$ 的收敛半径，区间 $(-R,R)$ 称为幂级数的收敛区间，它的特点是关于原点对称.

应该注意，上述情况中，$|x|=R$ 是幂级数收敛与发散的分界点，当 $|x|=R$ 时，幂级数可能发散也可能收敛，要确定幂级数在 $|x|=R$ 处的敛散性，需要单独讨论. 因此，这种情况下幂级数的收敛域可能是 $(-R,R)$，$[-R,R]$，$[-R,R)$ 或 $(-R,R]$.

如果幂级数 $\sum_{n=0}^{\infty} a_n x^n$ 仅在 $x=0$ 处收敛，则规定收敛半径 $R=0$，这时收敛区间成为了一个点 $x=0$；如果幂级数 $\sum_{n=0}^{\infty} a_n x^n$ 对一切 x 都收敛，则规定收敛半径 $R=+\infty$，这时收敛区间为 $(-\infty,+\infty)$.

现讨论收敛半径的求法：

将幂级数各项取绝对值，得正项级数

$$\sum_{n=0}^{\infty} |a_n x^n| = |a_0| + |a_1 x| + |a_2 x^2| + \cdots + |a_n x^n| + \cdots$$

如果设 $\lim_{n\to\infty}\left|\frac{a_{n+1}}{a_n}\right| = \rho$，从而

$$\lim_{n\to\infty}\frac{|u_{n+1}|}{|u_n|} = \lim_{n\to\infty}\frac{|a_{n+1}x^{n+1}|}{|a_n x^n|} = \rho|x|$$

于是，由比值判别法知

(1) 若 $\rho|x|<1(\rho\neq 0)$，即 $|x|<\frac{1}{\rho}=R$，则幂级数(8.1) 绝对收敛；

(2) 若 $\rho=0$，即 $\rho|x|=0<1$，则幂级数(8.1) 对任何 x 都收敛；

(3) 若 $\rho|x|>1$，即 $|x|>\frac{1}{\rho}=R$，则幂级数(8.1) 发散；

(4) 若 $\rho|x|=1$，即 $|x|=\frac{1}{\rho}=R$，此时比值判别方法失效，需要单独判定 $|x|=R$ 的敛散性.

综上所述，得到求幂级数(8.1) 的收敛半径定理：

定理 8.8 如果幂级数 $\sum_{n=0}^{\infty} a_n x^n$ 的系数满足：$\lim_{n\to\infty}\frac{|a_{n+1}|}{|a_n|}=\rho$，则

(1) 当 $0<\rho<+\infty$ 时，收敛半径 $R=\frac{1}{\rho}$；

(2) 当 $\rho=0$ 时，收敛半径 $R=+\infty$；

(3) 当 $\rho=+\infty$ 时，收敛半径 $R=0$.

例 8.16 求级数 $\sum_{n=0}^{\infty} n!x^n$ 的收敛半径.

解 因为 $\rho=\lim_{n\to\infty}\frac{|a_{n+1}|}{|a_n|}=\lim_{n\to\infty}\frac{(n+1)!}{n!}=+\infty$，所以，收敛半径 $R=0$，幂级数仅在 $x=0$ 处收敛.

例 8.17 求幂级数 $\sum_{n=0}^{\infty}\frac{x^n}{n!}$ 的收敛域.

解 因为 $\rho=\lim_{n\to\infty}\frac{|a_{n+1}|}{|a_n|}=\lim_{n\to\infty}\frac{n!}{(n+1)!}=0$,所以幂级数的收敛半径 $R=+\infty$,收敛区间为 $(-\infty,+\infty)$.

例 8.18 求幂级数 $\sum_{n=0}^{\infty}(-1)^{n-1}\frac{x^n}{n}$ 的收敛域.

解 因为 $\rho=\lim_{n\to\infty}\frac{|a_{n+1}|}{|a_n|}=\lim_{n\to\infty}\frac{n}{n+1}=1$,所以幂级数的收敛半径为 $R=1$.

当 $x=1$ 时,幂级数成为交错级数 $\sum_{n=0}^{\infty}(-1)^{n-1}\frac{1}{n}$,收敛;

当 $x=-1$ 时,幂级数成为 $\sum_{n=0}^{\infty}\left(-\frac{1}{n}\right)$,发散.

所以,幂级数的收敛区间为 $(-1,1]$.

例 8.19 求幂级数 $\sum_{n=0}^{\infty}\frac{(2n)!}{(n!)^2}x^{2n}$ 的收敛半径.

解 幂级数缺少奇次幂项,上述定理不能直接运用,根据比较判断法,知

$$\lim_{n\to\infty}\left|\frac{u_{n+1}}{u_n}\right|=\lim_{n\to\infty}\left|\frac{\frac{(2n+2)!}{[(n+1)!]^2}x^{2(n+1)}}{\frac{(2n)!}{(n!)^2}x^{2n}}\right|=4|x|^2$$

当 $4|x|^2<1$ 时,即 $|x|<\frac{1}{2}$ 时级数收敛;

当 $4|x|^2>1$ 时,即 $|x|>\frac{1}{2}$ 时级数发散.

所以,幂级数的收敛半径 $R=\frac{1}{2}$.

8.4.2 幂级数的运算性质

一、幂级数的代数运算性质

设两个幂级数 $\sum_{n=0}^{\infty}a_nx^n=f_1(x)$, $\sum_{n=0}^{\infty}b_nx^n=f_2(x)$ 的收敛半径分别为 R_1,R_2,取 $R=\min\{R_1,R_2\}$,则有

(1) $\sum_{n=0}^{\infty}a_nx^n\pm\sum_{n=0}^{\infty}b_nx^n=\sum_{n=0}^{\infty}(a_n+b_n)x^n=f_1(x)\pm f_2(x),x\in(-R,R)$;

(2) $(\sum_{n=0}^{\infty}a_nx^n)\cdot(\sum_{n=0}^{\infty}b_nx^n)=a_0b_0+(a_0b_1+a_1b_0)x+(a_0b_2+a_1b_1+a_2b_0)x^2+\cdots+(a_0b_n+a_1b_{n-1}+a_2b_{n-2}+\cdots+a_nb_0)x^n+\cdots=f_1(x)\cdot f_2(x),x\in(-R,R)$.

二、幂级数的性质

设幂级数 $\sum_{n=0}^{\infty}a_nx^n$ 的收敛半径为 R,和函数为 $S(x)$,则

(1)$S(x)$ 在$(-R,R)$ 内连续；

(2)$S(x)$ 在$(-R,R)$ 内可导，且有逐项求导公式

$$S'(x) = \left(\sum_{n=0}^{\infty} a_n x^n\right)' = \sum_{n=0}^{\infty} (a_n x^n)' = \sum_{n=0}^{\infty} n a_n x^{n-1}, x \in (-R,R)$$

(3)$S(x)$ 在$(-R,R)$ 内可积，且有逐项积分公式

$$\int_0^x S(x)\mathrm{d}x = \int_0^x \left(\sum_{n=0}^{\infty} a_n x^n\right)\mathrm{d}x = \sum_{n=0}^{\infty}\int_0^x a_n x^n \mathrm{d}x = \sum_{n=0}^{\infty} \frac{a_n}{n+1} x^{n+1}, x \in (-R,R)$$

逐项求导及逐项积分后所得到的幂级数与原幂级数有相同的收敛半径，但在收敛区间的端点处，幂级数的收敛性可能会改变.

8.4.3　函数展开成幂级数

前面讨论了幂级数的收敛域及其和函数的性质，但在许多应用中，我们还会遇到相反的问题：给定的一个函数 $f(x)$，是否存在幂级数 $\sum\limits_{n=0}^{\infty} a_n x^n$ 或 $\sum\limits_{n=0}^{\infty} a_n (x-x_0)^n$，它在某个区间内收敛，且和函数恰好是 $f(x)$，如果存在这样的幂级数，就称 $f(x)$ 在区间内可以展开成 x 或 $x-x_0$ 的幂级数.

下面讨论在什么条件下，函数 $f(x)$ 能展开成 x 或 $x-x_0$ 的幂级数.

一、泰勒(Taylor) 级数

假设函数 $f(x)$ 在 $x=x_0$ 的邻域内可以展开成幂级数

$$f(x) = a_0 + a_1(x-x_0) + a_2(x-x_0)^2 + \cdots + a_n(x-x_0)^n + \cdots \tag{8.4}$$

我们首先确定系数 $a_0, a_1, a_2, \cdots, a_n, \cdots$. 将 $x = x_0$ 代入式(8.4) 中，得

$$f(x_0) = a_0, \text{即 } a_0 = f(x_0)$$

根据幂级数在收敛区间内可逐项求导的性质，对(8.4) 式两端求各阶导数，有

$$f'(x) = a_1 + 2a_2(x-x_0) + 3a_3(x-x_0)^2 + \cdots + n a_n (x-x_0)^{n-1} + \cdots$$

$$f''(x) = 2a_2 + 3\cdot 2a_3(x-x_0) + \cdots + n(n-1)a_n(x-x_0)^{n-2} + \cdots$$

……

$$f^{(n)}(x) = n(n-1)\cdot\cdots\cdot 3\cdot 2\cdot 1\cdot a_n + (n+1)n(n-1)\cdot\cdots\cdot 3\cdot 2\cdot a_{n+1}(x-x_0) + \cdots$$

将 $x = x_0$ 代入以上各式得

$$a_1 = f'(x_0), a_2 = \frac{1}{2!}f''(x_0), \cdots, a_n = \frac{1}{n!}f^{(n)}(x_0), \cdots$$

将其代入(8.4) 式，得

$$f(x) = f(x_0) + f'(x_0)(x-x_0) + \frac{f''(x_0)}{2!}(x-x_0)^2 + \cdots + \frac{f^{(n)}(x_0)}{n!}(x-x_0)^n + \cdots \tag{8.5}$$

(8.5) 式的右端称为函数 $f(x)$ 在 $x = x_0$ 处的泰勒级数，其系数为：

$$a_0 = f(x_0), a_1 = f'(x_0), a_2 = \frac{1}{2!}f''(x_0), \cdots, a_n = \frac{1}{n!}f^{(n)}(x_0), \cdots$$

这些系数称为 $f(x)$ 在 x_0 处的泰勒系数，简称泰勒系数.

以上推导说明，如果函数可以展开成幂级数，则这个级数必定是泰勒级数，即函数展

开成幂级数时的展开式是唯一的.

函数 $f(x)$ 满足什么条件,才能展成泰勒级数?

首先,从泰勒级数式(8.5) 中看 到函数 $f(x)$ 在 $x = x_0$ 处必须存在任意阶导数.

其次,需要讨论函数 $f(x)$ 的泰勒级数是否收敛于 $f(x)$,即 $f(x)$ 的泰勒级数的和函数是否是 $f(x)$?(可以举出函数在 x_0 处有任意阶导数,但其泰勒级数的和却不是 $f(x)$ 的例子.) 若令泰勒级数式(8.5) 的前 $n+1$ 项的和为 $S_{n+1}(x)$,即

$$S_{n+1}(x) = f(x_0) + f'(x_0)(x-x_0) + \frac{f''(x_0)}{2!}(x-x_0)^2 + \cdots + \frac{f^{(n)}(x_0)}{n!}(x-x_0)^n$$

于是级数式(8.5) 可以写成

$$f(x) = S_{n+1}(x) + R_n(x)$$

其中,$R_n(x)$ 称为 $f(x)$ 在 $x = x_0$ 处的泰勒级数的余项. 则泰勒级数(8.5) 收敛于函数 $f(x)$ 的条件为 $\lim\limits_{n\to\infty} S_{n+1}(x) = f(x)$. 于是 $\lim\limits_{n\to\infty} R_n(x) = \lim\limits_{n\to\infty}[f(x) - S_{n+1}(x)] = 0$.

这表明,泰勒级数(8.5) 式收敛于 $f(x)$ 的充分条件是 $\lim\limits_{n\to\infty} R_n(x) = 0$.

综上所述,一个函数 $f(x)$ 在 $x = x_0$ 处可以展开成幂级数的条件是:$f(x)$ 在 $x = x_0$ 处的邻域内任意阶导数存在;且在 x_0 的邻域内有 $\lim\limits_{n\to\infty} R_n(x) = 0$.

泰勒级数的余项 $R_n(x)$ 在什么条件下极限是零?这就需要研究余项 $R_n(x)$ 的表达式. 这里不加证明地给出如下定理.

定理 8.9(泰勒定理) 如果函数 $f(x)$ 在 $x = x_0$ 的某一邻域内有直到 $n+1$ 阶导数,则在此邻域内有如下公式:

$$f(x) = f(x_0) + f'(x_0)(x-x_0) + \frac{f''(x_0)}{2!}(x-x_0)^2 + \cdots + \frac{f^{(n)}(x_0)}{n!}(x-x_0)^n + R_n(x) \tag{8.6}$$

其中,$R_n(x) = \dfrac{f^{(n+1)}(\xi)}{(n+1)!}(x-x_0)^{n+1}$($\xi$ 在 x 与 x_0 之间) 称为拉格朗日型余项. 公式(8.6) 称为泰勒公式.

在函数展开成泰勒级数时,一般采用拉格朗日型余项 $R_n(x) = \dfrac{f^{(n+1)}(\xi)}{(n+1)!}(x-x_0)^{n+1}$ 进行讨论.

在泰勒级数(8.5) 中,当 $x_0 = 0$ 时为

$$f(x) = f(0) + f'(0)x + \frac{1}{2!}f''(0)x^2 + \cdots + \frac{f^{(n)}(0)}{n!}x^n + \cdots \tag{8.7}$$

此式称为麦克劳林(Maclaurin) 级数. 函数 $f(x)$ 的麦克劳林级数是 x 的幂级数.

一般来说,将函数 $f(x)$ 展成 x 的幂级数,就是展开成麦克劳林级数.

二、函数展开成幂级数的方法

(1) 直接展开法

根据上面的讨论,将函数 $f(x)$ 展成 x 的幂级数,可按下列步骤进行:

第一步 求出 $f(x)$ 及其各阶导数在 $x = 0$ 处的值:

$$f(0), f'(0), f''(0), \cdots, f^{(n)}(0), \cdots$$

第二步　写出幂级数

$$\sum_{n=0}^{\infty}\frac{f^{(n)}(0)}{n!}x^n=f(0)+f'(0)x+\frac{f''(0)}{2!}x^2+\cdots+\frac{f^{(n)}(0)}{n!}x^n+\cdots$$

并求出收敛域.

第三步　在收敛域内,考察是否有$\lim\limits_{n\to\infty}R_n(x)=0$,若$\lim\limits_{n\to\infty}R_n(x)=0$,则有

$$f(x)=\sum_{n=0}^{\infty}\frac{f^{(n)}(0)}{n!}x^n$$

例 8.20　将函数 $f(x)=\mathrm{e}^x$ 展开成 x 的幂级数.

解　因为

$$f^{(n)}(x)=(\mathrm{e}^x)^{(n)}=\mathrm{e}^x\quad(n=1,2,\cdots)$$

所以

$$f(0)=f'(0)=\cdots=f^{(n)}(0)=1\quad(n=1,2,\cdots)$$

于是 $f(x)=\mathrm{e}^x$ 的麦克劳林级数为

$$\sum_{n=0}^{\infty}\frac{1}{n!}x^n=1+x+\frac{1}{2!}x^2+\cdots+\frac{1}{n!}x^n+\cdots$$

它的收敛半径 $R=+\infty$,收敛区间为$(-\infty,+\infty)$.

对于任何有限数 x,ξ 在 0 和 x 之间,余项的绝对值为

$$|R_n(x)|=\left|\frac{\mathrm{e}^{\xi}}{(n+1)!}x^{n+1}\right|<\mathrm{e}^{|x|}\cdot\frac{|x|^{n+1}}{(n+1)!}$$

因为 $\mathrm{e}^{|x|}$ 有限,而$\frac{|x|^{n+1}}{(n+1)!}$是收敛级数$\sum\limits_{n=0}^{\infty}\frac{|x|^{n+1}}{(n+1)!}$的一般项,所以当 $n\to\infty$ 时,$\mathrm{e}^{|x|}\cdot\frac{|x|^{n+1}}{(n+1)!}\to 0$,即当 $n\to\infty$ 时,有 $|R_n(x)|\to 0$.

所以

$$\mathrm{e}^x=\sum_{n=0}^{\infty}\frac{1}{n!}x^n=1+x+\frac{1}{2!}x^2+\cdots+\frac{1}{n!}x^n+\cdots,x\in(-\infty,+\infty)$$

例 8.21　将函数 $f(x)=\sin x$ 展开成 x 的幂级数.

解　所给函数的各阶导数为

$$f^{(n)}(x)=\sin\left(x+n\cdot\frac{\pi}{2}\right)\quad(n=1,2,\cdots)$$

而 $f^{(n)}(0)$ 顺序循环地取 $0,1,0,-1\cdots$,于是得级数

$$\sum_{n=1}^{\infty}(-1)^{n-1}\frac{x^{2n-1}}{(2n-1)!}=x-\frac{x^3}{3!}+\frac{x^5}{5!}-\cdots+(-1)^{n-1}\cdot\frac{x^{2n-1}}{(2n-1)!}+\cdots$$

它的收敛半径 $R=+\infty$,收敛区间为$(-\infty,+\infty)$.

对于任何有限的数 x,ξ 在 0 和 x 之间,余项的绝对值当 $n\to\infty$ 时的极限为零:

$$|R_n(x)|=\left|\frac{\sin[\xi+\frac{(n+1)}{2}\pi]}{(n+1)!}x^{n+1}\right|\leqslant\frac{|x|^{n+1}}{(n+1)!}\to 0$$

所以得展开式

$$\sin x = \sum_{n=1}^{\infty}(-1)^{n-1}\frac{x^{2n-1}}{(2n-1)!},\quad x\in(-\infty,+\infty)$$

用直接展开法还可推出下列函数的幂级数展开式：

$$\cos x = \sum_{x=0}^{\infty}(-1)^{n}\frac{x^{2n}}{(2n)!},\quad x\in(-\infty,+\infty)$$

$$\ln(1+x) = \sum_{x=0}^{\infty}(-1)^{n}\frac{1}{n+1}x^{n+1},\quad x\in(-1,1]$$

$$(1+x)^{m} = \sum_{n=0}^{\infty}\frac{m(m-1)\cdots(m-n+1)}{n!}x^{n},\quad x\in(-1,1)$$

上面最后一个公式称为二项展开式. 当 m 取正整数时，级数只有有限项，称为多项式，就是中学所学过的二项式定理的情况.

(2) 间接展开法

以上用直接展开法将函数展开成幂级数，是先计算幂级数的系数 $a_n=\dfrac{f^{(n)}(0)}{n!}$，代入公式，最后考虑余项 $R_n(x)$ 是否趋于零. 这种方法计算量较大，而且余项的研究也不是一件容易的事. 下面可用间接展开法，即利用一些熟知的函数展开式(上面五个函数的展开式均可作为公式使用) 以及幂级数的运算性质等，将所给函数展开成幂级数，这种方法不仅计算简单，而且避免了余项的研究.

例 8.22　将 $f(x)=e^{-x^2}$ 展开成 x 的幂级数.

解　已知展开式

$$e^{x} = \sum_{n=0}^{\infty}\frac{1}{n!}x^{n},\quad x\in(-\infty,+\infty)$$

当 $|-x^2|<+\infty$ 时，有 $|x|<+\infty$，所以

$$e^{-x^2} = \sum_{n=0}^{\infty}\frac{1}{n!}(-x^2)^{n} = \sum_{n=0}^{\infty}(-1)^{n}\frac{1}{n!}x^{2n},\quad x\in(-\infty,+\infty)$$

例 8.23　将函数 $f(x)=x\arctan x$ 展开成 x 的幂级数，并求级数 $\sum\limits_{n=0}^{\infty}(-1)^{n}\dfrac{1}{2n+1}$.

解　由 $f(x)$ 的特点，只需将 $\arctan x$ 展开成 x 的幂级数.

因为 $\dfrac{1}{1-x}=\sum\limits_{n=0}^{\infty}x^{n}$，所以 $\dfrac{1}{1+x^2}=\sum\limits_{n=0}^{\infty}(-1)^{n}x^{2n}$，$x\in(-1,1)$. 由幂级数逐项积分性质有

$$\arctan x = \int_0^x\frac{1}{1+x^2}dx = \int_0^x\sum_{n=0}^{\infty}(-1)^{n}x^{2n}dx = \sum_{n=0}^{\infty}\int_0^x(-1)^{n}x^{2n}dx$$

$$= \sum_{n=0}^{\infty}(-1)^{n}\frac{1}{2n+1}x^{2n+1},\quad x\in[-1,1]$$

$$\therefore x\arctan x = x\cdot\sum_{n=0}^{\infty}(-1)^{n}\frac{1}{2n+1}x^{2n+1} = \sum_{n=0}^{\infty}(-1)^{n}\frac{1}{2n+1}x^{2(n+1)},x\in[-1,1]$$

于是将 $x=1$ 代入上式得

$$\sum_{n=0}^{\infty}(-1)^n \frac{1}{2n+1} = \arctan 1 = \frac{\pi}{4}$$

例 8.24 将函数 $f(x) = \sin x$ 展开成 $x - \frac{\pi}{3}$ 的幂级数.

解 因为

$$\sin x = \sin\left[\frac{\pi}{3} + \left(x - \frac{\pi}{3}\right)\right] = \sin\frac{\pi}{3}\cos\left(x - \frac{\pi}{3}\right) + \cos\frac{\pi}{3}\sin\left(x - \frac{\pi}{3}\right)$$

$$= \frac{1}{2}\left[\sqrt{3}\cos\left(x - \frac{\pi}{3}\right) + \sin\left(x - \frac{\pi}{3}\right)\right]$$

而 $\cos\left(x - \frac{\pi}{3}\right) = \sum_{n=0}^{\infty}(-1)^n \frac{1}{(2n)!}\left(x - \frac{\pi}{3}\right)^{2n}, x \in (-\infty, +\infty)$,

$\sin\left(x - \frac{\pi}{3}\right) = \sum_{n=1}^{\infty}(-1)^{n-1} \frac{1}{(2n-1)!}\left(x - \frac{\pi}{3}\right)^{2n-1}, x \in (-\infty, +\infty)$.

故

$$\sin x = \frac{1}{2}\left[\sqrt{3}\sum_{n=0}^{\infty}(-1)^n \frac{1}{(2n)!}\left(x - \frac{\pi}{3}\right)^{2n} + \sum_{n=1}^{\infty}(-1)^{n-1}\frac{1}{(2n-1)!}\left(x - \frac{\pi}{3}\right)^{2n-1}\right],$$

$$x \in (-\infty, +\infty)$$

所以

$$\sin x = \frac{1}{2}\left[\sqrt{3} + \left(x - \frac{\pi}{3}\right) - \frac{\sqrt{3}}{2!}\left(x - \frac{\pi}{3}\right)^2 - \frac{1}{3!}\left(x - \frac{\pi}{3}\right)^3 + \cdots\right], \quad x \in (-\infty, +\infty)$$

例 8.25 将函数 $f(x) = \frac{1}{x^2 + 5x - 6}$ 展开成 x 的幂级数.

解 因为

$$f(x) = \frac{1}{(x-1)(x+6)} = \frac{1}{7}\left(\frac{1}{x-1} - \frac{1}{x+6}\right)$$

而

$$\frac{1}{x-1} = -\sum_{n=0}^{\infty}x^n, \quad x \in (-1, 1)$$

$$\frac{1}{x+6} = \frac{1}{6} \cdot \frac{1}{1 + \frac{x}{6}} = \frac{1}{6}\sum_{n=0}^{\infty}(-1)^n\left(\frac{x}{6}\right)^n, \quad x \in (-6, 6)$$

所以

$$f(x) = \frac{1}{7}\left[-\sum_{n=0}^{\infty}x^n - \frac{1}{6}\sum_{n=0}^{\infty}(-1)^n\left(\frac{x}{6}\right)^n\right]$$

$$= \sum_{n=0}^{\infty}\frac{1}{7}\left[-1 + (-1)^{n+1}\frac{1}{6^{n+1}}\right]x^n, \quad x \in (-1, 1)$$

8.4.4 和函数

由幂级数的特性可知，如果一个幂级数在其收敛域内收敛，则必对应一个和函数. 这里简单给出求和函数的基本方法.

一、等量代换法 —— 借助已知的幂级数的收敛函数，作相应代换.

例 8.26　求幂级数 $1-x^2+x^4-\cdots+(-1)^n x^{2n}+\cdots$ 的和函数.

解　已知

$$1-t+t^2+\cdots+(-1)t^n+\cdots=\frac{1}{1+t},\quad -1<t<1$$

则

$$1-x^2+x^4-\cdots+(-1)^n x^{2n}+\cdots=\frac{1}{1+x^2},\quad -1<x<1$$

二、分析性质法 —— 先对幂级数逐项求导或逐项积分，然后再求积分或微分得到原级数的和函数.

例 8.27　求幂级数 $\sum\limits_{n=1}^{\infty} nx^n$ 在收敛区间内的和函数.

解　级数的收敛半径 $R=\lim\limits_{n\to\infty}\left|\frac{a_n}{a_{n+1}}\right|=\lim\limits_{n\to\infty}\frac{n}{n+1}=1.$

当 $x=\pm 1$，$\lim\limits_{n\to\infty}u_n\neq 0$，所以级数的收敛域为$(-1,1)$.

设级数的和函数为

$$S(x)=\sum_{n=1}^{\infty} nx^n=x\sum_{n=1}^{\infty} nx^{n-1}=xf(x)$$

则有

$$\int_0^x f(x)\mathrm{d}x=\sum_{n=1}^{\infty}\int_0^x nx^{n-1}\mathrm{d}x=\sum_{n=1}^{\infty} x^n=\frac{x}{1-x}$$

所以

$$f(x)=\left(\int_0^x f(x)\mathrm{d}x\right)'=\left(\frac{x}{1-x}\right)'=\frac{1}{(1-x)^2}$$

故有

$$S(x)=\frac{x}{(1-x)^2},\quad -1<x<1$$

例 8.28　设银行存款的年利率为 $r=0.05$，并依年复利计算.某基金会希望通过存款 A 万元，实现第一年提取 19 万元，第二年提取 28 万元，…，第 n 年提取$(10+9n)$万元，并能按此规律一直提取下去，问 A 至少应为多少万元？

分析　一年后，存钱变为 $A(1+r)$，第一年提取 19 万元，提不完，则满足 $A(1+r)-19>0$，此时 $A>19(1+r)^{-1}$；

两年后，存钱变为$[A(1+r)-19](1+r)$，第二年提取 28 万元，提不完，则满足$[A(1+r)-19](1+r)-28>0$，此时 $A>19(1+r)^{-1}+28(1+r)^{-2}$；

……

如此下去，永远提不完，则 $A>19(1+r)^{-1}+28(1+r)^{-2}+37(1+r)^{-3}+\cdots$.

解　由题设可知 $A>19(1+r)^{-1}+28(1+r)^{-2}+37(1+r)^{-3}+\cdots=\sum\limits_{n=1}^{\infty}\frac{10+9n}{(1+r)^n}$，

而

$$\sum_{n=1}^{\infty}\frac{10+9n}{(1+r)^n}=\sum_{n=1}^{\infty}\frac{10}{(1+r)^n}+\sum_{n=1}^{\infty}\frac{9n}{(1+r)^n}$$

$$= \frac{10}{1+r} \cdot \frac{1+r}{r} + \frac{9}{1+r} \sum_{n=1}^{\infty} \frac{n}{(1+r)^{n-1}}$$

设 $f(x) = \sum_{n=1}^{\infty} nx^{n-1}(-1 < x < 1)$，两边求积分得

$$\int_0^x f(t)\mathrm{d}t = \sum_{n=1}^{\infty} n\int_0^x x^{n-1}\mathrm{d}t = \sum_{n=1}^{\infty} x^n = \frac{x}{1-x}$$

对上式两边求导得 $f(x) = \frac{1}{(1-x)^2}$.

从而

$$f\left(\frac{1}{1+r}\right) = \sum_{n=1}^{\infty} \frac{n}{(1+r)^{n-1}} = \frac{(1+r)^2}{r^2}$$

从而

$$A > \frac{10}{r} + \frac{9}{1+r} \cdot \frac{(1+r)^2}{r^2} = 3980(\text{万元})$$

因此 A 至少应为 3980 万元.

习题 8.4

1. 求下列幂级数的收敛半径和收敛区间.

(1) $\sum_{n=1}^{\infty} nx^n$　(2) $\sum_{n=0}^{\infty} 10^n x^n$　(3) $\sum_{n=1}^{\infty} (-1) \frac{x^n}{n}$

(4) $\sum_{n=1}^{\infty} \frac{x^n}{2^n \cdot n!}$　(5) $\sum_{n=1}^{\infty} \frac{2^n}{1+n^2} x^n$　(6) $\sum_{n=1}^{\infty} \frac{1}{4^n} x^{2n}$

(7) $\sum_{n=1}^{\infty} (-1)^n \frac{x^{2n-1}}{2n-1}$　(8) $\sum_{n=1}^{\infty} (-1)^{n-1} \frac{(x+1)^n}{n}$　(9) $\sum_{n=1}^{\infty} n!(x-1)^n$

2. 用间接展开法，将下列函数展开成 x 的幂级数，并指出收敛域.

(1) $f(x) = \ln(a+x)$（常数 $a > 0$）　(2) $f(x) = x^2 e^{x^2}$

(3) $f(x) = \sin^2 x$　(4) $f(x) = \frac{x}{2x^2 + 3x - 2}$

3. 将下列函数在指定点 x_0 处展开成幂级数，并指出其收敛域.

(1) $f(x) = \frac{1}{x}, x_0 = 3$　(2) $f(x) = \ln(1+x), x_0 = 2$

(3) $f(x) = \ln x, x_0 = 1$

4. 求下列级数的和函数.

(1) $\sum_{n=1}^{\infty} \frac{(-1)^n}{3^n} x^n$　(2) $\sum_{n=1}^{\infty} n(x-1)^n$

(3) $\sum_{n=1}^{\infty} \frac{x^n}{n}$　(4) $\sum_{n=1}^{\infty} \frac{x^{2n+1}}{2n+1}$

8.5　用 MATLAB 计算级数求和问题

命令

S = symsum(u,t,a,b)

的功能是计算级数和 $\sum_{t=a}^{b} u$. 其中 u 是包含符号变量 t 的表达式,是待求和级数的通项. 当 u 的表达式中只含一个变量时,参数 t 可省略.

例 8.29　判断下列级数是否收敛,如收敛则求其和.

(1) $\sum_{n=1}^{\infty} \frac{1}{n}$　　(2) $\sum_{n=1}^{\infty} \frac{1}{n^2}$　　(3) $\sum_{n=0}^{\infty} \frac{x^2}{(1+x^2)^n}$

解　创建符号变量 n 和 x,用 symsum 命令计算各级数的和:

```
syms n x
symsum(1/n,1,inf)
ans =
Inf
```

知级数 $\sum_{n=1}^{\infty} \frac{1}{n}$ 发散至无穷大.

```
symsum(1/n^2,1,inf)
ans =
1/6 * pi^2
```

知级数 $\sum_{n=1}^{\infty} \frac{1}{n^2}$ 收敛,且其和为 $\frac{\pi^2}{6}$.

对级数 $\sum_{n=0}^{\infty} \frac{x^2}{(1+x^2)^n}$,由于其通项中包含两个变量:$x$ 和 n,故使用 symsum 命令时须指定求和变量是 n.

```
un = x^2/(1 + x^2)^n;
symsum(un,n,0,inf)
ans =
1 + x^2
```

得和函数为 $1+x^2$.

对有些级数,symsum 命令不能求其和,从而也无法得知其收敛性. 此时,可使用 MATLAB 的数值计算功能进行处理.

例 8.30　试求级数 $\sum_{n=1}^{\infty} \ln\left(1+\frac{1}{n^2}\right)$ 的和.

解　用 symsum 命令求解:

```
syms n
symsum(log(1 + 1/n^2),1,inf)
ans =
```

```
sum(log(1+1/n^2),n = 1 .. Inf)
```

此结果表示 symsum 不能求得该级数的和. 我们转而采用数值方法计算部分和 $S_n = \sum_{k=1}^{n}\ln\left(1+\frac{1}{k^2}\right)$. 将下面的程序存入一个 M 文件中:

```
clear all
n = 9000;     % 部分和的项数
Sn = 0;
for k = 1:n
    Sn = Sn + log(1 + 1/k^2);
end
fprintf('Sn = %f,(n = %d)',Sn,n)
```

执行该程序,显示结果为

```
Sn = 1.301735,(n = 9000)
```

再对程序中的变量 n 分别赋值 n = 90000, n = 900000, n = 9000000, 并执行程序,得计算结果为:

```
Sn = 1.301835,(n = 90000)
Sn = 1.301845,(n = 900000)
Sn = 1.301846,(n = 9000000)
```

由此看出,随着 n 增大,S_n 趋于 1.30185. 故知该级数收敛,其和约为 1.30185.

总习题 8

1. 选择题

(1) 设 a 为常数,则级数 $\sum_{n=1}^{\infty}\left(\frac{\sin n\alpha}{n^2}-\frac{1}{\sqrt{n}}\right)$( )

A. 绝对收敛 B. 条件收敛 C. 发散 D. 条件收敛性取决于 α 的值

(2) 若级数 $\sum_{n=1}^{\infty}(u_{2n-1}+u_{2n})$ 收敛,则( )

A. $\sum_{n=1}^{\infty}u_n$ 必收敛 B. $\sum_{n=1}^{\infty}u_n$ 未必收敛 C. $\lim_{n\to\infty}u_n=0$ D. $\sum_{n=1}^{\infty}u_n$ 发散

(3) 设 $0\leqslant a_n<\frac{1}{n}(n=1,2,3,\cdots)$,则下列级数中肯定收敛的是( )

A. $\sum_{n=1}^{\infty}a_n$ B. $\sum_{n=1}^{\infty}(-1)^n a_n$ C. $\sum_{n=1}^{\infty}\sqrt{a_n}$ D. $\sum_{n=1}^{\infty}(-1)^n a_n^2$

2. 判定下列级数的收敛性.

(1) $\sum_{n=1}^{\infty}\int_0^{\frac{1}{n}}\frac{x}{1+x^2}\mathrm{d}x$ (2) $\sum_{n=1}^{\infty}\frac{(n+1)!}{n^{n+1}}$

(3) $\sum_{n=2}^{\infty}\frac{1}{\ln^{10}n}$ (4) $\sum_{n=1}^{\infty}\frac{a^n}{n^s}(a>0,s>0)$

3. 设正项级数 $\sum_{n=1}^{\infty} u_n$ 和 $\sum_{n=1}^{\infty} v_n$ 都收敛，证明级数 $\sum_{n=1}^{\infty} u_n v_n$ 及级数 $\sum_{n=1}^{\infty} (u_n + v_n)^2$ 均收敛.

4. 讨论下列级数的绝对收敛性与条件收敛性.

(1) $\sum_{n=1}^{\infty} (-1)^n \frac{1}{n^p}$　　(2) $\sum_{n=1}^{\infty} (-1)^{n-1} \frac{\sin n}{\pi^n}$

(3) $\sum_{n=1}^{\infty} (-1)^n \ln\left(1 + \frac{1}{\sqrt{n}}\right)$

5. 已知函数 $f(x)$ 在 $x = 0$ 的某邻域内有二阶连续导数，且 $\lim_{x\to\infty} \frac{f(x)}{x} = 0$，证明级数 $\sum_{n=1}^{\infty} f\left(\frac{1}{n}\right)$ 绝对收敛.

6. 求下列幂级数的和函数.

(1) $\sum_{n=1}^{\infty} \frac{1}{n \cdot 2^n} x^{n-1}$　　(2) $\sum_{n=1}^{\infty} (-1)^{n-1} \frac{x^{2n+1}}{(2n)^2 - 1}$

(3) $\sum_{n=1}^{\infty} \frac{n^2}{n!} x^n$　　(4) $\sum_{n=1}^{\infty} n(x-1)^n$

7. 求下列数项级数的和.

(1) $\sum_{n=1}^{\infty} \frac{1}{n \cdot 2^n}$　　(2) $\sum_{n=0}^{\infty} (-1)^n \frac{1}{3n+1}$

8. 将下列函数展开成 x 的幂级数.

(1) $f(x) = \arctan \frac{1+x}{1-x}$　　(2) $f(x) = \frac{1}{(2-x)^2}$

(3) $f(x) = \ln(4 - 3x - x^2)$　　(4) $f(x) = \int_0^x \cos t^2 \mathrm{d}t$

9. 设 $f(x) = \sum_{n=0}^{\infty} a_n x_n$，$x \in (-R, R)$，证明：若 $f(x)$ 为奇函数，则级数 $\sum_{n=0}^{\infty} a_n x^n$ 中仅出现奇数次幂的项；若 $f(x)$ 为偶函数，则级数 $\sum_{n=0}^{\infty} a_n x^n$ 中仅出现偶数次幂的项.

附录　MATLAB 快速入门

在日常生活与科学研究中，人们会遇到各种各样的数学问题，如储蓄、贷款、选举、体育比赛赛程设计、商场购物、手机套餐、产品设计与制造、地震、气象、环境污染、隧道施工、采矿等，对这些问题研究者通常采用数学建模的方法建立起相关问题的数学模型，然后通过求解数学模型获得所研究问题的解.

求解数学问题，通常采用手工数学推导或理论计算的方法求得，这也是大学数学课程所教授的主要内容，所求的解通常称之为“解析解”. 但在实际问题中，并不是所有的数学问题都可以借助于手工推导求解，尤其是大型的科学与工程计算问题，如飞机的外形设计、地震的预测预报、气象与气候预报等，这时就需要借助于计算机来完成相应的任务.

数字计算机的发明始于 20 世纪 40 年代，它的出现与进步，推动了数值计算技术的研究与发展. 早期的数值计算软件包，如基于求解矩阵特征值的软件包 EISPACK 和线性代数问题求解专用软件包 LINPACK，英国牛津数值算法研究组开发的 NAG 软件包等等. 这些软件包大多是求解专门数学问题的子程序集合，其源程序代码主要使用 C、Fortran 或 Pascal 等变成语言编写而成，其子程序的调用非常麻烦，要找到适合的子程序并正确调用，需要阅读大量的资料，这对一般用户而言困难可想而知. 如何发展更加高效、稳定、可靠而使用方便的数学软件包，就变成了现在数学软件包的发展方向.

大学中的许多课程，如固体力学、弹性力学、流体力学、材料力学、电子技术、自动控制等，在介绍模型时通常采用简单的、理想的例子，回避了高阶、多维等复杂问题的模型，这主要是由于当时的计算机性能和数值计算技术尚不足以支持此类问题的解决，而仅靠理论推导或手工计算，无疑是天方夜谭. 利用计算机求解有两种方式：其一是借助于成熟的求解各类数学问题的数值分析算法，采用计算机编程的方法求解，或者专用程序软件包通过调用相关子程序求解，所得到的解我们称之为“数值解”，是基于一系列时间或空间离散点上的数值；其二是利用专门的计算机数学语言来求解，这类语言包括 MATLAB、Maple、Mathematica、Scilab 等，我们习惯称这类计算机语言为“数学软件”. 顾名思义，数学软件是指具备数值计算、工程计算、统计计算、图形制作等功能的可编程的专业软件，它不仅能求解数值计算的问题，而且还应该具备数学公式推导(即“符号运算”)和图形可视化功能. 常见的数学软件包括通用数学软件，如 MATLAB、Maple、Mathematica、Mathcad、

Scilab(共享软件)、SAGE 等;专业软件,专门求解运筹与优化的 Lingo/Lindo 软件,专门求解概率统计问题提的统计软件 SAS、Splus、SPSS、R、Minitab 等,科学工程计算软件 Ansys(有限元)等.

通常来说,对数学问题的求解,数学家区别于科学与工程技术人员,前者多关注该数学问题解的存在性、唯一性、渐近性和解的解析表达形式,后者则对如何得到该问题的解更关心,至于解的表达形式则无关紧要.而在现实中,大多数大学生毕业后能够依然记得并能熟练运用数学方法推导计算的人寥寥无几,而在工作与研究过程中遇到的数学问题则五花八门,鉴于计算机存储、运算性能日益庞大,价格日趋低廉,电脑的普及程度显著提高.显然如能熟练运用计算机的某种语言快速准确地得到相关数学问题的解,则无疑是等于给自己插上了飞翔的翅膀.

第 1 节 MATLAB 概述

MATLAB 是由美国 MathWorks 公司开发的集数值计算、符号计算和图形可视化三大基本功能于一体的,功能强大、操作简单的语言,是国际公认的优秀数学应用软件之一.

一、MATLAB 简介

20 世纪 70 年代末,为解决利用 EISPACK 和 LINPACK 软件包求解线性代数过于繁琐的问题,美国 New Mexico 大学计算机科学系主任 Celeve Moler 与 John Little 等利用 C 语言开发构建了以 MATLAB(MATrix LABoratory 的缩写,即矩阵实验室)命名的交互式计算机语言,并于 1980 年推出了免费版本. 1984 年注册成立了 MathWorks 公司,开始专注于该语言的开发和利用,以及 MATLAB 专用工具箱等的开发设计.此软件的推出,正值控制科学界基于状态空间的控制理论蓬勃发展阶段,所以很快引起了控制学界的关注,很快推出了基于 MATLAB 语言编写的控制系统工具箱,在控制界产生了巨大的影响.随着在控制理论及相关领域的各种数学问题求解需求的增加,MATLAB 语言得到了持续快速的发展,由此诞生了越来越多的专门工具箱,如统计、最优化、样条、插值、拟合、偏微方程数值解等,其应用领域越来越广,功能越来越强大.

现在 MATLAB 已经发展成为适合多学科的大型软件,几乎每年都推出两个更新版本.目前在世界各高校,MATLAB 已经成为线性代数、数值分析、数理统计、运筹学、自动控制、数字信号处理、动态系统仿真等高级课程的基本教学工具.特别是最近几年,MATLAB 在我国大学生数学建模竞赛中得到了广泛的应用,为参赛者在有限的时间内准确、有效的解决问题提供了有力的保证.

MATLAB 系统由两部分组成,即 MATLAB 内核及辅助工具箱,两者的调用构成了 MATLAB 的强大功能.

MATLAB 语言以数组为基本数据单位,包括控制流语句、函数、数据结构、输入输出及面向对象等特点的高级语言,它具有以下主要特点:

(1)MATLAB 程序设计语言集成度高,语言简洁,运算符和库函数极其丰富,编程效率高,可靠性强,易于维护.

(2)既具有结构化的控制语句,如 for 循环、while 循环、break 语句、if 条件控制语句和 switch 语句,又有面向对象的编程特性.

(3)图形功能强大.它既包括对二维和三维数据可视化、图像处理、动画制作等高层次的绘图命令,也包括可以修改图形及编制完整图形界面的低层次的绘图命令.

(4)有功能强大的工具箱.工具箱可分为功能性工具箱和学科性工具箱.功能性工具箱主要用来扩充其符号计算功能、图形建模仿真功能、文字处理功能以及与硬件实时交互的功能.而学科性工具箱是专业性比较强的,如优化工具箱、统计工具箱、控制工具箱、小波工具箱、图像处理工具箱、通信工具箱等,这些工具箱由相关专业领域的知名专家编写,可信程度高.而且随着 MATLAB 的日益普及,陆续出现了其他科学与工程领域的专用工具箱,这极大地促进了 MATLAB 在其他诸多领域的应用.

(5)有强大的动态系统仿真功能. Simulink 提供的面向框图的仿真及概念性仿真功能,使得用户很容易地建立复杂系统模型,准确地对其进行仿真分析.其概念性仿真模块集允许用户在一个框架下对含有控制环节、机械环节和电子、电机环节的机电一体化系统进行建模与仿真,这是目前其他计算机语言无法做到的.

(6)易于扩充.除内部函数外,所有 MATLAB 的核心文件和工具箱文件都是可读可改的源文件,用户可修改源文件和加入自己的文件,它们可以与库函数一样被调用.

(7)与各种应用程序的接口. MATLAB 配备专门的应用程序接口(API),方便用户编写 C 或 Fortran 程序与 MATLAB 交互调用.同时亦可方便地读取 txt 文件或 Excel 电子表格中的数据.

二、MATLAB 的安装与启动

1. MATLAB 的安装

MATLAB 的安装和其他应用软件类似,按照安装向导或提示进行安装即可.唯一需要注意的是,新版本的 MATLAB 增加了软件激活操作,激活方式可根据需要在线激活或离线激活.

2. MATLAB 的启动

MATLAB 的启动有多种方式,常用的方式就是双击桌面的 MATLAB 快捷图标,快捷方式的创建也非常简单,在 MATLAB 的安装路径的子目录"bin"中选定可执行文件"MATLAB. exe",然后用鼠标右键单击该文件,在随后弹出的菜单中选定"发送到",顺次选择"桌面快捷方式"即可.

启动 MATLAB 后,将打开一个 MATLAB 的欢迎界面,随后打开 MATLAB 的桌面系统(Desktop),如图 1 所示.

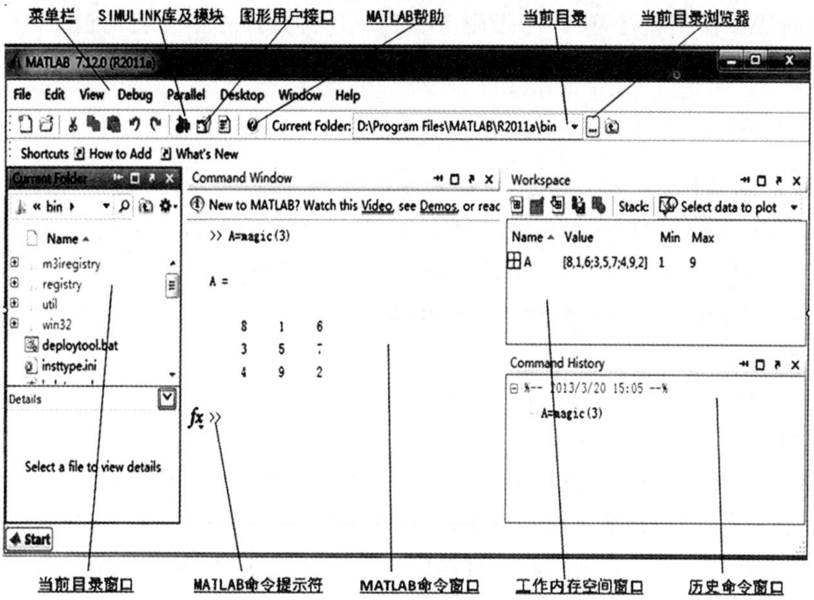

图 1　MATLAB(R2011a)窗口示意图

3. MATLAB 用户界面简介

MATLAB 为用户提供了方便友好的用户界面，包括菜单栏、工具栏、开始按钮和众多交互性强的窗口，默认设置情况下 MATLAB 界面包括 5 个窗口，如图 1 所示.

(1)MATLAB 主窗口

该窗口不能进行任何计算任务的操作，只用来进行一些文件、窗口的管理和整体的环境参数的设置等.

(2)命令窗口(Command Window)

命令窗口是对 MATLAB 进行操作的主要载体. 一般来说，MATLAB 的所有函数和命令都可以在命令窗口中执行. 在 MATLAB 命令窗口中，命令的实现不仅可以由菜单操作来实现，也可以由命令行操作来执行.

MATLAB 命令操作：掌握 MATLAB 命令行操作是走入 MATLAB 世界的第一步. 命令行操作实现了对程序设计而言简单而又重要的人机交互. 通过对命令行操作，避免了编程序的麻烦，体现了 MATLAB 所特有的灵活性.

例 1　在命令窗口中输入“sin(pi/5)”，然后单击回车键，则会得到该表达式的值.

```
>> sin(pi/5)
ans=
    0.5878
```

上例中，“>>”为 MATLAB 命令提示符，ans 为缺省的变量名，pi 为圆周率的计算机常量名. 由于表达式 sin(pi/5)的值未指定赋值变量名，故直接显示为缺省变量名 ans. 由上例可以看出，要求得表达式的值，只需按照 MATLAB 语言规则将表达式直接输入即可. 结果会自动返回，而不必像其他的程序设计语言那样，编制冗长的程序来执行.

当需要处理相当繁琐的表达式计算时，可能在一行之内无法写完表达式，可以换行继续输入，此时需要使用续行符"…"，否则 MATLAB 将只计算第一行的值，而不理会该行是否已输入完毕.

例 2　计算表达式 $\sum_{k=1}^{9}\sin\frac{k\pi}{9}$ 的值.

在 MATLAB 中执行如下命令：

```
>> sin(1 * pi/9)+sin(2 * pi/9)+sin(3 * pi/9)+…
   sin(4 * pi/9)+sin(5 * pi/9)+sin(6 * pi/9)+…
   sin(7 * pi/9)+sin(8 * pi/9)+sin(9 * pi/9)
ans=
    5.6713
```

需要说明的是：

①MATLAB 命令输入：在每条命令后，若为逗号或无标点符号，则显示命令的执行结果，若命令后为分号，则禁止显示结果；"%"后面所有文字为注释；"…"表示续行，使用续行符之后 MATLAB 会自动将前一行保留而不加以计算，并与下一行衔接，等待完整输入后再计算整个输入的结果.

小技巧：在 MATLAB 命令行操作中，可以使用键盘上的箭头简化操作，如："↑"可用于调出前一个命令行，"↓"可调出后一个命令行. 由此可极大地提升编程的效率，避免了重新输入的麻烦.

②MATLAB 输入显示方式：与大多数编程语言不同，在 MATLAB 命令窗口中输入数据、字符，系统会自动以醒目的颜色显示；当输入 if，for，end 等控制结构的 MATLAB 关键字时，系统会采用蓝色字体显示；对输入的控制命令或数据，系统默认采用黑色字体显示；对输入的字符串，系统会显示为紫色字体.

③运算结果的显示：如不指定输出格式，系统会默认输出结果以 5 位有效数字形式显示，但这并不意味着计算精度只有 5 位有效数字. 事实上，MATLAB 的数值数据通常占 64 位内存，以 16 位有效数字的双精度运算格式进行运算和输出. 如用户希望显示更多的数据信息，可根据需要选择相应的数据显示格式. 常用的数据显示格式及其含义见表 1.

表 1　**数据显示格式控制命令**

格式命令	含义	举例说明
format 或 format short	默认格式：小数点后 4 位，最多不超过 7 位	314.159 显示为 314.1590
format long	小数点后 15 位有效数字	3.141592653589793
format short e	5 位科学记数表示	3.1416e+00
format long e	15 位科学记数表示	3.14159265358979e+00

④常用标点符号及其含义：标点符号的使用在 MATLAB 编程和命令操作中十分重要. 常用标点符号及其在 MATLAB 中的意义见表 2.

表 2　　MATLAB 常用标点符号及其含义

名称	符号	含义	名称	符号	含义
分号	;	区分行或取消运行显示	点	.	小数点或域访问符
逗号	,	区分列或函数参数分割符	续行号	…	续行符
圆括号	( )	指定运算过程的优先次序	注释号	%	注释标志符
方括号	[ ]	矩阵定义标识符	惊叹号	!	调用操作系统运算
花括号	{ }	单元数组的构成	赋值号	=	赋值符
冒号	:	用途较多	单引号	'	字符串标识符
空格		用于输入量或数组元素之间的分割		@	函数句柄

⑤常用操作命令:熟练掌握 MATLAB 的操作命令对有效使用 MATLAB 具有重要意义. 常用操作命令见表 3.

表 3　　MATLAB 常用操作命令

命令	功能	命令	功能
cd	设置当前工作目录	dir	显示当前目录下的文件和子目录
type	显示指定 M 文件的内容	clear	清除 MATLAB 工作空间中保存的变量
clf	清除图形窗口	clc	清除命令窗口中显示内容
pack	收集内存碎片	echo	工作窗口信息显示开关
hold	图形保持开关	disp	显示变量或文字内容
path	显示搜索目录	save	保存内存变量到指定文件
load	加载指定文件的变量	quit	退出 MATLAB
edit	打开 M 文件编辑器	help	在命令窗口中显示帮助信息

(3)历史命令窗口(Command History)

历史命令窗口是自 MATLAB 6.0 起新增添的一个用户界面窗口,默认设置下历史命令窗口会保留自安装时起所有命令的历史记录,并标明使用时间,以方便用户的查询. 而且这些被记录的命令行都可以被复制,或再运行(只需双击某一行命令,即可在命令窗口中重新执行该命令).

(4)当前目录窗口(Current Directory)

在当前目录窗口中可显示或改变当前目录,还可以显示当前目录下的文件和子目录,包括文件名、文件类型、最后修改时间以及该文件的说明信息等并提供搜索功能.

(5)工作空间管理窗口(Workspace)

工作空间管理窗口是 MATLAB 的重要组成部分. 在工作空间管理窗口中将显示所有目前保存在内存中的 MATLAB 变量的变量名、数据结构、字节数以及数据类型,而不同的变量类型分别对应不同的变量名图标.

(6)MATLAB 帮助系统

完善的帮助系统是任何应用软件必要的组成部分. MATLAB 提供了相当丰富的帮助信息,同时也提供了获得帮助的方法.

首先,可以通过桌面平台的 Help 菜单来获得帮助,也可以通过工具栏的帮助选项获得帮助. 此外,MATLAB 也提供了在命令窗口中获得帮助的多种方法,在命令窗口中获得帮助的命令及说明列于表 4 中.

表 4　MATLAB 帮助命令

命令	含义
doc	在帮助浏览器中显示指定函数的参考信息,如 doc plot,即 Help 中显示关于 2-D 绘图命令 plot 的相关帮助信息
help	在命令窗口中显示 M 文件帮助,如 help sin
helpbrowser	打开帮助浏览器,无参数
helpwin	打开帮助浏览器,并且见初始界面置于 MATLAB 函数的 M 文件帮助信息
lookfor	在命令窗口中显示具有指定参数特征函数的 M 文件帮助
web	显示指定的网络页面,默认为 MATLAB 帮助浏览器
demo	调用演示模型(Demos)来获得特殊帮助

例 3　在 MATLAB 命令提示符下,输入:

```
>> help sin
```

运行结果为

```
SIN Sine of argument in radians.
    SIN(X) is the sine of the elements of X.
    See also asin, sind.
    Overloaded methods:
            codistributed/sin
    Reference page in Help browser
             doc sin
```

第 2 节　MATLAB 数值计算功能

MATLAB 强大的数值计算功能使其在诸多数学计算软件中傲视群雄,是 MATLAB 软件的基础. 本节将择要介绍 MATLAB 的数据类型、数组的建立及运算.

MATLAB 语言的数据类型主要包括:数字、字符串、矩阵、单元型数据及结构型数据等.

一、变量与常量

变量是任何程序设计语言的基本要素之一，MATLAB 语言当然也不例外. 与常规的程序设计语言不同的是，MATLAB 并不要求事先对所使用的变量进行声明，也不需要指定变量类型，MATLAB 语言会自动依据所赋予变量的值或对变量所进行的操作来识别变量的类型. 在赋值过程中如果赋值变量已存在，MATLAB 语言将使用新值代替旧值，并以新值类型代替旧值类型.

MATLAB 语言中经常使用一些常量值，这些值由预先定义好的特殊变量表示，见表 5.

表 5　　MATLAB 的特殊变量名及其含义

特殊变量名	含义
ans	用于计算结果的缺省变量名. 当表达式未指定赋值变量时，默认为 ans
pi	圆周率 π 的双精度浮点数
eps	机器的浮点运算的相对精度，PC 机上 eps 的默认值为 2.2204×10^{-16}，若某个量的绝对值小于 eps，则自动认为这个量为 0
inf	表示数学上正无穷大量 $+\infty$，也可以写成 Inf，一般为 1/0 型运算得出的量；同样地，$-\infty$ 可以表示为 $-$Inf
i 和 j	虚数单位，通常用于复数的表示，如 $3+2i$，$a+bj$ 等. 在实际使用时应确认这两个量未被改写(在实际编程中，i 和 j 经常被用作循环控制变量)，如想恢复其原始设置，可以用语句 i=sqrt(-1)来恢复设置
NaN 或 nan	表示不定式，通常由 0/0，inf/inf 或其他类似的运算得出. NaN 是一个奇特的量，如 NaN 与 Inf 的乘积仍为 Inf
realmax	可用的最大正实数，PC 机上默认为 1.7977×10^{-308}
realmin	可用的最小正实数，PC 机上默认为 2.2251×10^{-308}

在 MATLAB 语言中，定义变量时应避免与常量名重复，以防改变这些常量的值，如果已改变了某常量的值，可以通过“clear＋常量名”命令恢复该常量的初始设定值，也可通过重新启动 MATLAB 系统来恢复这些常量值.

与其他的程序设计语言相同，在 MATLAB 语言中也存在变量作用域的问题. 在未加特殊说明的情况下，MATLAB 语言将所识别的一切变量视为局部变量，即仅在其使用的 M 文件内有效. 若要将变量定义为全局变量，则应当对变量进行说明，即在该变量前加关键字 global. 一般来说全局变量均用大写的英文字符表示.

在 MATLAB 语言中变量的命名应遵循如下规则：

(1)变量名区分大小写.

(2)变量名长度不超 31 位，第 31 个字符之后的字符将被 MATLAB 语言所忽略.

(3)变量名以字母开头，后面可以跟字母、数字、下划线组成，但不能使用标点.

二、一维数组

1. 一维数组的创建

一维数组的创建有两种方式：

方式一：采用方括号[ ]定义数组，然后在方括号内采用键盘直接人工输入.

格式Ⅰ：x=[a b c d e f]或 x=[a, b, c, d, e, f]

功能说明：创建包含指定元素的行向量，各元素之间可以用逗号分隔，也可以用空格分隔，数组的维数依赖输入元素的个数. 数组中每个元素可以是直接输入的数值，也可以是由表达式计算所得的值.

格式Ⅱ：x=[a; b; c; d; e; f]

功能说明：创建包含指定元素的列向量.

方式二：自动生成. 格式有如下几种：

格式Ⅲ：x=起始值:终止值

功能说明：创建从起始值开始，默认以 1 为步长，到终止值结束的行向量.

格式Ⅳ：x=起始值:增量:终止值

功能说明：创建从起始值开始，以增量为步长，到终止值结束的行向量. 如增量为负数，则产生一个递减型的一维行向量.

格式Ⅴ：x=linspace(起始值,终止值,n)

功能说明：创建从起始值开始，到终止值结束，有 n 个元素的行向量(此时步长为(终止值−起始值)/(n−1)).

例 4 试观察

```
>> x=[1 2 3 4 5 6]
x=
     1    2    3    4    5    6
>> y=1:5
y=
     1    2    3    4    5
>>z=1:2:10
z=
     1    3    5    7    9
>>u=linspace(0,1,10)
u=
 Columns 1 through 8
        0    0.1111    0.2222    0.3333    0.4444    0.5556    0.6667    0.7778
 Columns 9 through 10
   0.8889    1.0000
>> v=[1;2;3;4;5]
v=
    1
```

```
      2
      3
      4
      5
```

2. 一维数组的访问

访问一个元素：如 x(i)表示访问数组 x 的第 i 个元素.

访问一块元素：如 x(i:j:k)表示访问数组 x 的从第 i 个元素开始，以步长 j 到第 k 个元素(但不超过 k)，j 可以为负数，j 缺省时默认为 1.

访问指定位置元素：如 x([i,j,k,l])表示访问数组 x 中第 i,j,k,l 个元素构成一个新的数组[x(i),x(j),x(k),x(l)].

例 5

```
>> x=1:10;
>> x(3)
ans=
     3
>> x(3:5)
ans=
     3    4    5
>> x([2 4 6])
ans =
     2    4    6
```

3. 一维数组的运算

标量-数组运算：数组对标量的加、减、乘、除、乘方是数组的每个元素对该标量施加相应的加、减、乘、除、乘方运算.

设 $a=[a_1,a_2,\cdots,a_n]$为 n 维数组，c 为标量，则

加减法：$a\pm c=[a_1\pm c,a_2\pm c,\cdots,a_n\pm c]$

乘法：$a*c=[a_1*c,a_2*c,\cdots,a_n*c]$

除法：

左除：$a./c=[a_1/c,a_2/c,\cdots,a_n/c]$

右除：$a.\backslash c=[c/a_1,c/a_2,\cdots,c/a_n]$

幂：$a.\hat{}c=[a_1^c,a_2^c,\cdots,a_n^c]$，$c.\hat{}a=[c^{a_1},c^{a_2},\cdots,c^{a_n}]$

数组-数组运算：当两个数组有相同维数时，加、减、乘、除、幂运算可按元素对元素方式进行，不同维数的数组之间不能进行运算.

设 $a=[a_1,a_2,\cdots,a_n]$，$b=[b_1,b_2,\cdots,b_n]$，则

加减法：$a\pm b=[a_1\pm b_1,a_2\pm b_2,\cdots,a_n\pm b_n]$

乘法：$a.*b=[a_1*b_1,a_2*b_2,\cdots,a_n*b_n]$

除法：

左除：$a./b=[a_1/b_1,a_2/b_2,\cdots,a_n/b_n]$

右除：$a.\backslash b=[b_1/a_1,b_2;a_2,\cdots,b_n/a_n]$

幂：$a.\hat{}b=[a_1^{b_1},a_2^{b_2},\cdots,b_n^{b_n}]$

例 6　求函数 $y=x\sin(x)$ 在区间 $[0,2\pi]$ 指定网格点上的函数值.

```
>>x=0:pi/10:2*pi;
>>y=x.*sin(x);
```

三、二维数组

1. 二维数组的创建

二维数组本质上就是我们数学上学习的矩阵，与一维数组的创建方式类似，二维数组的创建也有两种方式：键盘直接输入和程序生成方法. 对于小型矩阵的输入，直接方法就是键盘输入方法. 首先采用数组定义符[ ]界定，同一行元素之间用逗号或空格分隔，不同行之间用分号区分，或者按 Enter 键开始新行. 注意输入矩阵时，所有行必须有相同的列数.

例 7

```
>> w=[1, 2, 3, 4;2, 3, 4, 1;3, 4, 1, 2; 4, 3, 2, 1]
w=
    1   2   3   4
    2   3   4   1
    3   4   1   2
    4   3   2   1

>> p=[1 1 1 1
      2 2 2 2
      3 3 3 3]
p =
    1   1   1   1
    2   2   2   2
    3   3   3   3
```

在实际科学与工程计算问题中，大多为大规模高维计算问题，矩阵阶数十分巨大，如地下水运移、地震预测预报、航空航天等，采用键盘输入事实上不可能，实际系数矩阵的创建通常采用计算机编程的方法按数值算法的要求逐一生成其元素值.

利用 MATLAB 函数直接生成特殊矩阵：线性代数中有很多特殊矩阵，如单位矩阵、零矩阵等等，MATLAB 中给出了一系列特殊矩阵生成函数，见表 6.

表 6 MATLAB 特殊函数及其含义

MATLAB 函数名	含 义
[ ]	产生一个空矩阵,空矩阵的大小为零
zeros(m,n)	产生一个 m 行、n 列的零矩阵
ones(m,n)	产生一个 m 行、n 列的矩阵元素全为 1 的矩阵
eye(m,n)	产生一个 m 行、n 列的单位矩阵
rand(m,n)	产生一个服从(0,1)区间内均匀分布的阶伪随机数矩阵
hilb(n)	产生一个 n 阶 Hilbert 矩阵
magic(n)	产生一个 n×n 阶魔方矩阵
vander(v)	产生一个 Vandermonde 矩阵,它的每一列由向量 v 的幂次生成,其中,若 A=vander(v),则 A(i,j)=v(i)^(n−j),n=length(v)

2. 二维数组的访问

①提取矩阵 A 的第 i 行:A(i,:);

②提取矩阵 A 的第 j 列:A(:,j);

③依次提取矩阵 A 的每一列,将 A 拉伸为一个列向量:A(:);

④取矩阵 A 的第 i1:i2 行、第 j1:j2 列构成新的矩阵:A(i1:i2,j1:j2);

⑤以逆序提取矩阵 A 的第 i1:i2 行,构成新矩阵:A(i2:−1:i1,:);

⑥以逆序提取矩阵 A 的第 j1:j2 列,构成新矩阵:A(:,j2:−1:j1);

⑦删除 A 的第 i1:i2 行,构成新矩阵:A(i1:i2,:)=[ ];

⑧删除 A 的第 j1:j2 列,构成新矩阵:A(:,j1:j2)=[ ];

⑨将矩阵 A 和 B 拼接成新矩阵:[A B];[A;B].

例 8

```
>> A=[1 2 3 4; 5 6 7 8;
     9 10 11 12; 13 14 15 16]
A=
     1    2    3    4
     5    6    7    8
     9   10   11   12
    13   14   15   16
>> A(2,:)   %提取第 2 行
ans =
       5    6    7    8
>> A(:,3)   %提取第 3 列
ans =
```

```
      3
      7
      11
      15
>> A=(:)   %依次提取矩阵 A 的每一列,将 A 拉伸为一个列向量
ans =
    1
    5
    9
   13
    2
    6
   10
   14
    3
    7
   11
   15
    4
    8
   12
   16
>> A=(2:3,3:4)   %提取块矩阵
ans =
    7  8
   11  12
>> B=A;
>> [A B]   %矩阵合并运算
ans =
    1   2   3   4   1   2   3   4
    5   6   7   8   5   6   7   8
    9   10  11  12  9   10  11  12
    13  14  15  16  13  14  15  16
```

3. 矩阵的运算

矩阵运算符及其含义见表 7.

表 7 矩阵运算符及其含义

术语	数学含义	MATLAB 表达
标量与矩阵加减	$a \pm \boldsymbol{B} = a \pm (b_{ij})_{m\times n}$	a+B,a−B
矩阵加减	$\boldsymbol{A} \pm \boldsymbol{B} = (a_{ij})_{m\times n} \times (b_{ij})_{m\times n} = (a_{ij} \pm b_{ij})_{m\times n}$	A+B,A−B
矩阵乘积	$\boldsymbol{AB} = (a_{ij})_{m\times n} \times (b_{ij})_{n\times p} = (\sum_{k=1}^{n} a_{ik} b_{kj})_{m\times p}$	A * B
标量与矩阵乘积	$a\boldsymbol{B} = a \times (b_{ij})_{m\times n} = (ab_{ij})_{m\times n}$	a * B
矩阵的逆	$\boldsymbol{A}^{-1}$	Inv(A)
矩阵转置	$\boldsymbol{A}^{\mathrm{T}}$	A′

4. 线性代数中常见矩阵特征参数的计算

在 MATLAB 中求解指定矩阵的特征参数非常方便,常见的命令见表 8.

表 8 矩阵特征参数的计算

命令格式	功　能
det(A)	求方阵 **A** 的行列式值
inv(A)	求方阵 **A** 的逆矩阵
[D]=eig(A)	求方阵 **A** 的特征值向量
[V,D]=eig(A)	求方阵 **A** 的特征向量矩阵 **V** 及对应特征值组成的对角矩阵 ***D***
[L,U]=lu(A)	求方阵 **A** 的 LU 分解,L 是单位下三角矩阵,U 是上三角形矩阵
[Q,R]=qr(A)	求方阵 **A** 的 QR 分解,Q 是标准正交矩阵,R 是上三角形矩阵
rank(A)	求矩阵 **A** 的秩
trace(A)	求矩阵 **A** 的迹,即矩阵主对角元素之和
x=A\b	求解线性方程组 $\boldsymbol{Ax}=\boldsymbol{b}$
norm(A,p)	求矩阵 **A** 的 L^p 范数,其中 $p=1,2,\mathrm{inf}$ 分别对应 L^1, L^2, L^∞ 范数

第3节　MATLAB程序设计

一、关系与逻辑运算

表9　关系与逻辑运算符

关系操作符	说明	关系操作符	说明	逻辑操作符	说明
<	小于	<=	小于或等于	&	与
>	大于	>=	大于或等于	|	或
==	等于	~=	不等于	~	非

二、MATLAB数据流控制语句

MATLAB提供的数据流控制主要有条件控制和循环控制两种结构形式，其语言表达和结构形式与其他编程语言十分相似，使用方法简单. MATLAB的流控制语句主要有四个：if，while，for，switch，它们都用end结束.

1. for循环语句

允许一组命令以固定的或预定的次数重复执行.

格式：

```
for 循环参数=初值:步长:终值
    <语句>
end
```

说明：步长为1时可以省略. 对于每一参数值，语句都按顺序重复执行.

例9　求 $\sum_{k=1}^{10}\sin\frac{k\pi}{10}$ 的值.

建立M文件，编制MATLAB程序s.m如下：

```
clear
s=0
    for k=1:10
        s=s+sin(k*pi/10);
    end
s
```

对多重循环问题，for语句可以嵌套使用，如用以下程序fhil.m可以生成Hilbert矩阵.

```
function A=fhil(n,m)  %定义函数名为fhil
  A=zeros(n,m);  %初始化矩阵
  for i=1:n
      for j=1:m
          A(i,j)=1/(i+j-1);  %生成矩阵元素值
      end
  end
```

```
    format rat   %输出结果以有理数形式显示
end
```

在 MATLAB 命令窗口输入命令：

```
>> n=4,m=5, A=fhil(n,m)
```

得输出结果如下：

```
A =
      1      1/2      1/3      1/4      1/5
      1/2    1/3      1/4      1/5      1/6
      1/3    1/4      1/5      1/6      1/7
      1/4    1/5      1/6      1/7      1/8
```

备注：for 语句的循环参数可以是任意的数组或矩阵，循环参数依次取数组元素的值，或按矩阵的列依次取值.

2. while 循环语句

for 循环主要应用于已知循环次数的情况，如果不知道循环次数，可以使用 while 循环来完成.

格式：

```
while<关系表达式>
    <语句>
end
```

说明：执行该循环时，当关系表达式的值为 1(真)，就执行循环体内的语句；直至关系表达式为 0(假)时终止.

例 10　设银行年利率为 11.25%，将 10000 元钱存入银行，问多长时间会连本带利翻一番？

建立 M 文件，编制 MATLAB 程序 savement. m 如下：

```
money=10000;
years=0;
  while money<20000
      years=years+1;   %计算储存年数
      money=money*(1+11.25/100);   %计算本息
  end
year, money   %输出储存时间和本息
```

备注：在 MATLAB 的 for 循环和 while 循环体中，还有两个用于改善和控制循环的常用命令：continue 和 break. 在循环中，如遇到 continue 命令，则继续执行下一次迭代，而不管其后为何命令，如遇到 break 命令，则直接跳出循环控制体.

3. 条件控制 if-else-end 结构

(1)单一条件控制结构

格式：

```
if <关系表达式>
```

```
        <语句 1>
    end
```

说明：如果关系表达式的值为 1，则执行语句 1；否则，执行 end 的后续命令.

if 语句的另外一种用法是：

格式：

```
    if <关系表达式>
        <语句 1>
    else
        <语句 2>
    end
```

说明：如果关系表达式的值为 1，则执行语句 1；否则(关系表达式的值为 0)，执行语句 2，然后执行 end 的后续命令.

(2)两个或两个以上条件控制分支的一般结构形式

格式：

```
    if <关系表达式 1>
        <语句 1>
        else if <关系表达式 2>
            <语句 2>
            …
            else if <关系表达式 n>
                <语句 n>
                else
                    <语句 n+1>
                end
            …
        end
    end
```

说明：如果关系表达式 j(j=1,2,…,n)的值为 1，则语句 j 执行，然后执行 end 的后续命令；否则，执行 else 后面的语句，然后执行 end 的后续命令.

例 11　若 $f(x)=\begin{cases}x^2+1, & x>1\\ 2x, & x\leqslant 1\end{cases}$，求 $f(2)$，$f(-1)$.

建立 M 文件定义函数 funl. m：

```
function f=funl(x)
    if x>1
        f=x^2+1
    end
    if x<=1
        f=2*x
```

```
        end
    end
```

稍加修改,也可以变为多支条件结构,如

```
    function f=funl(x)
        if x>1
            f=x^2+1;
        else
            f=2*x;
        end
    end
```

4. switch 语句

switch 语句根据表达式的值来执行相应的语句,用法如下:

```
    switch <表达式>
        case value1
            <语句 1>
        case value2
            <语句 2>
        otherwise
            <语句 n>
    end
```

5. 数据的存取

MATLAB 可通过 load 命令直接调用或读取文本文件数据;也可以读取 Excel 数据表,但须安装相关模块,事实上通过复制、粘贴方式,亦可实现把 EXCEL 表中数据区域中的数据快速赋值给 MATLAB 变量.

三、常用基本函数

表 10　　常用函数名称及调用格式

函数名称	MATLAB 调用格式	函数名称	MATLAB 调用格式
正弦函数	sin(x)	反正弦函数	asin(x)
余弦函数	cos(x)	反余弦函数	acos(x)
正切函数	tan(x)	反正切函数	atan(x)
绝对值	abs(x)	最大值	max(x)
最小值	min(x)	元素的总和	sum(x)
开平方	sqrt(x)	以 e 为底的指数	exp(x)
自然对数	log(x)	以 10 为底的对数	log10(x)
符号函数	sign(x)	取整	fix(x)

四、创建 M 文件

M 文件有两大类:M 脚本文件(M-file Scripts)和 M 函数文件(M-file Functions).理论上讲,M 文件的编写可以用任何文本编辑器书写,但最好直接采用 MATLAB 提供的

M 文件编辑调试器(Editor/Debugger)创建和调试. 调用 M 文件编辑调试器(Editor/Debugger)的方法非常简单,步骤如下:

1. 在 MATLAB 主菜单中,点击:File→New→Script(或 Function),如图 2 所示.

2. 在编辑窗口中输入程序内容.

3. 点击:File→Save Workspace as,选定要保存文件的目录和文件名,点击确定后,存盘.

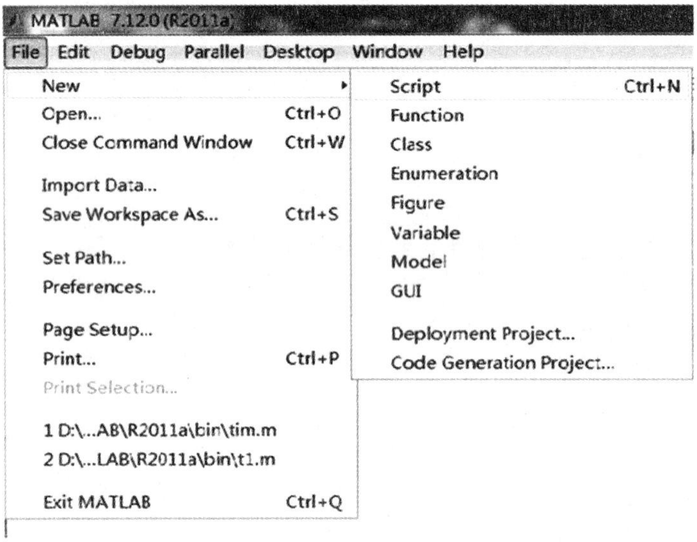

图 2 创建 M 文件

创建的文件默认以“. m”为扩展名,即 M 文件. 值得注意的是:M 文件的命名应符合“变量名命名规则”,同时还应确保用户自己定义的文件名具有唯一性,避免与 MATLAB 所提供的函数同名. 如用户希望采用 filter2 作为文件名,可在 MATLAB 命令窗口中运行如下指令:

>>which －all filter2 ♯

运行结果显示在以下目录中已经存在同名文件,路径如下:

D:\Program Files\MATLAB\R2011a\toolbox\matlab\datafun\filter2. m

一般而言,当运行命令较多或控制结构较为复杂,或者需要重复运行相关命令时,使用命令窗口输入和执行相关命令就显得过于繁琐,此时采用 M 脚本文件最为便捷. 编写 M 脚本文件应养成良好的习惯,注意用好以%开头的注释说明语句,注明程序的功能、算法、作者、修改日期等,程序编写还应注意可读性.

MATLAB 的内部函数是有限的,有时为了研究某一个函数的各种性态,需要为 MATLAB 定义新函数,为此必须编写函数文件. 函数文件也是 M 文件的一个重要组成部分,文件名后缀为“. m”.

与脚本文件不同,函数文件的第一行总是以“function”引导的函数声明行开始,以“end”结束,值得注意的是,M 函数文件名必须与函数名一致. 格式为:

```
function 因变量名=函数名(自变量名)
    函数体
end
```

函数值的获得必须通过具体的运算实现,并赋给因变量.

例 12　定义函数:$f(x_1,x_2)=100(x_2-x_1^2)^2+(1-x_1)^2$.

(1)建立 M 文件:fun.m

```
function f=fun(x)
    f=100*(x(2)-x(1)^2)^2+(1-x(1))^2
end
```

(2)在命令窗口下可以直接使用函数 fun.m

例如:计算 $f(1,2)$,只需在 MATLAB 命令窗口键入命令:

```
>> x=[1 2]
>> fun(x)
f=
    100
ans=
    100
```

第 4 节　MATLAB 绘图

MATLAB 有很强的图形功能,可以轻松地绘制二维和三维图形,还可以对图形进行各种高级处理,如渲染、着色、消隐和多视角处理等,方便地实现数据的视觉化.强大的计算功能与图形功能相结合,为 MATLAB 在科学与工程技术计算和教学方面的应用提供了更加广阔的天地.本节着重介绍常见二维图形和三维图形的绘制及交互式绘图方法.

一、二维图形的绘制

二维图形是应用最广泛的图形结构之一,也是 MATLAB 图形功能的基础.本节主要介绍二维图形的创建、图形属性设置、图形注释、坐标轴属性设置、双纵坐标图形绘制、多子图绘制及特殊二维图形的绘制方法等.

1.常用二维绘图函数

(1)plot 函数

MATLAB 调用 plot 函数的方法有三种,分述如下:

格式Ⅰ:plot(y,'选项')

功能:若 y 为一实数数组或向量时,则以向量 y 的元素下标序号为横坐标,以 y 对应元素值为纵坐标绘制二维图形.若 y 为实数矩阵时,则按每列中元素的下标为横坐标,元素的值为纵坐标逐列绘制多条连续曲线，曲线条数即为矩阵列数. 进一步地，若 y 为复数矩阵时，则按每列元素的实部为横坐标，元素的虚部值为纵坐标逐列绘制多条连续曲线. 其中，“选项”可指定

①线型：如实线、虚线、划线、点划线等.

②线条宽度(LineWidth)：指定线条宽度，如'LineWidth',2 即表示线宽为 2 个像素.

③线条颜色：可指定 8 种常用颜色.

④标记(Marker)类型：指定数据点标记类型，如“+，*”等.

⑤标记大小(MarkerSize)：指定标记符号的大小，如 'MarkerSize',12.

⑥标记符面填充颜色(MarkerFaceColor)：指定用于填充标记符面的颜色.

⑦标记框颜色(MarkerEdgeColor)：指定标记符周边框的颜色，如 'MarkerEdgeColor', 'k'表示标记框周边用黑色.

例 13

```
>> y=[0 0.58 0.70 0.95 0.83 0.25];
>> plot(y)
```

绘图结果如图 3 所示.

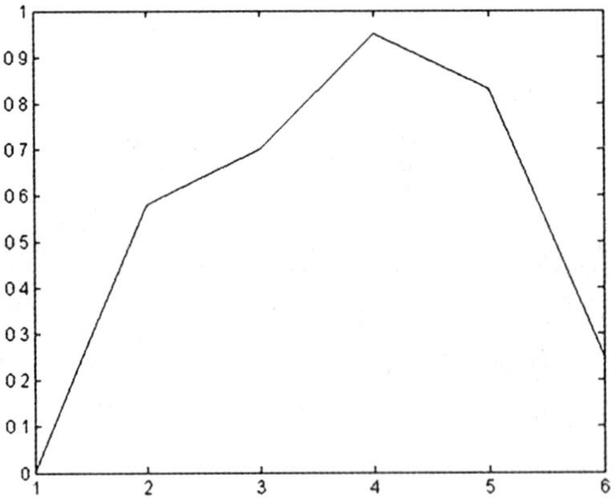

图 3　实数向量绘图结果

例 14

```
>> y=magic(3)    %生成 3 阶魔方矩阵
y =
     8     1     6
     3     5     7
     4     9     2
```

```
>> plot(y,'-. *')   %以矩阵 y 绘图,绘图曲线采用点划线和"*"标记符
```

绘图结果如图 4 所示.

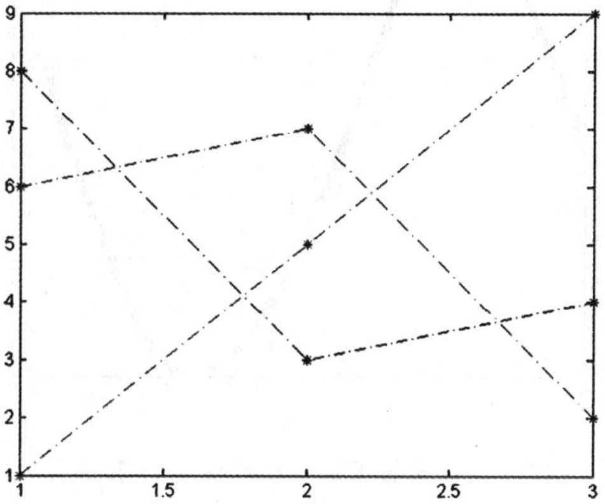

图 4　数矩阵绘图结果

格式Ⅱ:plot(x,y,'选项')

功能:若 $\boldsymbol{x},\boldsymbol{y}$ 为向量,则以对应元素为横、纵坐标绘制二维图形.若 $\boldsymbol{x},\boldsymbol{y}$ 分别为矩阵,可能出现的情况有如下几种:

a. $\boldsymbol{x}$ 是 n 维列向量,$\boldsymbol{y}$ 是 $m\times n$ 阶矩阵,则按列对应 $\boldsymbol{x}$ 绘出 m 条曲线;类似地,若 $\boldsymbol{x}$ 是 m 维行向量,$\boldsymbol{y}$ 是 $n\times m$ 阶矩阵,则按行对应 $\boldsymbol{x}$ 绘出 n 条曲线.

b. 若 $\boldsymbol{x}$ 是 $n\times m$ 阶矩阵,$\boldsymbol{y}$ 是 n 列向量或 m 维行向量,则绘图规则同上.

c. 若 $\boldsymbol{x},\boldsymbol{y}$ 均为 $n\times m$ 阶矩阵,则按列对应绘出 m 条曲线.

格式Ⅲ:plot(x1,y1,'选项 1',x2,y2,'选项 2',…)

功能:在同一图形窗口绘制多条按对应指定选项要求的,以向量 x,y 对应元素为坐标的二维曲线.

例 15　运行以下 MATLAB 命令:

```
>> x=0:pi/30:2*pi;
>> y=sin(x);
>> plot(x,y,'-bo',…   %线型为实线,线颜色为蓝色,标记为圆圈
   'LineWidth',3,…   %设定线宽为 3 个像素
   'MarkerEdgeColor','k',…   %标记边框为黑色
   'MarkerFaceColor',[0.00,0.25,0.50],…   %标记符填充色为[0,0.25,0.50]
   'MarkerSize',10)
```

生成的图形如图 5 所示.

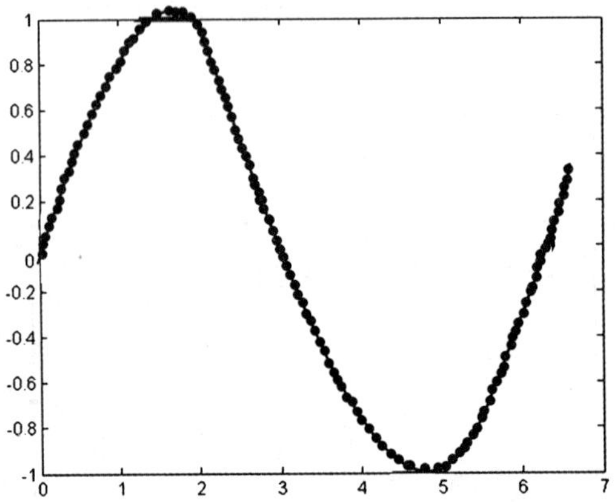

图 5　plot 函数不同选项绘图结果示意图

(2)图形属性的设置

为了使图形更具表现力、更加清晰易读,常常需要对图形的若干属性进行设置,其中最重要的是设置曲线的类型、颜色和数据点标记.

MATLAB 对这些属性给出了许多选择,详见表 11.

表 11　　图形线型、色彩及数据点标记符设置选项一览表

属性项目	符号及含义
线型	- 实线;:虚线;-- 双划线;-. 点划线
线条颜色	y 黄色, r 红色, g 绿色, b 蓝色, w 白色, k 黑色, m 紫色, c 青色.
数据点标记	. 实点, + 加号, * 星号, x 叉号, o 空心圆圈, d 菱形, ^ 上三角形, v 下三角形, > 右三角形, < 左三角形, s 正方形, h 正六角形, p 正五角形

色彩的定义除系统预定义(如曲线颜色)外,有些复杂色彩的属性需要用数组形式定义(调色板),如标记符面的色彩,应采用三维数组形式的颜色配比方案[r(红),g(绿),b(蓝)]来定义,每个分量可在区间[0,1]之间取值,见表 12.

表 12　　典型颜色配比方案

原色			调配色
r(红色)	g(绿色)	b(蓝色)	
1	1	1	白色(white)
0.5	0.5	0.5	灰色(gray)
0	0	0	黑色(black)
1	0	0	红色(red)
0	1	0	绿色(green)
0	0	1	蓝色(blue)

续表

原色			调配色
r(红色)	g(绿色)	b(蓝色)	
1	1	0	黄色(yellow)
1	0	1	洋红色(magenta)
0	1	1	青色(cyan)
0.5	0	0	暗红色(dark red)
1	0.62	0.40	红铜色(copper)
0.49	1	0.83	碧绿色(aquamarine)

(3)多重曲线绘制

在实际工作中,经常需要在同一个图形窗口上一次绘制多条曲线,有时还要在已经完成的图形上再次添加或删除图形.在 MATLAB 中,允许用户使用 plot 函数一次绘制多条相互独立的图形.

方法一:利用 plot 函数的多变量方式绘图

格式:plot(x1, y1, '选项 1', x2, y2, '选项 2',…, xn, yn, '选项 n')

说明:(x1,y1),(x2,y2),…,(xn,yn)是分别是成对的同维向量,每一对向量在图形窗口上绘制一条单曲线,每条单曲线的线型、颜色、标记等由其后的选项参数确定.

例 16 运行 MATLAB 命令:

```
>> x=0:pi/30:2*pi;
>> y=sin(x);
>> z=cos(x);
>> plot(x,y,'b:+',x,z,'g-.*')
```

运行结果如图 6 所示.

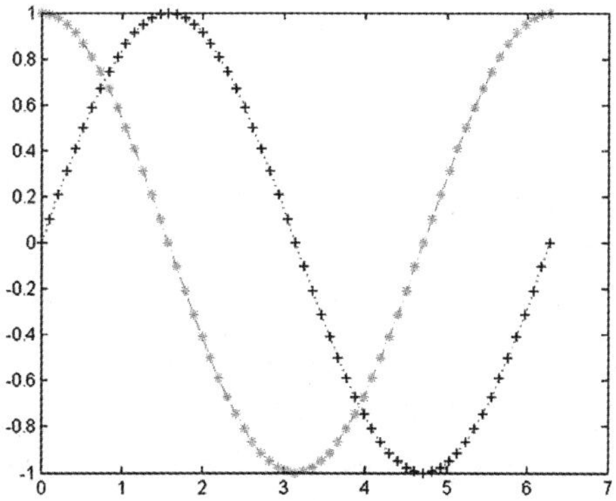

图 6 利用 plot 函数绘制多条曲线

方法二:利用 hold 函数叠加绘图

利用 MATLAB 提供的 hold on 命令保持窗口图形,等待添加新的曲线,待所有图形添加完成后，再利用 hold off 完成并结束绘图状态.

如例 16 中图 6 的绘制，也可由如下命令完成：

```
>> x=0:pi/30:2*pi;
>> y=sin(x);
>> plot(x,y1,'b:+');   %先画正弦曲线
>> hold on   %保持图形窗口的图形
>> z=cos(x);
>> plot(x,y2,'g-.*')   %添加余弦曲线
>> hold off   %结束图形窗口保持状态.
```

方法三：当 x，y 为矩阵时，如前所述，由 plot(x,y)函数亦可绘制多条曲线.

(4)常用辅助绘图函数

一幅完善的图形除线型、色彩、数据标记外，还应在图形中包括坐标轴、网格、图形标题等，对多重曲线图还应给出图例说明等. 这些需求可由如下辅助作图函数来实现.

title('字符串')——图形标题.

xlabel('字符串')——x 坐标轴标注.

ylabel('字符串')——y 坐标轴标注.

text(x,y,'字符串或表达式')——在指定图形坐标位置 x. y 处添加字符串(图例)或表达式.

gtext('字符串或表达式')——移动鼠标指针至指定图形坐标位置添加字符串(图例)或表达式.

grid on(或 off)——给图形添加(或取消)网格.

hold on(或 off)——保持(或取消)图形窗口的图形.

legend('字符串 1','字符串 2',…)——给图形顺序添加图例.

例 17　运行 MATLAB 命令如下：

```
>> x=linspace(0,2*pi,30);
>> y1=cos(x);
>> y2=2*cos(x);
>> y3=3*cos(x);
>> y4=4*cos(x);
>> z=[y1;y2;y3;y4];
>> plot(x,z)   %等价于 plot(x,y1,x,y2,x,y3,x,y4)
>> grid
>> xlabel('Independent Variable X')
>> ylabel('Dependent Variables Y and Z')
>> title('Sine and Cosine Curves')
>> legend('cos(x)','2cos(x)','3cos(x)','4cos(x)')
```

运行结果如图 7 所示.

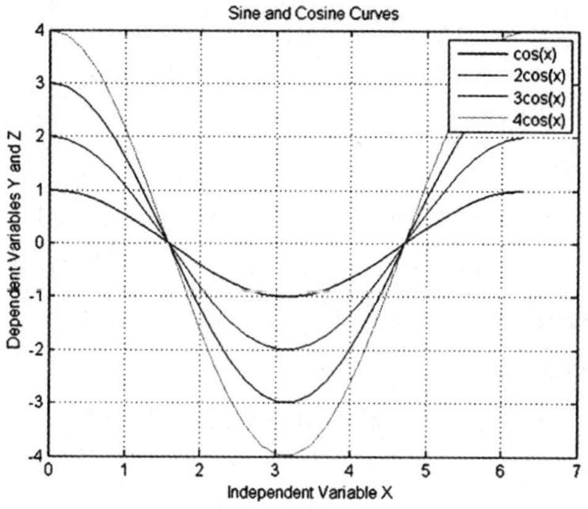

图 7 利用辅助绘图函数设置图形

除此之外，用户也可以在图形的任何位置加上一个字符串或图例，如用：

>> text(2.5,0.7,'sinx')

表示在坐标(x=2.5,y=0.7)处添加字符串'sinx'.或者输入命令

>> gtext('sinx')

此时，在图形窗口的图形上产生一个十字交叉线.通过移动鼠标，移动图形窗口相应图形上的十字交叉线的交点至指定位置，然后点击一下鼠标左键即可在相应图形位置上添加图形说明(字符串或表达式).

(5)坐标轴的控制

在缺省情况下MATLAB自动选择图形的横纵坐标的比例，如果你对这个比例不满意，可以用axis命令控制，常用的有：

axis([xmin xmax ymin ymax])：[xmin xmax ymin ymax]中分别给出x轴和y轴的最小值、最大值.

axis equal 或 axis('equal')：x轴和y轴采用等长度刻度.

axis square 或 axis('square')：采用正方形绘图框

axis off 或 axis('off')：清除坐标轴，如希望恢复坐标轴，可采用axis on 命令.

(6)在同一图形窗口绘制多幅图形

很多时候，我们希望把一些图形放在同一个图形画面上，便于对比分析.MATLAB允许在同一个图形窗口中绘制多个图形，方法是先用把一个图形窗口划分为 $m\times n$ 个图形子区域，在每个子区域中分别画一个图形，即子图.

格式：subplot(m,n,k)

说明：图形窗口中有m×n个绘图子区域，k为当前子图指定绘图子区域编号.子区域编号方式通常是自上而下，自左而右顺序编号.

例 18 在同一个图形窗口下，分别绘制函数 $y=\sin x$，$y=\cos x$，$y=\sin 2x$，$y=\sin x/\cos x$的曲线.

在MATLAB命令窗口中输入如下指令：

>> x=linspace(0,2*pi,30);

```
>> y=sin(x);
>> z=cos(x);
>> u=2*sin(x).*cos(x);
>> v=sin(x)./cos(x);
>> subplot(2,2,1),plot(x,y),axis([0 2*pi -1 1]),title('sin(x)')
>> subplot(2,2,2),plot(x,z),axis([0 2*pi -1 1]),title('cos(x)')
>> subplot(2,2,3),plot(x,u),axis([0 2*pi -1 1]),...
   title('2sin(x)cos(x)')
>> subplot(2,2,4),plot(x,v),axis([0 2*pi -20 20]),...
   title('sin(x)/cos(x)')
```

共得到 4 幅子图,如图 8 所示.

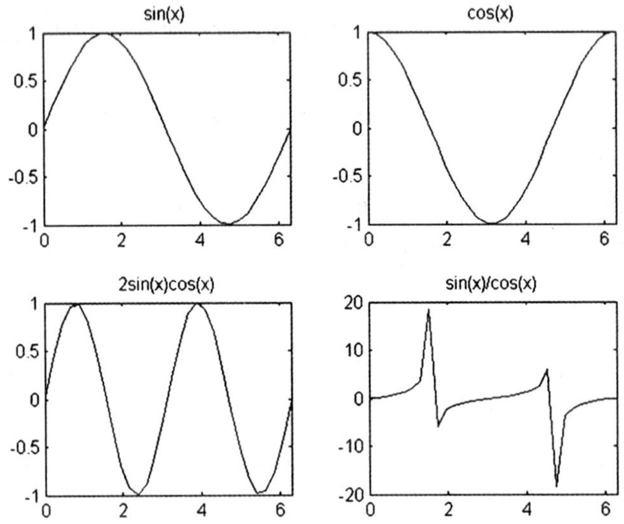

图 8　多子图绘图

2. 其他特殊图形的绘制

(1)条形图(棒形图)

格式:bar(y)或 bar(x,y)

说明:绘制 y 的序号或 x 为横坐标,以 y 为纵坐标绘制条形图.

例 19　某课程期末考试成绩统计如下:

成绩	人数
0—59	3
60—69	15
70—79	25
80—89	40
90—100	8

试画出成绩分布条形图.

MATLAB 命令:

```
>>y=[3 15 25 40 8];
>>bar(y)
>>xlabel('Score Level')
>>ylabel('Students Count')
```

运行结果如图 9 所示.

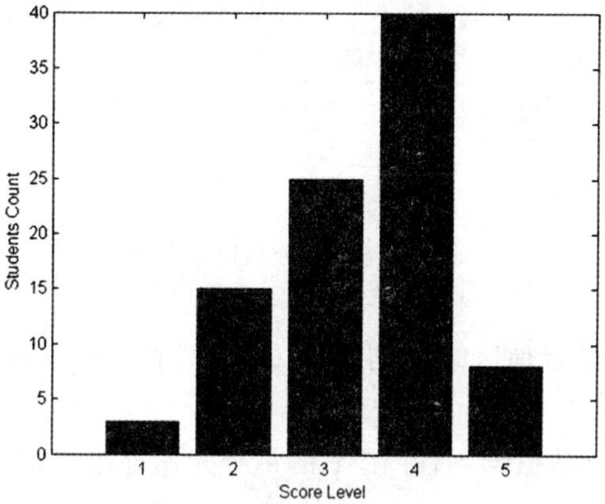

图 9 成绩分布条形图

(2)饼形图

饼形图显示部分与整体之间的比例关系.

格式:pie(x,explode)或 pie3(x,explode)

说明:绘制向量 $\boldsymbol{x}$ 各分量的饼形分布图,对应结果为各元素占向量所有元素之和的比例. explode 为与向量 $\boldsymbol{x}$ 同维向量,其分量取值为 0 或 1. 如取值为 1,则对应向量 $\boldsymbol{x}$ 的分量从饼形图中分离出来,以示区别.

例 20 某学院专任教师职称情况为:讲师 5 人、副教授 38 人、教授 16 人. 画出该学院的职称结构饼形图,并把教授对应的区块分离显示.

```
>> y=[5 38 16];
>> p=[0 0 1];   %分离最后一个分量;如全部分离,可令 p=[1 1 1]
>> pie(x,p)    %绘制饼形图
>> legend('Lecture','Associate Prof. ','Prof. ')
```

生成二维饼形图如图 10 所示. pie3 函数绘制三维效果饼形图,其调用方式与 pie 相同.

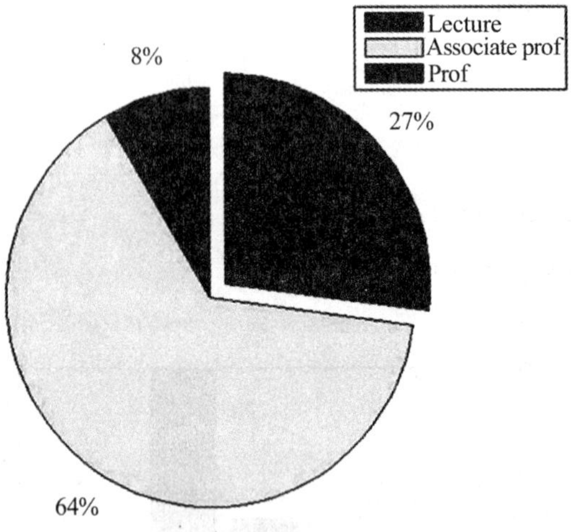

图 10 职称分布饼形图

(3)误差条图

误差条图显示数据的置信区间,或沿曲线的偏差.用 errorbar 函数绘制.

格式Ⅰ:errorbar(Y,E)

说明:根据向量 Y 的数据绘图,并在 Y 的每个元素处绘一误差条.误差条两端距Y(i)上下距离均为 E(i).

格式Ⅱ:errorbar(X,Y,E)

说明:根据坐标向量 X,Y 的数据绘图,并在(X(i),Y(i))处绘一误差条.误差条两端距(X(i),Y(i))点上下距离均为 E(i).

格式Ⅲ: errorbar(X,Y,E,'选项')

说明:根据坐标向量 X,Y 的数据绘图,并在(X(i),Y(i))处绘一误差条.误差条两端距(X(i),Y(i))点上下距离均为 E(i).线形、颜色等由“选项”指定.

例 21 已知美国人口从 1900~2000 的统计结果(见表 13).

表 13 **美国人口统计结果**

统计年度	人口数(百万)	统计年度	人口数(百万)
1900	75.995	1960	179.323
1910	91.972	1970	203.212
1920	105.711	1980	226.505
1930	123.203	1990	249.633
1940	131.669	2000	281.422
1950	150.697		

若采用指数模型预测(人口每十年平均增长系数为 r=0.14),试比较预测误差.

MATLAB 程序如下:

```
>> t=1900:10:2000;
>> t=t-1900;  %初始化观测年限
>> p=[75.995 91.972 105.711 123.203 131.669 150.697 179.323 …
     203.212 226.505 249.633 281.422];
>> y=log(p);  %计算观测人口的对数值
>> r=polyfit(t,y,1);  %求拟合参数,r(1)为人口增长率,r(2)为常数项
>> P=exp(r(2)+r(1)*t);  %利用指数模型预测各观测年的人口
>> plot(t,p,'*',t,P,'-+')  %绘制实际观测与预测结果的对比图
>> hold on
>> error=P-p;  %计算预测结果与实际观测结果的误差
>> errorbar(t,p,error)  %绘制误差条
>> legend('US population','Predicted US population')
>> xlabel('t'),ylabel('Population(million)')
>> hold off
```

绘图结果如图 11 所示.

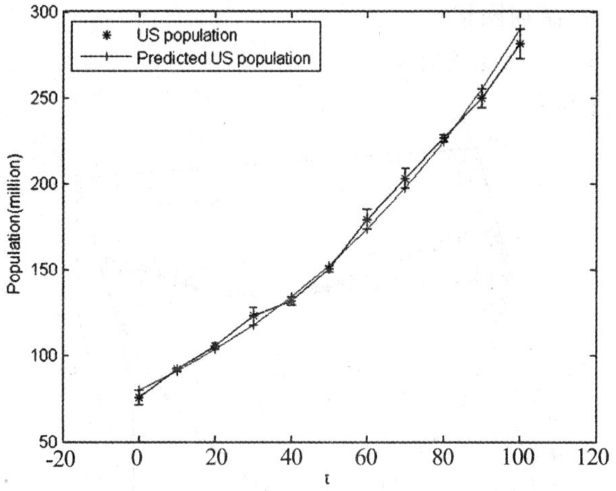

图 11 美国人口预测结果误差分析对照图

(4)其他特殊绘图函数

plotyy(x1,y1,x2,y2)——绘制双纵轴图形.

polar(theta,rho)——绘制极坐标图.

semilogx(x,y)——关于 x,y 绘图,其中对 x 轴使用对数刻度,对 y 轴使用线性刻度.

semilogy(x,y)——关于 x,y 绘图,其中对 y 轴使用对数刻度,对 x 轴使用线性刻度.

loglog(x,y)——关于 x,y 绘图,其中对 x,y 轴分别使用对数刻度.

hist(x)——绘制直方图.

二、三维图形的绘制

MATLAB 提供了大量的三维绘图函数,可绘制各种各样的图形.

1.三维曲线图形绘制

格式Ⅰ:plot3(x,y,z,'选项')

说明:三维曲线图绘图命令 plot3 主要用来绘制单参数三维曲线.当 x,y,z 是同维向量时,绘制以 x,y,z 元素为数据点的三维曲线.当 x,y,z 为同维矩阵时,则以其对应列元素为坐标的多曲线图,曲线条数等于矩阵的列数.

格式Ⅱ:plot3(x1,y1,z1,'选项 1',x2,y2,z2,'选项 2',…)

说明:绘制多条三维曲线图,各参数含义与二维绘图命令基本相同.

例 22　绘制如下参数方程的曲线

$$\begin{cases} x=\sin t \\ y=\cos t\ , \quad t\in[0,2\pi] \\ z=\cos 2t \end{cases}$$

MATLAB 命令如下:

```
>> t=0:pi/50:2*pi;  %生成自变量网格点
>> x=sin(t);y=cos(t);z=cos(2*t);  %计算以 t 为参数的因变量值
>> plot3(x,y,z,'b-d')  %绘制以 x,y,z 为数据点的三维曲线图
>> view([-82,58])  %设定显示图形视角
>> grid  %添加网格
>> box on  %封闭坐标框
```

绘制结果如图 12 所示.

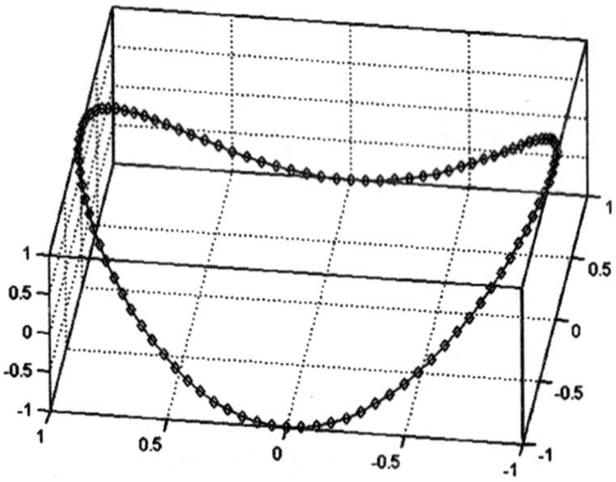

图 12　三维心形项链图

2. 三维网格、曲面图

利用 MATLAB 绘制三维曲面函数 z=f(x,y),x,y∈Ω,首先需要对定义域(一般为矩形区域)$\Omega\subset R^2$ 进行离散网格化,即形成区域网格坐标点矩阵 X,Y,这一步骤可借助网格生成函数 meshgrid(x,y)来实现,然后利用曲面函数 z=f(x,y)或程序(如样条函数、偏微方程数值计算方法等),计算生成曲面数据点矩阵 Z=f(X,Y),再利用 mesh,surf 函数自动生成 3D 网格或曲面图.

(1)利用 mesh 函数绘制三维网格图

格式Ⅰ:mesh(Z)

功能:以二维数组的列序号为 x 轴网格线,行序号作为 y 轴网格线,生成 xoy 平面网

格点坐标,以对应网格点上的 Z 值绘制网格图.

例 23

```
>> z=[1  2  3  4  5  6  7  8  9  10;
      2  4  6  8  10  12  14  16  18  20;
      3  4  5  6  7  8  9  10  11  12];
>> mesh(z)
>> xlabel('x'),ylabel('y'),zlabel('z')
```

结果如图 13 所示.

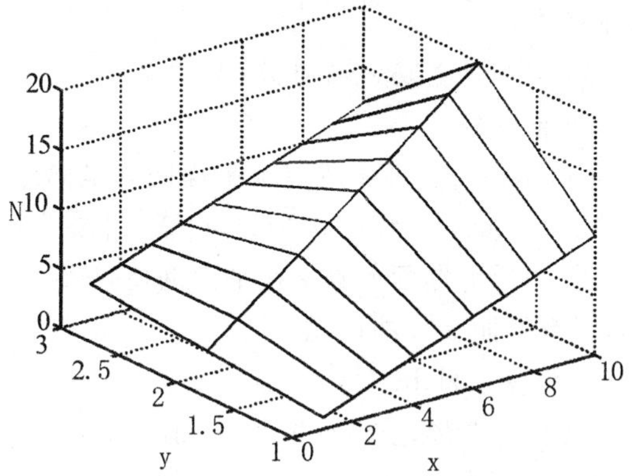

图 13　三维 mesh 网格图

为便于理解网格坐标及数据点的含义,请读者试运行以下命令:

```
>> x=1:10;
>> y=1:3;
>>[X,Y]=meshgrid(x,y)   %生成 xoy 平面上矩形网格点,并显示生成结果
  X =
     1   2   3   4   5   6   7   8   9   10
     1   2   3   4   5   6   7   8   9   10
     1   2   3   4   5   6   7   8   9   10
  Y =
     1   1   1   1   1   1   1   1   1   1
     2   2   2   2   2   2   2   2   2   2
     3   3   3   3   3   3   3   3   3   3
>>z=[ 1  2  3  4  5  6  7  8  9  10;
      2  4  6  8  10  12  14  16  18  20;
      3  4  5  6  7  8  9  10  11  12];
>> mesh(X,Y,z)
>> xlabel('x'),ylabel('y'),zlabel('z')
```

试比较一下,绘图结果与例 23 有何不同.

备注:网格坐标矩阵 X,Y 的维数及数值排列排列方式,依赖于 x,y 轴网格点的个数及坐标值.

格式Ⅱ:mesh(X,Y,Z)

说明:X,Y,Z 为同阶二维数组,其中 X,Y 为定义在自变量矩形定义域上的网格点坐标矩阵,Z 为网格坐标点上的函数值.

例 24 作曲面

$$z=\frac{\sin\sqrt{x^2+y^2}}{\sqrt{x^2+y^2}},-7.5<x<7.5,-7.5<y<7.5$$

的图形.

运行 MATLAB 命令如下:

```
>> x=-7.5:0.5:7.5;  %生成 x 轴网格
>> y=x;  %生成 y 轴网格
>> [X,Y]=meshgrid(x,y);  %生成 x,y 平面网格坐标点
>>R=sqrt(X.^2+Y.^2)+eps;  %计算 X(i),Y(j)的平方根(加 eps 是防止出现0/0)
>> Z=sin(R)./R;  %计算曲面函数 z 在平面网格点(X(i),Y(j))上的函数值
>> mesh(X,Y,Z)  %绘制 3-D 曲面图
>> xlabel('x'),ylabel('y'),zlabel('z')
>> colormap hot  %指定图形色图(colormap)值为 hot
>> legend('sin(sqrt(x^2+y^2))/sqrt(x^2+y^2)')
```

绘图结果如图 14 所示.

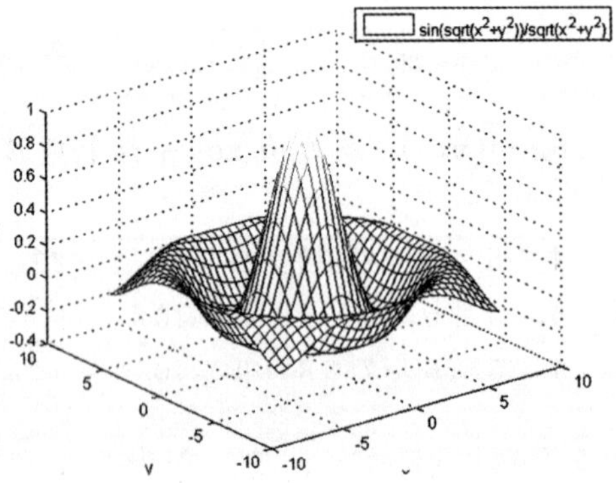

图 14 三维网格示意图

备注:色图(colormap)的设置是渲染图形,提高图形可视化程度的重要方式. MATLAB为用户预设置了许多体现不同色彩风格的色图属性值,常用的有 autumn,summer,cool,hot,winter,jet,hsv,pink 等,除预设色图属性值外,用户也可以自定义色图矩阵,详细信息在命令窗口下运行 doc colormap,请读者仔细阅读相关帮助说明.

带有等高线的三维网格图绘制:如用户在绘制三维网格图的同时,同步绘制二维等值线或等高线,即用不同 z 值的平面切割曲面,把形成的切割线垂直投影到 xoy 平面,显然在这条线上所有点都具有相同的 z 值(高度值).

格式Ⅲ:meshc(Z)

格式Ⅳ:meshc(X,Y,Z)

例 25　绘制 $z=x^2+y^2$,$x\in[-5,5]$,$y\in[-5,5]$的含等高线的三维网格图.

MATLAB 命令如下

```
>> x=-5:0.5:5;,y=x;
>> [X,Y]=meshgrid(x,y);
>> Z=sqrt(X.^2+Y.^2);
>> meshc(X,Y,Z)
>> xlabel('x'),ylabel('y'),zlabel('z')
>> legend('sqrt(x^2+y^2)')
>> colormap jet
```

绘图结果如图 15 所示.

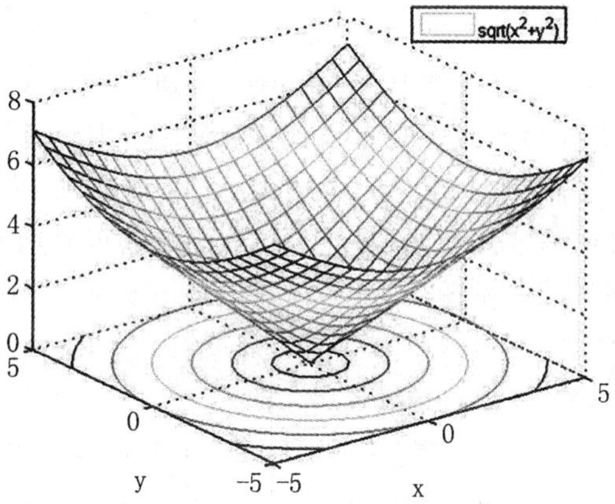

图 15　带等高线的三维网格示意图

备注:mesh 函数采用矩形网格绘制空间曲面图,用户也可以 trimesh 函数来绘制带有三角形网格的 3-D 网格图形,使用格式与 mesh 函数类似,但三角形网格的生成需要借助于 delaunay 函数实现.

(2)利用 surf 函数绘制三维曲面图

格式:surf(X,Y,Z)

功能:根据 x-y 平面域上的网格坐标矩阵[X,Y]对应网格点和对应点的函数值矩阵 Z 绘制三维曲面图.

如把上例中 mesh(X,Y,Z)更改为 surf(X,Y,Z),即

```
>> x=-7.5:0.5:7.5;
>> y=x;
>> [X,Y]=meshgrid(x,y);
>> R=sqrt(X.^2+Y.^2)+eps;
>> Z=sin(R)./R;
>> surf(X,Y,Z)
>> xlabel('x'),ylabel('y'),zlabel('z')
```

>> colormap cool

>> legend('sin(sqrt(x^2+y^2))/sqrt(x^2+y^2)')

绘制结果如图 16 所示.

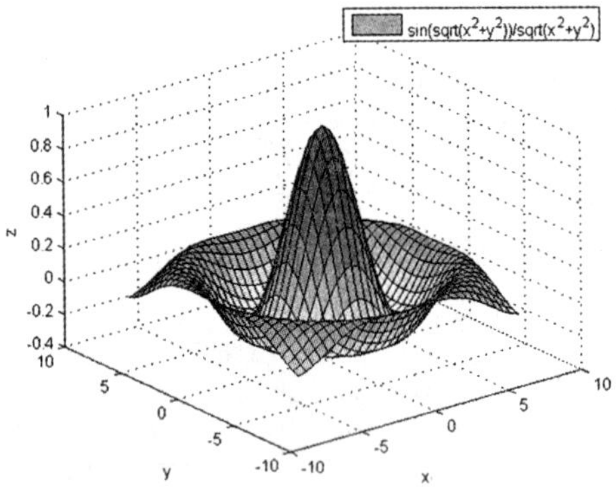

图 16　三维曲面示意图

类似地,把 surf(X,Y,Z)函数更改为 surfc(X,Y,Z),则生成含等高线的三维曲面图.

mesh 和 surf 函数均采用规则化矩形网格绘图,除此之外还可以采用非规则数据点的三角形网格绘制三维网格或曲面图,对此类图形的绘制可采用 trimesh 或 trisurf 函数,如需同步绘制带有等高线的三维图,则可采用其衍生 trimeshc 和 trisurfc 函数.

(3)等高线图形的绘制

格式Ⅰ:contour(X,Y,Z)或 contour3(X,Y,Z)

功能:用 contour 或 contour3 函数绘制曲面的二维或三维等高线.系统自动根据 Z 的最小值和最大值确定等高线的条数.如用户希望指定等高线的条数,可把相应命令更改为:contour(X,Y,Z,N)或 contour3(X,Y,Z,N),N 为一正整数值,其值大小规定了等高线条数.

示例:利用 peaks 函数(Gaussian 分布函数)作图.

首先绘制 peaks 函数的三维曲面图,在 MATLAB 中运行命令如下:

>> peaks

绘图结果如图 17 所示.

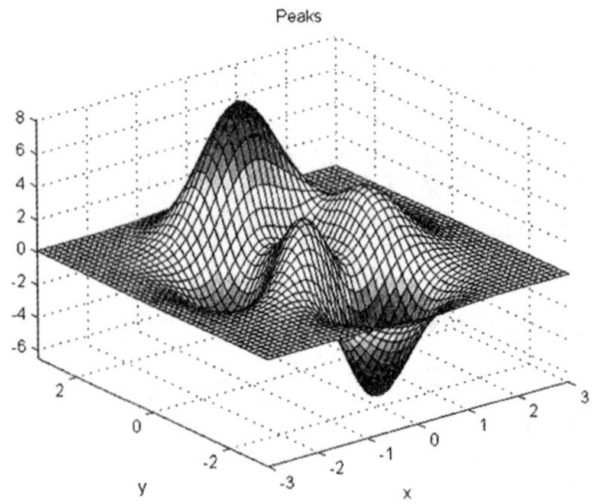

图 17　三维 peaks 函数图

其次,绘制二维等高线图,在 MATLAB 中运行如下命令:

```
>> contour(peaks,10)  %创建条数为 10 的等高线图
```

绘图结果如图 18 所示.

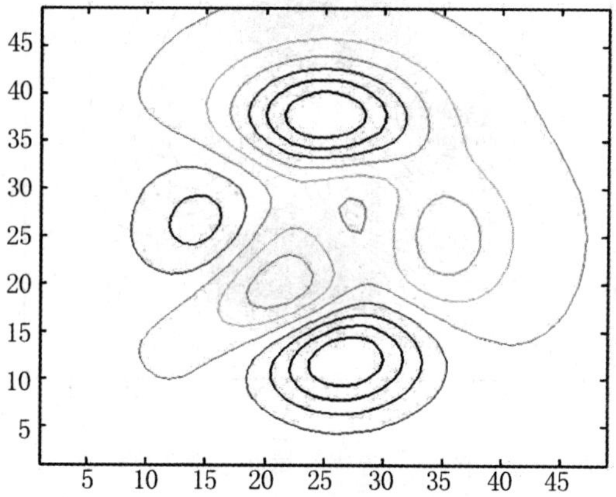

图 18 二维 peaks 函数等高线示意图

备注:上述命令等价于

```
>> [X,Y,Z]=peaks; contour(X,Y,Z,10)
```

三维等高线图形的绘制与上例类似,如在 MATLAB 中运行如下命令:

```
>>contour3(peaks,10)
```

绘图结果如图 19 所示.

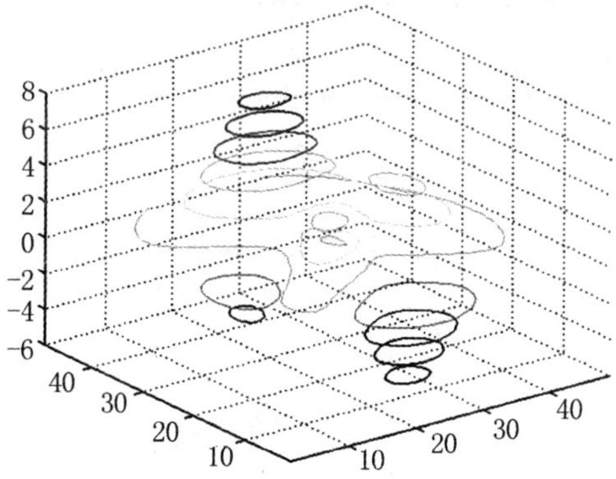

图 19 三维等高线示意图

轮廓图的填充:如希望对等高线之间的区域填充颜色,可利用 contourf 函数实现.如在 MATLAB 中运行命令如下:

```
>>contourf(peaks,20)
```

绘图结果如图 20 所示.

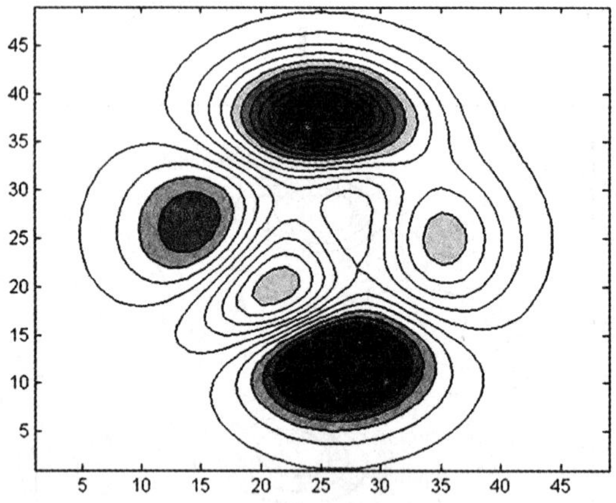

图 20　等高线填充示意图

等高线的标注：在 MATLAB 绘制的等高线中，每一条曲线都表示一个高度值，用户如希望在相应曲线上标注其高度值大小，可借助 clabel 函数来实现. 如在 MATLAB 中运行如下命令：

```
>>clf  %清除图形窗口
>>Z=peaks;  %计算曲面网格点高度矩阵
>>h=contour(Z,10);  %计算高度区间大小并划分为 10 等份
>>clabel(h)  %按高度值不同分别绘制等高线图，并标注其高度值
```

绘图结果如图 21 所示.

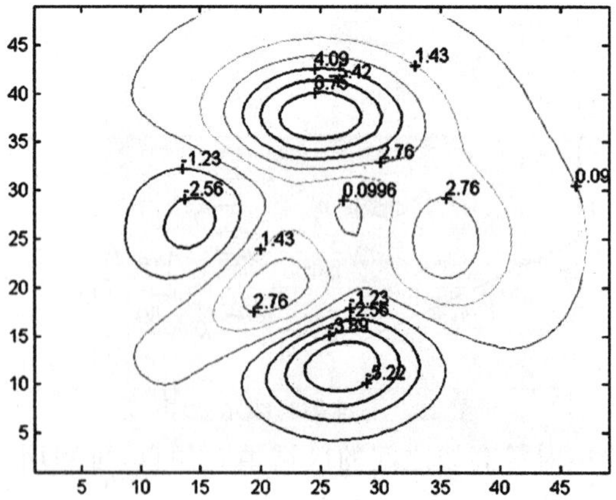

图 21　等高线标注示意图

(4)常用辅助作图命令

①色彩控制：shading 函数

格式：shading options

说明：设置图形的着色色调，用于指定图形非数据点处的色彩. options 是 shading 选项参数，可取值为 flat，interp，faceted.

例 26 用 shading 函数的三种不同选项绘制曲面函数

$$z=x^2+y^2, x\in[-4,4], y\in[-4,4]$$

MATLAB 命令如下：

```
>> x=-4:4;y=x;
>> [X,Y]=meshgrid(x,y);
>> Z=X.^2+Y.^2;
>> subplot(2,2,1),surf(X,Y,Z),axis off,title('(a)')
>> subplot(2,2,2),surf(X,Y,Z),axis off,shading flat,title('(b)')
>> subplot(2,2,3),surf(X,Y,Z),axis off,shading interp,title('(c)')
>> subplot(2,2,4),surf(X,Y,Z),axis off,shading faceted,title('(d)')
>> colormap cool
```

绘图结果如图 22 所示.

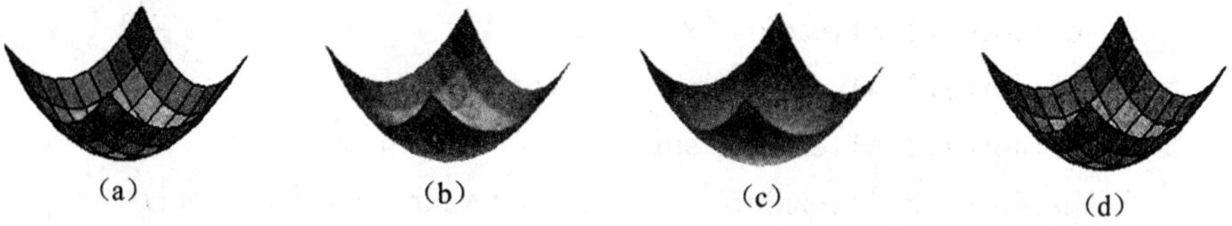

图 22 shading 命令选项处理图形效果比较

②视角控制：view 函数

格式：view([az,el])

说明：通过方位角 az，俯视角 el 设置图形视点；角度设置单位为“度”.

③旋转控制：rotate 函数

格式：rotate(h,direction,alpha,origin)

说明：通过旋转参数设置，改变图形视角，用以观察、分析图形特征. 各参数选项中：h 为被旋转的图像对象，如 h=surf(Z)；direction 设置旋转轴（与坐标原点之间形成的轴向量），可以采用球坐标设置（二维向量）或直角坐标设置（三维向量）；alpha 是沿旋转轴按右手准则旋转的角度；origion 旋转支点坐标，缺省时默认为坐标原点.

其他：除色图、色调、视角控制外，用户还可以设置光照、材质、透明效果等，限于篇幅，这里不再一一详述，有兴趣的读者可阅读有关图书的相关章节.

三、利用符号函数作图

符号计算的结果通常为符号形式表达的表达式，MATLAB 对符号运算结果的作图方式可以有两条途径：其一是利用符号表达式直接绘图；其二是根据符号表达式或符号数值结果，转化为数值数据，进而利用 MATLAB 数值绘图命令绘制图形. 符号函数作图命令与数值绘图命令十分相似，其区别是在作图函数名字前多了两个字符 ez（即 Easy to 的含义）. 常见命令为：ezplot，fplot，ezpolar，ezplot3，ezmesh，ezsurf，ezmeshc，ezsurfc，ezcontour，ezcontourf 等.

1. 一元函数作图

在 MATLAB 中，利用 ezplot 函数可以绘制符号函数的简易二维图形.

格式Ⅰ：ezplot(f)

功能：在默认区间范围[-2π,2π]内绘制显式函数 $f=f(x)$的图形. 若函数为隐式表达式 $f(x,y)=0$,则默认平面区域 $-2\pi<x<2\pi$, $-2\pi<y<2\pi$.

格式Ⅱ：ezplot(f,[a,b])

功能：在指定平面区域 $a<x<b$, $a<y<b$ 内绘制函数表达式为 $f(x,y)=0$ 的图形.

格式Ⅲ：ezplot(xt,yt)

功能：在默认区间范围 $0<t<2\pi$ 内绘制参数形式的函数 $x=x(t)$, $y=y(t)$的图形. 进一步地,如指定参变量变化范围[tmin,tmax],则函数调用格式变为：

ezplot(x,y,[tmin,tmax])

格式Ⅳ：ezplot(f,[a,b,c,d])

功能：在制定平面区域 $a<x<b$, $c<y<d$ 内绘制隐函数表达式为 $f(x,y)=0$ 的图形.

例 27

```
>> subplot(3,2,1),ezplot('x^2 + y^2 - 1',[-1.25,1.25])
>> subplot(3,2,2),ezplot('x^3 + 2 * x^2 - 3 * x + 5 - y^2')
>> subplot(3,2,3),ezplot('sin(t)','cos(t)')
>> subplot(3,2,4),ezplot('sin(3 * t) * cos(t)','sin(3 * t) * sin(t)',[0,pi])
>> subplot(3,2,5),ezplot('t * cos(t)','t * sin(t)',[0,4 * pi])
>> subplot(3,2,6),ezplot('tanh(x)')
```

绘图结果如图 23 所示.

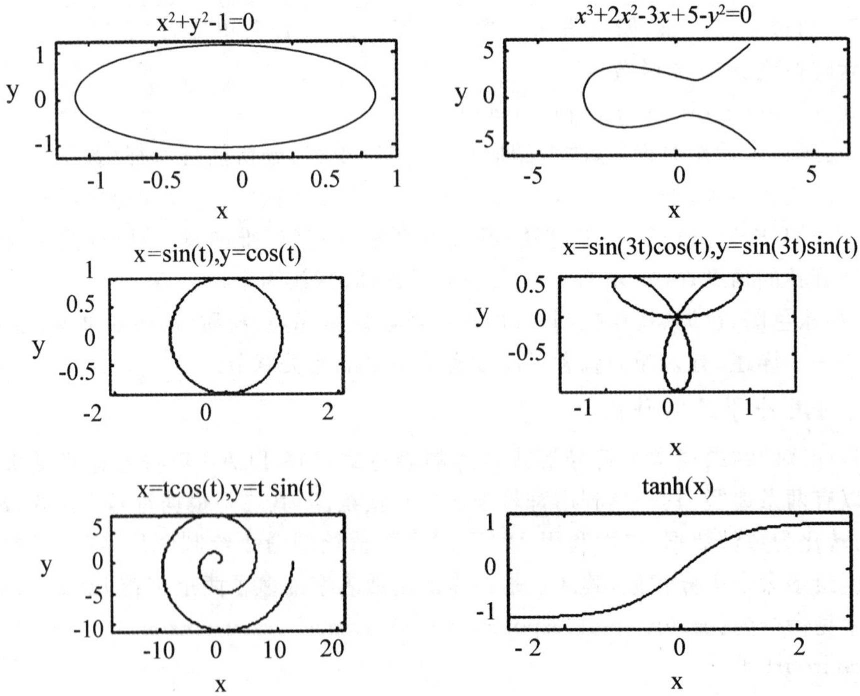

图 23　ezplot 函数绘图示意图

注意到在上述各例中,函数 f 的表达式均为字符串形式的显示表达,除此之外,也可以采用匿名函数定义的形式直接调用,如:

```
>>f= @(x)cos(x)+2 * sin(x)
f=
    @(x)cos(x)+2 * sin(x)
>> ezplot(f)
```

绘图结果如图 24 所示.

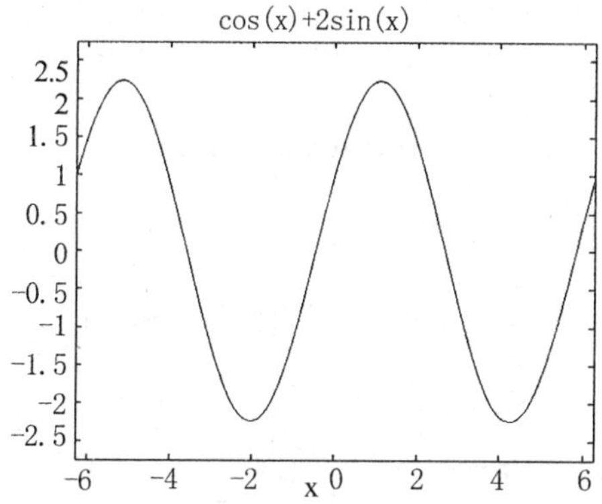

图 24　ezplot 匿名函数绘图示意图

fplot 函数的调用与 ezplot 函数类似,这里不再详述. 如绘制二维极坐标图,可调用 ezpolar 函数.

例 28　在 MATLAB 中输入:

```
>>ezpolar('sin(tan(t))')
```

运行结果如图 25 所示.

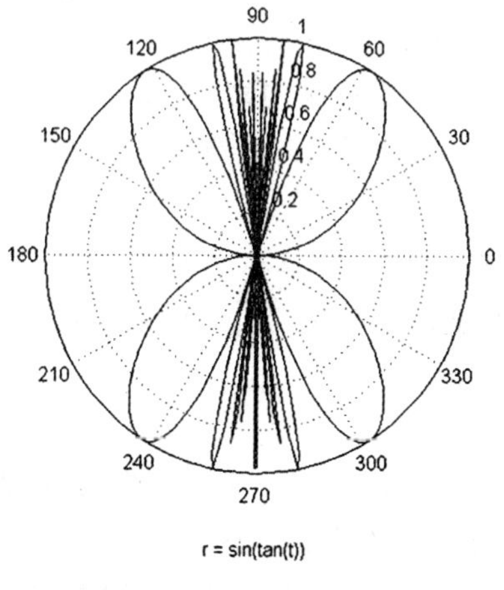

图 25　ezpolar 函数绘图示意图

2. 二元函数图形绘制

(1)利用 ezplot3 函数绘制三维曲线

在 MATLAB 中，利用 ezplot3 函数可以绘制符号函数的 3-D 图形.

格式：ezplot3(x,y,z)

功能：在默认范围 $0<t<2\pi$ 内绘制参变量函数 $x=x(t)$，$y=y(t)$，$z=z(t)$的曲线. 如指定变量变化范围[$t_{\min}$，$t_{\max}$]，则函数调用格式变为：

ezplot3(x,y,z,[tmin,tmax]).

进一步地，如增加选项'animate'，则绘制曲线过程以动画形式显示.

示例：

```
>>ezplot3('cos(t)','t * sin(t)','sqrt(t)',[0,6 * pi])
```

绘图结果如图 26 所示.

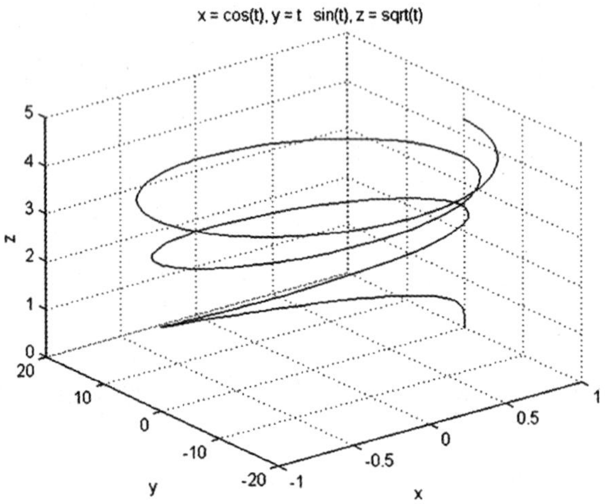

图 26　函数绘图示意图

试比较：

```
>>ezplot3('cos(t)','t * sin(t)',…,'sqrt(t)',[0,6 * pi],'animate')
```

(2)利用 ezmesh/ezsurf 函数绘制三维网格/曲面图

在 MATLAB 中，利用 ezmesh 函数可以绘制符号函数的 3-D 网格图形.

格式Ⅰ：ezmesh(f)

功能：在默认平面区域范围 $-2\pi<x<2\pi$，$-2\pi<y<2\pi$ 内绘制二元函数 $f=f(x,y)$ 的网格图. 类似地，也可指定空间区域范围，如$[a,b]$或$[a,b,c,d]$，相应区域范围则为 $a<x<b$，$a<y<b$ 或 $a<x<b$，$c<y<d$.

格式Ⅱ：ezmesh(x,y,z)

功能：绘制参数方程 $x=x(s,t)$，$y=y(s,t)$，$z=z(s,t)$在默认平面区域 $-2\pi<s<2\pi$，$-2\pi<t<2\pi$ 范围内的三维网格图. 区域范围亦可仿照前述自行设定.

除前述以外，还有 ezsurf，ezmeshc，ezsurfc 等，使用格式类似，在此不再详述.

(3)利用 ezcontour 函数绘制等高线

在 MATLAB 中，利用 ezcontour 函数绘制符号函数的等高线图. 其调用格式如下：

格式Ⅰ：ezcontour(f)

说明：在默认平面区域范围 $-2\pi<x<2\pi,-2\pi<y<2\pi$ 内绘制二元函数 $f=f(x,y)$ 的等高线图形. 若函数为隐式表达式 $f(x,y)=0$，则默认平面区域 $-2\pi<x<2\pi,-2\pi<y<2\pi$.

格式Ⅱ：ezcontour(f,[a,b])

说明：在制定平面区域 $a<x<b,a<y<b$ 内绘制二元函数 $f(x,y)$ 的等高线图形. 进一步地，如指定变量变化范围 $a<x<b,c<y<d$，则函数调用格式变为：ezcontour(x,y,[a,b,c,d])

利用 ezcontourf 函数绘制不同颜色填充的等高线图. 调用格式同 ezcontour 函数，颜色为自动填充.

四、利用菜单栏进行交互式图形编辑

在 MATLAB 图形窗口下，可利用菜单栏对所绘图形进行修饰和完善. 点击“Edit”菜单，选择图形属性“Figure Properties…”或坐标轴属性“Axes Properties…”，即可利用选项框对图形进行相应编辑(添加坐标轴标注、图形颜色、曲线标记、图形标题、修改坐标轴数据等)，如图 27 所示.

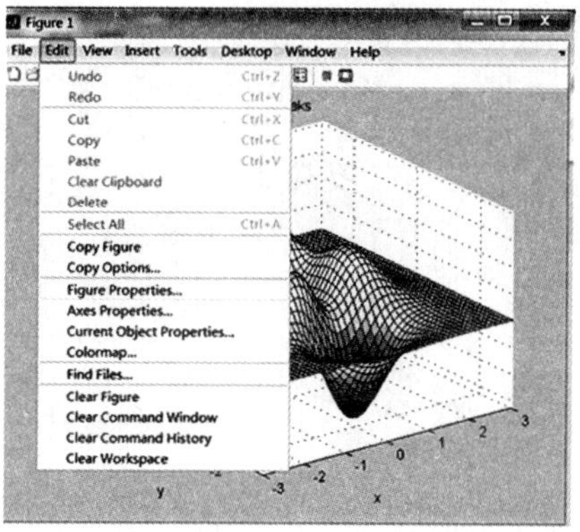

图 27　交互式编辑图形示意图

点击“Tools”菜单，可改变图形的显示方式：视角(图形旋转)等，如图 28 所示.

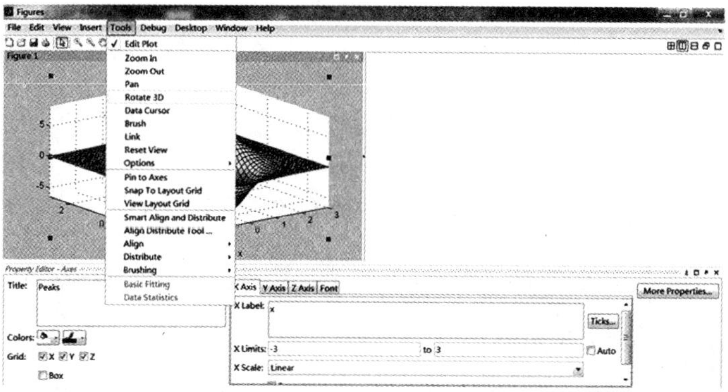

图 28　交互式编辑图形示意图

参考答案

第1章 函 数

习题 1.1

1. (1) $[2,3)\cup(3,+\infty)$ (2) $[-1,1)$ (3) $[-2,1)$ (4) $[-1,3]$
2. (1)奇函数 (2)偶函数 (3)奇函数
3. (1) $y=\sin u, u=x^3$ (2) $y=\arccos u, u=\frac{1}{x}$ (3) $y=\cos u, u=\sqrt{x}$

   (4) $y=\ln u, u=\tan v, v=3x$ (5) $y=u^2, u=\sin v, v=1+2x$

   (6) $y=u^3, u=3+x+2x^2$ (7) $y=\sqrt{u}, u=\ln v, v=2x$

   (8) $y=e^u, u=-x^2$ (9) $y=\ln u, u=\ln v, v=\sin x$

习题 1.2

1. $Q(n)=50(1-4.5\%)^n$

2. $y=\begin{cases} 1.2, & x\leqslant 20 \\ 2.4, & 20<x\leqslant 40 \\ 3.6, & 20<x\leqslant 40 \\ 4.8, & 60<x\leqslant 80 \\ 6.0, & 80<x\leqslant 100 \\ 8.0, & 100<x\leqslant 200 \\ 10.0, & 200<x\leqslant 300 \end{cases}$

3. $\frac{x^2}{a^2}+\frac{y^2}{b^2}=1$

习题 1.3

1. (1) $\bar{p}=\frac{3}{4}, \bar{Q}=5, \left(\frac{3}{4},5\right)$ (2) $C(Q)=130+6Q, 0\leqslant Q\leqslant 100; AC=\frac{130}{Q}+6$

   (3) $R=Q-Q^2, p(\frac{1}{2})=0.5, R(\frac{1}{3})=\frac{2}{9}$ (4) $L=-0.01Q^2+5Q-200$

2. $Q=g(p)=40p-120000$，图形略

3. (1) $\bar{p}=\frac{13}{2}, \bar{Q}=27$ (2) $Q_s(p)=6p-12, Q_d(p)=40-2p, p_s(Q)=\frac{1}{6}Q+2$, $p_d(Q)=20-\frac{1}{2}Q$

4. $R=R(Q)=-\frac{1}{2}Q^2+4Q$

5. $R(Q)=\begin{cases}100Q, & 0\leqslant Q\leqslant 800\\ 80000+90(Q-800), & 800<Q\leqslant 1000\\ 98000, & Q>1000\end{cases}$

6. $y(x)=\begin{cases}ks, & 0\leqslant s\leqslant 50\\ 50k+\frac{4}{5}k(s-50), & s>50\end{cases}$

7. (1) $R=24Q-0.4Q^2$, 200　(2) $AR=24-0.4Q$, 20

习题 1.4

1. (1)
```
100/(1-exp(-2))
ans=
   115.6518
```
(2)
```
sin(pi/3)/log2(3)
ans=
     0.5464
```
(3)
```
acos(1-2^(1/3))
ans=
     1.8337
```
2. (1)
```
ezplot('sin(x)/x',[-pi,pi])
```

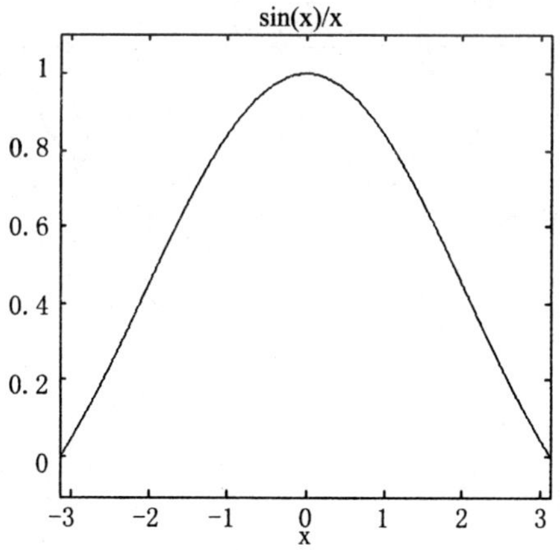

(2)ezplot('2 * (cos(x)+x * sin(x))','2 * (sin(x)-x * cos(x))',[0,2 * pi])

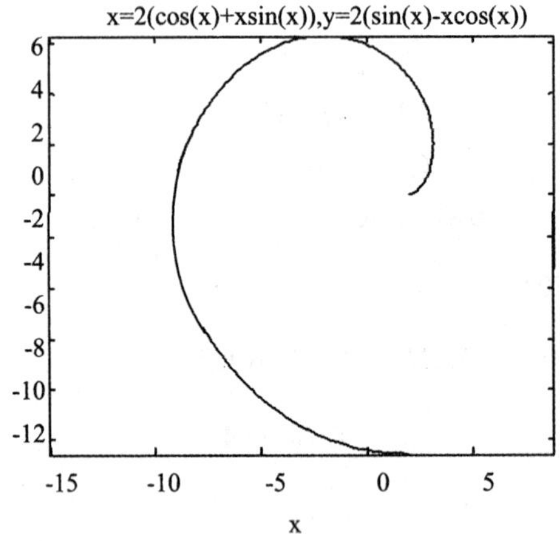

(3)theta=linspace(0,2 * pi);

rho=1+theta;

polar(theta,rho)

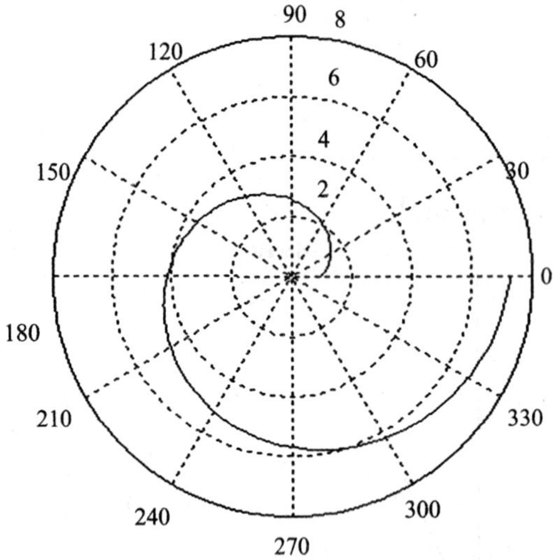

3.先编写 M 文件 fun.m

```
function y=fun1(x,xdata)
y=x(1)+x(2) * exp(-0.02 * x(3) * xdata);
```

主程序输入以下命令：

```
xdata=100:100:1000;
ydata=[4.54 4.99 5.35 5.65 5.90 6.10 6.26 6.39 6.50 6.59] * 1000;
x0=[1 1 1];
x=lsqcurvefit('fun1',x0,xdata,ydata);
z=fun1(x,xdata);
```

```
plot(xdata,ydata,'*',xdata,z)
x
```

结果为

```
x=
  1.0e+003 *
2.2285   2.5641   -0.0000
```

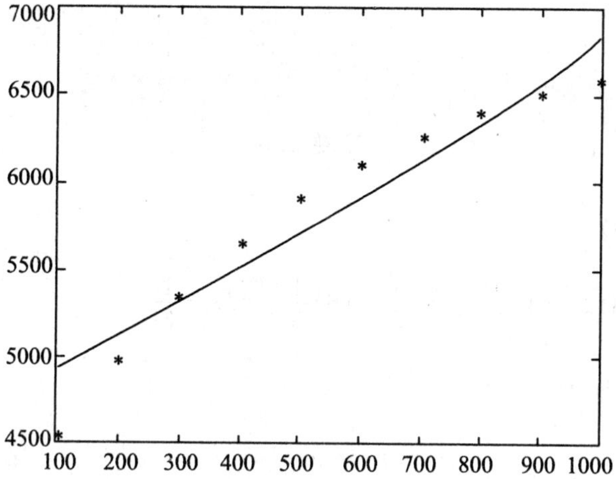

总习题 1

1. (1)B　(2)D

2. $R(Q)=\begin{cases} aQ, & 0\leqslant Q\leqslant 50 \\ 50a+0.9(Q-50), & Q>50 \end{cases}$

3. $\frac{38}{11}\approx 3.45$

第 2 章　极限与连续

习题 2.1

1. 0,0

2. 不存在

3. 不存在

4. $\lim\limits_{x\to 3^-}f(x)=3$, $\lim\limits_{x\to 3^+}f(x)=8$

5. 3

习题 2.2

1. (1)6 (2)$-\frac{4}{15}$ (3)$\frac{1}{3}$ (4)∞ (5)$\frac{1}{2}$ (6)0 (7)$\frac{1}{4}$ (8)$\frac{4}{3}$

2. (1)$\frac{2}{3}$ (2)2 (3)$\frac{4}{5}$ (4)$\frac{1}{2}$ (5)-2 (6)$\frac{1}{6}$ (7)e^3 (8)e^{-4} (9)e^2 (10)e^3

3. $100e^{0.21}$

4. 现在接受馈赠

5. 24.61

习题 2.3

1. (1)0 (2)∞ (3)$\frac{1}{2}$

2. (1)3 (2)$\frac{2}{3}$ (3)2 (4)$\frac{1}{2}$ (5)$\frac{1}{2}$ (6)$\frac{1}{3}$ (7)$-\frac{1}{2}$

3. $m=\frac{1}{2}, n=2$

4. $b=2, c=-3$

习题 2.4

1. 连续

2. $k=\pm\sqrt{2}$

3. (1)$x=0$,可去间断点 (2)$x=1$,可去间断点； $x=-1$,无穷间断点 (3)$x=0$,跳跃间断点

4. (1)$\frac{5}{2}$ (2)1

习题 2.5

1. 略

2. 略

习题 2.6

略

总习题 2

1. (1)C (2)D (3)D (4)A (5)C (6)A (7)C (8)B (9)B (10)C (11)A (12)C

2. (1)0 (2)0,∞,2,-2 (3)2 (4)2 (5)0 (6)1,3 (7)1 (8)1 (9)e^{-k} (10)$x=-3$ 和 $x=1$,$x=-3$,二,$x=1$,一

(11)$3\pi+5$　(12)1,1,0　(13)$\frac{1}{3}$

3. (1)0　(2)-1　(3)1　(4)1　(5)e^2　(6)e^{-12}　(7)$e^{\frac{1}{4}}$　(8)e^3　(9)$\frac{\pi}{4}$　(10)e^{-2}

(11)$\frac{1}{2}$　(12)$\frac{1}{4}$　(13)0　(14)0

4. $a=0,b=4$

5. $\frac{1}{4}$

6. $m=\frac{1}{2},n=2$

7. (1)$k=3$　(2)$k=1$

8. 连续,不连续,连续

9. $x=0$　跳跃间断点

10. 略

第3章　导数与微分

习题 3.1

1. $\omega=\theta'(t_0)$

2. $f'(-1)=-20$

3. 略

4. (1)$A=-f'(x_0)$　(2)$A=f'(0)$　(3)$A=2f'(x_0)$

5. (1)$y'=4x^3$　(2)$y'=\frac{2}{3}x^{-\frac{1}{3}}$　(3)$y'=1.6x^{0.6}$　(4)$y'=-\frac{1}{2}x^{-\frac{3}{2}}$　(5)$y'=-2x^{-3}$

(6)$y'=\frac{16}{5}x^{\frac{11}{5}}$　(7)$y'=\frac{1}{6}x^{-\frac{5}{6}}$

6. 略

7. 切线方程为 $y-\frac{1}{2}=-\frac{\sqrt{3}}{2}\left(x-\frac{\pi}{3}\right)$,法线方程为 $y=\frac{1}{2}=\frac{-2}{\sqrt{3}}\left(x-\frac{\pi}{3}\right)$.

8. (1)连续,不可导　(2)连续,可导

9. $a=2,b=-1$.

习题 3.2

1. (1)$-\frac{20}{x^6}-\frac{28}{x^5}+\frac{2}{x^2}$　(2)$15x^2-2^x\ln 2+2e^x$

(3)$\sec x(2\sec x+\tan x)$　(4)$\cos 2x$

(5)$x(2\ln x+1)$　(6)$3e^x(\cos x-\sin x)$

(7) $\dfrac{1-\ln x}{x^2}$　　(8) $\dfrac{e^x(x-2)}{x^3}$

(9) $2x\ln x\cos x+x\cos x-x^2\ln x\sin x$　　(10) $\dfrac{1+\sin t+\cos t}{(1+\cos t)^2}$

2. (1) $y'\Big|_{x=\frac{\pi}{6}}=\dfrac{\sqrt{3}+1}{2}$, $y'\Big|_{x=\frac{\pi}{4}}=\sqrt{2}$

(2) $\dfrac{d\rho}{d\theta}\Big|_{\theta=\frac{\pi}{4}}=\dfrac{\sqrt{2}}{4}\left(1+\dfrac{\pi}{2}\right)$

(3) $f'(0)=\dfrac{3}{25}$, $f'(2)=\dfrac{17}{15}$

3. 切线方程为 $y=2x$,法线方程为 $y=-\dfrac{1}{2}x$.

4. (1) $8(2x+5)^3$　(2) $3\sin(4-3x)$　(3) $-6xe^{-3x^2}$　(4) $\dfrac{2x}{1+x^2}$　(5) $\sin 2x$

(6) $-\dfrac{x}{\sqrt{a^2-x^2}}$　(7) $2x\sec^2 x^2$　(8) $\dfrac{e^x}{1+e^{2x}}$　(9) $\dfrac{2\arcsin x}{\sqrt{1-x^2}}$　(10) $-\tan x$

5. $\dfrac{f(x)f'(x)+g(x)g'(x)}{\sqrt{f^2(x)+g^2(x)}}$

6. (1) $2xf'(x^2)$　(2) $\sin 2x[f'(\sin^2 x)-f'(\cos^2 x)]$

习题 3.3

1. (1) $4-\dfrac{1}{x^2}$　(2) $4e^{2x-1}$　(3) $-2\sin x-x\cos x$　(4) $-2e^{-t}\cos t$

(5) $-\dfrac{a^2}{(a^2-x^2)\sqrt{a^2-x^2}}$　(6) $-\dfrac{2(1+x^2)}{(1-x^2)^2}$　(7) $2\sec^2 x\tan x$

(8) $\dfrac{6x(2x^3-1)}{(x^3+1)^3}$　(9) $2\arctan x+\dfrac{2x}{1+x^2}$　(10) $\dfrac{e^x(x^2-2x+2)}{x^3}$

(11) $2xe^{x^2}(3+2x^2)$　(12) $-\dfrac{x}{(1+x)^2\sqrt{1+x}}$

2. 207360

3. (1) $2f'(x^2)+4x^2f''(x^2)$　(2) $\dfrac{f''(x)f(x)-[f'(x)]^2}{[f(x)]^2}$

4. 略

5. (1) $y'=nx^{n-1}+(n-1)a_1x^{n-2}+(n-2)a_2x^{n-3}+\cdots+a_{n-1}$,

$y''=n(n-1)x^{n-2}+(n-1)(n-2)a_1x^{n-3}+(n-2)(n-3)a_2x^{n-4}+\cdots+a_{n-2}$,

……

$y^{(n)}=n(n-1)(n-2)\cdots2\cdot1=n!$

(2) $y^{(n)}=2^{n-1}\sin\left[2x+(n-1)\cdot\dfrac{\pi}{2}\right]$

(3) $y^{(n)}=(-1)^n\dfrac{(n-2)!}{x^{n-1}}$　$(n\geqslant1)$

(4) $y^{(n)}=(n+x)e^x$

6. $-56+21(x-4)+37(x-4)^2+11(x-4)^3+(x-4)^4$

7. $1-9x+30x^2-45x^3+30x^4-9x^5+x^6$

8. $\ln 2+\frac{1}{2}(x-2)-\frac{1}{2\cdot 2^2}(x-2)^2+\frac{1}{3\cdot 2^3}(x-2)^3-\cdots+\frac{(-1)^{n-1}}{n\cdot 2^n}(x-2)^n+o[(x-2)^n]$

9. $x+\frac{1}{3}x^3+\frac{\sin(\theta x)[\sin^2(\theta x)+2]}{3\cos^5(\theta x)}x^4 \quad (0<\theta<1)$

10. $x+x^2+\frac{1}{2!}x^3+\cdots+\frac{1}{(n-1)!}x^n+o(x^n)$

习题 3.4

1. 18,11; 1.161, 1.1; 0.110601, 0.11.

2. (1) $\left(-\frac{1}{x^2}+\frac{1}{\sqrt{x}}\right)dx$ (2) $(\sin 2x+2x\cos 2x)dx$

(3) $\frac{1}{(x^2+1)\sqrt{x^2+1}}dx$ (4) $\frac{2}{x-1}\ln(1-x)dx$

(5) $2x(1+x)e^{2x}dx$ (6) $e^{-x}[\sin(3-x)-\cos(3-x)]dx$

(7) $-\frac{x}{|x|\sqrt{1-x^2}}dx$ (8) $8x\tan(1+2x^2)\sec^2(1+2x^2)dx$

(9) $-\frac{4x}{1+x^4}dx$ (10) $A\omega\cos(\omega t+\varphi)dt$

3. (1) $\frac{y}{y-x}$ (2) $\frac{ay-x^2}{y^2-ax}$ (3) $\frac{e^{x+y}-y}{x-e^{x+y}}$ (4) $-\frac{e^y}{1+xe^y}$

4. 切线方程为 $x+y=\frac{\sqrt{2}}{2}a$,法线方程为 $x-y=0$

5. (1) $y'=\left(\frac{x}{1+x}\right)^x\left(\ln\frac{x}{1+x}+\frac{1}{1+x}\right)$.

(2) $y'=\frac{1}{5}\sqrt[5]{\frac{x-5}{\sqrt[5]{x^2+2}}}\left(\frac{1}{x-5}-\frac{1}{5}\cdot\frac{2x}{x^2+2}\right)$

(3) $y'=\frac{\sqrt{x+2}(3-x)^4}{(x+1)^5}\left[\frac{1}{2(x+2)}+\frac{4}{x-3}-\frac{5}{x+1}\right]$

(4) $y'=\frac{1}{4}\sqrt{x\sin x\sqrt{1-e^x}}\left(\frac{2}{x}+2\cot x+\frac{e^x}{e^x-1}\right)$

6. (1) $\frac{3b}{2a}t$ (2) $\frac{\cos\theta-\theta\sin\theta}{1-\sin\theta-\theta\cos\theta}$

7. (1) 切线方程为 $2\sqrt{2}x+y-2=0$;法线方程为 $\sqrt{2}x-4y-1=0$.

(2) 切线方程为 $4x+3y-12a=0$;法线方程为 $3x-4y+6a=0$.

习题 3.5

1. 略
2. 略
3. 3 个,(1,2),(2,3),(3,4)
4. 略
5. (1)1　(2)2　(3)$\cos a$　(4)$-\frac{3}{5}$　(5)$-\frac{1}{8}$　(6)$\frac{m}{n}a^{m-n}$　(7)1　(8)3

   (9)1　(10)1　(11)$\frac{1}{2}$　(12)$+\infty$　(13)$-\frac{1}{2}$　(14)e^a　(15)1　(16)1
6. 略
7. $f(x)$在$(-\infty,+\infty)$内单调减少
8. 略
9. (1)函数在 $x=-1$ 处取得极大值 17,在 $x=3$ 处取得极小值 -47.

   (2)函数在 $x=0$ 处取得极小值 0.

   (3)$y(0)=0$ 是函数的极小值,$y(-1)=1$ 和 $y(1)=1$ 是函数的极大值.

   (4)$y(1)=\frac{5}{4}$为函数的极大值.

习题 3.6

1. (1)曲线在$\left(-\infty,\frac{5}{3}\right]$内是凸的,$\left[\frac{5}{3},+\infty\right)$在内是凹的,拐点为$\left(\frac{5}{3},\frac{20}{27}\right)$.

   (2)曲线在$(-\infty,2]$内是凸的,在$[2,+\infty)$内是凹的,拐点为$(2,2e^{-2})$.

   (3)曲线在$(-\infty,+\infty)$内是凹的,无拐点.

   (4)曲线在$(-\infty,-1]$和$[1,+\infty)$内是凸的,在$[-1,1]$内是凹的,拐点为$(-1,\ln 2)$和$(1,\ln 2)$.

   (5)曲线 $y=e^{\arctan x}$在$\left(-\infty,\frac{1}{2}\right]$内是凹的,在$\left[\frac{1}{2},+\infty\right)$内是凸的,拐点是$\left(\frac{1}{2},e^{\arctan\frac{1}{2}}\right)$.

   (6) 曲线在$(0,1]$内是凸的,在$[1,+\infty)$内是凹的,拐点为$(1,-7)$.
2. $a=-\frac{3}{2}, b=\frac{9}{2}$

习题 3.7

略

总习题 3

一、1. B　2. C　3. D　4. C　5. C　6. B　7. B　8. C　9. A　10. C

二、1. $-\frac{2}{e}$

2. $\lim\limits_{\Delta x\to 0^-}\dfrac{\Delta y}{\Delta x}=-1$，$\lim\limits_{\Delta x\to 0^+}\dfrac{\Delta y}{\Delta x}=1$，$f'(0)$不存在

3. $4x-y-5=0$

4. $f'(x)=\dfrac{1}{2\sqrt{x}}\cdot\cos\sqrt{x}$

5. $y'=(\ln\sin x+x\cot x)\cdot(\sin x)^x$

6. $\dfrac{dy}{dx}=\dfrac{2\cos t-\sin t}{2\cos t+\sin t}$

7. $dy=\dfrac{1}{\sqrt{4+x^2}}dx$

8. $[e,+\infty)$

9. 凸区间为$(-\infty,-1)$，凹区间为$(-1,+\infty)$，拐点为$(-1,2)$

10. 水平渐近线 $y=2$，铅垂渐近线 $x=0$

三、1. (1)2　(2)$-\dfrac{1}{6}$　(3)1　(4)$\dfrac{n}{m}a^{n-m}$　(5)$-\dfrac{1}{2}$　(6)$\dfrac{1}{3}$　(7)1　(8)1

2. (1)$\dfrac{2\sqrt{3x}+3}{4\sqrt{3x^2+3x\sqrt{3x}}}$　　(2)$\dfrac{9(\arctan x)^2}{9+x^2}$

(3)$\dfrac{2}{3\sin\dfrac{2x}{3}}\cdot\left(\cos x\ln\cot x-\dfrac{1}{\cos x}\right)$　　(4)$3x^2\cdot\arctan x+\dfrac{1+x^3}{1+x^2}$

(5)$\dfrac{8x-x^4}{2\sqrt{(2-x^3)^3}}$　　(6)$-\dfrac{4}{16+x^2}$

3. (1)$y'=\dfrac{5y^2-1}{3y^2-10xy}$　　(2)$y'=\dfrac{e^{x+y}-y^2}{2xy-e^{x+y}}$

(3)$y''=\dfrac{e^{2y}(2-xe^y)}{(1-xe^y)^3}$

4. (1)$y'=\left(\ln\dfrac{x}{2+x}+\dfrac{2}{2+x}\right)\cdot\left(\dfrac{x}{2+x}\right)^x$

(2)$y'=\left[\dfrac{1}{2(x+3)}-\dfrac{5}{x-4}-\dfrac{3}{x+2}\right]\cdot\dfrac{\sqrt{x+3}(4-x)^5}{(x+2)^3}$

5. (1)$\dfrac{dy}{dx}=\dfrac{\sin\theta+\theta\cos\theta}{1-\cos\theta+\theta\sin\theta}$　(2)$\dfrac{d^2y}{dx^2}=\dfrac{\left(\dfrac{5b}{3a}t^2\right)'}{3at^2}=\dfrac{10b}{9a^2t^2}$

6. (1)$y^{(n)}=-2^{n-1}\sin\left[\dfrac{(n-1)\pi}{2}+2x\right]$

(2)$y^{(n)}=\begin{cases}\ln x+1, n=1\\ (-1)^{n-2}(n-2)!\ x^{1-n}, n>1\end{cases}$.

7. (1)$dy=\dfrac{-x}{\sqrt{2-x^2}\cdot\sqrt{1-(2-x^2)^2}}\cdot dx$

(2)$dy=e^{-3x}[-3\sin(5-2x)-2\cos(5-2x)]dx$

8. (1)函数的单调递增区间为$(-\infty,-2)$和$(4,+\infty)$，单调递减区间为$[-2,4]$，函数

的极大值为 $f(-2)=32$,极小值为 $f(4)=-76$.

(2)函数的单调递增区间为 $(-\infty,-1)$ 和 $(1,-\infty)$,单调递减区间为 $[-1,1]$,函数的极大值为 $f(-1)=0$,极小值为 $f(1)=-3\sqrt[3]{4}$.

9.(1)函数的凹区间为 $(1,+\infty)$,函数的凸区间为 $(-\infty,1]$,拐点为 $(1,6)$.

(2)函数的凹区间为 $[0,+\infty)$,函数的凸区间为 $(-\infty,-1)$ 和 $(-1,0)$,拐点为 $(0,0)$.

10. $\begin{cases}a=0\\b=-3\\c=1\end{cases}$ 11. $\begin{cases}a=-\dfrac{3}{2}\\b=\dfrac{9}{2}\end{cases}$

12. $\begin{cases}a=3\\b=0\\c=1\end{cases}$,函数的极小值为 $f(-2)=5$.

13. 当每天的产量为 $Q=140$ 时,平均成本最低,最低成本为 176 元.

四、略

第四章 多元函数微分学

习题 4.1

1. $\dfrac{xy}{x^2+y^2}$

2. (1) $\{(x,y)\mid y<x,y\neq 0\}$ (2) $\{(x,y)\mid 4x-y^2\geqslant 0,0<x^2+y^2<1\}$

(3) $\{(x,y)\mid -1\leqslant y\leqslant 1,x>0\}$ (4) $\{(x,y\mid x+y>1\geqslant 0,x^2+y^2<1)\}$

3. (1)1 (2) $-\dfrac{1}{4}$ (3)2 (4)1

4. 在抛物线 $y^2=2x$ 上间断.

习题 4.2

1. (1) $\dfrac{\partial z}{\partial x}=3x^2y-y^3,\dfrac{\partial z}{\partial y}=x^3-3y^2x$

(2) $\dfrac{\partial s}{\partial u}=\dfrac{u^2-v^2}{u^2v},\dfrac{\partial s}{\partial v}=\dfrac{v^2-u^2}{uv^2}$

(3) $\dfrac{\partial z}{\partial x}=\dfrac{1}{2xy^2\sqrt{\ln(xy)}},\dfrac{\partial z}{\partial y}=\dfrac{1}{2x^2y\sqrt{\ln(xy)}}$

(4) $\dfrac{\partial z}{\partial x}=y(\cos(xy)-\sin(2xy)),\dfrac{\partial z}{\partial y}=x(\cos(xy)-\sin(2xy))$

(5) $\dfrac{\partial z}{\partial x}=\dfrac{2}{y\sin\dfrac{2x}{y}},\dfrac{\partial z}{\partial y}=\dfrac{-2x}{y^2\sin\dfrac{2x}{y}}$

(6) $\dfrac{\partial z}{\partial x}=y^2(1+xy)^{y-1},\dfrac{\partial z}{\partial y}=(1+xy)^y\cdot\ln(1+xy)+yx(1+xy)^{y-1}$

2. (1) $\frac{\partial^2 z}{\partial x^2}=12x^2-8y^2, \frac{\partial^2 z}{\partial y^2}=12y^2-8x^2, \frac{\partial^2 z}{\partial x\partial y}=-16xy$

(2) $\frac{\partial^2 z}{\partial x^2}=\frac{2xy}{(x^2+y^2)^2}, \frac{\partial^2 z}{\partial y^2}=-\frac{2xy}{(x^2+y^2)^2}, \frac{\partial^2 z}{\partial x\partial y}=\frac{y^2-x^2}{(x^2+y^2)^2}$

(3) $\frac{\partial^2 z}{\partial x^2}=y^x\ln^2 y, \frac{\partial^2 z}{\partial y^2}=x(x-1)y^{x-2}, \frac{\partial^2 z}{\partial x\partial y}=y^{x-1}(1+x\ln y)$

3. $\frac{3}{5}$

4. -2

5. $e^x\ln(1+y)=y+\frac{1}{2!}(2xy-y^2)+\frac{1}{3!}(3x^2)$

习题 4.3

1. $dz=\frac{1}{3}dx+\frac{2}{3}dy$

2. (1) $dz=\frac{-ydx+xdy}{x^2+y^2}$　(2) $dz=\frac{3dx-2dy}{3x-2y}$

(3) $dz=\frac{-2ydx+2xdy}{(x-y)^2}$　(4) $du=2\cos(x^2+y^2+z^2)(xdx+ydy+zdz)$

习题 4.4

1. $\frac{\partial z}{\partial x}=\frac{2x\ln(3x-2y)}{y^2}+\frac{3x^2}{y^2(3x-2y)}, \frac{\partial z}{\partial y}=\frac{-2x^2\ln(3x-2y)}{y^3}-\frac{2x^2}{y^2(3x-2y)}$

2. $\frac{dz}{dt}=\frac{3-12t^2}{\sqrt{1-(x-y)^2}}$

3. $\frac{dz}{dt}=\cos\frac{x}{y}\left(\frac{e^t}{y}-\frac{2xt}{y^2}\right)$

4. (1) $\frac{dy}{dx}=\frac{3x^2y-e^x}{\cos y-x^3}$　(2) $\frac{dy}{dx}=\frac{e^y-2x}{2y-xe^y}$

5. $\frac{\partial z}{\partial x}=\frac{y}{1+e^z}, \frac{\partial z}{\partial y}=\frac{x}{1+e^z}$

6. $dz=-\frac{1}{y+1}(2xdx+zdy)$

习题 4.5

1. (1)极小值 $f(-1,1)=0$　(2)极大值 $f(3,2)=36$

2. $(\frac{8}{5},\frac{16}{5})$

3. 当长、宽都是 $\sqrt[3]{2k}$，而高为 $\frac{1}{2}\sqrt[3]{2k}$ 时，表面积最小.

习题 4.6

1. 略

2. 略

总习题 4

1. (1)$\{(x,y)\mid -1\leqslant x+y\leqslant 1, x^2+y^2<1\}$ (2)$\ln 2$ (3)$\frac{\partial z}{\partial x}=y^2$

(4)$\mathrm{d}u=\frac{y\mathrm{d}x-x\mathrm{d}y}{x^2+y^2}$ (5)驻点(0,0),(2,2);极值点(0,0)

2. (1)D (2)D (3)B (4)C (5)C

3. (1)$\frac{\partial z}{\partial x}=\frac{1}{x+y^2},\frac{\partial z}{\partial y}=\frac{2y}{x+y^2},\frac{\partial^2 z}{\partial x^2}=-\frac{1}{(x+y^2)^2},\frac{\partial^2 z}{\partial y^2}=\frac{2(x-y^2)}{(x+y^2)^2}$

(2)$\frac{\partial z}{\partial x}=yx^{y-1},\frac{\partial z}{\partial y}=x^y\ln x,\frac{\partial^2 z}{\partial x^2}=y(y-1)x^{y-2},\frac{\partial^2 z}{\partial x\partial y}=x^{y-1}(1+y\ln x)$

4. (1)$\mathrm{d}z=y^{\sin x}\cos x\ln y\mathrm{d}x+y^{\sin x-1}\sin x\mathrm{d}y$

(2)$\mathrm{d}z=\frac{1}{x+\ln y}\mathrm{d}x+\frac{1}{y(x+\ln y)}\mathrm{d}y$

5. $\frac{\mathrm{d}z}{\mathrm{d}t}=\frac{2\sin^3 t\cos t-4(1-\mathrm{e}^{2t})^3\mathrm{e}^{2t}}{\sqrt{\sin^4 t+(1-\mathrm{e}^{2t})^4}}$

6. $\frac{\partial z}{\partial y}=-\frac{x+z}{x+y}$

7. (1)极大值 $f(2,-2)=8$ (2)极小值 $f(\frac{1}{2},-1)=-\frac{\mathrm{e}}{2}$

8. $\frac{2}{9},\frac{4\pi}{27}$

9. 两直角边都是$\frac{\sqrt{2}c}{2}$时,周长最大.

第5章 一元函数积分学

习题 5.1

1. $\int_0^1 x^2\mathrm{d}x$

2. (1)1 (2)8π (3)0 (4)0

3. -5

4. (1) 大于 (2) 小于 (3) 大于

习题 5.2

1. (1) $\frac{\sin x}{2\sqrt{x}}$ (2)0 (3)$2x\mathrm{e}^{-x^4}-\mathrm{e}^{-x^2}$ (4)$\mathrm{e}^{2\sin x}\cos x$

2. (1) $\frac{1}{2}$　(2) $\frac{1}{2}$　(3) $\frac{1}{2}$

3. (1) $\frac{1}{6}(b^6-a^6)$　(2) $\frac{\pi}{12}$　(3) $\frac{2}{3}\sqrt{3}$　(4)4　(5)$2\sqrt{2}-2$　(6)$1-\frac{\pi}{4}$

4. 极小值 $-\frac{3}{4}$

习题 5.3

1. $e^x-\frac{3}{4}x^{\frac{4}{3}}+C$　2. $\frac{3^x e^x}{1+\ln 3}+C$　3. $2x-2\arctan x+C$　4. $-\cot x-\tan x+C$

5. $\arctan x-\frac{2}{x}+C$　6. $\cos x-\sin x+C$　7. $-\cot x+\tan x+C$　8. $\frac{1}{2}\tan x+C$

9. $\frac{2}{3}x^{\frac{3}{2}}-x+C$　10. $\frac{1}{2}x+\frac{1}{2}\sin x+C$　11. $\arcsin x+C$　12. $-\cot x-2\tan x+C$

习题 5.4

1. (1) $-\frac{1}{2}\ln|1-2x|+C$　(2) $\frac{1}{3}\arctan 3x+C$　(3) $e^{\sin x}+C$

(4) $\frac{1}{4}\ln^4 x+C$　(5) $\frac{1}{2}x-\frac{1}{4}\sin 2x+C$　(6) $\frac{1}{2}\arctan\frac{x}{2}+C$

(7) $\frac{1}{6}\ln\left|\frac{x+3}{x-3}\right|+C$　(8) $\frac{1}{18}\ln(1+9x^2)+C$　(9) $-\cos x+\frac{1}{3}\cos^3 x+C$

(10) $\frac{1}{3}\sin^3 x-\frac{2}{5}\sin^5 x+\frac{1}{7}\sin^7 x+C$　(11) $2\sqrt{x}-3\sqrt[3]{x}+6\sqrt[6]{6}-6\ln(1+\sqrt[6]{x})+C$

(12) $\frac{1}{2}x\sqrt{4-x^2}+2\arcsin\frac{x}{2}+C$　(13) $\ln|x+\sqrt{9+x^2}|+C$

(14) $2x\sin\frac{x}{2}+4\cos\frac{x}{2}+C$　(15) $-e^{-x}(x^2+2x+2)+C$

(16) $x^5\left(\frac{1}{5}\ln x-\frac{1}{25}\right)+C$　(17) $\frac{2}{13}e^{2x}\cos 3x+\frac{3}{13}e^{2x}\sin 3x+C$

(18) $\frac{1}{2}x^2\arctan x-\frac{1}{2}x+\frac{1}{2}\arctan x+C$

2. (1) $e-e^{\frac{1}{2}}$　(2) $\frac{1}{4}$　(3) $\frac{\pi}{2}$　(4) $\frac{1}{24}$　(5) $\sin 1$　(6) $\ln 3$　(7) $2\ln 2-1$

(8) $\frac{\pi}{16}$　(9) 1　(10) $-\frac{1}{2}$　(11) $2-\frac{5}{e}$　(12) $\pi-2$　(13) $8\ln 2-4$

习题 5.5

1. (1) 发散　(2) 收敛,值为 π　(3) 发散　(4) 收敛,值为 $\frac{1}{2}$

2. (1) 收敛,值为 2　(2) 发散

习题 5.6

1. (1) $\frac{31-5\ln 2}{2}$ (2)1

2. $\frac{4}{3}\pi a^2 b$

3. (1)$R(Q)=200Q-\frac{Q^2}{100}$ (2)39600 (3)38800

总习题 5

一、(1)0 (2)$-\frac{1}{6}$ (3)$-\sin x+C$ (4)$\tan x-\cot x+C$

(5)$-(1+x)e^{-x}+C$ (6) $\frac{\pi}{2}$ (7)sin 1 (8) $\frac{1}{2}$

(9)$2\sqrt{f(x)}+C$ (10)t^2+3t

二、1. B 2. D 3. D 4. D 5. D 6. A 7. A 8. C

三、1. (1) $\frac{1}{2}x^2\arctan x-\frac{1}{2}x+\frac{1}{2}\arctan x+C$ (2) $\frac{1}{2}\sin 2x+C$

(3)$6\sqrt[6]{x}-6\arctan\sqrt[6]{x}+C$ (4)ln 2 (5) $\frac{\pi}{2}$ (6)2 (7) $\frac{\pi}{4}$ (8) $\frac{\pi}{4}a^2$

2. (1)1 (2) $\frac{\cos x}{\sin x-1}$

3. e

4. $\frac{3}{2}-\ln 2$

5. $\frac{512}{7}\pi$

6.解 (1) 用梯形求积公式计算定积分.

输入程序

```
>> h = pi/500; x = 0:h:pi/2; y = exp(sin(x));
zt = trapz(x,y), ztc = cumtrapz(x,y), plot(x, ztc,'ro')
```

运行后屏幕显示用函数 trapz 和 cumtrapz 分别计算结果 zt、ztc 分别如下

```
zt =
  3.10437572798742
ztc =
  Columns 1 through 3
            0 0.00630298652792 0.01264569951380
……………………………
  Columns 250 through 251
    3.08729642810745 3.10437572798742
```

(2) 用辛普森求积公式计算定积分. 输入程序

```
>> syms x
L = inline('exp(sin(x))');
[QS,FCNTS] = quad(L,0, pi/2,1.e-4,2)
```

运行后屏幕显示用辛普森求积公式计算定积分的值 QS 和递归次数 FCNTS 分别如下

```
QS =
    3.10438133817254
FCNTS =
    13
```

(3) 用牛顿 - 科茨求积公式计算定积分. 在 MATLAB 6.5 中输入程序

```
>> syms x
L = inline(' exp(sin(x))');
[Q8,FCNT8] = quad8(L,0, pi/2,1.e-4,3)
```

运行后屏幕显示用牛顿 - 科茨求积公式计算定积分的值 Q8 和递归次数 *FCNTS* 分别如下

```
Q8 =                          FCNT8 =
    3.10437901785555              33
```

四、1. (1)20 万元 (2)3.2 百台 (3) $\begin{cases} C(x) = 1 + 4x + \frac{1}{8}x^2 \\ L(x) = -1 + 4x - \frac{5}{8}x^2 \end{cases}$

(4)20.48 万元，15.08 万元，5.4 万元

2. 229112

第 6 章 二重积分

习题 6.1

1. $a = \frac{1}{8}$ 2. 6π 3. $I_1 \leqslant I_2$ 4. $0 \leqslant \iint\limits_D \sin^2 x \sin^2 y \mathrm{d}x\mathrm{d}y \leqslant \pi^2$ 5. $f(0,0)$

习题 6.2

1. $\frac{9}{4}$ 2. $(\mathrm{e}-1)^2$ 3. $\frac{1}{3}\pi R^3$ 4. $\frac{41\pi}{2}$ 5. $\frac{4-\pi}{2}$ 6. $\int_0^2 x^2 \mathrm{d}x \int_{\frac{1}{x}}^{x} \frac{1}{y^2}\mathrm{d}x$

习题 6.3

1. $\frac{\pi}{6}(5\sqrt{5}-1)$ 2. $\left(0,0,\frac{8}{3}R\right)$

总习题 6

1. $I_1 = 4I_2$

2. (1)$2 \leqslant I \leqslant 8$　(2)$52\pi \leqslant I \leqslant 68\pi$

3. (1) $I = \int_3^5 dx \int_{\frac{3}{2}x+\frac{1}{2}}^{\frac{3}{2}x+2} f(x,y)dy = \int_5^{\frac{13}{2}} dy \int_3^{\frac{2}{3}y-\frac{1}{3}} f(x,y)dx + \int_{\frac{13}{2}}^{8} dy \int_{\frac{3}{2}y+\frac{4}{3}}^{\frac{3}{2}y-\frac{1}{3}} f(x,y)dx$

$+ \int_8^{\frac{19}{2}} dy \int_{\frac{2}{3}y-\frac{4}{3}}^{5} f(x,y)dx + \int_0^1 dy \int_0^{-y+1} f(x,y)dx$

(2)$I = \int_0^1 dx \int_{x-1}^{-x+1} f(x,y)dy = \int_{-1}^0 dy \int_0^{y+1} f(x,y)dx + \int_0^1 dy \int_0^{-y+1} f(x,y)dx$

4. (1)$\int_0^1 dy \int_y^{\sqrt{y}} f(x,y)dx = \int_0^1 dx \int_{x^2}^{x} f(x,y)dy$

(2)$\int_0^1 dy \int_{-\sqrt{1-y^2}}^{\sqrt{1-y^2}} f(x,y)dx = \int_{-1}^1 dx \int_0^{\sqrt{1-x^2}} f(x,y)dy$

(3)$\int_1^2 dy \int_y^2 f(x,y)dx = \int_1^2 dx \int_1^x f(x,y)dy$

(4)$\int_0^1 dx \int_0^x f(x,y)dy + \int_1^2 dx \int_0^{2-x} f(x,y)dy = \int_0^1 dy \int_y^{2-y} f(x,y)dx$

5. (1) $\frac{4}{3}$　(2) $\frac{1}{3}$　(3) $\frac{8\pi}{3}$　(4)$1-\sin 1$

6. $\frac{7}{2}$　7. $\frac{2}{3}\pi R^3$

第 7 章　微分方程

习题 7.1

1. (1)一阶　(2)一阶　(3)三阶　(4)一阶　(5)二阶　(6)一阶

2. (1)是　(2)不是　(3)不是　(4)是

3. (1)$y'=x^2$　(2)$yy'+2x=0$

习题 7.2

1. (1)$y=e^{Cx}$　　(2)$y=\frac{1}{5}x^3+\frac{1}{2}x^2+C$

(3)$y=\sin(\arcsin x+C)$　　(4)$y=\frac{1}{C+a\ln(1-a-x)}$

(5)$\tan x+\tan y=C$　　(6)$y=-\lg(C-10^x)$

(7)$(e^x+1)(e^y-1)=C$　　(8)$\sin x\sin y=C$

(9)$4(y+1)^3+3x^4=C$　　(10)$y^4(4-x)=Cx$

2. (1)$y=\ln\left(\frac{1}{2}e^{2x}+\frac{1}{2}\right)$　　(2)$y=e^{\tan\frac{x}{2}}$

(3) $\cos y \frac{\sqrt{2}}{4}(e^x+1)$　　(4) $y=\frac{4}{x^2}$

3. (1) $e^{-x}(x+C)$　　(2) $\frac{1}{3}x^2+\frac{3}{2}x+2+\frac{C}{x}$

(3) $e^{-\sin x}(x+C)$　　(4) $C\cos x-2\cos^2 x$

(5) $\frac{1}{x^2-1}(\sin x+C)$　　(6) $\frac{2}{3}+Ce^{-3\theta}$

(7) $2+Ce^{-x^2}$　　(8) $\frac{1}{2}\ln y+\frac{C}{\ln y}$

(9) $(x-2)^3+C(x-2)$　　(10) $\frac{1}{2}\ln y+\frac{C}{\ln y}$

4. (1) $y=x\sec x$　　(2) $y=\frac{1}{x}(\pi-1-\cos x)$

(3) $y=\frac{1}{\sin x}(-5e^{\cos x}+1)$　　(4) $y=\frac{2}{3}(4-e^{-3x})$

(5) $y=\frac{1}{2}x^3(1-e^{\frac{1}{x^2}-1})$

5. $y=2(e^x-x-1)$

习题 7.3

1. (1) $y=\frac{1}{6}x^3-\sin x+C_1x+C_2$

(2) $y=x\arctan x-\ln\sqrt{1+x^2}+C_1x+C_2$

(3) $y=-\ln|\cos(x+C_1)|+C_2$

(4) $y=C_1e^x-\frac{1}{2}x^2-x+C_2$

(5) $y=C_1\ln x+C_2$

(6) $y=\frac{1}{C_1}\sin(C_1\pm C_1x)$

(7) $C_1y^2=(C_1x+C_2)^2$

(8) $x=\pm\left[\frac{2}{3}(\sqrt{y}+C_1)^{\frac{3}{2}}-2C_1\sqrt{\sqrt{y}+C_1}\right]+C_2$

(9) $y=\arcsin e^{x+C_2}+C_1$

2. (1) $y=\sqrt{2x-x^2}$

(2) $y=-\frac{1}{a}\ln(ax+1)$

(3) $y=\frac{e^{ax}}{a^3}-\frac{e^ax^2}{2a}+\frac{e^a(a-1)x}{a^2}-\frac{e^a(2a-a^2-2)}{2a^3}$

(4) $y=\ln\cos x$

习题 7.4

1. (1) $y=C_1e^x+C_2e^{-2x}$

(2) $y=C_1+C_2e^{4x}$

(3) $y=C_1\cos x+C_2\sin x$

(4) $y=e^{-3x}(C_1\cos 2x+C_2\sin 2x)$

(5) $x=(C_1+C_2t)e^{\frac{5}{2}t}$

(6) $y=e^{2x}(C_1\cos x+C_2\sin x)$

2. (1) $y=4e^x+2e^{3x}$

(2) $y=e^{-\frac{1}{2}x}(2+x)$

(3) $y=e^{-x}-e^{4x}$

(4) $y=3e^{-2x}\sin 5x$

(5) $y=2\cos 5x+\sin 5x$

(6) $y=e^{2x}\sin 3x$

3. (1) $y=C_1e^{\frac{1}{2}x}+C_2e^{-x}+e^x$

(2) $y=C_1\cos ax+C_2\sin ax+\dfrac{e^x}{1+a^2}$

(3) $y=C_1+C_2e^{-\frac{5}{2}x}+\dfrac{1}{3}x^3-\dfrac{3}{5}x^2+\dfrac{7}{25}x$

(4) $y=C_1e^{-x}+C_2e^{-2x}+e^{-x}\left(\dfrac{3}{2}x^2-3x\right)$

(5) $y=e^x(C_1\cos 2x+C_2\sin 2x)-\dfrac{1}{4}xe^x\cos 2x$

(6) $y=e^{3x}(C_1+C_2x)+e^{3x}\left(\dfrac{1}{6}x^3+\dfrac{1}{2}x^2\right)$

(7) $y=C_1e^{-x}+C_2e^{-4x}-\dfrac{1}{2}x+\dfrac{11}{8}$

(8) $y=C_1\cos 2x+C_2\sin x+\dfrac{1}{3}x\cos x+\dfrac{2}{9}\sin x$

(9) $y=C_1\cos x+C_2\sin x+\dfrac{1}{2}e^x+\dfrac{x}{2}\sin x$

(10) $y=C_1e^{-x}+C_2e^x+\dfrac{1}{10}\cos 2x-\dfrac{1}{2}$

4. (1) $y=-\cos x-\dfrac{1}{3}\sin x+\dfrac{1}{3}\sin 2x$

(2) $y=-5_1e^x+\dfrac{7}{2}e^{2x}+\dfrac{5}{2}$

(3) $y=\dfrac{1}{2}e^x+\dfrac{1}{2}e^{9x}-\dfrac{1}{7}e^{2x}$

(4) $y=e^{-x}-e^x+xe^x(x-1)$

(5) $y=\dfrac{11}{16}+\dfrac{5}{16}e^{4x}-\dfrac{5}{3}x$

总习题 7

1. 略

2. (1) $\ln x=\arctan y+C$

(2) $\arcsin y=x+C$

(3) $-\ln y=\frac{1}{3}x^3$

3. (1) $y=-x+Cx^2$

(2) $y=x^2(2\ln|x|+C)$

4. (1) $y=e^{-2x}(e^x+C)$

(2) $y=\frac{2}{3}+Ce^{-3x}$

(3) $y=-x^2+x$

5. (1) $y=C_1e^{2x}+C_2e^{-5x}$

(2) $y=(C_1+C_2x)e^{-2x}$

(3) $y=(C_1\cos x+C_2\sin x)e^{-2x}$

(4) $y=C_1+C_2e^{-x}$

6. (1) $y=C_1\cos x+C_1\sin x-\frac{1}{3}x\cos 2x+\frac{9}{4}\sin 2x$

(2) $y=C_1e^{2x}+C_2e^{3x}+\left(\frac{1}{2}x-\frac{1}{4}\right)e^{4x}$

(3) $y=(C_1\cos x+C_1\sin x)e^x+\frac{1}{2}xe^x\sin x$

(4) $y=C_1+C_2e^x+\frac{1}{2}(\cos x-\sin x)$

(5) $y=C_1e^x+C_2e^{4x}-\frac{3}{2}^{2x}$

第 8 章　无穷级数

习题 8.1

1. (1)发散　(2)收敛　(3)发散　(4)收敛
2. (1)发散　(2)发散　(3)收敛　(4)发散
3. $\sum_{n=1}^{\infty}\frac{500}{(1+0.1)^n}=5000$ 万元

习题 8.2

1. (1)发散　(2)收敛　(3)收敛　(4)收敛
2. (1)发散　(2)收敛　(3)收敛　(4)收敛　(5)收敛

习题 8.3

1. (1)发散　(2)收敛

2.(1)绝对收敛 (2)绝对收敛 (3)条件收敛 (4)绝对收敛 (5)发散 (6)条件收敛

习题 8.4

1.(1)$R=1$,$(-1,1)$ (2)$R=\frac{1}{10}$,$(-\frac{1}{10},\frac{1}{10})$ (3)$R=1$,$(-1,1)$

(4)$R=+\infty$,$(-\infty,+\infty)$ (5)$R=\frac{1}{2}$,$(-\frac{1}{2},\frac{1}{2})$ (6)$R=2$,$(-2,2)$

(7)$R=1$,$(-1,1)$ (8)$R=1$,$(-2,0)$ (9)$R=0$.

2.(1)$\ln(a+x)=\ln a+\sum_{n=1}^{\infty}(-1)^{n-1}\frac{1}{n}\left(\frac{x}{a}\right)^n$,$(-a,a]$

(2) $x^2e^{x^2}=\sum_{n=0}^{\infty}\frac{1}{n!}x^{2(n+1)}$,$(-\infty,+\infty)$

(3) $\sin^2 x=\sum_{n=0}^{\infty}(-1)^{n-1}\frac{(2x)^{2n}}{2(2n)!}$,$(-\infty,+\infty)$

(4) $\frac{x}{2x^2+3x-2}=\frac{1}{5}\sum_{n=0}^{\infty}\left[(-1)^{n+1}\frac{1}{2^{n+1}}+2^{n+1}\right]x^{n+1}$,$(-\frac{1}{2},\frac{1}{2})$

3.(1) $\frac{1}{x}=\sum_{n=0}^{\infty}(-1)^n\frac{1}{3^{n+1}}(x-3)^n(0<x<6)$;

(2) $\ln(1+x)=\ln 3+\sum_{n=0}^{\infty}\frac{(-1)^{n-1}}{n}\cdot\frac{1}{3^n}(x-2)^n(1<x\leqslant 5)$

(3) $\ln x=\sum_{n=0}^{\infty}\frac{-1}{n!}(x-1)^n(0<x\leqslant 2)$

4.(1)$s(x)=\frac{x+6}{x+3}(-3<x<3)$ (2)$s(x)=-\ln(2-x)(0<x<2)$

(3)$s(x)=-\ln(1-x)(-1\leqslant x<1)$ (4)$s(x)=-x+\frac{1}{2}\ln\left|\frac{1+x}{1-x}\right|(-1<x<1)$

总习题 8

1.(1)C (2)B (3)D

2.(1)收敛 (2)收敛 (3)发散 (4)当 $a<1$ 时收敛;当 $a>1$ 时发散;当 $a=1$ 时,若 $s>1$,则收敛,若 $0<s\leqslant 1$,则发散

3.略

4.(1)$p>1$ 时绝对收敛,$0<p\leqslant 1$ 时条件收敛,$p\leqslant 0$ 时发散 (2)绝对收敛 (3)条件收敛

5.略

6.(1)$S(x)=\begin{cases}-\frac{1}{x}\ln\left(1-\frac{x}{2}\right),(-2,0)\cup(0,2),\\ \frac{1}{2},x=0\end{cases}$

(2)$S(x)=\frac{x^2}{2}\arctan x+\frac{1}{2}\arctan x-\frac{1}{2}x,x\in(-1,1)$

(3) $S(x)=(1+x)xe^x,(-\infty,+\infty)$

(4) $S(x)=\dfrac{x-1}{(2-x)^2},(0,2)$

7. (1) $\ln 2$ (2) $\dfrac{1}{3}\ln 2+\dfrac{\pi}{3\sqrt{3}}$

8. (1) $f(x)=\dfrac{\pi}{4}+\sum\limits_{n=0}^{\infty}\dfrac{(-1)^n}{2n+1}x^{2n+1},x\in(-1,1)$

(2) $f(x)=\sum\limits_{n=0}^{\infty}\dfrac{n}{2^{n+1}}x^{n-1},x\in(-2,2)$

(3) $f(x)=\ln 4+\sum\limits_{n=0}^{\infty}\left[\dfrac{(-1)^n}{4^{n+1}}-1\right]\dfrac{x^{n+1}}{n+1},x\in[-1,1)$

(4) $f(x)=\sum\limits_{n=0}^{\infty}\dfrac{(-1)^n}{(2n)!}\dfrac{x^{4n+1}}{4n+1},x\in(-\infty,+\infty)$

9. 略

参考文献

[1]同济大学数学系.高等数学.北京:高等教育出版社,2009.
[2]华东师范大学数学系.数学分析.北京:高等教育出版社,2009.
[3]贾明斌,赵红革.经济应用数学.北京:北京大学出版社,2008.
[4]张从军,孙春燕,陈美霞,等.经济应用模型.上海:复旦大学出版社,2008.
[5]张顺燕.数学的源与流.北京:高等教育出版社,2003.
[6]叶其孝.托马斯微积分.北京:高等教育出版社,2004.
[7]王沫然.MATLAB与科学计算.3版.北京:电子工业出版社,2012.
[8]赵静,但琦.数学建模与数学实验.3版.北京:高等教育出版社,2008.
[9]张志涌.精通MATLAB R2011a.北京:北京航空航天大学出版社,2011.
[10]董霖.MATLAB使用详解.北京:科学工业出版社,2008.
[11] The MathWorks Inc. MATLAB Help.